Wesen
und Geheimnisse
der Neophyten

Wolf-Dieter Storl

Wesen und Geheimnisse der Neophyten

Heilpflanzen
Nahrungspflanzen
Nutzpflanzen

at VERLAG

Dieses Buch ist eine überarbeitete und neu gestaltete Ausgabe
des unter dem Titel »Wandernde Pflanzen« seit 2012 in zwei Auflagen
im AT Verlag erschienenen Werks.

AT Verlag AG, Aarau und München
Umschlagbild: Lisa Storl, Isny im Allgäu
Fotos: Frank Brunke, Buchenberg
Druck und Bindearbeiten: Graspo CZ, a. s.
Printed in Czechia

ISBN 978-3-03902-170-3

www.at-verlag.ch

Der AT Verlag wird vom Bundesamt für Kultur
für die Jahre 2021–2024 unterstützt.

INHALT

Es handelt sich um ein ökonomisches Problem der Menschen, nicht um ein Problem des Ökosystems.

David Theodoropoulos,
»Invasive Biology: Critique of a Pseudoscience«

PFLANZEN MIT »MIGRATIONSHINTERGRUND«

Warum ein Buch über Neophyten?

Es gibt mehrere Gründe, ein Buch über die Wildpflanzen zu schreiben, die aus fernen Ländern neu zu uns gekommen sind und nun munter in unseren Landschaften wachsen und wuchern. Erstens wissen wir kaum etwas über diese Pflanzen. Zweitens haben Menschen oft gegen das Fremde und Ungewohnte Vorbehalte. Botaniker können zwar ihre morphologischen und physiologischen Eigenschaften beschreiben und uns sagen, wo sie herkommen, doch das bringt uns diese Fremdlinge nicht viel näher. Unsere Bauern, Gärtner, Heilkundigen und weisen Kräuterfrauen haben keine Erfahrungen mit ihnen. Es liegt ihnen kein jahrtausendealter Erfahrungsschatz im Umgang mit diesen Pflanzen vor. Keine Märchen und Sagen umranken sie und bringen sie unserer Seele nahe, wie es etwa bei der Brennnessel, dem Gänseblümchen, der Hasel, dem Holunder oder der Linde der Fall ist. Kein Lied, kein Gedicht lässt uns mit ihnen träumen. Kein alter Aberglaube, kein Zauberwissen, keine Symbolik, die uns im Innersten berührt; kein Brauchtum, kein überliefertes Wissen um ihre Heilkräfte ist mit ihnen verbunden. Woher soll man da wissen, ob sie heilkräftig oder giftig sind, ob man sie essen kann oder nicht? Meistens sind die Menschen vorsichtig und dichten den Fremdlingen eher eine Giftigkeit an, wie etwa den roten Beeren des Essigbaums (Hirschkolbensumach) oder den angereiften, blauen Beeren der Mahonie. Da man es nicht weiß, geht man lieber auf Nummer sicher. Bestenfalls wird behauptet, sie seien unnütz, wie zum Beispiel die Strahlenlose Kamille, die vor rund hundertfünfzig Jahren aus Nordostasien oder Nordwestamerika einwanderte und unsere ungepflasterten Wege, Parkplätze oder Trampelpfade besiedelte. Im Gegensatz zu unserer beliebten Echten Kamille habe sie – so liest man in vielen Kräuterbüchern – absolut keine Heilkräfte. Das stimmt aber nicht.

In den unzähligen Heilpflanzen- und Kräuterbüchern, die jedes Jahr neu auf dem Markt erscheinen, werden fast immer die altbekannten, bewährten Pflanzen besprochen, die Texte werden abgeschrieben und wiedergekäut. Bis auf einige wenige Ausnahmen fehlen die Neophyten in diesen Büchern. Eben, weil man kaum etwas über sie weiß. Es ist also notwendig, sich mit diesen Pflanzen, die zu einem unwiderruflichen Teil unserer Natur, unseres Ökosystems geworden sind, eingehend zu befassen, damit sie auch Teil unserer Kultur, unserer Sprache und unseres Bewusstseins werden können. Wie macht man das?

Typischer Neophyten-Standort: Industriegelände mit Sommerflieder.

Ruderalstandort mit Neophyten: Sommerflieder oder Schmetterlingsbusch (Buddleja), Japanischer Staudenknöterich, Einjähriges Berufkraut und andere.

Zum einen nehme man sich Zeit, sie zu betrachten, zu beschnuppern, zu bewundern, sie im Jahreslauf zu beobachten, sich geistig in sie zu versenken und darauf zu achten, was für innere Bilder sie in uns hervorzaubern. So machen es in den traditionellen Gesellschaften die Schamanen. Wir haben feine innere Sinne, die mehr aufnehmen können, als man allgemein glaubt. Zum anderen können wir ethnobotanisch vorgehen, das heißt versuchen, in Erfahrung zu bringen, was die Menschen in den Ländern, aus denen die pflanzlichen Einwanderer stammen, über sie wissen, wie sie mit ihnen als Heilpflanzen oder Ritualpflanzen umgehen und welche Sinnbilder sie mit ihnen verknüpfen.

Was sind Neophyten?

Das Wort Neophyt – aus dem griechischen *néos* (jung, frisch) und *phytón* (Pflanze) – gibt es schon lange. In der Kirchensprache, schon in der christlichen Urgemeinde, bezeichnete man damit einen gerade Bekehrten, einen Neugetauften. Heute denkt man bei dem Wort meistens an eine neu eingewanderte Pflanzenart, die sich zwischen den einheimischen Pflanzen erfolgreich ansiedelt, verbreitet und einbürgert. Pflanzen sind schon immer gewandert, Ackerunkräuter folgten den ersten Bauern in neolithischen Zeiten, die Römer und die christlichen Mönche brachten, absichtlich und unabsichtlich, viele Pflanzen aus dem Mittelmeerraum mit, die dann nördlich der Alpen eine Nische fanden. Die alten Ansiedler, die schon in frühester geschichtlicher Zeit in unsere Gebiete gelangten, werden von Botanikern als *Archäophyten* bezeichnet (von griechisch *archaios,* »alt, früher«, und *phytón,* »Pflanze«). Zusammen mit den einheimischen Pflanzen bilden sie inzwischen natürliche Pflanzengesellschaften.

Als Neophyten bezeichnet man dagegen jene fremden Pflanzen, die sich seit 1492 ausbreiten. Warum dieses genaue Datum? Im Jahr 1492 begann mit der Landung der Karavellen des Kolumbus auf den Karibischen Inseln das Zeitalter des weltumspannenden Artenaustauschs, das Biologen und Anthropologen als den »Kolumbus-Effekt« *(Columbian exchange)* bezeichnen. Pflanzen, Tiere, Gene, Viren und Bakterien wurden zwischen der Alten und der Neuen Welt ausgetauscht.[1] Die natürlichen Barrieren waren schlagartig überwunden. Die Welt war danach nie wieder die gleiche. Der kühne Unternehmer Kolumbus fand wenig von dem heiß begehrten Gold, den Edelsteinen und Gewürzen auf den Karibischen Inseln, die er für Indien hielt. So versuchte er, seine Schirmherren

1 Neben Pflanzen und Tieren überqueren auch Seuchen die Kontinente. Kolumbus brachte die Syphilis mit zurück in die Alte Welt, während zugleich die europäischen Seuchen – von Pocken bis Grippe – die Mehrheit der indianischen Bevölkerung hinwegraffte (vgl. Storl 2009a: 213 ff.).

und Geldgeber, das spanische Königshaus, wenigstens mit exotischen Pflanzen und Tieren zu beeindrucken. Auch einige Indianer brachte er mit, von denen er eine junge Frau dem Papst als Konkubine zukommen ließ.

In seinem Reisetagebuch schreibt der Admiral am 19. Oktober 1492: »Meine Augen werden nicht müde, eine solch herrliche Vegetation anzusehen, die so verschieden von der unserigen ist. Ich glaube, dass dieselbe vielerlei Gräser, Kräuter und Bäume erzeugt, welche in Spanien als Färbe- oder Arzneimittel großen Wert haben würden.« (Bürger 1979: 58) Von dem Tabak, »mit dem die Eingeborenen räuchern«, glaubte er jedoch nicht, dass man ihn in Europa gewinnbringend vermarkten könne; dennoch bringt er König Ferdinand einige zu Zigarren gerollte Blätter des *tabacos* mit. Im Eintrag vom 14. November 1492 schreibt er von den Süßkartoffeln, die er auf der Insel Hispaniola (Haiti) fand: »Am Abend lehrten uns die Eingeborenen die Zubereitung eines unscheinbaren Knollengewächses, an dem wir bisher achtlos vorübergingen. Ich werde einige dieser seltsamen Äpfel, die wie Kastanien schmecken und von den Indianern Batate genannt werden, nach Europa nehmen.« Auch Kürbisse, Chilipfeffer und eine Art Korn, das die eingeborenen Taino *maiz* nannten, brachte er mit nach Europa. Der Anbau von Mais verbreitete sich rasch über den Mittelmeerraum und in knapp hundert Jahren bis nach China; das neue Getreide löste weltweit eine Bevölkerungsexplosion aus. Mit den vielen Pflanzen und Gegenständen, die der Entdecker aus der Karibik mitbrachte, in den Taschen, Säcken, Fässern und Kisten waren bestimmt auch einige unabsichtlich eingeschleppte Samen mit dabei. Es waren die ersten einer zunehmenden Flut neophytischer Gewächse, die heute die Erde überschwemmt.

Dank verbesserter Schifffahrtstechnik, weltweiten Handels und der Kolonialisierung ferner Länder mit Siedlern, Saatgut und Nutztieren konnten immer mehr verschiedene Pflanzenarten ihre Flächen ausweiten und neue Territorien besiedeln (Kowarik 2003: 18). Und nun, im 20. und 21. Jahrhundert, haben dank der Schnelligkeit der Transportmittel, des Schienen- und Düsenflugverkehrs, auch Pflanzen mit kurzlebigen Samen und sogar Frischpflanzen die Möglichkeit, ihr Areal zu vergrößern.

Blühender Wildtabak.

Die Bedrohung: Südafrika im Abwehrkampf

November und Dezember 2010 verbrachte ich in Südafrika, um die dortige einmalige Pflanzenwelt kennenzulernen und zu studieren. Obwohl das Land nur 0,04 Prozent der Erdfläche ausmacht, enthält es rund 20 000 Arten, davon mehr als 6000 endemische, also solche, die nur dort wachsen. Man vergleiche: Auf den Britischen Inseln gibt es lediglich 1500 wild wachsende höhere Pflanzenarten; in Deutschland sind es um die 2300 Arten, dazu ungefähr 380 eingebürgerte Neulinge, von denen circa 30 als problematisch gelten. 20 000 Arten! Wie soll man damit klarkommen? Mit ein bisschen botanischem Wissen kann man froh sein, wenigstens die Familien zu erkennen. 2300 Korbblütler, 1700 Mittagsblumen, 1000 Schwertlilienarten (Iris), 800 Heidegewächse *(Ericaceae)*, deren rote Trichterblüten zum Teil von langschnäbeligen Vögeln bestäubt werden, 700 Seidenpflanzengewächse, 83 Zuckerbuscharten *(Protea)*, 470 Orchideenarten, 280 Pelargonienarten, viele Lobelien und andere einmalige Arten begegnen einem dort auf Schritt und Tritt. Die sogenannten Geranien (Pelargonien[2]), die farbenfrohe Zierde der bäuerlichen Fensterbänke und der Stolz mancher Hausfrau, wachsen am Kap überall wild. Die ersten dieser »Geranien« wurden im Jahr 1621 von einem aus Indien zurückkehrenden Schiff von Südafrika nach Frankreich gebracht; um 1850 herum wurden sie zur Modepflanze und Balkonzierde. Auch Zimmerpflanzen, wie die Blaue Kaplilie *(Agapanthus)*, die Aloe vera, die Klivien oder die Calla-Lilie *(Zantedeschia)* wachsen hier überall. Die Vegetation am Kap ähnelt derjenigen der Kanarischen Inseln – das Klima ist auch ganz ähnlich. Deshalb findet man auf den Kanaren so viele Kap-Pflanzen als wild wachsende Neophyten: Pelargonien, der gelb blühende Kap-Sauerklee, Eiskraut oder Kristallblumen *(Mesembryanthemum)*, die so aussehen, als seien sie mit einer Eisschicht überzogen (es handelt sich dabei um einen Sonnenschutz) und die Aloen, deren schleimiger Saft in der Heilkunde und Hautpflege heutzutage eine wichtige Rolle spielt.

Was mich erstaunte, waren die vielen Neophyten aus anderen Ländern und Erdteilen, die sich im Zuge der Globalisierung in der Kapregion angesiedelt haben. Gleich am ersten Tag, beim Spaziergang um den Häuserblock meiner Wohnung in Kapstadt, grüßten sie mich: In der Mauerritze Zymbelkraut, am Bordstein Portulak und an der Hauswand Rote Spornblume *(Centranthus)* und Fenchel – alles Einwanderer aus dem Mittelmeerraum. Aber auch der Löwenzahn war da und andere unserer bekannten »Unkräuter«: Gänsedistel, Spitzwegerich, Weißklee, Schwarzer Nachtschatten, Roter Gauchheil, Vogelmiere und

2 Pelargonie, benannt nach dem griechischen *pélargos*, »Storch«, wegen der storchschnabelartigen Früchte.

Blütenstand der Aloe vera kurz vor dem Aufblühen.

Blüte des südafrikanischen Kap-Sauerklees.

Eiskraut oder Kristallmittagsblume aus Südafrika.

Rote Spornblume.

das bei uns inzwischen geschützte delikate Zittergras *(Briza)*. Dem Breitwegerich schien es besonders zu gefallen, er hatte riesige Blätter und strotzte vor Kraft. Als Vertreter der Neuen Welt wuchsen dazwischen Fuchsschwanz, Franzosenkraut, Mexikanischer Stachelmohn, Petunien und eine Art Wildtabak. All diese Pflanzen der Länge eines Häuserblocks entlang!

In den folgenden Tagen wurde mir beim Besuch im weltberühmten Nationalen Botanischen Garten Kirstenbosch bewusst, dass die neu eingewanderten Pflanzen in Südafrika als eine riesige Bedrohung angesehen werden. Als *»alien invaders«*, also als fremdartige Invasoren werden sie bezeichnet und mit allen Mitteln bekämpft. Die Regierung stellt massive finanzielle Mittel bereit, um sie mit legislativen[3], chemischen und biologischen Maßnahmen zurückzudrängen oder ganz auszurotten. Überall sieht man Arbeitertrupps, ausgerüstet mit Macheten, Motorsensen, Kettensägen und Rückenspritzen, am Werk. Man will unbedingt den ursprünglichen Charakter der Landschaft erhalten, denn – so heißt es in offiziellen Publikationen (Bromilow 2010: 15):

- Die *Aliens* verdrängen die einheimische Flora und bedrohen die Biodiversität. Sie rauben anderen Pflanzen Nährstoffe und Wasser.
- Sie verändern die Lebensbedingungen der einheimischen Fauna.
- Sie stören das ökologische Gleichgewicht, sodass es etwa zu Feuersbrünsten oder Bodenausschwemmungen, ja sogar zu katastrophalen Überschwemmungen kommen kann, da ihre Wurzeln oft den Boden nicht genügend befestigen.
- Dornige Neophyten, wie der Feigenkaktus, die Agave aus Mittelamerika oder die Pereskie *(Pereskia aculeata)*, ein südamerikanischer Baum aus der Kakteenfamilie, versperren Wege und Zugänge für Mensch und Tier.
- Oft sind sie giftig für Nutztiere und mindern die Produktivität des Acker- und Weidelandes.
- Sie haben einen störenden Effekt für die Tourismusindustrie.
- Sie verderben unsere Freude an der Natur.
- Sie verteuern die landwirtschaftliche Produktion.

Mir begegneten immer wieder Botaniker, die diese Angelegenheit bitter ernst nehmen. Auf einer meiner ethnobotanischen Exkursionen in den bewaldeten Bergen der Garden Route traf ich auf Ina und Ben MacIntyre, beide Mitglieder der Botanischen Gesellschaft Südafrikas. Ein freundliches, angenehmes Ehepaar, mit dem ich mich auf Anhieb gut verstand. Wir wanderten gemeinsam, und sie zeigten und erklärten mir viele der endemischen Pflanzen, die im Busch

3 Conservation of Agricultural Resources Act (CARA) 1983, revidiert und ergänzt 2001.

oder am Straßenrand wuchsen. Auch sie waren über die Neulinge besorgt, die, wie sie mir klagten, die einheimische Flora bedrängen. Entlang der staubigen Landstraße, auf der wir liefen, stießen wir auf eine Ansammlung in wechselnden Farben blühender Büsche des Wandelröschens (*Lantana* spp.). Ich rieb die Blätter und sagte: »Riecht mal! Das ist ein typisches Eisenkrautgewächs, es hat einen guten Duft.«

»Eines der schlimmsten invasiven Unkräuter weltweit«, erwiderte Ben, indem er gleich einige junge Wandelröschenpflänzchen herausriss und wegwarf, »toxisch für Rinder, schwer zu bekämpfen, überwuchert alles. Die Vögel verbreiten die Samen.« Ich kannte die südamerikanische Pflanze schon aus Indien, wo sie ebenfalls als Neophyt wächst, aber dort schien sie niemanden groß aufzuregen, das heißt außer den Rhesusaffen und Languren, die die schwarzen Beeren picken. Die Kaste der Papierhersteller hat das Wandelröschen als Quelle für Papierzellstoff entdeckt, und die indischen Heilkundigen verwenden die Rinde als adstringierendes Mittel bei Eiterflechten, leprösen Geschwüren und Ulzerationen. Gekochte Lantanablätter werden äußerlich bei Geschwülsten und Schmerzen als Wickel aufgelegt. Innerlich genommen, soll der Tee aufgrund der enthaltenen Alkaloide schweißtreibend und abführend wirken. (Singh 1990: 118)

Einige Schritte weiter sahen wir eine Gruppe graziler Akazien mit feinen Fiederblättchen und kleinen kugeligen hellgelben Blüten. *»Black wattle«*, sagte Ina, mit einer Stimme, die nicht gerade freundlich wirkte, *»Acacia mearnsii*, kommt aus Australien. Schrecklich aggressiv, verdrängt andere Pflanzen. Steht als Nummer eins auf der Liste der schlimmsten invasiven Arten weltweit. Aber schau da!« Sie zeigte auf die Blütenstände, die sich in bräunliche, vertrocknete Gebilde verwandelt hatten.

»Das ist das Werk der *Cecidomyiidae*, einer Gallmücke. Die hat man wegen den australischen Akazien eingeführt. Sie frisst und zerstört die Samen. Biologische Kontrolle. Gut, nicht wahr?«

Die verschiedenen australischen Akazien scheinen in Südafrika ein echtes Problem zu sein. Sie überwuchern ganze Landschaften; ihre Samen sind selbst nach siebzig Jahren Keimruhe noch keimfähig. Aber wie es im Sprichwort heißt: »Des einen Brot, des anderen Tod!« In ihrer australischen Heimat sind diese Akazien für die Ureinwohner sehr wichtig. Das hatte ich früher einmal als Völkerkundler gelernt. Die Aborigines nutzen das Holz für Pfeile und Speere, die Zweige für Windschutzhütten; sie sammeln und zermahlen die eiweißreichen, schmackhaften Samen und backen aus dem Mehl in der heißen Asche ihrer Lagerfeuer eine Art Brot. Der eingetrocknete gummiartige Saft wird gegessen oder, mit Wasser verdünnt, getrunken, wobei ein paar hinzugefügte Ameisen dem Getränk eine erfrischende säuerliche Note geben. Die alkalische Asche des Akazienholzes mischen sie mit ihrer Lieblingsdroge Pituri *(Duboisia)*, einem nikotin- und scopolaminhaltigen Nachtschattengewächs. Sie kauen oder rau-

Hundertjährige Agave aus Mexiko.

Feigenkaktus-»Blatt« mit einer Kolonie von Cochenille-Schildläusen.

Wandelröschen (Lantana) aus Mittelamerika.

chen Pituri, bei anstrengenden Wanderungen oder religiösen Zeremonien. Aus Streifen der Akazienrinde weben sie Matten und Tragtaschen. Die gekochte Rinde ist antiseptisch und dient der Wundheilung.

Wir wanderten weiter. Ina und Ben erklärten mir die vielen aromatischen Kräuter und Büsche, welche die sogenannte *Fynbos*-Landschaft (Afrikaans, »Feinbusch«) besiedeln. Die Kapregion ist wahrlich ein botanisches Füllhorn. Während wir gemütlich weiterliefen, zeigte Ben ab und zu auf abgesägte armdicke Stängel, die aus Rosetten riesiger, lanzettförmiger abgestorbener Blätter herausragten.

»Das waren Agaven, *Agava americana,* die im Begriff waren zu blühen und sich zu vermehren. Ich habe sie abgesägt«, erklärte Ben stolz, »die haben hier nichts zu suchen! Die sind so zäh, man muss sie mit Bulldozern wegmachen.«

»In Mexiko sind sie wichtige Faserpflanzen«, kommentierte ich. »Die Azteken hatten sogar eine Agavengöttin. Noch immer werden sie in Mexiko als unüberwindbarer Zaun um die Häuser oder als Hag um die Weiden gepflanzt; die haben ja am Blattrand Zähne wie Haifische. Und den Saft kann man alkoholisch vergären.«

»Ja, ja, das ist in Südafrika ebenso, auch hier werden sie als Zäune gepflanzt. Und in der *Karoo*[4] wird ein Schnaps daraus gebraut, so ähnlich wie Tequila«, ergänzte Ina, »aber die Pflanze ist trotzdem ein Problem.«

Wir gelangten an einen Hang, an dem kaum ein grünes Blatt mehr zu sehen war, der Boden war bedeckt von verkrüppelten, vertrockneten, grau-schwarz und bräunlich verfärbten Pflanzenleichen, vor allem von toten Feigenkakteen (*Opuntia* spp.).

»Da musste mit Herbiziden gespritzt werden, sonst sind sie nicht unter Kontrolle zu bringen«, erklärten mir meine Begleiter. »Jede Kladodie[5] treibt aus, wenn sie herunterfällt, und bringt eine neue Pflanze hervor. Man hat es mit biologischen Bekämpfungsmitteln probiert, mit der Cochenille-Schildlaus, die den Saft saugt. Das lief eine Weile gut, aber ganz erfolgreich war es nicht. Herbizide sind zwar auch nicht das Beste, aber sie sind effektiver. Wir hoffen, dass die Gentechnologie in Zukunft etwas zur Kontrolle der Neophyten, die dieses Biotop bedrängen, beitragen wird. Im Karoo werden diese stacheligen Monster übrigens auch als Zäune gepflanzt.«

Die aus Mittelamerika stammende Schildlaus kannte ich auch von den Kanarischen Inseln. In kleinen, mit weißem Wachs überzogenen Kolonien, die aussehen wie Pilzbefall, kleben die Läuse an den Kladodien und saugen sich voll. Die winzigen Insekten enthalten einen scharlachroten Saft, der in der Textilindustrie zum Färben heiß begehrt war. Die Schildlaus gelangte zusammen mit ihrem sukkulenten Wirt auf die Kanaren; ab 1830 gab es riesige Opuntien-Plantagen auf den Inseln. Das ging so lange gut, bis es der Badischen Anilin- und Sodafabrik (BASF) gelang, das Karminrot synthetisch aus Kohlenteer herzustellen. Um 1870 ging die Cochenillezucht zugrunde, die Nachfrage nach dem getrockneten roten Läusesaft tendierte gegen null. Nur zum Färben von Ostereiern, Limonaden, Lippenstiften und für Getränke wie *Campari* und *Martini rosso* ist er noch in Gebrauch. Der Feigenkaktus wuchert seither als ernst zu nehmender Neophyt auf den Inseln des ewigen Frühlings munter weiter.

Seine Früchte sind übrigens eine köstliche Delikatesse, und sogar die frischen, jungen grünen Kladodien sind essbar, sie schmecken wie Gurke und passen in den Salat. Auf den Kanarischen Inseln gibt es das Gericht *Nopales navegantes;* es besteht aus den in Knoblauch gedünsteten »Blättern«, die anschließend mit Käse, Mais oder Tomaten gefüllt werden. Die Nopales waren schon immer Teil der mexikanischen Küche, wurden als Salat gegessen oder mit Bohnen, To-

4 Karoo ist das in Südafrika gebräuchliche Wort für die trockene Halbwüste. Das Wort geht auf die Sprache der Ureinwohner, die Khoi (»Buschmänner«) zurück.

5 Kladodien (griech. *kládos,* »kleiner Zweig, Schößling«) sind die blattartigen Triebe, eigentlich umgewandelte grüne Stängel, die bei den Opuntien die Funktion von Blättern übernommen haben. Die eigentlichen Blätter haben sich zu Stacheln umgewandelt.

maten und Hackfleisch gekocht. Der Kaktus findet sich sogar auf der Nationalflagge Mexikos, wo ein Adler mit einer Schlange im Schnabel auf ihm sitzend abgebildet ist.

Ben und Ina sind gute Menschen. Sie lieben ihr Land und wollen die bestehende Natur beschützen. Für sie ist das ein schwieriger Kampf. Sie sind wie viele Südafrikaner von einem wahren Neophytenabwehr-Fieber ergriffen. Sie haben das Kriegsbeil zur Abwehr der ungeliebten Invasoren ausgegraben.

Inzwischen gibt es sogar Pläne, die Seekiefer *(Pinus pinaster)*, auch Sternkiefer genannt, die in stattlichen Beständen unterhalb des Tafelbergs wächst, zu eliminieren. Die ersten dieser Bäume wurden 1825 von den Hugenotten, die dort siedelten und die edlen Kapweine anbauten, angepflanzt. Das war vor fast zweihundert Jahren, und bis jetzt hat sich niemand daran gestört; im Gegenteil, sie verleihen der Gegend um Kapstadt einen besonderen Reiz. Nun werden sie geringelt, das heißt, Arbeitstrupps schälen jeweils einen ringförmigen Streifen der Rinde vom Stamm ab, fällen oder vergiften die Kiefern mit Tebuthiuron. Warum? Weil sie den Charakter der Landschaft verändern und die Feuergefahr erhöhen. Auch andere Kiefernarten, wie die Kanarenkiefer, sollen verschwinden. Vielleicht sollte man auch die Weinberge roden?

Pretoria, die von den Buren gegründete Hauptstadt Südafrikas, nennt sich stolz »Jacaranda City« nach den zur Familie der Trompetenbaumgewächse gehörenden Palisanderholzbäumen *(Jacaranda mimosifolia)*, die, noch ehe im Frühling die Blätter erscheinen, mit blau-lila Blüten übersät sind. 1888 wurden die ersten Bäume aus Südamerika eingeführt, inzwischen verwandeln 75 000 Palisanderholzbäume die Stadt jedes Jahr für eine kurze magische Zeit in ein fliederfarbenes Blütenmeer. Dennoch gibt es Puristen, die meinen, der Baum gehöre nicht zu dem Land. Sie konnten zwar den Plan, auch in Pretoria die Bäume zu fällen, nicht durchsetzen; wenn er aber anderswo in dem Land am Kap erscheint, soll er gefällt und der Stumpf mit dem Breitspektrumherbizid Imazapyr beträufelt werden, damit er nicht wieder ausschlägt.

Meiner Ansicht nach sind solche Maßnahmen Akte der kulturellen Barbarei. Pflanzen, wie in diesem Fall der Palisanderholzbaum oder die Seekiefer, sind nicht nur Teil einer sich verändernden Natur, sondern sie gehören auch zur Kultur; sie sind Teil der Geschichte und Lebensweise der Menschen.

Schwarze Listen

Nicht nur in Südafrika, sondern in vielen Ländern der Welt, vor allem in Nordamerika, Australien, Neuseeland und in Europa, werden die eingewanderten, gebietsfremden Pflanzen mit Argwohn betrachtet. Am 3. Februar 1999 unterzeichnete Präsident Bill Clinton den »Invasive Species Act« und gab die präsidiale Durchführungsverordnung (*Executive Order* Nr. 13112) zur Bekämpfung der pflanzlichen Fremdlinge heraus. Das amerikanische Landwirtschaftsministerium (USDA) und die Heimatschutzbehörde (*Department of Homeland Security*, DHS) sind somit befugt, Listen zu erstellen und die Prioritäten zur Kontrolle und Bekämpfung der Fremdpflanzen festzusetzen. Die Heimatschutzbehörde, gegründet nach den Terroranschlägen auf die Zwillingstürme in New York, ist zuständig für die Identifizierung und Überwachung möglicher Terroristen, die Anschläge auf die USA planen. Eine ihrer Funktionen ist es auch, fremde Organismen, also Pflanzen und Tiere, abzufangen und ihnen Zugang ins Land der unbegrenzten Möglichkeiten zu verwehren. Al-Kaida-Terroristen und die »invasiven Organismen« werden also nach ein und demselben Schema behandelt.

In vielen Ländern, Bundesstaaten und Provinzen erstellen Universitätsinstitute, private Institutionen sowie Gesundheits- und Umweltbehörden Listen (»noxious weeds list«, »worst weeds list«, »list of plant pests«) der erfolgreichsten pflanzlichen Eindringlinge, der sogenannten schlimmsten Neophyten. Eine Organisation, die sich »Ecosystem Gardening« nennt, bringt sogar eine »Liste der meistgehassten Neophyten« heraus. Hier wird von einer »Querfront der Fremdekräuterhasser und Gehölzrassisten«[6] regelrecht zu einer Hexenjagd gegen diese Pflanzen aufgerufen.

In Europa wird die Problemvegetation in schwarzen Listen an den Pranger gestellt. Zudem gibt es »Beobachtungslisten«, in der offiziellen Beamtensprache *Watch Lists* genannt, für verdächtige, aber weniger gravierende Fälle von Pflanzen mit »Migrationshintergrund«. Dazu werden Tabellen mit Ausbreitungsraten präsentiert, es werden die Risiken, die Maßnahmen zur Bekämpfung und Eindämmung sowie Berechnungen der von diesen Pflanzen verursachten wirtschaftlichen Schäden diskutiert, wobei die Hauptkosten meistens die der Bekämpfungsmaßnahmen selbst sind. Diese Fleißarbeit hält eine Heerschar von Umweltberatern, Institutsmitarbeitern und Beamten in Brot und Würde. Politiker können sich ohne viel Risiko darauf einlassen und Betroffenheit signalisieren. Sie können sich als Freunde der heimatlichen Natur und Umwelt und als Sorge tragende Beschützer gesundheitlich und finanziell bedrohter Bürger profilieren.

Schwarze Listen sind Negativlisten, Abschusslisten. Der Begriff stammt ursprünglich aus der Politik. Seit römischen Zeiten gab es immer wieder schwarze Listen missliebiger politischer Gegner, die es auszulöschen galt.

In der Schweiz, wo es um die 2900 Arten höherer Pflanzen gibt, darunter 350 wild lebende Neophyten, stehen rund 20 invasive Arten auf der schwarzen Liste.

6 Siehe: http://knol.google.com/k/die-querfront-der-fremdekr%C3%A4uterhasser-und-geh%C3%B6lzrassisten.

Armenische Brombeere.

Kudzu oder Kopoubohne aus Ostasien in Blüte.

Radmelde oder Besenkraut aus Asien.

Henrys Geißblatt aus China.

Schwarze Liste der »unerwünschten Arten« in der Schweiz

Schweizerische Kommission für die Erhaltung von Wildpflanzen (SKEW)

Spitzenreiter unter den invasiven Neophyten

1. Aufrechte Ambrosie *(Ambrosia artemisiifolia)*
2. Riesen-Bärenklau *(Heracleum mantegazzianum)*
3. Staudenknöteriche:
    a. Japan-Knöterich (*Reynoutria japonica*, syn. *Fallopia japonica*)
    b. Sachalin-Knöterich *(Reynoutria sachalinensis)*
    c. Bastard-Knöterich *(Reynoutria x bohemica)*
4. Amerikanische Goldruten:
    a. Kanadische Goldrute *(Solidago canadensis)*
    b. Riesen-Goldrute *(Solidago gigantea)*
5. Drüsiges Springkraut *(Impatiens glandulifera)*

Holzige Neophyten

6. Essigbaum oder Hirschkolbensumach *(Rhus typhina)*
7. Götterbaum *(Ailanthus altissima)*
8. Sommerflieder *(Buddleja davidii)*
9. Kirschlorbeer *(Prunus laurocerasus)*
10. Robinie *(Robinia pseudoacacia)*
11. Armenische Brombeere *(Rubus armeniacus)*
12. Herbstkirsche *(Prunus serotina)*

Schlingpflanzen

13. Japanisches Geißblatt *(Lonicera japonica)*
14. Kudzu, Kopoubohne *(Pueraria lobata)*

Verwilderte exotische Zierpflanzen

15. Topinambur *(Helianthus tuberosus)*
16. Japanische Fächerpalme *(Trachycarpus fortunei)*
17. Vielblättrige Lupine *(Lupinus polyphyllus)*

Wasserpflanzen

18. Großblütiges Heusenkraut *(Ludwigia grandiflora)*
19. Schmalblättrige Wasserpest *(Elodea nuttallii)*
20. Kanadische Wasserpest *(Elodea canadensis)*

Weitere Pflanzen auf der schwarzen Liste unerwünschter Arten

21. Amerikanischer Stinkkohl *(Lysichiton americanus)*
22. Verlotscher Beifuß *(Artemisia verlotiorum)*
23. Schmalblättriges Greiskraut *(Senecio inaequidens)*

Weitere Arten stehen auf der Beobachtungsliste (Weber et al. 2005: 169 f.). Es handelt sich um gebietsfremde Arten, die das Potenzial haben, invasiv zu werden und Schäden anzurichten. Ihre Verbreitung soll beobachtet und eventuell verhindert werden (SKEW Empfehlungen; www.cps-skew.ch/deutsch/schwarze_liste.htm):

Watch List oder Beobachtungsliste der Schweiz

Bastard-Indigo *(Amorpha fruticosa)*
Syrische Seidenpflanze *(Asclepias syriaca)*
Besen-Radmelde *(Bassia scoparia)*
Östliches Zackenschötchen *(Bunias orientalis)*
Seidiger Hornstrauch *(Cornus sericea)*
Essbares Zypergras *(Cyperus esculentus)*
Einjähriges Berufkraut *(Erigeron annuus)*
Gestreiftes Süßgras *(Glyceria striata)*
Topinambur *(Helianthus tuberosus)*
Balfours Springkraut *(Impatiens balfourii)*
Henrys Geißblatt *(Lonicera henryi)*
Vielblättrige Lupine *(Lupinus polyphyllus)*
Mahonie *(Mahonia aquifolium)*
Jungfernrebe *(Parthenocissus inserta)*
Paulownie *(Paulownia tormentosa)*
Amerikanische Kermesbeere *(Phytolacca americana)*
Essbare Kermesbeere *(Phytolacca esculenta)*
Kaukasus-Fettkraut *(Sedum spurium)*
Felsen-Kreuzkraut *(Senecio rupestris)*
Hanfpalme *(Trachycarpus fortunei)*
Runzelblättriger Schneeball *(Viburnum rhytidophyllum)*

Daneben wollen wir, als weiteres Beispiel und zum Vergleich, die schwarze Liste der »besonders unduldsamen Neophyten Niederbayerns« (www.flora-niederbayern.de/unduldsame.htm) stellen.

Fünfblättrige Jungfernrebe oder Wilder Wein aus Nordamerika.

Blauglockenbaum *(Paulownia)*: Ein spontaner Sämling am Straßenrand.

Asiatische Kermesbeere.

Kaukasische Fetthenne.

Runzeliger Schneeball, ursprünglich aus China.

Schwarze Liste Niederbayerns

Sachalin-Staudenknöterich *(Fallopia sachalinensis = Reynoutria s.)*
Japan-Staudenknöterich *(Fallopia japonica = Reynoutria j.)*
Bastard-Staudenknöterich *(Fallopia x bohemica)*
Herkulesstaude, Riesen-Bärenklau *(Heracleum mantegazzianum)*
Indisches oder Drüsiges Springkraut *(Impatiens glandulifera)*
Späte Goldrute *(Solidago gigantea)*
Topinambur *(Helianthus tuberosus)*
Kanadische Goldrute *(Solidago canadensis)*
Schlitzblättriger Sonnenhut *(Rudbeckia laciniata)*
Staudenlupine *(Lupinus polyphyllus)*
Traubenkraut, Ambrosie *(Ambrosia artemisiifolia)*
Späte Traubenkirsche *(Prunus serotina)*
Robinie, Falsche Akazie *(Robinia pseudoacacia)*
Essigbaum *(Rhus hirta = R. typhina)*
Schmalblättrige Wasserpest *(Elodea nuttallii)*

Und auch eine Watch List haben die Niederbayern für verdächtige Pflanzen, die »längerfristig, aber auch regional zu Konflikten führen und dann auch Bekämpfungsmaßnahmen erfordern. (...) Vor allem aber sollte ihre Ausbreitung dokumentiert und verfolgt werden, um ggf. rasch gegensteuern zu können«.

Watch List Niederbayerns

Eschen-Ahorn *(Acer negundo)*
Bergknöterich *(Aconogonon polystachium)*
Chinesischer Beifuß *(Artemisia verlotiorum)*
Neubelgische Astern (*Aster novi-belgii* agg.)
Östliches Zackenschötchen *(Bunias orientalis)*
Felsenmispel, Zwergmispel (*Cotoneaster*, fernöstliche Arten)
Besenginster (*Cytisus scoparius*, aus dem Schwarzwald)
Borstige Schuppenkarde *(Dipsacus strigosus)*
Kugeldistel *(Echinops sphaerocephalus)*
Kleinblütiges Springkraut *(Impatiens parviflora)*
Florentiner Goldnessel *(Lamium argentatum)*
Mahonie *(Mahonia aquifolium)*
Wilder Wein *(Parthenocissus inserta)*
Schlitzblättrige Brombeere *(Rubus laciniatus)*

Stachelfrüchtiger Wiesenknopf (*Sanguisorba minor* ssp. *polygama*)
Schmalblättriges Greiskraut (*Senecio inaequidens*)
Gewöhnlicher Flieder (*Syringa vulgaris*)

Derartige Pflanzenlisten samt dazugehörigen Steckbriefen gibt es zuhauf. Jede Region, jedes Land, besonders die Industrieländer, erstellen sie. Die Angaben überschneiden sich meistens, obwohl es selbstverständlich regionale Unterschiede gibt. Für Gesamteuropa ist eine DAISIE-Liste mit den schlimmsten invasiven fremden Arten in Europa zusammengestellt worden. DAISIE hat in diesem Fall nichts mit dem freundlichen Gänseblümchen zu tun, das im Englischen *daisie* heißt, sondern bedeutet »Delivering Alien Invasive Species in Europe« (www.europe-aliens.org/speciesTheWorst.do). Im Journal der Tschechischen Botanischen Gesellschaft (*Preslia*, Vol. 80, 2008) werden die DAISIE-Daten zusammengefasst, analysiert und kommentiert. Nachfolgend die ermittelten Sachverhalte (Lambdon et al. 2008: 102–103).

Wie viele Neophyten gibt es in Europa?

Für Gesamteuropa werden 2843 Neophyten registriert, wobei auch aus anderen Teilen des Kontinents eingewanderte Arten mitgerechnet werden, etwa das Mauerzimbelkraut, die Gelbe Resede oder der Braune Storchschnabel, die sich aus dem Mittelmeerraum von Süden nach Norden verbreitet haben, oder das Norwegische Fingerkraut, das nach Süden bis an den Alpenrand gezogen ist. Bis jetzt wurden 1780 rein außereuropäische etablierte (eingebürgerte) Arten gefunden und aufgezählt.

Was ihre Anzahl pro Art in Europa betrifft, befindet sich das Kanadische Berufkraut (*Conyza canadensis*) an der Spitze; es tritt zahlenmäßig am häufigsten auf. Wenn man die Augen aufmacht, sieht man diesen Korbblütler auch überall entlang der Straßen und auf Brachflächen. Gefolgt wird er vom Gemeinen Stechapfel (*Datura stramonium*), der – da streiten sich die Ethnobotaniker – entweder aus Mittelamerika oder aus Asien kommt. An dritter Stelle steht der Zurückgebogene Fuchsschwanz (*Amaranthus retroflexus*) aus Mittelamerika. Daran schließen sich in abnehmender Häufigkeit folgende Einwanderer, Archäophyten (Alteinwanderer) mit inbegriffen, an:

4. Kleinblütiges Franzosenkraut (*Galinsoga parviflora*) aus Südamerika
5. Topinambur (*Helianthus tuberosus*) aus der nordamerikanischen Prärie
6. Gewöhnliche Spitzklette (*Xanthium strumarium*) aus Nordamerika
7. Virginische Kresse (*Lepidium virginicum*) aus Nordamerika

Neubelgische Aster oder Glattblattaster, eine Bereicherung aus Nordamerika.

Die Zwergmispel *(Cotoneaster)*, ein beliebtes Gartenziergehölz asiatischen Ursprungs.

Besenginsterblüte.

Die Blüte der Borstigen Schuppenkarde.

8. Gewöhnliche Nachtkerze *(Oenothera biennis)* aus Nordamerika
9. Gewöhnliche Scheinakazie *(Robinia pseudoacacia)* aus Nordamerika
10. Behaartes Knopfkraut, Franzosenkraut *(Galinsoga quadriradiata, G. ciliata)* aus Südamerika
11. Strahlenlose Kamille *(Matricaria discoidea)* aus Kamtschatka und Alaska
12. Gewöhnliche Rispenhirse *(Panicum miliaceum)* aus Südostasien
13. Persischer Ehrenpreis *(Veronica persica)* aus dem Kaukasus
14. Götterbaum *(Ailanthus altissima)* aus China
15. Weißer Fuchsschwanz *(Amaranthus albus)* aus Nordamerika
16. Einjähriges Berufkraut, Feinstrahl *(Erigeron annuus)* aus Kanada, nördliche USA
17. Japanischer Staudenknöterich *(Fallopia japonica)* aus Ostasien
18. Luzerne, Alfalfa *(Medicago sativa)* aus Zentralasien
19. Westamerikanischer Fuchsschwanz *(Amaranthus blitoides)*
20. Gartenkresse *(Lepidium sativum)* aus Ägypten, Sudan
21. Schlafmohn *(Papaver somniferum)* aus dem Nahen Osten
22. Kanadische Goldrute *(Solidago canadensis)* aus Nordamerika
23. Eschen-Ahorn *(Acer negundo)* aus Nordamerika
24. Mexikanischer Tee, Wohlriechender Gänsefuß *(Chenopodium ambrosioides)* aus Mittelamerika
25. Kanadische Wasserpest *(Elodea canadensis)* aus Nordamerika

Dies sind somit die 25 häufigsten in Europa angesiedelten und eingebürgerten Fremdpflanzen (Lambdon et al. 2008: 114–117). Diese weit verbreitet wachsenden Arten sind natürlich nicht identisch mit jenen Einwanderern, die eine starke Auswirkung auf den Naturhaushalt haben oder besonders beeindruckend wirken. Viele zugewanderte Pflanzen, wie der Persische Ehrenpreis, die Nachtkerze oder das Einjährige Berufkraut, werden von den meisten Menschen gar nicht als Neophyten wahrgenommen. Dafür gibt es andere, welche die Alarmglocken schrillen lassen. Eine DAISIE-Liste (»Worst Plants List«) klärt darüber auf, welches die schlimmsten »Strolche« sind. Zu den »allerschlimmsten« und am häufigsten wahrgenommenen Neophyten gehören folgende:

Die schlimmsten Bäume und Sträucher

1. Falsche Akazie *(Robinia pseudoacacia)* aus Nordamerika
2. Himmelsbaum *(Ailanthus altissima)* aus China
3. Kartoffelrose *(Rosa rugosa)* aus Japan
4. Spätblühende Traubenkirsche *(Prunus serotina)* aus Nordamerika

Zähe Neophyten: Für Portulak und Franzosenkraut genügt auch eine Mauerritze.

Im Gartenrandbereich gedeihen Pionierpflanzen wie Nachtkerze, Klatschmohn und das Einjährige Berufkraut.

Die schlimmsten Kräuter und Stauden

1. Japanischer Staudenknöterich *(Fallopia japonica)* aus Ostasien
2. Beifußblättriges Traubenkraut *(Ambrosia artemisiifolia)* aus Nordamerika
3. Indisches Springkraut *(Impatiens glandulifera)* aus dem Himalaja
4. Herkulesstaude oder Riesen-Bärenklau *(Heracleum mantegazzianum)* aus dem Kaukasus

Weitere Arten in dieser Kategorie der vegetalen Schwerenöter, die anderswo den europäischen Halbkontinent erobern, in Mitteleuropa aber kein Problem darstellen, weil es hier zu kalt oder zu feucht ist oder weil andere ökologische Bedingungen nicht erfüllt sind, sind die folgenden:

1. Die Silberakazie oder Falsche Mimose *(Acacia dealbata)* aus Südaustralien, die den Mittelmeerraum, insbesondere Griechenland, besiedelt und sogar bis Südengland vorgedrungen ist.
2. Das Kaktusmoos *(Campylopus introlexus),* ein Kosmopolit aus den kalt-gemäßigten Klimazonen Südamerikas, Australiens und Afrikas, das sich nun auf den Dünen in den Niederlanden, in Belgien und Norddeutschland verbreitet.

3. Die Hottentottenfeige *(Carpobrotus edulis)*, ein saftig-sukkulentes Mittagsblumengewächs aus Südafrika, das trockene Böden im Mittelmeerraum besiedelt.
4. Der Nickende Sauerklee *(Oxalis pres-caprae)*, der ebenfalls aus Südafrika kommt und nun im Frühling mit seinen leuchtenden hellgelben Blüten der Mittelmeer- und der südlichen Atlantikküste einen besonderen Reiz verleiht.
5. Die Opuntie oder der Feigenkaktus *(Opuntia ficua-indica)* aus Mexiko gilt in einigen Regionen Südeuropas als Plage.
6. Die Stachel- oder Igelgurke *(Echinocystus lobata)*, eine einjährige Kletterpflanze aus der Familie der Gurkengewächse, die aus den wärmeren Regionen Nordamerikas stammt, hat Teile Osteuropas für sich entdeckt.
7. Von lokaler Bedeutung ist auch der Schmetterlings-Ingwer *(Hedychium gardnerianum)*, ein Ingwergewächs aus dem Himalaja.

Von woher kamen die pflanzlichen Neubürger?

Die meisten Neophyten von außerhalb Europa stammen aus Nord- und Südamerika (45,8 Prozent) sowie aus Asien (45,9 Prozent). Asien ist ein riesiges Gebiet, das sich von den eisigen Tundren und Taigawäldern des Nordens über die Steppen und alkalischen Wüsten Zentralasiens bis in die tropischen Dschungel Süd- und Südostasiens erstreckt. 20,7 Prozent der in Europa eingewanderten Pflanzen haben ihr ursprüngliches Verbreitungsgebiet in Afrika, hauptsächlich Nordafrika oder in der Kapregion Südafrikas. 5,3 Prozent der neuen Pflanzen haben ihre Heimat in Australien.[7] (Lambdon et al. 2008: 132)

Wie kamen sie nach Mitteleuropa?

Die Mehrzahl (62,8 Prozent) dieser fremden Pflanzen wurde absichtlich von Pflanzensammlern, Botanikern und Gärtnern als Kultur-, Zier- oder Gartengewächse eingeführt und sind dann verwildert. Missionare und wissenschaftlich orientierte Reisende brachten sie als Heilpflanzen oder als Kuriositäten für herrschaftliche Parks oder botanische Gärten mit. Einige Pflanzen wurden auch bewusst mit dem Ziel der Bereicherung der Flora durch Ansaat oder Anpflanzung ausgebracht; dies wird in der Botanik auch als »Ansalbung« bezeichnet.[8] Was

7 Die Diskrepanz, dass die Summe der prozentualen Anteile mehr als 100 Prozent ergibt, ist dadurch zu erklären, dass einige Arten auf mehreren Kontinenten zugleich zuhause sind.

8 Vgl. *de.wikipedia.org/wiki/Ansalbung*.

Luzerne oder Alfalfa in Blüte.

heute Naturschützer als »Florenverfälschung« empört, war also im 19. Jahrhundert der Versuch, die Natur zu bereichern und zu verschönern. So wurde zum Beispiel das Mauerzimbelkraut *(Cymbalaria muralis)*, eine Mittelmeerpflanze, in einigen Städten an die »wüsten und leeren« Mauern angesalbt. Man vermutet, dass der Amerikanische Stinkkohl oder Gelbe Scheinkalla *(Lysichiton americanus)* im Taunus ganz gezielt ausgebracht wurde.

Der Rest der gebietsfremden Arten (37,2 Prozent) kam zufällig und unbeabsichtigt als Saatgutverunreinigung oder in verschiedenen Warenlieferungen von Übersee. Viele amerikanische Pflanzen gelangten als »blinde Passagiere« mit Tabak- und Maislieferungen zu uns. Getreide- und Saatgutlieferungen aus Russland und Asien brachten salzverträgliche Gänsefußgewächse und andere Steppenpflanzen in ihre neue Heimat. Viele reisten auch zufällig in Koffern, Taschen und Schuhen mit. Das Schmalblättrige Greiskraut *(Senecio inaequidens)* kam mit Schafswolle aus Südafrika. Das gefürchtete Traubenkraut *(Ambrosia)*, ursprünglich aus Nordamerika stammend, wird mit Vogelfutterlieferungen aus Osteuropa immer wieder von neuem in den Westen eingeschleppt. Mit anderen Worten, diese Pflanzen verdanken den Menschen ihre Verbreitung.

Wo findet man die meisten Neophyten in Europa und warum?

Die meisten neuen, landesfremden Kräuter, Sträucher und Bäume sind in England zu finden, gefolgt von Belgien, dem Ruhrgebiet und anderen hoch industrialisierten Regionen Nordwesteuropas.

Viele dieser Arten beschränken sich auf begrenzte Regionen, wo sie überleben können, da sie dort die geeigneten ökologischen Bedingungen vorfinden, die ihr Gedeihen und ihre Fortpflanzung ermöglichen. Die meisten dieser Acker- und Stadtunkräuter wachsen auf vielfach gestörten, von Maschinen geschundenen, oft verfestigten, verölten oder verseuchten Böden.

64,1 Prozent wachsen in Industrielandschaften, an Stadträndern, an Bahngleisen, auf Bauland, im aufgelassenen Tagebau und in Steinbrüchen, aber auch in Forsten, Parks und Gärten, wo massive Erdbewegungen stattgefunden haben und die Umwelt stark belastet ist. Unter großen Brücken etwa, wo so gut wie kein Regen fällt, können keine unserer einheimischen Pflanzen bestehen; solche aus den ariden mittelasiatischen Halbwüsten finden hier jedoch eine Nische. »Große Bahnhöfe, Flugplätze, Häfen und alle Hauptverkehrsadern sind nicht nur Einfallstore für fremde Menschen, sondern ebenso für fremde Pflanzen- und Tierarten. Ein großes Bahnhofs-, aber auch ein Industriegelände bietet extreme Lebensräume, wie sie für das jeweilige Land in der Regel völlig untypisch sind. Karge, trockene Böden, oft versalzt und verölt und Schotterflächen, das sind die

Verschiedene Ruderalkräuter auf brachliegendem Acker, darunter Stechapfel, Strandkamille und Färberwau.

Lebensbedingungen wie in den Halbwüsten Mittelasiens. Dem entsprechen die Pflanzen, die in immer neuen Wellen hereinrollen.« (Gauger 2009: 8)

An den Autobahnen, wo starke Temperaturschwankungen, Schadstoffbelastung und wegen des Winterstreudienstes eine besonders hohe Salzkonzentration herrscht, finden viele Neophyten, wie das südafrikanische Greiskraut, Gänsefußgewächse aus den Salzsteppen Zentralasiens oder der robuste Götterbaum, eine Nische. Diese Verkehrs- und Industrielandschaften sind in der Regel nachts auch hell beleuchtet, sodass die zur Bestäubung vieler einheimischer Pflanzen notwendigen Insekten dezimiert werden. In anderen Worten, es ist nicht unbedingt nur wegen ihrer überbordenden Vitalität und Aggressivität, dass Neophyten die empfindlicheren einheimischen Pflanzen drangsalieren. Sie sind keine brutalen Schlägertypen, die ihre Nachbarn schikanieren, sondern einfach Pflanzen, die dort eine Nische finden, wo das Lebensnetz der einheimischen Pflanzen durch menschliche Aktivität gestört wurde. Sie fassen dort Fuß, wo sie die für sie richtigen Lebensbedingungen vorfinden. Oft sind sie Lückenbüßer, die dort wachsen, wo es für unsere endemische Vegetation – eigentlich die Vegetation eines nördlichen Regenwaldes – immer schwieriger wird, sich zu behaupten.

58,5 Prozent der fremden Pflanzen findet man auf Feldern und in Gewässern, wo Überdüngung, Winderosion sowie die Wechselwirkung der Agrarchemikalien den einheimischen Pflanzen das Leben erschwert, den Ansprüchen vieler Neophyten dagegen entgegenkommt.

Mit dem verstärkten Anbau von nicht heimischen Ackerpflanzen haben sich neue Agrarlebensräume gebildet. Wärmekeimer, wie Mais und Soja, werden meistens erst im Mai, nach den Eisheiligen ausgesät, was wiederum wärmekeimende Pionierpflanzen, wie das Franzosenkraut oder einige Hirsearten, begünstigt (Schienagel-Delb 2009: 8).

In intakten Naturlandschaften, wie man sie noch zum Teil im Allgäu oder im Schwarzwald vorfindet, sind bei Weitem weniger Neophyten anzutreffen. Wenn man sich dagegen in alten, zum Teil aufgegebenen Industriegebieten, wie in den englischen Midlands, dem Ruhrgebiet oder in Sachsen umschaut, kann man nur staunen über die Vielzahl und Dichte der Neophyten.

Gegenwärtig breitet sich das Drüsige Springkraut in den Wäldern des Allgäus aus und an feuchteren Stellen die Herkulesstaude. Bei genauerer Betrachtung findet diese Besiedlung aber vor allem dort statt, wo unter Einsatz schwerer Maschinen Bäume gefällt wurden, wo Rodung oder Kahlschlag stattgefunden haben. Da finden dann neben Brombeeren auch Pionierpflanzen wie das Drüsige Springkraut einen Halt. Sobald die Bäume nachwachsen, schwindet das Springkraut allmählich wieder.

Wildwachsender Hanf.

Wann kamen sie?

Ungefähr die Hälfte der eingebürgerten Neophyten wanderte in jüngster Zeit ein. Sie sind Neulinge, die erst nach 1899 in Europa Fuß fassten; 25 Prozent kamen sogar erst nach 1962 und 10 Prozent nach 1989. Noch immer wandern weitere Pflanzenarten ein, im Durchschnitt etwas mehr als sechs pro Jahr.

Professor Werner Hempel, einer der besten Kenner der Vegetation Sachsens unterteilt die Neophyten, die nach Europa kamen, in folgende Gruppen (Hempel 2009: 178 ff.):

Altneophyten (1500 bis 1750)

In der Renaissance wandte man sich immer mehr von der mittelalterlichen Spiritualität und dem Bezug zur andersweltlichen Metaphysik ab. Nicht die Engel und die Heilsgeschichte faszinierte, sondern die konkrete hiesige Welt, die sinnliche Natur, die Vermessung und Registrierung der Pflanzen, Tiere und fernen Länder. Nicht die platonische Idee der Rose, oder ihre christliche Symbolik als Blume der Gottesmutter oder als Sinnbild der erlösenden Wunden des Heilands, sondern die Physiologie und die geografische Ausbreitung der Rose wurde für die Gelehrten und Wissenschaftler interessant.

Gutsherren, Adelige und Pfarrer waren begierig, die ungewöhnlichen, äußerst seltenen pflanzlichen Exoten in ihren Gärten und ihren verglasten Orangerien anzubauen. Tulpen, Hyazinthen und Kaiserkronen waren groß in Mode. Zierpflanzen aus Mittel- und Südamerika hielten Einzug in den Gärten: Dahlie,

Fuchsie, Kapuzinerkresse, Monarde und Studentenblume. Aus Nordamerika kamen die Herbstaster und der Phlox, aus Asien der Flieder und der Spierstrauch. Die meisten dieser neu entdeckten Pflanzen blieben brave Gartengewächse und verwilderten nicht. Einige aber, wie die Zweijährige Nachtkerze aus Nordamerika, die 1612 im botanischen Garten zu Padua ausgesät wurde, die Kanadische Goldrute, die als *Virga Aurea virgine* 1632 nach England eingeführt wurde, oder der Schlitzblättrige Sonnenhut *(Rudbeckia laciniata)* wurden zu erfolgreichen Neophyten.

Frühneophyten (1750 bis 1870)

Wir befinden uns im Zeitalter der großen wissenschaftlichen Forschungsreisen. Linnaeus unternimmt als junger Mann naturkundliche Reisen nach Lappland (1732). Kapitän James Cook erkundet die Südsee und Australien (1768 bis 1771) mit Naturforschern wie Georg Forster und Joseph Banks. Banks, der ihn als Botaniker begleitete, sammelte für die Royal Society so viele Knollen, Stecklinge und Samen wie nur möglich. Viele fanden ihren Weg in die Beete und Anlagen der Royal Botanic Gardens in Kew. Sir Joseph Banks, von König Georg zum botanischen Berater für Kew ernannt, führte schätzungsweise bis zu 7000 Pflanzen ein (Angel 1994: 9). Von 1766 bis 1769 umsegelte Louis Antoine de Bougainville mit ihn begleitenden Naturforschern die Welt. Die illustre Gruppe brachte, begeistert von der sexuellen Großzügigkeit der Südseeinsulanerinnen, – nebenbei gesagt – die Syphilis nach Polynesien. Nach seiner Rückkehr nach Frankreich gründete der mitreisende Botaniker Philibert Commerçon einen botanischen Garten. Er benannte die *Bougainvillea,* deutsch Drillingsblume, nach dem Kapitän. Die Drillingsblume, ein Wunderblumengewächs *(Nyctaginacea),* hat inzwischen die tropische und subtropische Welt als »gutmütiger« Neophyt erobert. Für den sonnenhungrigen Mitteleuropäer signalisiert inzwischen seine farbenfrohe Pracht den lang ersehnten Urlaub.

Auch Alexander von Humboldt tat sich als Forscher hervor. Auf seiner langen abenteuerlichen Reise nach Nord- und Südamerika (1799 bis 1804) zusammen mit dem französischen Botaniker Aimé Bonpland sammelte er 60 000 Pflanzen, von denen 6300 bisher unbekannt waren. Die bekannte Forschungsreise des Charles Darwin auf dem Schiff »Beagle« (1831 bis 1836) fällt ebenfalls in diese Zeit.

Diese historische Phase ist auch das Zeitalter des Kolonialismus und des Imperialismus, in der die europäischen Großmächte die Welt eroberten, ausbeuteten und alles, was sie an Exotischem zu bieten hatte, neugierig aufsaugten. Es herrschte eine regelrechte Sammelwut. Kein Schiff verließ die britischen oder holländischen Häfen, ohne dass dessen Kapitän verpflichtet worden wäre, Samen, Wurzeln, Knollen und wenn möglich lebende Pflanzen aus den Kolonien zurückzubringen (Tergit 1963: 90). Die Royal Gardens in Kew wurden auch angelegt, um den botanischen Reichtum des weltumspannenden Imperiums, »in dem die Sonne nie untergeht«, zu dokumentieren. Pflanzenraritäten waren nicht nur interessante wissenschaftliche Objekte, sondern auch so etwas wie Trophäen, ähnlich den Tiger- oder Löwenfellen, die als Läufer vor dem Kamin lagen, oder den taxidermisch präparierten Tierköpfen an den Wänden der Villen der Großwildjäger. Dabei gab es immer wieder Flüchtlinge und Ausbrecher unter den Pflanzen, die sich nicht mit einem kleinen Beet im botanischen Garten begnügen wollten. Die berühmten Kew Gardens, in denen Joseph Banks lange tätig war, waren Ausgangspunkt für viele Neophyten, welche die britischen Inseln und später andere europäische Länder besiedelten. Aus Kew stammen das Franzosenkraut, das im 18. Jahrhundert sein Beet verließ, das Drüsige Springkraut, das 1839 dort entwich, und die verwilderte Pontische Alpenrose *(Rhododendron ponticum)*.

Die besagte Epoche war auch das Zeitalter der Parks und der bukolischen englischen Gärten, in denen man gerne exotische Bäume anpflanzte, wie die nordamerikanischen Roteichen *(Quercus rubra)*, Douglasien *(Pseudotsuga menziesii)*, Sitkafichten *(Picea sitchensis)*, Weymouth-Kiefern *(Pinus strobus)* und die Japanische Lärche *(Larix kaempferi)*, alles prächtige Bäume, die auch gutes Holz liefern, aber immer mehr in Ungnade fallen, da sie »nicht hierher gehören«, wie mir ein lokaler Förster erklärte. Auch der Pontische Rhododendron aus den kaukasischen Bergen, seit 1763 in England, war wegen seiner Blütenpracht ein beliebtes Ziergehölz. Bald entpuppte sich die pontische Schönheit aber als flächendeckender »aggressiver Neophyt«, der inzwischen in Großbritannien hoch oben auf der schwarzen Liste steht und mit aller Härte bekämpft wird. Diese kaukasische Alpenrose ist nur mäßig winterhart; sie gedeiht daher gut im feucht-milden atlantischen Klima der Britischen Inseln, stellt aber im kälteren Mitteleuropa keine Verbreitungsgefahr dar.

Die damaligen Gutsherren und Regierungsbeamten huldigten dem Fortschritt. Sie waren ganz im Sinne der Aufklärung darauf bedacht, die Landwirtschaft von althergebrachten, »abergläubischen« Praktiken zu befreien und die Produktion auf eine rationelle, wissenschaftliche Grundlage zu stellen. Den Import neuer, ertragreicher Nutzpflanzen betrachteten sie als Teil des universellen Fortschritts. Thomas Jefferson, einer der Gründerväter der Vereinigten Staaten, hatte die Vision einer autarken, auf rationeller Landwirtschaft basierenden, demokratischen Gesellschaft. Er erklärte: »Der größte Dienst, den man einem Land tun kann, ist, es mit nützlichen Pflanzen zu bereichern« (Manning 1997: 170). In den Gärten und auf den Feldern seines Landguts Monticello in Virginia experimentierte er mit rund tausend fremden Nutzpflanzen. Er ließ Hopfenklee, Hanf, Straußgras (*Agrostis* spp.) und die Zottige Wicke *(Vicia villosa)* aus England anpflanzen. Das Straußgras wurde einer der wichtigsten Träger des typischen englischen Rasens, den jeder ordentliche US-Bürger um sein Haus anlegen lässt. Auch die mediterrane Esparsette *(Onobrychis viciaefolia)* und Luzerne (Schneckenklee; *Medicago sativa*) ließ er als Futterpflanzen anbauen. Die Luzerne, ein Hülsenfrüchtler mit Stickstoff erzeugenden Knöllchenbakterien, kam ursprünglich aus Persien und wurde von den Söhnen Allahs in der gesamten islamischen Welt bis nach Spanien verbreitet. Im Englischen hat der Hülsenfrüchtler noch immer den spanisch-maurischen Namen *Alfalfa* (arabisch *al-fisfisa,* »frisches Futter«).[9] Der virginische Gentleman-Farmer Jefferson experimentierte auch mit Sesam *(Sesamum indica)* und Mohrenhirse *(Sorghum bicolor),* beide aus Afrika. Die Mohrenhirse (Kaffernhirse, Zuckerhirse) hatten schwarze Sklaven im 17. Jahrhundert aus Afrika nach Amerika gebracht; sie diente zur Herstellung von Melasse und heutzutage von Bio-Sprit. Hinzu kamen asiatische Baumwollpflanzen sowie europäische Gemüse- und Obstsorten. Diese Pflanzen würden, so glaubte er, das freie selbstständige Bauerntum des neuen Staates stärken und eventuell auch den edlen Wilden, den indianischen Ureinwohnern, zugute kommen (Manning 1997: 97). Jefferson war, was die Verbesserung der Landwirtschaft angeht, nicht der Einzige. In ganz Europa experimentierten während dieser Epoche aufgeklärte Gutsherren und Aristokraten mit neuen, exotischen Pflanzen.

Spätneophyten (ab 1870)

Wie wir schon sahen, sind die meisten pflanzlichen Neubürger Spätneophyten. Sie besiedeln vorwiegend verwüstete Industrielandschaften, Schienennetze, Autobahnböschungen und -mittelstreifen und die mit Agrarchemikalien angereicherten, durch den Einsatz schwerer Maschinen und durch das darauffolgende Absterben von Bodenorganismen (Würmern, Kleinlebewesen) verdichteten oder von Ausschwemmung und Erosion betroffenen Böden. Die Invasion dieser Pflanzen ist ein Spiegel unserer Lebensweise, der Verstädterung und der Auswirkung der um sich greifenden Globalisierung. Viele sind Starkzehrer, die gehörige Dosen Stickstoff, Phosphor und Kali vertragen, Pionierpflanzen, die unglaublich viele vitale Samen erzeugen, wie etwa das Aufrechte Traubenkraut *(Ambrosia),* das bis zu einer Million Samen pro Pflanze hervorbringt. Mit solchen schnell keimenden, schnell wachsenden Pflanzen bedeckt die Erde ihre Blöße und versucht, den Boden zu schützen.

9 Die Spanier brachten die Luzerne früh in die Neue Welt; nach Mitteleuropa kam der Schneckenklee erst im 18. Jahrhundert durch die Waldenser aus Italien. Inzwischen ist in Europa eine Bastard-Luzerne *(Medicago varia)* aus der Kreuzung des Schneckenklees mit dem Sichelklee *(M. falcata)* entstanden. Diese Bastard-Luzerne hat den Status als Neophyt erlangt; sie wächst verwildert an Ruderalstandorten. Zudem gibt es eine vom Monsanto-Konzern entwickelte, gentechnisch veränderte Luzernenart. Sie soll *Roundup*-verträglich sein, das heißt, sie wurde so konstruiert, dass sie das Total-Herbizid *Roundup*, das sämtliche Konkurrenzvegetation tötet, verträgt.

Zeitverzögerte Ansiedlung

Nachdem ich erfahren hatte, dass der Japanische Staudenknöterich *(Fallopia japonica)* auch als Heilmittel bei Borreliose eingesetzt werden kann, holte ich mir diesen allseits gefürchteten, »aggressiven« Neophyten in den Garten. Ich hatte mir nämlich, nachdem mich eine infizierte Zecke gebissen hatte, die lästige Spirochäteninfektion eingefangen. Das heißt, eigentlich ging es mir schon viel besser, denn durch guten Zufall oder gute Inspiration war ich auf die Weberkarde *(Dipsacus sativus)* gestoßen. Ein Tee oder eine Tinktur dieser seit dem Altertum bekannten Heilpflanze wirkt blutreinigend, entgiftend und spirochätenwidrig. Nun wollte ich noch meine Genesung vollenden. Eine Kur mit einer Abkochung der harten, rötlich gelben Wurzeln des Staudenknöterichs würde dabei helfen. Das geht auf jeden Fall aus neueren amerikanischen Forschungen hervor (Buhner 2005: 104 ff.). Außerdem fand ich diesen riesigen Knöterich als Pflanze interessant und wollte die saftigen, säuerlichen Frühlingstriebe als Gemüse probieren.

Also setzte ich mir im Herbst eine Wurzel ins Gartenbeet. Im Frühling trieb sie brav ein paar rötlich angehauchte, saftige Triebe hervor, die, als sie größer wurden, etwas an Bambus erinnerten. In den nächsten Jahren waren es einige Triebe mehr, aber die Staude verhielt sich ganz artig. Die herzförmigen Blätter waren attraktiv und die cremefarbigen Blüten im Herbst sehr schön. Von wegen aggressiv wuchernd, dachte ich. Im fünften Jahr jedoch schossen überall in den Gemüsebeeten und unter den Büschen und Stauden in meinem Garten lauter frische Triebe empor. Die Pflanze explodierte förmlich in alle Richtungen. Es war, als hätte sie erst einmal vorsichtig ihre Umgebung abgetastet und geprüft, ehe sie zum Eroberungssprung ansetzte. Nun bereute ich es fast, sie so unbekümmert gepflanzt zu haben, aber mit Jäten und Sensen habe ich sie gut im Griff.

Was hier im Kleinen geschah, geschieht auch im Großen. Die exotischen Gewächse, von Pflanzenliebhabern in botanischen Gärten oder anderswo angepflanzt, verhielten sich in der ersten Zeit meistens recht ruhig, genügsam und keineswegs eroberungsgierig. Es ist, als ob sich der Pflanzengeist, also der Geist der jeweiligen Art, erst einmal vorsichtig an seine neue Umgebung herantastet, als ob er die Bodenbeschaffenheit, das Vorhandensein von Wasser und Nährstoffen, die jahreszeitlichen und klimatischen Schwankungen prüft. Und dann, nach einigen Jahren oder Jahrzehnten des Wartens, kommt es zur plötzlichen, spontanen Vermehrung. Der Einwanderer schlägt los, die Invasion hat begonnen.

Diesen Zeitraum zwischen der ersten Kultivierung und der sprunghaften starken Verwilderung nennt man im wissenschaftlichen Neudeutsch »time lag«. Diese zeitliche Verzögerung ist bei jeder Art verschieden. Beim Kirschlorbeer *(Prunus laurocerasus)*, der aus Kleinasien und dem Kaukasus stammt, dauerte es 319 Jahre – eine ziemlich lange Zeit. Beim Eschen-Ahorn *(Acer negundo)*

Der zarte, saftige Frühlingstrieb des Japanischen Staudenknöterichs.

aus dem nordamerikanischen Waldland immerhin 183 Jahre. Bei der Mahonie *(Mahonia aquifolium)* ging es schneller, nur 38 Jahre. Bei der Spätblühenden Traubenkirsche *(Prunus serotina)*, ebenfalls aus Nordamerika, waren es 29 Jahre nach der Ersteinführung. Bei den echten Pionierpflanzen, den Kräutern, geht es meistens noch viel schneller. (Kowarik 2003: 118) Im Durchschnitt beträgt die Latenzphase bei Bäumen 170 Jahre, bei Sträuchern 131 Jahre. Bei Kräutern höchstens ein paar Jahrzehnte.

Wissenschaftler haben den Invasionsvorgang in folgende vier Phasen gegliedert (Nentwig 2010:15):

1. Einfuhr

Die meisten eingeführten Fremdpflanzen verharren in dieser Phase. Sie sind vom Menschen abhängig, brauchen seinen Schutz und seine Pflege. Als *Epoikophyten* (griechisch *epoikos*, »Ankömmling«) bezeichnen die Botaniker jene Pflanzen, die in historischen Zeiten eingewandert sind und auf von Menschen geschaffene Standorte angewiesen sind. *Ephemerophyten* (griechisch *ephemérios*, »nur einen Tag lebend«) sind dagegen jene Pflanzen, die vereinzelt als »vorübergehende Gäste« in Hafengeländen, auf Bahnumschlagplätzen, Mülldeponien oder rund um Vogelfutterkästen wachsen. So keimte und wuchs bei unserem Haus unter dem Vogelfutterkasten das Beifußblättrige Traubenkraut, konnte sich aber nicht halten und vermehren, da das Klima im Allgäu im Sommer zu kalt und zu feucht ist. Es braucht das Kontinentalklima mit heißen Sommern und kalten Wintern. Es war hier eben nur ein Ephemerophyt, ein Gast.

Letztes Jahr schickte mir Rainer, der Apotheker auf Wangeroog, das Foto eines blühenden Krautes mit einem Zepter aus kleinen, grünlich gelben, kurzgestielten Blüten, das die Insel zu überwuchern scheint. Frank Brunke konnte ihm bestätigen, dass es sich um eine Bischofskappe *(Mitella caulescens)* handelt, und zwar eine, die an der amerikanischen Nordwestküste und in den Rocky Mountains heimisch ist. Eine Bergpflanze, ein Steinbrechgewächs, das sich auf einer Nordseeinsel verbreitet! Ein neuer, noch nicht erkannter Neophyt? Oder nur ein vorübergehender Gast? Und wie gelangte er überhaupt auf die Insel? Ob sich eine solche *Adventivpflanze* (lateinisch *advenire*, »hinzukommen«) nur vorübergehend etabliert oder ob sie sich großflächig auszubreiten vermag, lässt sich nie genau vorhersagen.

Eine befreundete Botanikerin aus Österreich, die auch etwas von einer Kräuterhexe an sich hat, zeigte mir ihre Sammlung nordamerikanischer Pflanzen. Viele meiner alten botanischen Gefährten aus Ohio fand ich da in ihrem Garten. Auch der Giftsumach *(Rhus toxidendron)*, der berüchtigte *Poison Ivy*, war dabei. Ich mochte ihn, nicht nur weil er mir nie etwas angetan hatte, sondern auch weil er damals viele lästige Menschen aus meinem grünen Reich ferngehalten hatte. Jeder Amerikaner kennt und fürchtet Poison Ivy; fast jeder kennt den warnenden Spruch: »*Shiny leaves three. Let them be!*« (»Der glänzenden Blätter drei, lass sie in Ruhe!«). Schon eine kurze Berührung kann bei Menschen mit empfindlicher Haut stark juckende, wässrige Ausschläge hervorrufen. Gerade deswegen hat die Botanikerin den Giftsumach in die Hecke gesetzt, die ihren Garten von dem Dorfkirchplatz trennt. Sie erzählte, dass jeden Sonntagmorgen, wenn die Dorffrauen in der Kirche waren, die Männer in der Dorfkneipe warteten und einige Maß Bier tranken. Wenn der Blasendruck zu groß wurde, entleerten sie diese gerne gegen ihre Hecke. Deshalb habe sie den rankenden Giftsumach in die Hecke gesetzt.

»Wenn sie ihren Pimperl in die Hecke hängen, könnte das dramatische Folgen haben!« grinste sie schadenfroh.

»Ja, und wenn sich nun dieses Gewächs verbreitet, also wenn es zu einem Neophyten wird?« fragte ich. »Das wäre doch denkbar.«

Sie schüttelte den Kopf. Das glaube sie nicht. Die Pflanze sei schon mehrere Jahre da und habe keine Anstalten gemacht, sich weiter zu verbreiten.

Schön wäre es. Aber wer weiß, vielleicht lauert der Giftsumach nur. Vielleicht prüft er nur die Situation. In Bayern, in Dachau, hatte man 2009 das gefürchtete Sumachgewächs tatsächlich wild wachsend gefunden und – selbstverständlich – gleich ausgerottet.

2. Etablierung und Anpassung

Zögernd tasten sich die Pflanzen an den neuen Lebensraum heran, machen Bekanntschaft mit den klimatischen Verhältnissen, mit Jahresdurchschnittstemperaturen, mit dem Bodenleben. Manche schaffen mit ihren Wurzelausscheidungen einen Boden, der ihnen behagt. Oder sie vertreiben mit ihren Ausdünstungen oder Wurzelsekreten andere Pflanzen – ein Vorgang, den die Biologen *Allelopathie* nennen. Man vermutet, dass das bei der Spätblühenden Traubenkirsche der Fall sein könnte. Auch bei der Rosskastanie, dem Götterbaum, der Schwarzen Walnuss und beim Zackenschötchen *(Bunias orientalis)* scheint das zuzutreffen (Kowarik 2003: 284). Mit Hilfe von Knöllchenbakterien (Rhizobien), die ihre Wurzeln besiedeln, reichert die Robinie den Boden mit Stickstoff an, was für Kräuter, die magere Böden bevorzugen, unangenehm wird.

Die Anpassung des Neophyten an seine neue Umwelt kann auch genetisch geschehen. Das führt dazu, dass sich allmählich lokale Rassen bilden, die sich von ihren Artgenossen im Ursprungsland leicht unterscheiden.

3. Invasion

Wenn die zweite Phase erfolgreich durchlaufen ist, wenn die Art also eine gewisse »Infektionsgröße« (!) erreicht hat und die Schwelle »der minimalen überlebensfähigen Population« überschritten ist, kann es zu einer plötzlichen rapiden Vermehrung kommen. So etwas haben wir hierzulande in den letzten fünfzig Jahren mit der Herkulesstaude und dem Indischen Springkraut erlebt. An diesem Punkt bekommen viele Naturbeobachter Panik. In den Medien heißt es dann: Pflanzliche Invasoren nehmen überhand. Es muss dringend etwas unternommen werden! Politik und Staat sind gefordert. Diese Panik macht auch vor einigen Biologen und Botanikern nicht halt. So forderte an der Tiroler Grünraum-Tagung in Südtirol (Oktober 2010) eine Expertin Maßnahmen gegen die Kanadische Goldrute, denn wenn man nichts unternehme, würde die Landschaft bald eintönig gelb aussehen. Dabei geht vergessen, dass wir es mit biologischen Prozessen zu tun haben. Da gibt es kein automatisches Anwachsen, keine Schneeballeffekte, ohne dass sie nicht durch Rückkopplungsmechanismen gebremst werden. In lebenden Systemen, in jedem Ökosystem besteht die Tendenz zur Gleichgewichtsfindung.

4. Sättigung, biologische Einbindung

Naturprozesse verlaufen in Zyklen, in Kreisläufen, in Pendelschlägen des Zu- und Abnehmens. Es wird immer die Homöostase angestrebt. Ein ungebremstes, exponenzielles Wachstum ist kaum möglich; so etwas findet nur in den Anfangsstadien statt. Dann stößt das Wachstum an Grenzen, es findet eine Sättigung statt.[10] Das ist selbstverständlich auch bei den Eroberungszügen gewisser Neophyten der Fall. Wenn die ökologische Nische gefüllt ist, ist ihre Expansion zu Ende. Überhaupt pendeln sie sich dann in dem betreffenden Biotop ein. Auch die Saatwucherblume hat sich nach einer bedrohlichen Ausbreitungsphase im 17. und 18. Jahrhundert gut eingependelt, und kein Bauer regt sich mehr über sie auf (siehe dazu auch Seite 60).

Ein weiteres Beispiel ist die Kanadische Wasserpest *(Elodea canadensis)*, die, mit Holztransporten aus Kanada eingeschleppt, erstmals im Jahr 1836 in Irland erschien und dann ausgehend von den botanischen Gärten zu einem Eroberungszug der europäischen Gewässer ansetzte. Interessanterweise hat nur die weibliche Pflanze den Sprung über den Atlantik geschafft. Das Froschbissgewächs vermehrte sich vegetativ, und zwar so erfolgreich, dass es alle Wasserwege, Teiche und Kanäle zu verstopfen und Schleusentore zu blockieren drohte. Der Heimatdichter Hermann Löns schrieb im »Hannoverschen Tageblatt« (9. Oktober 1910) über diese grüne Pest: »Es erhub sich überall ein schreckliches Heulen und

10 Diese Regel gilt für alle Lebewesen, auch für Bakterien und Fliegen, die potenziell eine schier unvorstellbare Vermehrungsfähigkeit haben. Es gilt auch für die CO_2-Konzentration in der Luft, denn je mehr von diesem Spurengas vorhanden ist, desto schneller wachsen die Pflanzen, für die Kohlendioxid ein Lebenselixier ist, und binden es in ihre Gewebe ein. Letztlich gilt es auch für die Weltbevölkerung: Wenn die Ressourcen, insbesondere das fossile Erdöl, knapp werden, wird sich die extrem hohe Bevölkerungszahl der Menschen kaum aufrechterhalten lassen.

Zähneklappern, denn der Tag schien nicht mehr fern, da alle Binnengewässer Europas bis zum Rande mit dem Kraute gefüllt waren, sodass kein Schiff mehr fahren, kein Mensch mehr baden, keine Ente mehr gründeln und kein Fisch mehr schwimmen konnte.« Noch Anfang der 1950er Jahre glaubte man das. Ich kann mich gut daran erinnern, wie uns der Lehrer in der Grundschule in Oldenburg im Naturkundeunterricht und bei Schulausflügen das Kraut zeigte und uns einbläute, welch schreckliche Bedrohung es sei. Inzwischen erregt die Wasserpest, die sich einst so explosiv vermehrte, kaum mehr Aufmerksamkeit. Sie ist selten geworden. Hier und da sieht man sie friedlich neben anderen Wasserpflanzen wachsen.[11] Zudem ist sie zur beliebten Aquariumpflanze geworden, die nicht nur hilft, das Wasser sauber zu halten, sondern es auch mit Sauerstoff anreichert.

Was war geschehen? Der Evolutionsbiologe Josef Reichholf fand die Antwort. Wasserpest, Tausendblatt, Laichkräuter und andere Wasserpflanzen, die einst die Gewässer zu verstopfen drohten, waren nicht einfach wegen ihrer überbordenden Vitalität da, sondern weil sie die passenden Umweltbedingungen vorfanden: Überdüngung der Gewässer mit Waschmittelrückständen, Phosphaten und Nitraten. Seitdem die Gewässer sauberer geworden sind, zum Teil, weil man Phosphate und Schaumbildner (Tenside) aus den Waschmitteln entfernte und die Kläranlagen verbesserte, entzog man ihnen die Basis. Da diese Pflanzen aber auch gute Weiden für Schwäne, Blässhühner, Schnatterenten und einige Fische sind, nehmen deren Bestände ebenfalls ab. Auch das Schilf *(Phragmites communis)*, das die Ufer vor Wellenschlag schützt und Lebensraum für Kleinfische, Frösche und Vögel bietet, ist aus diesem Grund vom Rückgang betroffen. (Reichholf 2009: 89–92)

Die meisten invasiven Arten, die heutzutage eine hysterische Abwehrreaktion auslösen, waren schon im 19. Jahrhundert in Mitteleuropa anwesend. Warum wurden sie aber erst nach dem Zweiten Weltkrieg, in den 1950er Jahren und noch mehr nach 1970 zu einem Problem? Die Kanadische Goldrute zum Beispiel wurde um 1630 nach Europa gebracht und in botanischen Gärten und Liebhabergärten gezogen, aber erst nach dem Krieg, in den Schutt- und Trümmerlandschaften, begann sie zu verwildern und sich schlagartig zu verbreiten (Krausch 2003: 445). Auch die Riesen-Goldrute, die 1758 als Zierpflanze nach Westeuropa kam, hat sich erst in jüngster Zeit massiv verbreitet. Das aus dem westlichen Himalaja stammende Indische Springkraut gelangte 1839 nach England und 1854 nach Deutschland. Noch 1939 wurde es im Kreis Cottbus als ausgesprochene Seltenheit dörflicher Gärten registriert (Krausch 2003: 228). Erst in

11 Zurzeit macht eine Verwandte der Kanadischen Wasserpest von sich reden, die Schmalblättrige Wasserpest *(Elodea nuttallii)*, ebenfalls aus Nordamerika, die sich in Nordwestdeutschland, Holland und dem Rheingebiet ausbreitet.

Der Schrecken der Binnenschiffer: die Kanadische Wasserpest.

den 1980er Jahren kommt es zu einer massiven Verbreitung entlang der Wasserläufe. In nur sechzehn Jahren war in Niedersachsen eine Zunahme von neunzig Prozent zu verzeichnen. In der Zeit hat sich auch der Bestand der Herkulesstaude, des Riesen-Bärenklaus, verdreifacht. Auch der Sommerflieder *(Buddleja davidii)*, erstmals 1928 auf einer Kiesbank im Rhein entdeckt, verbreitete sich massenhaft erst nach dem Krieg. Und der Topinambur, der 1607 aus der amerikanischen Prärie nach Frankreich gelangte, begann erst neulich seine Karriere als verwilderte Pflanze.

Die Antwort auf die Frage, warum es zu dieser plötzlichen explosiven Vermehrung von fremden Pflanzen kam, ist wiederum in den Umweltbedingungen zu suchen. Pflanzen sind, wie Rudolf Steiner bemerkte, perfekte Spiegel ihrer Umwelt, und diese Umwelt hat sich in der Neuzeit drastisch verändert durch:

Urbanisierung: Bevölkerungsdichte und Konsumansprüche haben stark zugenommen. Städte und Verkehrsadern wuchern in die Landschaft hinein und verursachen massive Veränderungen in den natürlichen Lebensräumen. Viele Neophyten sind Pionierpflanzen und Lückenbüßer auf geschädigten, zerwühlten oder planierten Böden.

Intensivierung der Landwirtschaft: Schwere Maschinen verdichten die Böden. Das Ökosystem wird mit Nährstoffen, Pestiziden, Fungiziden, Herbiziden und Verbrennungsabgasen gesättigt. Pflanzen, wie die Herkulesstaude und das Indische Springkraut, verschlingen den Stickstoff, der zum Beispiel von überdüngten Mais- und Rapsfeldern ausgeschwemmt wird. Das Springkraut verdrängt keine seltenen Pflanzenarten, weil diese fast ausnahmslos auf nährstoffarmen Standorten vorkommen. Über die Luft oder direkt kommen zwischen dreißig und fünfzig Kilogramm Stickstoffdünger pro Jahr und pro Hektar auf die Böden Mitteleuropas (Reichholf 2009: 102). Intensive Monokulturen, wie die endlosen Mais-, Raps- oder Sojabohnenfelder, oder auch die eintönigen Kiefernforste und Fichtenplantagen stellen eine Störung der natürlichen Landschaft dar. Herbizide, wie Simplex oder Tristar, die selektiv zweikeimblättrige Unkräuter wie Ampferarten, Kratzdistel oder die Große Brennnessel vernichten sollen, oder auch das Breitband-Herbizid Roundup, das vom Monsanto-Konzern für genetisch veränderte Monokulturen geschaffen wurde, sind nicht nur schädlich für Amphibien, Fische und Insekten, sondern sie verändern die Ökologie insgesamt. Es sind diese Faktoren, nicht die Neophyten, welche die Artenvielfalt Europas bedrohen. In Europa sind regional einheimische Pflanzen ausgestorben, aber bisher ist noch keine einzige von Neophyten völlig verdrängt worden.[12] (Lütt 2004)

Klimawandel: Über lange Zeiträume verändert sich das Klima. Nach der mittelalterlichen Warmzeit, in der Feigen und Esskastanien im Rheinland wuchsen und Wein sogar in Nordengland und Preußen angebaut wurde, folgte eine Phase der Abkühlung. Das war die sogenannte Kleine Eiszeit, die vom Anfang des 14. Jahrhunderts bis weit in die erste Hälfte des 19. Jahrhunderts reichte und zu Ernteausfällen (Mutterkornbefall) und Seuchen führte. Danach wurde, mit Unterbrechungen, das Wetter wieder wärmer (Blüchel 2007: 30 f.). Seit dem Jahr 2000 stagnieren die Temperaturen wieder. Nach neusten wissenschaftlichen Erkenntnissen ist vor allem die Sonnenaktivität, der Sonnenwind mit seiner Wirkung auf das Magnetfeld der Erde, für die Schwankungen verantwortlich – je mehr Sonnenflecken, umso intensiver die Strahlkraft und umso höher die Temperatur (Lüdecke 2010: 67). Selbstverständlich reagiert die Vegetation darauf. Wird es wärmer, dann erweitern die Pflanzen ihr Ausbreitungsgebiet (Areal) nach Norden; wird es kälter, rücken sie nach Süden vor. Aber es gibt noch einen weiteren Faktor: Mit der zunehmenden Verstädterung hat sich für viele wärmeliebende Pflanzen in den Asphalt- und Betonwüsten zwischen den Häusermeeren ein günstiges *Mikroklima* gebildet.[13] Rund achtzig Prozent der Weltbevölkerung leben heute in Städten. Mit seiner Dunstglocke, den Wärme speichernden dunklen Asphaltflächen und mit Gemäuern, die vor Wind schützen und sich bei Sonneneinstrahlung leichter aufheizen, begünstigt der urbane Lebensraum jene Pflanzenarten, die natürlicherweise weiter im Süden leben würden. Im Stadtzentrum kann die Tagestemperatur um bis zu zehn Grad Celsius höher liegen als im nicht bebauten Umland; auch die Jahresmitteltemperatur kann um bis zu zwei Grad höher sein (Schulte 1984: 7). Das hat alles nichts mit dem »Klimawandel« zu tun, der heute die Gemüter erregt. Zu den wärmeliebenden Neophyten, die man häufig in den Städten antrifft, gehört der balsamisch duftende Klebrige Gänsefuß oder Traubengänsefuß *(Chenopodium botys)* und der Natternkopf *(Echium vulgare)*, beide aus dem Mittelmeerraum, der Färber-Wau *(Reseda luteola)* aus dem östlichen Mittelmeerraum, das Zottige Franzosenkraut aus Peru oder die Mäusegerste *(Hordeum murinum)* aus Kleinasien.

Wie schon erwähnt, pendeln sich die Neubürger in das vorhandene Lebensnetz, in die ökotopischen Zusammenhänge ein. Das setzt ihrer Verbreitung Grenzen. Nach der invasiven Phase flaut die Population ab. Es gibt bereits Berichte, dass das Drüsige Springkraut im Rückgang begriffen ist. Auf jeden Fall werden Populationen, die sich im Wald auf frischen Kahlschlägen massiv verbreitet haben, anschließend durch die nachwachsende Baumvegetation wieder in kleinere Nischen zurückgedrängt.

Zu Anfang ihrer Besiedlung haben die Neophyten oft kaum Fraßfeinde. Keine Raupen, Käfer, Milben, Parasiten oder Krankheiten rücken ihnen zu Leibe. Irgendwann folgen diese aber. Es ist ein Naturgesetz: Jedes substanzbildende, aufbauende, Kohlenstoff assimilierende Pflanzenwesen wird von einem (oder mehreren) entsprechenden abbauenden, dissimilierenden Tierwesen in Schach gehalten. Oder, um es in der Sprache Rudolf Steiners und der Sichtweise der biologisch-dynamischen Landwirtschaft auszudrücken: Jeder Ausdruck der ätherischen Lebenskraft wird begleitet von seinem astralen Gegenstück. Nachdem zum Beispiel die Kartoffel im 16. Jahrhundert in Europa eingeführt worden war, holte sie um 1840 herum die Braunfäule *(Phytophthora infestans)* ein. Diese Pilzerkrankung kam ebenfalls aus Amerika. Als Folge der Kartoffelfäule kam es zu sozialen Unruhen in Europa, etwa zur »Kartoffelrevolution« in Berlin (1847) und zur großen irischen Hungersnot, die zur Halbierung der Bevölke-

12 Das gilt auch für Nordamerika: »Nicht eine einzige Pflanzenart wurde in den Staaten durch Neophyten ausgelöscht.« (Scott 2010: 60) Und das, obwohl zwanzig Prozent der nordamerikanischen Flora inzwischen aus neophytischen Pflanzen besteht.

13 Entgegen der verbreiteten Meinung, dass auf dem Land eine größere Artenvielfalt herrsche, sind brachliegende Bahnanlagen und extensiv gepflegte Grünflächen rund um öffentliche Gebäude, Kirchen, Friedhöfe und Spitäler, verlassene Hinterhöfe und Fabrikgelände mit mehr als 80 Wildarten pro Hektar relativ reichhaltig. Im Gegensatz zu den bis an den Straßenrand gemähten, mit Unkrautvertilgern gespritzten und sonstwie malträtierten Agrarzonen, wo vielen Wildpflanzen und Tieren die Lebensgrundlagen entzogen werden, erweisen sich Teile der Städte als echte Überlebensinseln und Rückzugsgebiete für Flora und Kleinfauna (Eidechsen, Käfer, Schmetterlinge usw.). (Schulte 1984: 10)

rungszahl Irlands führte. 1922 folgte der Kartoffelkäfer, der sich über die Erdäpfelpflanzen und auch über andere Nachtschattengewächse wie das Bilsenkraut hermachte. Die Rosskastanie *(Aesculus hippocastanum)* aus dem südlichen Balkan und aus Kleinasien wurde in der Barockzeit zum Modebaum, der in fürstlichen Parks und Alleen und später als Schattenspender in Biergärten angepflanzt wurde (Storl 2009a: 231). Der Baum wurde 1984 von der aus Mazedonien stammenden Miniermotte heimgesucht. Die Robinie, ein Baum, der wertvolles Holz liefert und eine hervorragende Bienenweide ist, kam 1623 aus Nordamerika; die Robinien-Miniermotte folgte erst 1983. Dem Götterbaum aus China folgte der Ailanthus-Seidenspinner *(Saturnia cynthia)*, dem Kleinblütigen Springkraut aus Ostasien rückte 1969 die Blattlaus *(Cumminsiella mirabilissima)* zu Leibe, die ihrerseits eine gute Futterquelle für die Schwebefliege ist; und die schöne Mahonie wurde erst hundert Jahre nach ihrer Einführung von dem Mahonienrost eingeholt (Kowarik 2003: 254, 249). Beispiele dieser Art gibt es viele. Oft werden fressende Insekten oder die Parasiten neophytischer Pflanzen absichtlich als biologische Bekämpfungsmaßnahme eingeführt. Da man aber niemals alle Vektoren, alle Auswirkungen vorhersagen kann, gehen solche Eingriffe manchmal schief und schaffen neue Probleme.

Die Zehnerregel

Von all den Pflanzenarten, die absichtlich eingeführt oder unabsichtlich eingeschleppt werden, haben die wenigsten eine Chance, sich festzusetzen und zu vermehren. Meistens ist es das Klima, das dies verhindert; es ist zu kalt, der Frost tötet sie ab, oder aber es ist zu feucht oder zu trocken. Höchstens ein Zehntel hat eine Chance, eine passende ökologische Nische oder Lücke zu finden; neunzig Prozent verschwinden wieder. Von diesen zehn Prozent kann sich wiederum nur ein Zehntel dauerhaft halten. Und von diesen wiederum werden zehn Prozent zu problematischen Neophyten. Das heißt, von tausend eingeführten Pflanzenarten entwickelt sich nur eine Art zum Problemfall.

Diese Faustregel, die der Botaniker Wolfgang Kunik einführte, bedeutet für Europa, dass von den etwa 50 000 eingeführten Gefäßpflanzen – dazu werden all die Arten der botanischen Gärten und des Florenhandels mitgerechnet – etwa 50 spezifisch bekämpft werden (Haensel 2005: 13). In Großbritannien werden 12 500 Neophyten gezählt, von denen 1640 spontan in der freien Natur auftreten, 210 als eingebürgert gelten und 34 Arten als irgendwie problematisch definiert werden.

Der Kostenfaktor

Immer wieder hört man von enormen finanziellen Schäden, die von den Neophyten verursacht werden. Wuchernde Fremdflora vermehrt die Kosten des Pflegeaufwands (Mähen, Schneiden, Roden, Spritzen, Entsorgen) entlang der Strassen und Eisenbahnstrecken; an Flüssen und Kanälen beeinträchtigen sie den Hochwasserschutz; im Forst verhindern sie auf Schlagflächen die Naturverjüngung; auf Feldern und Weiden setzen sie die Produktivität herab; durch toxische Bestandteile bedrohen sie das Weidevieh; und auch bei den Menschen verursachen sie durch Giftwirkung oder Pollenflug große gesundheitliche Schäden. Allein der Riesen-Bärenklau verursacht angeblich in Deutschland Gesundheitsschäden von rund 12 Millionen Euro pro Jahr, die Beifuß-Ambrosie (Beifußblättriges Traubenkraut) von schätzungsweise 32 Millionen Euro jährlich.[14] Die Bekämpfungskosten in der Bundesrepublik allein für den Japanischen Staudenknöterich belaufen sich auf 6,2 Millionen Euro pro Jahr; dazu verschlingt die nachfolgende Ufersicherung weitere 16,7 Millionen Euro (Haensel 2005: 11). Insgesamt verursachen die Neophyten angeblich Kosten in Milliardenhöhe. Nach einem Bericht der Cornell University verschlingt der Kampf gegen die pflanzlichen Invasoren 34,7 Milliarden Dollar (Scott 2010: 75). Eine andere hochkarätige Gruppe von Experten beziffert die Verluste auf zwischen 125 und 150 Milliarden Dollar (McNeely et al. 2001). In den USA werden die jährlichen finanziellen Verluste durch invasive Organismen (Pflanzen, Tiere, Mikroben) auf insgesamt 138 Milliarden Dollar berechnet (Pimentel et al. 2005: 273–288) – man lasse sich das auf der Zunge zergehen: hundertachtunddreißigtausend Milliarden.

Wenn man aber die Fachliteratur genau durchkämmt oder im Internet sucht, stößt man auf ganz unterschiedliche Bezifferungen der angeblich von den Neophyten verursachten Schäden und man erkennt, dass die Daten eher grobe Schätzungen sind. Bei den horrenden Summen, die kursieren, wird man den Verdacht nicht los, dass der geschätzte wirtschaftliche Schaden so hoch wie möglich angesetzt wird. Es wird der Teufel an die Wand gemalt. Je akuter man die Gefahr für das Gemeinwohl und für die Wirtschaft darstellen kann, umso mehr können die Hersteller von Herbiziden profitieren[15], umso mehr Forschungsaufträge werden erteilt und umso sicherer und einträglicher werden die Subventionen für Umweltämter und Universitätsinstitute sein.

14 www.naturtipps.at/neophyten.html.

15 Hauptprofiteure der Neophyten-Hysterie sind multinationale Chemieriesen wie BASF, Dow Chemical, Monsanto, Bayer, Syngenta, Valent, Isagro, FMC, Dupont, Chemtura, Arysta u.a. Die Kampagne steigert den Umsatz von Herbiziden. Jährlich werden Herbizide im Wert von über zehn Milliarden Dollar verkauft (Scott 2010: 76–80).

*Traue nicht dem Ort,
an dem kein Unkraut wächst!*

Unbekannter Verfasser

*Unkraut ist die Opposition
der Natur gegen die Regierung
der Gärtner.*

Oskar Kokoschka

GUTE PFLANZEN, BÖSE PFLANZEN

Das Aufzählen von Fakten und Messdaten genügt nicht, um ein Phänomen wie das der sogenannten pflanzlichen Invasoren zu verstehen. Menschen brauchen Bilder, Geschichten, Mythen und Sagen, um die Daten einzuordnen und ihnen Sinn zu geben. Wir sehen das zum Beispiel in der Medizin. Da muss ein Modell, ein Gesamtbild her, um die komplexen Zusammenhänge der körperlichen Phänomene, das Zusammenwirken der Organe zu verstehen. In der westlichen Medizinwissenschaft bietet sich dafür das Bild der Maschine an. Sind wir gesund, läuft die Maschine wie geschmiert; sind wir krank, gibt es Probleme mit dem Energienachschub, mit Verschleiß, Fehlfunktionen und dergleichen, muss die Maschine repariert und müssen notfalls defekte Teile ersetzt werden. In der Zeit der Aufklärung war es die aufgezogene tickende Uhr, die als Erklärungsmuster herangezogen wurde. Dann, im 19. Jahrhundert wurde die Eisenbahnlokomotive zum Modell. Damit konnte man die energetischen Gesetze der Körperfunktionen besser erklären. Uns wird das Bild aus der neusten Technologie entlehnt: Wir sehen uns als hochkomplexe, kybernetisch vernetzte, selbstregulierende Apparate, mit einem Computer als Hirn. Zuvor, in der Renaissance, bediente man sich eines anderen Modells. Der Makrokosmos selbst, die Rhythmen der Natur, das Wetter, die Jahreszeiten, der Lauf der Planeten lieferten die Erklärung: Der Mensch ist ein Mikrokosmos, ein kleines Universum, in dem dieselben Gesetze und ähnliche Rhythmen am Werk sind wie in der großen Natur. Krankheiten wie auch die heilenden Kräuter und Mineralien wurden auf Grundlage dieses Modells nach ihrer planetarischen Signatur gewählt, und Ärzte waren bewandert in astrologischen Zusammenhängen. In der chinesischen Medizin wird der gesunde menschliche Körper mit einer harmonischen Landschaft im Einklang mit den Jahreszeiten verglichen. (Storl 2009a: 9)

Auch um das Leben und Wesen der Pflanzen zu verstehen, brauchen wir Bilder und Modelle. In den Schulbüchern lernen wir sie als relativ simple, gengesteuerte, zellulare, geist- und seelenlose Gebilde kennen, die sich durch Zufallsmutationen zu höherer evolutionärer Komplexität weiterentwickelt haben und die Fähigkeit besitzen, aus anorganischen Stoffen organische aufzubauen. Das ist die offiziell anerkannte Sichtweise. Um herauszufinden, was für Stoffe sie enthalten, werden sie in Labors analysiert und vielleicht an Versuchstieren getestet. Andere Völker, andere Kulturen haben da ganz andere Sichtweisen. Die Cheyenne-Indianer, mit denen ich einige Zeit verbrachte, verstehen die Pflanzen als »grünes Volk«, mit dem man im nichtalltäglichen, außergewöhnlichen Bewusstseinszustand kommunizieren kann. Pflanzen sind in der Sichtweise dieser Indianer nicht passive, primitive Lebensformen, sondern weisheitsvolle Wesen, die ihrerseits Kontakt mit den Menschen aufnehmen können. Sie können in den Träumen der Menschen auftauchen oder ihm in Visionen erscheinen; sie können ihm ihre Freundschaft anbieten, ihre Heilkräfte offenbaren oder andere nützliche Botschaften vermitteln. Für die amerikanischen Ureinwohner, die im Besitz einer effektiven Pflanzenheilkunde sind, ist das nicht nur Fantasie oder Einbildung, sondern erfahrbare Wirklichkeit.

Auch die traditionelle indische Kultur hatte ein anderes Bild von der Pflanzenwelt. Die ruhig vor sich hin wachsenden Gebilde werden als Wesen in tiefster Versenkung geschildert. Diese Versenkung ist so tief, dass sie sich wie der Yogi im *Samadhi* (Tiefentrance) kaum bewegen. In ihrer Meditation nehmen sie die Schwingung, den Klang der Sonne auf und verwandeln diese in jene Lebenskraft, die alle anderen Lebewesen auf Erden ernährt. Die grünen, wachsenden, blühenden Pflanzen, die sich unseren Sinnen darbieten, sind Ausdruck hoher göttlicher Wesenheiten. Sie sind die lebendigen, auf der materiellen Ebene manifestierten Körper der lichthaften *Devas,* der Pflanzenarchetypen.

Jede Kultur hat also ihr eigenes Bild von der Wirklichkeit, lebt darin, handelt danach und glaubt, es sei die Wirklichkeit an sich. Wir modernen Menschen sind da nicht viel anders. Auch wir sind überzeugt, dass das von unserer Naturwissenschaft geprägte Bild der Wirklichkeit am nächsten kommt, gerade eben weil es durch fortschreitende Erkenntnis immer wieder revolutioniert wird. Wir sind stolz darauf, zugeben zu können, dass wir (noch) nicht zur allerletzten Wahrheit vorgedrungen sind. Wir sind aber überzeugt, die allerbeste Methode zur Wahrheitsfindung zu besitzen. Dieser Glaube ist nicht ganz neu. Es ist nicht allzu lange her, da waren wir uns sicher, dass die Bibel, das Wort Gottes, uns eine absolut sichere Erkenntnisgrundlage bietet, und sahen es als unsere Aufgabe an, alle anderen Völker davon zu überzeugen. Als Völkerkundler habe ich meine Zweifel, was den Anspruch auf Wahrheit und Wirklichkeit betrifft. Auch unsere Sichtweise ist eine Imagination, ein Produkt unserer Kultur und unseres Zeitgeistes. Die objektive, experimentell gesicherte, wissenschaftliche Sichtweise ist nur eine unter vielen möglichen. Sie ist unser Mythos.

Man mag sich fragen, was diese erkenntnistheoretischen Überlegungen in einem Buch über Neophyten zu suchen haben. Es liegen doch wissenschaftlich geprüfte Fakten und Messdaten zum Thema Arealverschiebungen bestimmter Pflanzen, zu Populationsgrößen und zu den durch die Neophyten verursachten Schäden vor. Die Frage jedoch, die wir hier stellen, ist: Wie gehen wir mit den Daten um? Welches Bild machen wir uns von dem Wandel in der Natur, der uns das Phänomen der Neophyten beschert? Meistens werden diese pflanzlichen Wanderer als Bedrohung gesehen, als Kostenfaktor und als Gefährdung der einheimischen Flora. Vielleicht kann man diese zugewanderten Pflanzen auf eine andere Weise verstehen, und nicht nur als aggressive, bedrohliche Eindringlinge. Vielleicht würden andere Bilder und Erklärungsmodelle uns besser dienen.

Die Mythen und Bilder, die eine Kultur tragen und die Grundlage des Handelns und Denkens bilden, sind den meisten Menschen nicht bewusst. Sie gelangen in der frühkindlichen Erziehung, durch das Vorbild der Älteren und auch durch die Geschichten, die erzählt werden, in unsere Seelen. In diesen Geschichten schwingt das ganze morphogenetische Feld der Gesellschaft und Kultur mit.

Auch wenn uns die Grundannahmen, die uns tragen, meistens unbewusst sind, haben sie dennoch eine Wirkung darauf, wie man die Welt erlebt, wie man in ihr handelt und mit ihr umgeht. Sie beeinflussen damit auch, was wir über zugewanderte Pflanzen denken und wie wir mit ihnen umgehen. Potenziell könnte man die sogenannten Neophyten etwa sehen als:

- Kinder der Mutter Erde, wie auch wir es sind, als unsere Verwandten also,
- neue Freunde, mit Nektar und Pollen als Geschenk für die Insekten, Futter und Samen für Vögel und andere Tiere und als Vermittler von Heilkräften für uns Menschen,
- Boten des Wandels, die uns aus der Starre erlösen und uns lehren, dass alles im Fluss ist,
- der Naturgöttin oder Mutter Erde neues Kleid,
- invasive »Aliens«, die uns und die Umwelt bedrohen und finanzielle Unkosten verursachen.

Es scheint, dass sich die zuletzt erwähnte Möglichkeit in den Köpfen der meisten Biologen und »Naturschützer« festgesetzt hat und dass demzufolge ein Kampf gegen diese fremden Eindringlinge entbrannt ist, der mit scharfen Waffen geführt wird. In den Labors werden immer neue Generationen von chemischen Unkrautvernichtern entwickelt, denn, wie es sich herausstellt, sind diese Pflanzen – oft sind es Pionierpflanzen – äußerst vital und anpassungsfähig. Sie werden schnell resistent gegenüber unseren Herbiziden. Jede Waffe kommt gelegen. Man rückt mit eingeführten Fressfeinden, Parasiten, Mehltau und Krankheiten gegen sie vor – wobei man meistens nicht weiß, was für weitere Auswirkungen diese wiederum auf die Umwelt haben. Wenn das nichts hilft, geht man mit brachialer Gewalt, mit Flammenwerfern, Bulldozern, Hacken, Macheten, heißen Dämpfen, Mikrowellenbestrahlung und kontrollierten Flächenbränden gegen die »heimlichen Eroberer« vor. Man träumt von gentechnologischen Mitteln, um sie eines Tages unter Kontrolle zu bringen. An synergistische Nebeneffekte wird dabei selten gedacht.

Auch das scharfe Vokabular des Krieges und der Kriegspropaganda wird auf die Schadpflanzen angewendet. Sie werden als fremd, aggressiv, feindlich, als fremdartige Schädlinge gebrandmarkt. Sie werden praktisch kriminalisiert, Gesetze werden gegen sie erlassen. Oder sie werden verteufelt, wie die aus dem Mittelmeerraum stammende Dach-Trespe (*Bromus tectorum;* englisch *cheatgrass,* »Betrügergras«), die als »Teufelsart« *(devil species)* die Steppen des amerikanischen Westens erobert hat (Pellant 1996). Im Englischen bezeichnet man Neophyten oft als *pests,* ein Wort, das tatsächlich auf die Pest, auf die tödlichen Seuchenzüge zurückgeht. Das Nachrichtenmagazin »Der Spiegel« nannte sie »Gruselgewächse«. Im Englischen spricht man meistens von ihnen als *aggressive aliens.* Als *aliens* bezeichnet man das vollkommen Fremdartige, etwa außerirdische Monster und andere feindlich gesinnte Fremdwesen vom Mars oder aus den infernalischen Tiefen des Alls. Solche Bezeichnungen sind natürlich Sprachmagie. Dadurch nimmt man ihnen den Status als Mitgeschöpfe. Als »Aliens« haben sie keinen Wert an sich und können dann freigegeben werden für Abwehr- und Ausrottungsmaßnahmen. So konnte denn auch jüngst ein Professor für Ökologie in einem Buch zu dem Thema schreiben: »Wichtig ist daher festzuhalten, dass es prinzipiell möglich ist, jede invasive Art gezielt auszurotten, sofern nur der politische Wille und die benötigten Mittel vorhanden sind. Eine Reihe von Beispielen hat belegt, dass Ausrottungsaktionen auch von schwierigen Arten erfolgreich durchgeführt werden können. Es gelang ja sogar, das Pockenvirus weltweit auszurotten.« (Nentwig 2010: 99) Wirklich? Wenn das so wäre, warum haben dann die Regierungen in Europa während des Zweiten Irakkriegs massenweise teuren Pockenimpfstoff gekauft, im Glauben, dass der böse Saddam Pockenkeime in geheimen Labors züchten ließ?

Die schizophrene Schöpfung

Bei den meisten traditionellen Völkern, den Indianern, auch den Hindus hat jedes Wesen seine eigene Wertigkeit, Kraft und Fähigkeit. Diese ist weder gut noch böse an sich. Das gilt auch für Pflanzen. Eine Giftpflanze, wie der Eisenhut, der Schierling oder die Zaunrübe, kann zum Töten verwendet werden oder zum Heilen. Das griechische *pharmakon* bedeutet sowohl Gift wie Heilmittel wie auch Zaubermittel; es kommt darauf an, wie man ihm begegnet oder wie man es verwendet, ob es gut oder böse oder keines von beiden ist.

Vor rund dreitausend Jahren fing ein neuer Gedanke Feuer im Denken der Menschen. Zarathustra, ein persischer Prophet, hatte, während er seine Kamele hütete, eine überwältigende Vision, eine Vision, die die Welt bis heute nicht zur Ruhe hat kommen lassen. Anstelle des endlosen Durcheinanders von Kräften und Wesen, des Gewirrs und Gewusels unendlich vieler Götter und Gottheiten, sah er die Schöpfung säuberlich in zwei polare Gegensätze geteilt: auf der einen Seite der gute Schöpfergott Ahura Mazda, auf der anderen der böse Zerstörer Angra Mainyu (Ahriman). Ein einfaches, klares Weltbild! Eine klare Trennung zwischen Gut und Böse, zwischen Rein und Unrein, Licht und Finsternis, Gläubigen und Ungläubigen. Und der Mensch, der sich in der Mitte befindet, muss sich entscheiden, zu welcher Seite er gehört. Die beiden gegensätzlichen Prinzipien ringen auf der Bühne dieser Erde auf Leben und Tod miteinander bis an den Jüngsten Tag. Dann geht die Welt unter, ein Gericht findet statt, wobei die weißen und die schwarzen Schafe getrennt werden. Die einen gehen in die ewige Freude ein, die anderen in die ewige Verdammnis. Wir kennen das Szenario allzu gut, denn diese Dualisierung zieht sich fatal durch die Geschichte der westlichen Hälfte der Menschheit hindurch. Die Juden nahmen diese Lehre auf, als sie sich in der babylonischen Gefangenschaft befanden, geknechtet von den babylonischen Götzen- und Muttergottheitsanbetern. Über das Judentum und über den späteren persischen Propheten Mani (216 bis 277 n. u. Z.), der die Lehre des Kampfes zwischen Gut und Böse, Licht und Dunkel, Materie und Geist erneuerte, fand diese Vision Einzug ins Christentum und später in den Islam.

Durch den Kirchenvater Augustinus (354 bis 430 n. u. Z.), der aus Nordafrika stammte und über längere Zeit Mitglied der Manichäer (Anhänger Manus) war, etablierte sich die moralisierende Zweiteilung der Welt im westlichen Christentum. Die Lehre postuliert den krassen Gegensatz zwischen Gott und Satan, Gut und Böse, Geretteten und Verdammten.[16] Diese Aufspaltung, die durch den Calvinismus eine weitere Stärkung erfuhr, ist nicht leichtfertig von der Hand zu weisen. Selbstverständlich gibt es auf moralischer Ebene den klaren Gegensatz zwischen Wahrheit und Lüge. Etwas ist entweder wahr oder nicht, oder wie der Volksmund sagt: »Die halbe Wahrheit ist die ganze Lüge.« Niemand ist ein bisschen tot oder ein bisschen schwanger, es ist ein Entweder-oder. Aber wenn man diese Zweiteilung, diese Dichotomie, auf die Natur anwendet, auf die Pflanzen und Tiere, oder auch auf unterschiedliche menschliche Kulturen und Sprachen, wird es problematisch. Dann stimmt es nicht.

In der Natur gibt es nach der manichäisch-christlichen Lehre einerseits die guten Tiere – Haustiere, Schafe, Kühe, Singvögel, Tauben, Bienen – und auf der anderen Seite die bösen, die Schlangen, Wölfe, Bären, Fliegen, Fledermäuse und alle möglichen Kriecher und Krabbler. Bei den Pflanzen unterscheidet man zwischen den guten Nutzpflanzen und den bösen »Unkräutern«, zwischen den

16 Auch spätere säkulare Ideologien haben ihre Wurzeln in diesem dualistischen Denkmodell, wie zum Beispiel der Marxismus (Ausbeuter und Ausgebeutete) oder das Weltbild eines George W. Bush mit seiner schizophrenen Unterscheidung zwischen freiheitsliebenden Menschen und Terroristen oder zwischen demokratischen Staaten und Schurkenstaaten (Storl 2005b: 139 f.).

Pflanzen der Gottesmutter – Lilie, Rose, Erdbeere, Maiglöckchen, Schlüsselblume und Korn – und den Hexenpflanzen – Disteln, Bilsenkraut, Brennnessel, Tollkirsche und andere Giftpflanzen (Müller-Ebeling 2009: 173). Der Teufel selbst, so glaubte man, säe heimlich des Nachts ins Feld und auf den Acker die Unkräuter, die den braven Bauersmann plagen. Steht doch in der Bibel zu lesen: »Da aber die Leute schliefen, kam sein Feind und säte Unkraut zwischen den Weizen und ging davon ...« (Matthäus 15:25). Und dieses Unkraut, das der Teufel säte, »wird mit dem Weizen geerntet, dann aber gesammelt, gebündelt und verbrannt, während der gute Weizen in die Scheune kommt« (Matthäus 13:30). Verbrannt also werden die Unkräuter, so wie die Hexen und Ketzer.

Im Mittelalter und auch später tauchten gelegentlich unbekannte Pflanzen und Kräuter auf, wie etwa der Stechapfel, die Traubenhyazinthe (*Muscari,* »Judenzwiebel«), die Brustbeere (*Ziziphus jujuba,* »Judendorn«), die Judenkirsche *(Physalis alkekengi)* oder die Zigeunerkamille. Man glaubte allgemein, diese Fremdkräuter, welche die Botaniker zu den Archäophyten oder Frühneophyten zählen, seien mit dem fahrenden Volk, mit den Juden oder Zigeunern gekommen. Fremde, die keine Christen waren und denen man oft zur Last legte, dass sie auch Krankheiten oder Seuchen einschleppten.

Die guten Kräuter der Christen, die bösen der Heiden

Heil- und Zauberpflanzen waren den Kirchenvätern von Anfang an verdächtig. Zwar heißt es im Heiligen Buch, »Gott bringt aus der Erde Heilmittel hervor, der Einsichtige verschmähe sie nicht« (Jesus Sirach 38:4), aber sie waren Mittel zweiter Wahl. Krankheit galt als Folge der Sündhaftigkeit des Menschen, war aber

nicht nur Strafe, sondern auch Teil des göttlichen Plans, der ihm erlaubte, seine Gnade und Gunst zu zeigen. Demzufolge sind Abendmahl, Buße, Beichte und Gebet die Hauptheilmittel (Ewers 2009: 31). Auch Wallfahrten an heilige Orte, wo sich die Gebeine der Märtyrer befinden, könnten Heilungen bewirken. Die gewöhnlichen Heilkräuter und die Segenssprüche der weisen Frauen *(Sagae)* und Hebammen waren in den Augen der Kirchenmänner ungeeignet, denn diese Heilerinnen waren zugleich Zauberinnen, die nicht geduldet werden konnten. Kirchenvater Tertullian schreibt, dass das Kräuterwissen der Frauen der Hurenlohn des Teufels sei, mit dem er ihre Buhlerei vergelte. Verschiedene Synoden – Zusammenkünfte hoher Geistlicher aus den verschiedenen Bistümern – wie etwa die Synode von Ancyra (314 n. u. Z.), von Laodicaea (375 n. u. Z.) oder von Agde (506 n. u. Z.) verboten das Heilen mit solchen zauberischen Mitteln. Andere Synoden bestätigten diese Urteile. (Chamberlain 2006: 33–37) Für die Missionare und Priester war es eine dringende Notwendigkeit, die neubekehrten Germanen von den altbekannten Kräutern, den Rausch-, Gift-, Heil-, Flug- und Frauenkräutern, fernzuhalten. Diese waren nämlich die Domäne ihrer ärgsten Rivalen, der heidnischen Lachser und Lachsnerinnen (schamanische Heiler und Heilerinnen), der Goden (Ritualleiter) und der hellsichtigen Walas und Völvas. Ähnlich wie die »Götzenbilder« und Zauberfetische wertete man die von pflanzenkundigen Zauberern verwendeten Kräuter als Bestandteil des teuflischen Heidentums. Das alles geht aus den Beichtformeln, den Viten einzelner Missionare, den Briefen des Bonifatius, den Stammesrechten, den Kapitularien (Verordnungen der karolingischen Könige), den Konzilbeschlüssen, Dekretalien (päpstliche Verordnungen) und Bußbüchern hervor (Daxelmüller 1996: 106). Die Synode von Liftinae in Hennegau (743 n. u. Z.) unter dem Vorsitz des Bonifazius – er ist der Missionar, der die heiligen Eichen der Germanen umhackte – verbietet das Sammeln von Kräuterbündeln, die Verehrung der Bäume und Brunnen, Sterndeutung und vieles mehr (de Vries 1989: xxiv).

Das einfache Volk hielt jedoch an den alten bewährten Bräuchen fest. Die Sprüche und kleinen Rituale der Kräuterfrauen wurden zwar christlich übertüncht, aber man bediente sich weiterhin der praktisch verbotenen einheimischen Heil- und Zauberpflanzen. Die Kirche hatte keine andere Wahl: Wenn sie die Neukonvertierten nicht verlieren wollte, musste sie sich wieder den Heilpflanzen zuwenden. Schon gegen Ende des 6. Jahrhunderts arbeitete der spanische Bischof Isidor von Sevilla antikes Kräuterwissen auf, und allmählich entstanden hinter den dicken Klostermauern kleine Heilkräutergärten.[17] Die Pflänzchen, die in den Beeten wuchsen, waren jene, die natürlicherweise im

17 In dieser Zeit, um 550 n. u. Z., wies der Gelehrte Cassiodorus, der im Dienst des Gotenkönigs Theodorus stand, die Mönche an, sich mit den Heilkräutern in den klassischen Schriften des Dioskurides, Galen und Hippokrates zu beschäftigen.

Mittelmeerraum gedeihen. Es sind die klassischen Kräuter des Griechen Dioskurides, die er im ersten Kräuterbuch der westlichen Welt, in *De materia medica*, im 1. Jahrhundert beschrieben hatte. Es sind die Pflanzen, die der Römer Plinius der Ältere in seinen Schriften erwähnt; es sind die Drogen, die Pulver und Elixiere, die der Arzt der Ärzte, Galenos, mischte und verschrieb.

Im Norden war es der Frankenherrscher Karl der Große, der neben seinen unermüdlichen Feldzügen gegen die sächsischen Heiden ein Reichsgesetz zum Anbau von Pflanzen in den kaiserlichen Hofgütern (*Capitulare de Villis*, 812 n. u. Z.) erließ. Darunter befinden sich 85 Heilpflanzenarten, aber bei keiner einzigen dieser Pflanzen handelt es sich um eine in Mittel- oder Nordeuropa heimische Art. Es sind alles Arten, die in klassischen Schriften beschrieben wurden. Also »gute« Pflanzen, die aus dem Heiligen Land und aus jenen Ländern stammen, wo einst die Apostel predigten und wirkten (Beckmann 1997: 49). In anderen Worten, es sind vor allem biotop-fremde Pflanzen, denen das harsche Klima des Nordens leider allzu oft zusetzte und ihr Überleben erschwerte. Das Reichsgesetz Karls gibt den Klosterbrüdern einen Anstoß, Gärten anzulegen. Kurz darauf entsteht der Klostergarten in Reichenau am Bodensee, den der Mönch Walafridus Strabo (»der Schielende«) mit einem Lehrgedicht über 23 Heilpflanzen berühmt gemacht hat.

Mönche, die von Pilgerreisen nach Rom oder zu anderen heiligen Stätten des Glaubens zurückkamen, brachten in jenen Jahren in ihren Bündeln und Rucksäcken zahlreiche Pflanzensamen, Knollen oder Brutzwiebeln mit über die Alpen. Diese pflegten und hegten sie dann sorgfältig in den Klostergärten. In kleinen, von Unkräutern frei gehaltenen quadratischen Beeten wurden die Pflänzchen liebevoll aufgezogen. Von diesen klösterlichen *Hortuli* aus, fanden viele Arten dann später ihren Weg in die Bauerngärten.[18]

Dass es hauptsächlich südliche Heilpflanzen waren, schreibt der Ethnobotaniker Heinrich Marzell (2002: 18), »beweist schon die Tatsache, dass diese Pflanzen zumeist keine echt deutschen Namen führen, sondern einen aus dem Lateinischen beziehungsweise Griechischen entlehnten. Es gehören hierher z. B. Attich (lat.-griech. *Acte*), Bertram (lat.-griech. *Pyrethrum*), Eibisch (lat. *Ibiscum*), Liebstöckl (lat. *Lubisticum*), Petersilie (mittellat. *Petrosilium*), Raute, (lat. *Ruta*), Sal-

18 Über die Klostergärten hielten Endivie, Salat, Gartenkresse, Zwiebel, Schalotte, Knoblauch und Lauch Einzug in den germanischen »Lauchgärten« und später auch in den Küchengärten der Slawen Osteuropas. Ebenfalls über die Klöster verbreiteten sich Küchenkräuter und Arzneipflanzen wie Raute, Rosmarin, Minzearten, Liebstöckl, Salbei, Wermut, Schöllkraut und Ähnliches. Von den Römern wurden Kirschen und Pflaumen übernommen. (Scharff 1984: 64) Der einst der Erdgöttin Holle geweihte Holunder gehörte als »des Bauern Arzneischrank« von jeher in den Hausgarten. Der heidnische Baum wurde der christlichen Kultur einverleibt, indem man sagte, dass die Gottesmutter die Windeln des Christkindleins auf seinen Zweigen zum Trocknen aufgehängt habe.

Die Weinraute, eine alte Klosterpflanze.

Gartensalbei.

Der Buchweizen kam im Mittelalter aus Ostasien.

bei (lat. *Salvia*)«. Fast vollständig fehlen in der frühen Klosterliteratur die Heilkräuter aus der germanischen und keltischen Volksmedizin, wie zum Beispiel Frauenmantel, Engelwurz, Lungenkraut, Gundermann, Bittersüß, Ehrenpreis, Holunder, Rainfarn, Arnika, Wegwarte, Teufelsabbiss, Hauswurz, Fetthenne, Kamille, Bärlapp, Waldanemone, Eberesche, Farnkraut, Eberwurz, und nur mit einzelnen Nennungen vertreten sind Mistel, Baldrian, Schlehdorn und Johanniskraut. Man verwendete in den Klöstern also fast rein galenische (römische) Rezepturen. (Stille 2004: 29)

Erst Hildegard von Bingen (1098 bis 1179) nimmt die einheimischen Kräuter und Pflanzen wieder in die Heilkunde auf. Für die weise Frau im Nonnengewand der Benediktinerinnen sind auch diese Pflanzen Kinder Gottes, in ihnen ist die »Grüne Kraft« *(Viriditas)* wirksam, die »Lebenskraft aus Gottes Hand«, die Kraft, »die in der Sonne wurzelt und immer wieder im Tau und im Regen über die Erde kommt«. Auf diese Weise rehabilitierte Hildegard nicht nur die einheimische Flora, sondern auch das Wissen der weisen Frauen, der Hebammen und Dorfheiler.

Wir sehen, wie die Pflanzen, die still und bescheiden im Hintergrund unseres Lebens verharren – so still, dass die meisten heutigen Menschen kaum an sie denken –, sich ausgezeichnet als Projektionsfläche eignen. Man kann alles Mögliche in sie hineinlegen. Wie man über sie denkt und mit ihnen umgeht, ist letztlich ein Spiegel der Gesellschaft. Wir werden sehen, dass dies auch bei unserem Verhältnis zu den Neophyten der Fall ist. Dass das nichts Neues ist, erkennen wir in folgenden Beispielen von verbotenen Pflanzen:

Saatwucherblume oder Ackergoldblume
(Chrysanthemum segetum, syn. Glebionis segetum)

Vor etwas mehr als dreihundert Jahren jagte eine wunderschöne, goldgelb blühende Chrysanthemenart den Bauern in Nordeuropa einen gewaltigen Schrecken ein. Es war die heute auf der roten Liste der bedrohten Arten stehende Saatwucherblume *(Chrysanthemum segetum)*. Im 17./18. Jahrhundert wurde sie zunehmend zur Landplage. Sie überwucherte in großen Beständen die Getreide- und Kartoffelfelder, aber nur auf sandigen, eher sauren Böden. Man vermutet ihren Ursprung im östlichen Mittelmeerraum. Mit Saatgut kam die »böse« Wucherblume über Osteuropa in den Norden, verbreitete sich von Brandenburg

19 Nach der von den karolingischen Klöstern ausgehenden Anbaumethode der Dreifelderwirtschaft wurde das Ackerland in drei Zelgen aufgeteilt, auf denen in der Fruchtfolge abwechselnd eine Fläche mit Wintergetreide (Roggen, Emmer) und eine mit Sommergetreide (Hafer, Hirse, Gerste) bestellt wurde, während die dritte brach lag und als Viehweide oder später für den Anbau von Hackfrüchten oder Kartoffeln genutzt wurde.

Saatwucherblume oder Ackergoldblume, der Schrecken der Bauern im 18. Jahrhundert.

aus nach Holstein und von dort weiter nach Dänemark und Südskandinavien. Aus Jütland berichtet 1773 ein gewisser Hans Mossin: »Es gibt kein Unkraut, das sich nicht durch ein Mittel vertreiben lässt – ausgenommen eine Art, die Brandenborger genannt wird (...) die Bauern nennen sie böse Kräuter, ein Name, den sie so recht verdienen. (...) Der Bauer schließt deshalb dieses Kraut unter den Bösen ein, dass er Gott bittet, ihn davon zu befreien, so oft er sein Vaterunser liest.« Wann das Getreideunkraut nach Schweden kam, ist ungewiss. Man nimmt an, dass es 1625 von einem gestrandeten Schiff mit einer Ladung dänischen Hafers eingeschleppt wurde. Die Bauern plünderten das havarierte Schiff und benutzten den Hafer als Saatgut, wobei das Unkraut »somit eine Strafe der Missetaten für die Enkel wurde« (Böndegaard 1985: 12). Um 1700 erschien die Ackergoldblume in Holland.

Mit ihren damaligen Anbaumethoden und der Dreifelderwirtschaft[19] standen die Bauern dem Unkraut hilflos gegenüber. Jede Pflanze kann bis zu 12 000 Samen erzeugen, und die Keimkraft hält Jahre an (Hegi 1929, Bd. VI/2: 603). Die Samen konnten beim Dreschen nicht aussortiert werden. Landesherrschaftliche Gesetze wurden erlassen, die verhasste Pflanze auszurotten. In Jütland waren in der ersten Hälfte des 17. Jahrhunderts die Ortsvorsteher gesetzlich verpflichtet, einmal jährlich die Äcker zu besichtigen und jeden Bauern, in dessen Feld die Blume gefunden wurde, mit einem halben Taler Buße zu bestrafen. Auf der Insel Arlö sollte sie vor dem Johannistag gejätet sein; nach erfolgter Besichtigung feierten die Bauern mit einem großen Besäufnis – ein Brauch, der noch lange beibehalten wurde, auch als das Unkraut kein Thema mehr war (Böndegaard 1985: 14).

Die gnädige Landesherrschaft, der Bürgermeister und Rat der Stadt Detmold erließ 1707 eine »Verordnung wegen der Wucherblume«. Auch hier wurden die Äcker besichtigt, und jenen Bauern, wo die »böse Blume« das Land »inficiret« hatte, wurde eine Strafe von fünf Goldflorin angedroht, wenn sie nicht innerhalb von vierzehn Tagen geräumt würde, oder es müsste nach Ablauf dieser Frist »für jede Blume 4½ Groschen bezahlet und darauf exequiret werden«.

Die Namen, mit denen das Landvolk die Wucherblume bedachte, deuten auf die Bußen und Geldstrafen hin, die bezahlt werden mussten, wenn man den Gesetzen nicht nachkam: Batzenkraut hieß sie in Wiesbaden, Hellerblume im Saarland, *Dreegrotensblome* (Dreigroschenblume) in Hannover und *Twölfgrotenblome* oder *Brökblome* (von *Brök* = Buße) in Oldenburg (Marzell 1943, Bd. I: 978).

Inzwischen ist die böse Saatwucherblume zur schönen Goldblume geworden, in anderen Worten, sie ist kein Problem mehr. Wieso? Nicht wegen der staatlichen Ausrottungskampagne, sondern weil sich die Bedingungen für ihre Ausbreitung verändert haben. Dazu hat das Einbringen von Hackfrüchten, Leguminosen oder der Futterbau in die Brache, die bessere Reinigung des Saatguts, wie auch das Kalken der Böden beigetragen, denn diese Chrysanthemenart verträgt keine alkalischen Böden. Inzwischen ist sie zur Zierpflanze in Blumenbeeten geworden, und Kräuterkundige haben sie als eine wurmtreibende und antiseptische Heilpflanze entdeckt.

Gänseblümchen

(Bellis perennis)[20]

Das liebliche Gänseblümchen war einst der Göttin Freya geweiht, vor allem in ihrer Erscheinung als das Gänsemädchen, das auf dem Dorfanger die Gänse (ein Sinnbild für die Seelen) hütete. Auch dem holden Sonnengott Baldur wurde die Pflanze als »Baldurs Augen« zugeordnet oder im Angelsächsischen *daeges eage* (= Tagesauge), was später zu dem Kosenamen *Daisy* wurde. Kleine Kinder lieben das Blümlein, das immer zur Sonne schaut und fast das ganze Jahr hindurch blühen kann (daher der Namenszusatz *perennis,* immerwährend). Sie pflücken

20 Für eine ausführliche Beschreibung des Gänseblümchens siehe Wolf-Dieter Storl, *Heilkräuter und Zauberpflanzen* (AT Verlag, 2000), Seite 137 ff.

es gerne und schmücken sich mit Gänseblümchenketten und -kränzen. Die christliche Ikonografie machte das Blümchen, das auf den Weiden und Rasen so zahlreich vorkommt, zum Attribut der heiligen Margarete. Daher heißt es in der Mundart auch Margritli, Margrätl, *margherita* (Italien), *little margret* (England) oder *petite marguerite* (Frankreich). Unter den drei heiligen Frauen ist – neben Katharina als Patronin des Lehrstandes (Gelehrte und Geistliche) und Barbara als Patronin des Wehrstandes (Krieger und Fürsten) – Margarete die Patronin des Nährstandes, also der Bauern und des so zahlreichen einfachen Volkes. Da die heilige Margarete vom Teufel in Gestalt eines Drachen verschlungen wurde, seinem Leib aber glücklich entkam, wurde sie auch von Gebärenden und Wöchnerinnen um Hilfe angerufen. Uneheliche Mädchen führten oft ihren Namen, und ungewollt schwanger gewordene Mägde riefen sie in ihren Nöten an. Im 17. und 18. Jahrhundert hatte die Kirche durchgesetzt, dass nur Verheiratete Kinder zeugen dürften. Viele mittellose Mägde brachten deshalb aus lauter Verzweiflung ihre Neugeborenen um. Diese Schande wurde oft totgeschwiegen, zumal bei den Bürgerfrauen Ammen vom Land immer gefragter wurden, da es als unfein galt, Kinder an der Brust zu stillen (Beckmann 1997: 26).

Zu dieser Zeit geriet auch das Gänseblümchen in Verruf. Man glaubte, die »Mädchenblume« oder »Liebesblume« würde von Frauen als wirksames Mittel zur Abtreibung der unerwünschten Leibesfrucht eingesetzt (Aigremont, Bd. 2, 1997: 93). Die Pflanze galt deshalb als schändlich und sollte nach einer Verordnung von 1793 ausgerottet werden (Madaus, Bd. I, 1979: 692). Vielleicht gehört in diesen Zusammenhang auch die etwa in der Pfalz oder bei den Slowaken verbreitete Vorstellung, dass, wenn die Gänseblümchen im Frühling reichlich blühen, im Herbst viele Kinder sterben werden (Bächtold-Stäubli, Bd. 5, 1987: 1863). Oder dass, wie es in einer irischen Sage heißt, verstorbene Kinder vom Himmel aus die Gänseblümchen auf die Wiesen streuen.

Obwohl eine mir bekannte Kräuterfrau noch immer behauptet, man könne mit Gänseblümchen einen Schwangerschaftsabbruch herbeiführen, vorausgesetzt man isst Unmengen davon, scheint dieser Aberglaube der Vergangenheit anzugehören. Das Gänseblümchen ist und bleibt eine Kinderblume. Kräuterpfarrer Künzle schreibt: »Eine Prise Maßliebchen soll man jeder Mischung für Kindertee beifügen.« Und in der Homöopathie helfen *Bellis-perennis*-Globuli (C30) nach Abtreibungen und Fehlgeburt und überhaupt, wenn weiche Gewebe beschädigt sind.

Franzosenkraut oder Knopfkraut

(Galinsoga parviflora, G. ciliata)

Das Knopfkraut, ein hübscher, kleiner einjähriger Korbblütler mit gelbem Blütenkörbchen, umrandet von weißen Zungenblüten, ist eine Pionierpflanze, die auf stickstoffreichen Böden gedeiht. Das Kleinblütige Franzosenkraut *(G. parviflora)* kommt ursprünglich aus Peru, das Behaarte Franzosenkraut *(G. ciliata)* ist in Süd- und Mittelamerika zuhause, wo es als Begleitkraut in Maisfeldern wächst. Als dieses unscheinbare Kräutlein Anfang des 19. Jahrhunderts zum Eroberungszug ansetzte, versetzte es Bauern und Gärtner in Schrecken. Es verbreitete sich in Mitteleuropa explosionsartig, genau zu der Zeit, als die Armeen Napoleons, Zerstörung und Chaos bringend, über Europa hinwegfegten. Man nahm allgemein an, dass die Unkrautplage, die sich auf den Äckern verbreitete, mit dem Getreide in den Pferdefuttersäcken der französischen Kavallerie eingeschleppt worden war – daher der Name »Franzosenkraut«. Gartenpest, Teufelskraut, Zigeunerkraut oder sogar Scheißkraut sind weitere Namen, die das Landvolk der fremden Pflanze gab.

Es waren jedoch nicht zwingend die Heere der *Grande Nation,* die den Neophyten verbreiteten. In England wurde das Kleinblütige Knopfkraut aus Peru erstmals 1796 in den berühmten Kew Gardens ins Beet ausgesät, von wo es dann bald »über den Zaun sprang«. Die Engländer nannten das Kraut deswegen auch *Kew-weed,* oder *Joey-Hooker-weed,* nach dem damaligen Direktor des Königlichen Botanischen Gartens. In Deutschland verbreitete es sich vom botanischen Garten in Berlin aus, und zwar gerade zur Zeit der Napoleonischen Kriege. Zwei Pfarrherren aus Pommern und Bremen hätten sich den Samen im botanischen Garten von Berlin geholt. Das »deutsche Unkraut« erschien dann um 1830 in Polen und wanderte kurz darauf als »polnisches Unkraut« *(Polska xopta)* weiter nach Russland.

Welchen Schrecken das Unkraut den Gärtnern einjagte, konnte ich noch in den 1970er Jahren in unserem biodynamischen Gemüsegarten in Genf erleben. Mehrmals hörte man vom Gärtnermeister einen gellenden Schrei über die zwei Hektar große Anbaufläche ertönen: »Ein Franzosenkraut!« Da gab es kein Pardon! Alle biodynamische Liebe zu den Mitgeschöpfen war plötzlich vergessen. Selbst mit der Hacke jäten wäre zu gefährlich, denn jedes Franzosenkraut kann bis zu 100 000 Samen pro Pflanze hervorbringen, und schon nach sechs Wochen liefert die nächste Generation erneut Samen, die, auch wenn sie nicht ganz ausgereift sind, schon keimfähig sein können (Steiger 1990: 70). Die Samen sind so leicht, dass sie vom Wind verstreut werden; schwimmfähig sind sie auch, sodass sie sich entlang der Flussufer und Kanäle in Windeseile verbreiten können (Pötsch 1991: 14). Typisch Pionierpflanze. Also musste der Flammenwerfer her.

Inzwischen scheint sich das Franzosenkraut ausgetobt zu haben. Obwohl mir der Geruch verschmorter Knopfkräuter noch immer in der Nase liegt, freue ich mich, wenn ich sie in meinem Garten finde. Aus den saftigen jungen Blättern und Stängeln lässt sich ein wunderbarer Wildspinat kochen. Sie können auch in den Salat oder in die Suppe gegeben werden. In seiner südamerikanischen Heimat kommt das Kraut als unersetzbare Zutat in die Hühnersuppe *(ajiaco).* Auch als frischer Gemüsesaft, eventuell mit Tomatensaft oder anderen

Das von Kindern geliebte Gänseblümchen oder Maßliebchen.

Sadebaum oder Stinkwacholder.

Kleinblütiges Franzosenkraut oder Knopfkraut.

Gemüsesäften gemischt, und als Pesto (nach Art der italienischen Würzpaste) ist es köstlich. Es ist nahrhaft, steckt voller Vitamine (vor allem A und C) sowie Mineralien (K, Ca, Fe, Mg), und das getrocknete Kraut eignet sich als Würze für Suppen und Eintopfgerichte. Aus den Samen kann Speiseöl gepresst werden, oder man bewahrt sie bis zum Winter auf, lässt sie auskeimen und verwendet sie dann als frische Keimlinge (Fleischhauer et al. 2007: 91).

Sicherlich enthält das Knopfkraut auch Heilkräfte. Gerne würde ich erfahren, wie man es in der südamerikanischen Volksmedizin verwendet. Die Homöopathen stellen aus der Pflanze jedenfalls ein Präparat gegen grippale Infekte, also Grippe, her. Die traditionellen Heiler der Zulu *(Inyanga)* verwenden das Kleinblütige Knopfkraut, das in Südafrika fröhlich als Neophyt wächst, zur Behandlung von hohem Blutdruck. Klinische Untersuchungen bestätigen eine blutdrucksenkende Wirkung.[21]

Sadebaum
(Juniperus sabina)

Der Sadebaum, Sevenbaum oder Stinkwacholder, den wir heute als Friedhofsgehölz und Gartenzierstrauch kennen, gehört zur Gattung der Wacholdergewächse. Mit dem echten Wacholder *(Juniperus communis)* wurde schon in den altsteinzeitlichen Höhlen in den Pyrenäen und besonders bei den Mammutjägern der Magdalénien-Kultur geräuchert (Rudgley 1999: 146). Die nordamerikanischen Indianer räuchern mit Wacholderarten, um die Geister ruheloser Toter zu vertreiben. Die germanischen Stämme verbrannten ihre Toten auf Scheiterhaufen aus Wacholderholz, damit die Seele »wie ein Kranich« fliegen kann. In den bayrisch-österreichischen Mundarten heißt er deshalb noch immer Kranewitt (von althochdeutsch *krano,* »Kranchich« und *witu,* »Holz«). Im Frühling trugen die heidnischen Bauern an Haselstäben angebrachte Kränze, geflochten aus Maikätzchen, Wacholder und anderem immergrünem Laub, um die aus der Winterruhe erwachenden Felder, um diese zu segnen. In der Schweiz sagt ein Sprichwort, dass man vor dem Holunder den Hut ziehen und vor dem Reckholder (= Wacholder) das Knie beugen soll. Diese Konifere galt also verbreitet als eine besonders heilige Pflanze.

Viele Bräuche, die mit dem echten Wacholder verbunden waren, wurden auf den Sadebaum übertragen, der von Mönchen zur Zeit Karls des Großen aus Südeuropa nach Norden gebracht worden war. Seine Anpflanzung wurde im

21 Siehe Mackraj, Irene und S. Ramesar (Department of Physiology and Physiolocial Chemistry, University of Kwa-Zulu Natal, Durban, South Africa): »ACE Inhibitory Activity of Nutritional Plants in Kwa-Zulu Natal«, Paper presented at the 120th Annual Meeting of the American Physiological Society (APS), Experimental Biological Conference, April/May 2007, Washington, DC.

Capitulare de Villis vorgeschrieben. Heimisch ist der Sadebaum im Mittelmeerraum. Sein Areal erstreckt sich von Spanien und Nordafrika bis über Zentralasien hinaus. Man findet ihn auch natürlich wachsend an warmen, besonnten Hängen in Südtirol. Wie beim echten Wacholder glaubte man, dass auch Sadebaumzweige Teufel und Hexen aus dem Stall vertreiben, »Gewürm« und unholde Geister verbannen könne. Als Bestandteil der Riten des Exorzismus sollte er auch helfen, den Dämon aus Besessenen auszutreiben. Und am Palmsonntag, vor dem Osterfest, wurde das Sadebaumgrün mit in den »Palm« oder Palmbuschen gebunden, der in der Kirche geweiht wurde.

Die Klostermedizin verwendete die Zweige so, wie es schon Dioskurides beschrieben hatte: »Die Blätter hemmen um sich fressende Geschwüre und lindern im Umschlag Entzündungen, reinigen, mit Honig aufgeschmiert, von schwarzen Massen und Schmutz und reißen ringsum die Karbunkel auf.« Marcellus Empiricus, ein Gallier im 4. Jahrhundert aus der römischen Provinz Bordeaux, verschreibt eine Sadebaumsalbe gegen Nierenleiden, und Hildegard von Bingen erwähnt den »Sybenbaum« als äußerliches Heilmittel bei Geschwüren und innerlich zusammen mit Süßholzwurzel bei Lungenleiden (Müller 2008: 191). Auch eine Grindsalbe gegen Läuse und Krätze wurde aus den Zweigen gekocht.

Und noch etwas kann der Sadebaum: Eine Abkochung davon kann die Menstruation auslösen und, in stärkerer Dosierung, den Fötus töten und austreiben. Das Sadebaumöl ist nämlich sehr giftig, es greift die Magenschleimhaut an, verursacht Nierenblutungen, und der verstärkte Blutzufluss zum Uterus löst Kontraktionen aus. Das zur Abtreibung verwendete Dekokt ist hochgefährlich. Oft führt es zu Magen-Darm-Krämpfen, Erbrechen, Herzrasen, krampfhaften Zuckungen und häufig auch zu Bewusstlosigkeit und Tod der Mutter wie auch des Kindes.

Dass es häufig zu diesem Zweck benutzt wurde, verraten die volkstümlichen Namen: Mägdebaum, Jungfernpalme, Jungfernrosmarin, Kindermord oder im bayrischen Schwaben »Kenderdoad« (Kindertod); in England ist es der *cover-shame* (Verbergen der Schande), *bastard-killer* oder *kill-bastard,* in Dänemark *nonnetrae* (Nonnenbaum), in Holland *hoereboom* (Hurenbaum) und in Frankreich *plante damnée* (verdammte Pflanze) (Böndegaard 1985: 205). Der Sadebaum wuchs also nicht nur in den Klostergärten, wo er vermutlich auch die Geheimnisse mancher in Nöten geratenen Nonne hütete, sondern auch in den Gärten der Barbiere und Hebammen.

Für die Kräuterväter des 16. Jahrhunderts ist der Baum ein kriminelles Gewächs. Hieronymus Bock (*New Kreuter Buch,* Straßburg, 1511) schimpft: »Die Messpfaffen und alte huren geniessen des Sevenbaums am besten (...) Zuletst so verführen sie die jungen huren / geben jnen Sevenpalmen gepülvert / oder darüber zu drinken / dadurch vil kinder verderbt werden. Zu solchem handel gehört ein scharpfen Inquisitor und meister (...).« Und Adam Lonitzer (Lonicerus) schreibt

(*Kreuterbuch*, 1679): »Es brauchen dieses Kraut die allzuverschämten und unzüchtigen Weiber, die Empfängnis zu verhindern. Weil aber solcher Gebrauch gottlos ist / wollen wir ihn verschweigen.«

Aussagen dieser Art findet man in Schriften von Schweden bis Italien. So kam es, dass der Anbau und Verkauf des gefährlichen Baumes im 18. und 19. Jahrhundert in verschiedenen Ländern, so zum Beispiel in ganz Österreich, verboten wurde. Noch in der Mitte des letzten Jahrhunderts wurden die Sadebäume im botanischen Garten Zürich vorsorglich eingezäunt und in Thüringen alle Sadebäume gesetzlich entfernt. Mancherorts wurde er schlicht und einfach verboten, weil er giftig ist, wie etwa in Frankreich, wo König Ludwig XI. seinen Rivalen und dessen Frau damit aus dem Leben beförderte. Sechs Tropfen des ätherischen Öls gelten für einen Menschen als tödliche Dosis.

Dass der Sadebaum Zwischenwirt für den Birnengitterrost ist, eine Pilzkrankheit, die Schäden an Birnbäumen verursacht, hat seinen Ruf auch nicht verbessert. Als Vernichter der Birnen wurde er deshalb in verschiedenen Regionen großflächig beseitigt.

Noch immer begegnet einem der Sadebaum in vielen Parks, Gärten und Friedhöfen. In den Ländern, wo er ursprünglich heimisch war, ist er jedoch als wild wachsende Pflanze selten geworden. Die IUCN (International Union for Conservation of Nature and Natural Resources) hat ihn sogar auf die Rote Liste der bedrohten Arten gesetzt.

Johanniskraut oder Hartheu
(Hypericum perforatum)

Das Johanniskraut lernte ich in meiner Zeit im Süden Oregons kennen; da hieß es nicht etwa *St. John's wort* wie in England, sondern *Klamath weed* und bei den Farmern und Ranchern sogar *damned Klamath weed*, also »verdammtes Unkraut vom Klamath«. Die fremde Pflanze wurde zuerst, um 1900, am Ufer des Klamath River in Oregon entdeckt. Mit einer Schiffsladung war sie als blinder Passagier aus Europa eingeschleppt worden und verbreitete sich schnell. Bald mussten die Rancher zu ihrem Entsetzen feststellen, dass hellhäutige Rinder und Schafe von heftigen Ausschlägen befallen wurden und manchmal sogar verendeten, wenn sie das Kraut fraßen. Es enthält nämlich in den Blättern das Gift Hypericin, das photosensibilisierend wirkt, also gegen Sonnenlicht empfindlich macht. Man ging flächendeckend mit Herbiziden gegen das Giftgewächs vor. Vergebens. Im Jahr 1944 waren allein in Nordkalifornien 800 000 Hektar hochwertiges Weideland von der Pflanze befallen. Der Grundstückspreis für Weideland sank um ein Drittel. Anfang der fünfziger Jahre erfuhr man, dass es in Australien, das ebenfalls von dem Neophyten bedroht war, einem kleinen, metallisch glänzenden ursprünglich aus Europa stammenden Blattkäfer *(Chrysolina quadrigemina)* fast gelungen war, die Pflanze zu eliminieren. Der Käfer wurde eingeführt und

Blüte des Johanniskrauts nach einem Regen.

begann das Unkraut zu vertilgen. Die Larven ernähren sich von den überwinternden Trieben und hindern sie daran, im nächsten Sommer zu blühen und Samen zu bilden. Die dadurch bewirkte Wertsteigerung des Landes und die Einsparung von Herbiziden wird für die Zeit zwischen 1953 und 1956 auf über neun Millionen Dollar beziffert. Heute ist das *Klamath weed* im amerikanischen Westen relativ selten geworden (Berenbaum 1997: 189).

Inzwischen habe ich dasselbe »Giftkraut« in Europa kennen und schätzen gelernt; ich habe Nervenschmerzen und alte Verwundungen mit dem burgunderroten Johannisöl geheilt und in kalten, trüben Novembertagen die stimmungsaufhellende, antidepressive Wirkung des Johanniskrauttees genossen.

Das zur Mittsommerzeit üppig goldgelb blühende Kraut war im alten Europa schon lange Teil der sakralen Kultur. Es war das Kraut des Sonnengottes, der zur Sonnenwende verwundet wurde, niedersank und seine Kraft verlor – die Tage werden kürzer. Der rote Pflanzensaft galt als sein Blut. In der späteren christlichen Kultur deutete man den roten Saft als das Blut Johannes des Täufers, der, wie man glaubte, zur Sonnenwende geköpft worden war. Teufelsflucht *(Fuga demonum)* nannte man die Pflanze und räucherte damit Kind und Vieh und auch die vom Teufel Besessenen. Wenn Gewitter und Blitzeinschlag drohte, räucherten die Frauen damit, um das Wetter zu beruhigen. Paracelsus schreibt (»Von den natürlichen Dingen«, 1523), dass es nicht nur Wunden heile, sondern auch *Phantasmata,* eingebildete Krankheiten beseitige (Marzell 1938: 134). Es war also ein geliebtes, verehrtes Kraut.

Warum, fragte ich mich, ist das Weidevieh in Europa nicht von dem Johanniskraut bedroht? Sind die europäischen Rinder und Schafe etwa klüger als die amerikanischen, australischen oder südafrikanischen Tiere? Selbstverständlich nicht. Der Grund ist, dass das Angebot an saftigen grünen Gräsern und Kräutern wegen des feuchten atlantischen Klimas in Nordwesteuropa reichlicher ist. Die Weidetiere lassen das Johanniskraut stehen, wogegen sie es in ariden, trockenen Gebieten fressen, weil sie hungrig sind und sonst nicht genügend andere Pflanzen zur Verfügung stehen.

Gegenwärtig macht das Johanniskraut Karriere als das wahrscheinlich beste Antidepressivum, das dem Melancholiker zur Verfügung steht. Beim Menschen wirkt es auf physischer Ebene nicht phototoxisch, es verursacht keine Lichtdermatitis, sondern bringt »Licht in die Seele«. Auch in der Aids-Therapie kommt die lichthafte, antiretrovirale Wirkung des Hypericins zur Geltung; sie wirkt der Verpilzung im Körper entgegen, denn Pilze mögen allgemein kein Licht.[22]

Trotz all dem ist das Johanniskraut in Amerika noch immer ein verpönter Fremdling. Die staatliche Drogenkontrollbehörde FDA *(Food and Drug Administration)* setzte die Pflanze 1977 auf die »Liste gefährlicher Kräuter« *(Unsafe Herb List),* da sie – obwohl kein einziger derartiger Fall vorliegt – möglicherweise auch bei hellhäutigen Menschen eine Photodermatitis verursachen könnte (Foster 1993: 175). Auch dass die stimmungsaufhellende Pflanze bei Hippies und Alternativmedizinern beliebt ist, trug ihr den Verdacht ein, möglicherweise eine Psychodroge zu sein. Tatsächlich wirkt sie als milder Monoaminooxidase-(MAO)-Hemmer, der den Abbau (die Reabsorbierung) der drei wichtigsten Neurotransmittoren des Hirns – Serotonin (das »Glückshormon«), Dopamin und Noradrenalin – hemmt.

Die Landwirtschaftsministerien verschiedener amerikanischer Bundesstaaten geben noch immer Warnungen bezüglich der Pflanze heraus. So etwa in Nevada, wo das Landwirtschaftsamt verlangt, dass jeder Standort der Giftpflanze den Behörden zu melden sei. Wenn man zufällig kein Herbizid zur Hand habe, solle man die Pflanze samt Wurzel ausreißen, in eine Plastiktüte versiegeln und im Abfall-Container entsorgen. Als wirksames Herbizid wird 2,4-D[23], Picloram oder Glyphosat angegeben.

Das einst heilige Johanniskraut ist noch lange nicht aus dem Schneider. Pharmahersteller und Mediziner melden neuerdings Bedenken an, da sich her-

22 Aids bewirkt einen Zusammenbruch der Abwehrkräfte, was zur Folge hat, dass der Organismus die abbauenden, zersetzenden Pilzorganismen nicht mehr abwehren kann. Die meisten Aids-Infizierten sterben an Verpilzung der Lungen und des Blutes.

ausgestellt hat, dass die Droge die Wirkung vieler pharmazeutischer Produkte beeinträchtigt, dass sie die Ausleitung von chemischen Fremdstoffen beschleunigt und die »unnatürlichen« Medikamente weniger wirksam macht. Das Johanniskraut stört zum Beispiel die Wirksamkeit folgender Medikamente (Phaneuf 2005: 291):

- gerinnungshemmende Blutverdünner wie Phenprocoumon und Warfarin, die bei Thrombosegefahr, Lungenembolie und Herzinfarkt eingesetzt werden,
- Blutfettsenker wie Simvastatin,
- immununterdrückende Präparate wie Ciclosporin und Tacrolimus, auf die Organtransplantierte angewiesen sind,
- synthetische herzleistungssteigernde Mittel wie Digoxin und Theophyllin,
- Psychopharmaka wie Amitriptylin,
- Antihistaminika wie Fexofenadine,
- Virushemmer wie Idinavir und Nevirapin, die man Aids-Kranken verschreibt,
- Methadon für Heroinabhängige,
- Midazolam, das zur Narkoseeinleitung verwendet wird,
- das chemotherapeutische Krebsmittel Irinotecan, das durch Johanniskraut ebenfalls schneller aus dem Blut befördert wird, als während der Therapie erwünscht.

Auch die Wirkung der Antibabypille kann von dieser Sonnenpflanze ausgeschaltet werden. Trotz der Pille werden immer wieder »Johanniskraut-Babys« geboren, worüber die Eltern trotz ihrer vorhergehenden Vorbehalte dann meistens sehr glücklich sind.

Johanniskraut regt vor allem die Produktion eines Leberenzyms (Cytochrom P450 3A4) an, das die Entgiftung und Ausscheidung fremder chemischer Substanzen beschleunigt und somit die Wirkung vieler pharmazeutischer Medikamente abschwächt. Diese Kraft des Johanniskrauts gilt in der heutigen Medizin als höchst problematisch, und es werden Stimmen laut, das lichtvermittelnde, stimmungsaufhellende, »dämonenvertreibende« Heilkraut gesetzlich zu verbieten.

23 Als ich in Oregon lebte, wurde das 2,4-D-Herbizid hoch verdünnt vom Forstamt *(State Forest Service)* per Flugzeug über die Wälder versprüht, um »die Konkurrenzvegetation, die mit den Koniferen um Nährstoffe konkurriert, auszuschalten«. Was da versprüht wurde, war nichts anderes als das vom Vietnamkrieg übrig gebliebene *Agent Orange*, ein synthetisches Pflanzenhormon (Auxin), welches die behandelten Pflanzen zu Tode wachsen lässt. Mit Agent Orange, das auch lebertoxisches und karzinogenes Dioxin enthält, wurden bekanntlich weite Gebiete Vietnams entwaldet.

Hanfpflanze

(Cannabis sativa, C. indica)

Hanf, ursprünglich im Altaigebirge in Zentralasien zuhause, ist eine der ältesten Kulturpflanzen der Menschheit. In China baute man sie seit neolithischen Zeiten als Faserpflanze an. Schnüre, Netze und Kleidung wurden daraus hergestellt. Die Fasern sind lang, nassfest und viermal so stark wie etwa die der Baumwolle. Die Segel und Taue der Schiffe, die die Welt erschlossen, Zeltplanen und die blauen Arbeitshosen, die *Levi's* oder *Blue Jeans*, die der Händler Levi-Strauß für die Goldsucher in Kalifornien nähen ließ, waren aus Hanf. Die Hanfsamen mit ihrem beträchtlichen Gehalt an ungesättigten hochwertigen Ölen waren als Nahrungsmittel bei den alten Völkern, von den Chinesen im Osten bis zu den Germanen im Westen begehrt. Für manche Völker, wie die Slawen, war die Saat auch Opferspeise für die Ahnen. Sehr alt scheint die religiös-schamanische Verwendung des Hanfharzes zu sein. Nach Aussage des amerikanischen Anthropologen Weston La Barre wurde im südlichen Sibirien und in den asiatischen Steppen schon seit dem Mesolithikum (Mittlere Steinzeit) mit den harzreichen weiblichen Blüten der Hanfpflanze *(C. indica)* geräuchert, um mit den Geistern zu kommunizieren (Rudgeley 1999: 77). Noch immer spielt *Ganja* in der indischen Religion und bei den Rastafaris in der Karibik als Tor zum Göttlichen eine Rolle. Den germanischen Völkern diente der Hanf nachweislich als Faserpflanze und Nahrungsmittel, geröstete Hanfkörner kamen mit in den Brei. Als Rauschpflanze kannten sie es wohl kaum, denn im kühlen, wolkenreichen Norden fehlt das notwendige Maß an Sonne und Wärme, um in den damals verwendeten Sorten genügend große Mengen an psychoaktiven Wirkstoffen (Cannabinoide) hervorzubringen.

Immer war die Hanfpflanze auch eine wichtige Heilpflanze. Zur Förderung der Wundheilung, zur Muskelentspannung, als Schmerzmittel und bei der Geburtshilfe fand sie Anwendung (Herer 1993: 117). Weitere Heilindikationen sind Asthma (sie wirkt bronchienerweiternd, krampflösend), Grüner Star (sie senkt den Innendruck der Augen), Tumore (Studien am Medical College Virginia zeigten Erfolge bei der Eindämmung vieler gutartiger wie auch bösartiger Krebsgeschwüre), Brechreiz (bei Chemotherapien von Aids- und Krebskranken), Epilepsie, Multiple Sklerose und viele andere (Grinspoon/Bakalar 1994: 115). Frauen, wie zum Beispiel Queen Victoria von Großbritannien, benutzten es gerne bei Menstruationsbeschwerden. Und der alte Kaiser Wilhelm rauchte im holländischen Exil Hanfkraut, um sich über den Verlust von Thron und Reich hinwegzutrösten. Über Jahrhunderte hinweg zählten Hanfpräparate zu den wichtigsten Arzneimitteln.

Hanf war eine respektierte Pflanze, und bis Anfang des 20. Jahrhunderts sah ihn niemand als ein Problem an. Warum ist die Pflanze jetzt verboten und geächtet? Warum gibt es Geld- und wie in einigen amerikanischen Bundesstaaten Zuchthausstrafen für den Besitz oder Anbau des Krauts? Dass das Hanfverbot weniger aus Sorge um das Wohl der Menschheit, sondern vielmehr aus konkurrenzwirtschaftlichen und rassistischen Gründen verhängt wurde, hat Jack Herer in seinem Werk »Die Wiederentdeckung der Nutzpflanze Hanf Cannabis Marihuana« überzeugend dargestellt (Herer/Bröckers 1993). 1938 wurde in den USA eine vollautomatische Ernte- und Schälmaschine für die sperrige Pflanze entwickelt. Als billige Zellulosequelle sollte der Hanf die Papier- und Textilfabrikation revolutionieren. Bei ihrem Wachstum erzeugt die Faserpflanze dank ihrer »Turbo-Photosynthese« (C_4-Weg) mindestens das Vierfache an Zellulose pro Hektar im Vergleich zu Kiefern oder Fichten, aus deren Holz sonst Papier und Karton hergestellt werden. Hanf braucht im Gegensatz zu Baumwolle keine Pflanzenschutzmittel und weniger Dünger. Als Ölfrucht produziert die Pflanze auf vergleichbarer Fläche mehr Öl als Raps. Begeisterte Geschäftsleute witterten schon Milliardengewinne. Henry Ford brachte einen Prototyp eines Kraftwagens heraus, dessen Brenn- und Schmierstoff aus Hanfsamenöl, dessen Karosserie aus Hanfplaste und dessen Sitzbezüge aus Hanffaser gemacht waren. Er nannte es »das Auto, das auf dem Acker wächst«.

Warum also die Kampagne gegen diese vielversprechende Kulturpflanze? Mathias Bröckers, ehemaliger TAZ-Redakteur, schreibt: »Hanf wurde nicht trotz, sondern wegen seiner vorzüglichen Eigenschaften verboten – weil er ein Rohstoffkonkurrent war und bestehende wirtschaftliche Interessen und Monopole bedrohte« (Herer/Bröckers 1993: 288). Alles andere als begeistert war der Chemieriese Dupont, der Sulfite und Sulfate für die Holzpapierherstellung, Kunststoffe und chemische Textilien (Nylon) sowie Pestizide für die Baumwollfelder produzierte. Wenig begeistert zeigte sich auch Standard Oil, das gerade in arabische Ölquellen investiert hatte. Holzunternehmen wie Kimberly Clark, St. Regis und anderen drohten Milliardenverluste. William Randolph Hearst – Orson Welles porträtierte ihn in dem Film »Citizen Kane« – war Holzpapierfabrikant, Besitzer von mehreren zehntausend Hektar Waldland in den USA und in Kanada und zugleich Inhaber einer landesweit operierenden Zeitungskette. Der Medienmonopolist – der Rupert Murdoch jener Tage – gilt als Erfinder des Boulevardjournalismus *(Yellow press)*. In seinen Zeitungen startete er eine Publicity-Kampagne gegen den Hanf. Da der Begriff »Hanf« durchaus positiv besetzt war, ersetzte er ihn durch das mexikanische Fremdwort »Marihuana«[24]. Damit bediente er sich rassistischer Vorurteile, denn nur die als faul und schmutzig geltenden Mexikaner und die »Nigger« rauchten Marihuana. Mari-

24 Das Wort Marihuana oder Marijuana beruht auf spanisch *Maria y Juan*, also Maria und Johannes, die als Zeugen der Kreuzigung zur Rechten und Linken des Heilands ikonografisch dargestellt werden. Die Bezeichnung will besagen, dass der Rauchhanf als visionäres Kraut göttliche Mysterien schauen lassen kann.

huana wurde als die süchtig machende Droge der Messerstecher und Vergewaltiger dargestellt. Eine regelrechte Propagandalawine wurde in Gang gesetzt, bis schließlich die Pflanze verboten wurde (Storl 2005c: 195–197). Die amerikanische Ärzteschaft (AMA) versuchte sich zu wehren, als man ihr eines der wichtigsten Heilmittel verbieten wollte, aber man vergewisserte sie, dass die chemische Industrie bessere Mittel als Ersatz herausbringen würde.

Seither sind viele Jahre vergangen. Wegen Marihuanabesitz sind in den USA Gefängnisstrafen von insgesamt über zwölf Millionen Jahre verhängt worden. 853 839 Verhaftungen waren es allein im Jahr 2010 (www.drugfacts.org). Die Prohibition und das Ausrottungsprogramm kosten rund 8,7 Milliarden Dollar jährlich (Jeffrey/Waldock 2010: 1). Inzwischen wird der medizinische Gebrauch in einigen Staaten wie Kalifornien toleriert, aber die Pflanze bleibt illegal. Mafia und Drogenkartelle profitieren von der Illegalität, denn das garantiert hohe Preise und Profite. Diese würden dahinschmelzen wie Schnee in der Sonne, wenn es erlaubt wäre, sich seine Pflänzchen im Garten selbst anzubauen. Und korrupte Politiker würden auf Bestechungsgelder verzichten müssen.

In mehreren amerikanischen Bundesstaaten im Mittelwesten wächst der Hanf als Unkraut in den endlosen Maisfeldern oder als Ruderalpflanze an Straßenrändern und auf Brachflächen. Diese im Volksmund *ditch weed* (Grabenkraut) genannte Pflanze verwilderte aus den staatlich subventionierten, vorübergehend legalen Hanffeldern, die vor allem während des Zweiten Weltkriegs angelegt wurden. Sie waren Teil der Aktion »Hemp for Victory« (Hanf für den Sieg), die den Nachschub für Seile, Zeltplanen, Seesäcke und dergleichen sichern sollte. Der Faserhanf gedieh gut auf den ehemaligen Prärieböden und verwilderte. Nun befindet er sich in mehreren Staaten auf der schwarzen Liste invasiver Pflanzen. Die amerikanische Landwirtschaftsbehörde *(U.S. Department of Agriculture)* stufte den wild wachsenden Hanf als gefährlichen Neophyten ein und initiierte ein Ausrottungsprogramm. Jäger und Naturschützer sehen den wilden Hanf dagegen nicht als ein Problem und wehren sich gegen die Ausrottungskampagne, denn die Hanfsamen sind ein wertvolles Futter für Wachteln und andere Vögel. Sie argumentieren auch damit, dass sich dieses *ditch weed* nicht als Droge eigne, da es kaum psychoaktive Cannabinoide enthält. Beim Rauchen des Krauts bekommt man eher einen Lungenkollaps als einen beflügelnden Rausch. Aber das wissen durchreisende Jugendliche nicht, und wenn sie diese Marihuanapflanzen am Straßenrand wachsen sehen, ernten sie davon einige Taschen voll. Die Polizei hat sich inzwischen darauf spezialisiert, potenziellen Tätern aufzulauern – sie erkennen die Nichteinheimischen an den Autonummernschildern. Obwohl das Kraut harmlos ist, werden jene, die es ernten, wegen »Besitzes« verbrummt. Das macht sich gut in den Polizeiberichten, manch Beamter kann sich damit profilieren, und es spült Geld in die Kassen der finanziell angeschlagenen Kommunen.

Im November 2010 stimmten die Bürger des hoch verschuldeten Bundesstaates Kalifornien darüber ab, ob der Besitz von Cannabis legalisiert oder weiterhin bestraft werden soll. Das Thema wurde heiß diskutiert, schließlich ging es um ein Geschäft, bei dem allein in Kalifornien schätzungsweise um die 14 Milliarden Dollar umgesetzt werden. Dazu das Argument eines »umweltbewussten« Bloggers gegen die gesetzliche Anerkennung: »Ich werde Nein stimmen, da die Pflanze als invasives Unkraut verwildert und das ökologische Gleichgewicht stören könnte.« Die Legalisierung wurde mit einer knappen Mehrheit abgelehnt. Die Drogenmafia konnte aufatmen.

Auch in Südafrika, Australien und Neuseeland tritt die Hanfpflanze gelegentlich als Neophyt auf. Schlagzeilen machte die »Cannabis-Verseuchung *(infestation)* von Hunter Valley« in New South Wales, Australien. Eine Invasion von Hippies, angezogen von dem wild wachsenden Hanf, schreckte Bürger und Behörden auf. Dreißig Quadratkilometer Fläche waren von der bösen Pflanze verseucht. Man rückte mit ganzen Trupps an, um die Pflanzen auszureißen, und mit Flugzeugen, die starke Herbizide, wie 2,4-D, Amirol und Bromacil, versprühten und verstäubten. 1972 konnte der Sieg erklärt werden. Der pflanzliche Eindringling war aus Hunter Valley vertrieben worden – und die Gammler nebenbei auch.

Schlafmohn oder Magsamen
(Papaver somniferum)

Ähnlich wie der Hanf ist auch der Schlafmohn in vielen Ländern verboten. Die Assoziation verbindet ihn mit Schlaf und Tod, mit Fixern in Bahnhoftoiletten und Terroristen in Afghanistan. Das schmerzstillende Alkaloid Morphium, das im Labor aus dem Milchsaft des Mohns gewonnen werden kann, wird auch von den Ärzten selbst für Krebskranke im Endstadium nur sehr zurückhaltend verschrieben, so groß ist die Angst, dass es den Patienten süchtig machen könnte. Vor nicht allzu langer Zeit wurde in der Zeitung von einem Polizeieinsatz in Bayern berichtet, bei dem die Beamten über den Blumengarten einer alten Frau herfielen und ihr sämtliche blühende Mohnpflanzen ausrissen. Die alte Dame war ganz erschrocken, sie hatte keine Ahnung, was für ein gefährliches Gewächs diese schöne weiß und lila blühende Blume war. Und vor ungefähr zehn Jahren wurden zwei Österreicher wegen Besitzes von Rauschgift in Libyen verhaftet. Sie hatten einige Mohnsemmeln mit im Gepäck. Im August 2003 entschied das Oberlandesgericht Karlsruhe, dass Strafgefangene keine Mohnbrötchen essen dürfen. Der Grund: Es könne sein, dass die Mohnsamen Spuren der Alkaloide im Mikrogrammbereich (1μg = ein millionenstel Gramm) enthalten, wodurch der Drogentest bei den Knastbrüdern verfälscht werden könnte. In Deutschland ist der Anbau völlig verboten, in Österreich dagegen ist er erlaubt. In der Schweiz ist der private Anbau ebenfalls verboten, obwohl man die Pflanze häufig in Blumengärten sieht.

Man fürchtet den Gartenmohn wie der Teufel das Weihwasser. Dabei ist er nicht nur eine uralte Kulturpflanze, die einst den höchsten Göttern, der Kornmutter Demeter, Hera, Kybele und Aphrodite geweiht war, sondern auch ein eingebürgerter Neophyt. Der Kulturflüchtling wächst überall in Mitteleuropa als Pionierpflanze. Oft findet man ihn neben seinem Vetter, dem Klatschmohn, auf Krautfluren, an Wegsäumen, Böschungen und anderen unbebauten sonnigen Stellen. Seit der Jungsteinzeit wird er ausgesät; er wird in Keilschriften erwähnt, die um 4000 v. u. Z. datieren. Als Archäophyt kam er mit den Bandkeramikern vor 6000 Jahren aus Kleinasien nach Mitteleuropa. Reichlich Mohnsamen und -kapseln wurden auch in den Seeufersiedlungen der Pfahlbauern (ca. 3000–2000 v. u. Z.) gefunden. Die bläulich grauen Mohnsamen waren damals schon ein wichtiges Nahrungsmittel. Möglicherweise ist der Name der Gattung *Papaver* auf das lateinische *pappus,* »Speise, Brei«, und *pappare,* »essen«, zurückzuführen. Der Magsamen, wie er vielerorts genannt wird, wurde wahrscheinlich vor allem wegen der Samen angebaut, die keine Alkaloide enthalten, dafür aber viel Eiweiß und um die 40 Prozent hochwertiges linolsäurehaltiges Mohnöl. Vielleicht aßen die Steinzeitmenschen im Frühling auch die Blattrosetten, die ebenfalls keine Alkaloide enthalten und einen schmackhaften Salat ergeben (Storl 2005c: 292 f.). Als Heilmittel haben sie ihn sicherlich genutzt. Der bittere, weiße Saft, der sich an der Luft schwarz verfärbt, ist ein wirksamer Schmerzstiller, der je nach Dosierung auch euphorisierend oder entspannend bis einschläfernd wirken kann. Wie mancher Reisender in den Tropen erfahren konnte, ist das Rohopium, also der getrocknete Milchsaft, das allerbeste Mittel, um die Gedärme bei Ruhr, blutigem Durchfall oder Koliken zu beruhigen. Aus eigener Erfahrung kann ich bestätigen, dass er in dieser Anwendung weder Rausch erzeugt noch süchtig macht, sondern allein wie keine andere Medizin die Ruhr zu stoppen vermag. Opium war für Ärzte bis in die jüngere Vergangenheit eine äußerst wertvolle Medizin.

Der Mohnsaft enthält vierzig verschiedene Alkaloide, darunter Morphin, das schmerzstillend und einschläfernd wirkt, Codein, das Husten lindert, und Papaverin, das krampflösend auf den Verdauungstrakt und auf die Harnwege wirkt. Gefährlich, toxisch und süchtig machend wirken diese Alkaloide vor allem, wenn sie aus ihrem natürlichen Zusammenhang gelöst, isoliert und raffiniert werden. Gegen einen verantwortungsvollen Umgang mit der wertvollen alten Heil- und Kulturpflanze wäre jedoch nichts einzuwenden.

Wie beim Hanf kommt das Anbauverbot vor allem der Drogenmafia zugute, die über den illegalen Drogenschwarzmarkt maßlose Profite einfährt. Das Verbot hilft ebenfalls der Pharma-Lobby, die dadurch ihre teuren synthetischen Opiate auf den Markt werfen kann (Rätsch 1998: 411). Es ist auch kein Geheimnis, dass für die amerikanischen und andere Geheimdienste der Opiumanbau in Afghanistan eine die gewählte Legislative umgehende verdeckte Geldquelle

Die Kulturpflanze Hanf vor der Blüte.

Klatschmohn, eine hübsche Pionierpflanze.

Die trockenen Fruchtkapseln des Schlafmohns im Herbst.

darstellt. Das so gewonnene Heroin wird vermutlich auch zur Destabilisierung rivalisierender Staaten eingesetzt. Wie beim Hanf hat das Anbauverbot seine Schattenseiten: »Einen Feldzug gegen eine Pflanze und die Menschen, die letztlich eigenverantwortlich damit umgehen, zu führen, ist nicht nur absurd, sondern hat fatale Folgen, wie die gescheiterte Repressionspolitik nur zu offensichtlich zeigt. Die Kriminalisierung der OpiatgebraucherInnen hat maßgeblich zur Verelendung und zur Verbreitung von Krankheiten wie chronischer Hepatitis und Aids unter einer großen Zahl von Menschen beigetragen, die genau wie wir alle ein Recht darauf haben, menschenwürdig behandelt zu werden und selbstbestimmt zu leben. Sie brauchen dieses Recht nicht erst durch abstinentes und angepasstes Verhalten zu erwerben, wie es in der Gründungserklärung der Selbsthilfeinitiative JES (Junkies, Ehemalige und Substituierte) heißt.« (*Hanfblatt* 3/2004)

Jakobskreuzkraut

(Senecio jacobaea) und andere Kreuz- oder Greiskräuter

Seit einigen Jahren hört man immer wieder Berichte über die Pyrrolizidin-Alkaloide, deren Giftigkeit unbestreitbar ist. Sie sind leberschädigend, mutagen und krebserregend. Die Tatsache, dass sie in Spuren in altbewährten Heilkräutern wie Huflattich, Borretsch, Pestwurz, Beinwell oder Wasserdost vorkommen, wurde als Vorwand benützt, um diese Heilkräuter zu verbieten und für die pharmazeutischen Produkte eine Bresche zu schlagen (Schlehbusch et al. 1989: 13). Diese Ende der 1980er Jahre geschürte Panik hat sich inzwischen etwas gelegt, seit bekannt wurde, wie fragwürdig die Experimente waren, die zu dem angestrebten Verbot dieser Heilpflanzen führten. Seit Jahrtausenden wurden diese Kräuter erfolgreich angewendet, und nie wurde von gesundheitlich negativen Folgen berichtet. Die in den getrockneten Drogen nachgewiesenen Mengen potenziell toxischer Pyrrolizidin-Alkaloide sind so gering, dass sie praktisch vernachlässigt werden können, schreibt der renommierte Medizinprofessor Rudolf Fritz Weiss (Weiss 1991: 261, 386; Fintelmann/Weiss 2002: 19).

Bei den Kreuzkräutern, auch Greiskräuter genannt, ist es jedoch anders. In diesen sind die Pyrrolizidin-Alkaloide in höheren Konzentrationen vorhanden. Zwar wurde das Jakobskreuzkraut seit der Antike als entzündungswidrige, Geschwülste zerteilende, Geschwüre heilende und die Menstruation anregende Droge eingesetzt, und es hat sich nachweislich bei Uterusblutungen bewährt, dennoch ist Vorsicht geboten. Inzwischen wird ein regelrechter Krieg gegen die schön gelb blühenden Korbblütler geführt, da sie für das Weidevieh, insbesondere für Pferde und Rinder, giftig sind. Schafe und Ziegen sind weniger empfindlich. Normalerweise rühren die Tiere das auf den Weiden wachsende Greiskraut nicht an, sie fressen es höchstens bei extremer Futterknappheit oder wenn es ins Heu oder in die Silage gelangt; dann kann es zu Vergiftungen kommen.

Blühendes Jakobskreuzkraut.

Nach Medienberichten hat die Ausbreitung des Krauts in den letzten Jahren stark zugenommen. Nulltoleranz wird gefordert. Bauern werden angehalten, das Kreuzkraut, das pro Pflanze um die 15000 flugfähige Samen hervorbringt, auszustechen und zu entsorgen. Dabei sollen sie Handschuhe tragen, damit sie nicht mit dem Gift in Berührung kommen – diese Anweisung ist natürlich Unsinn, hat aber propagandistische Wirkung, da sie die Gefahr dramatisiert. Auch der Einsatz von Totalherbiziden wird empfohlen, was seinerseits für das Weidevieh gefährlich ist. Oft kommt es zu Aktionismus, wobei selbsternannte »Naturschützer« gleich alle gelben Wiesenblumen, wie den Pippau oder die Habichtskräuter, ausreißen, da sie das Kreuzkraut nicht richtig bestimmen können.

Wie bei der Saatwucherblume, welche die Gemüter vor knapp dreihundert Jahren erhitzte, hat die Verbreitung des Jakobskreuzkrauts mit landwirtschaftlichen Praktiken zu tun. Die Pflanze fasst leicht Fuß auf Narbenlücken in den Wiesen und Weiden, dort wo Überweidung stattfindet, wo zu tief gemäht wird, wo zu viel Gülle ausgebracht wird oder auch bei einseitiger Beweidung. Mischbeweidung, bei der Rinder und Pferde zusammen grasen, macht den Boden weniger anfällig für die Besiedlung. Auch der dramatische Rückgang an Wildkaninchen begünstigt die Ausbreitung der Pflanze, denn diese und andere Nagetiere fressen das Jakobskraut ohne Probleme. Insektizide haben ebenfalls ihren Beitrag geleistet, indem sie den Jakobskrautbär oder Blutbär *(Tyria jacobaea)*, eine Schmetterlingsart, deren gelb-schwarz gestreifte Raupen auf Greiskräuter spezialisiert sind, stark reduziert haben.

Das Jakobskreuzkraut, für Insekten ein wertvoller Pollen- und Nahrungsspender, war einst für die Kelten eine heilige Pflanze. Sie war dem Erntegott Lugh oder Lugus geweiht, dessen Fest im August, dem Getreideerntemonat, gefeiert wurde. Wenn sie anfing zu blühen, war das ein Zeichen, dass die Ernte bevorstand, dass die Sensen und Sicheln gewetzt, Tenne und Scheune sauber gefegt werden mussten, um die Ernte aufzunehmen. Dieser Brauch wurde dann auf den Kalenderheiligen Jakobus den Älteren übertragen, dessen Festtag der 25. Juli ist. Jakob ist der Beschützer der Kornfelder und Patron der Pilger – man denke an das Pilgerziel Santiago (St. Jakob) de Compostela in Spanien. Das Jakobskraut wurde diesem Kornpatron geweiht.

Das in Europa heimische Jakobsgreiskraut oder Jakobskreuzkraut tritt inzwischen in Argentinien, Neuseeland, Australien, Kanada und den USA als invasiver Neophyt auf.

Die Pflanzen der Heimat sind die guten Pflanzen

Menschen und Pflanzen sind innig verbunden. Nahrungspflanzen, die man seit Kindheit kennt und isst, die Flora der Wiesen, Wälder, Gärten und Felder, die uns umgeben, ihre Farben und Düfte, all das begleitet uns von frühester Kindheit an. Das erste Dufterlebnis eines Kindes der Absorokee (Krähen-Indianer) oder der Cheyenne ist der würzige Geruch des Steppenbeifußes *(prairie sage)*; das Geburtslager wurde damit ausgestreut, und bei jedem wichtigen Ereignis, jeder Zeremonie wird damit geräuchert. Im südlichen Afrika ist es das *imphepho,* der süßlich würzige Duft einer einheimischen Immortellenart *(Helichrysum odoratissimum),* der die Zulu, Xhosa und andere Bantuvölker ihr Leben lang begleitet. Mit Imphepho wird geheilt, es wird damit bei Ritualen geräuchert und um die Ahnen herbeizurufen. In Mitteleuropa ist und war es oft der Duft des Kamillentees, den das neugeborene Kind als Ureindruck mitbekommt. Die Blumen im Garten, Gänseblümchen und Löwenzahn auf der Wiese, die Bäume, die das Zuhause umgeben, prägen sich in der Seele des Kindes ein. Sie gehören zu seiner Biografie, zu seinem Menschwerden. Sie sind, wie die südafrikanischen Ureinwohner, die Buschmänner, es nennen, »Seelenmacher«. Sie werden Teil unserer Seelenlandschaft, wir fühlen uns mit ihnen verbunden; sie sind Heimat.

So erstaunt es nicht, dass Auswanderer absichtlich oder unabsichtlich »ihre« Pflanzen mitnehmen in das neue Land, von dem sie hoffen, dass auch es zur Heimat werden wird. Sie nehmen ihre Lieblingsgewächse mit, ebenso wie sie eine Handvoll der alten Heimaterde mitnehmen, um sie auf dem Erdboden des fremden Landes zu verstreuen. Wer botanisch aufmerksam ist, sieht immer wieder in den Siedlungsgebieten und Stadtteilen mit Zuwanderern auf den Balkons und in den Gärten nicht einheimische Pflanzen wachsen. Man hat sie aus dem Ursprungsland mitgebracht.

Sogar den ihrer Heimat entrissenen und millionenfach als Sklaven verschleppten Schwarzafrikanern gelang es, einige ihrer wichtigsten Pflanzen mit in die Karibik, nach Südamerika (Brasilien) und in die Südstaaten der USA mitzubringen. Es gelang ihnen, obwohl man ihnen sonst fast alles genommen hatte, ihre Sprache, Religion, Heilkunde und gesellschaftliche Geborgenheit.[25] Zu den hinübergeretteten Pflanzen gehört die Okra oder der Abelmoschus *(Abelmoschus esculentus, Hibiscus esculentus),* ein Malvengewächs mit schleimigen Schoten, das aus der westafrikanischen wie auch aus der Südstaatenküche nicht wegzudenken ist. Es hat sogar seine ursprünglich afrikanischen Namen beibe-

25 Trotzdem haben sich viele Afrikanismen in der Neuen Welt erhalten, etwa in Musik und Tanz, im religiösen Ausdruck (Voodoo, Besessenheitskulte, Gospels mit rhythmischem Händeklatschen), in Essenskultur *(soul food),* Märchenüberlieferungen, Kräuterheilkunde usw. Es sind sogar Sprachelemente ins amerikanische Englisch übergegangen, zum Beispiel *juke* (in Jukebox) aus dem westafrikanischen *dzugu* (böse, schamlos), *hip* (wissend, eingeweiht) bzw. *hippie* (aus der westafrikanischen Wolof-Sprache, wo *hip-cat* »wissender Mensch« bedeutet), der Liebeszauber *mojo* oder *mbanya,* das zu Banjo wurde; *guber,* die südstaatliche Bezeichnung für Erdnuss geht auf das kongolesische *N'guba* zurück; und *sambo,* die oft abschätzig verwendete Bezeichnung für Afroamerikaner, bedeutet in der Sprache der Foulah »Onkel« und in der der Hausa »zweiter Sohn«.

halten, das westafrikanische *Okra* oder die Bantubezeichnung *Gumbo*. Mit dem Wort »Gumbo« werden in den Südstaaten übrigens auch die Schwarzen allgemein, früher insbesondere weggelaufene Sklaven bezeichnet (Storl 2005c: 133). Weitere Pflanzen, die aus Afrika mitgebracht wurden, sind: die Akeefrucht *(Blighia sapinda)*, die zusammen mit »Saltfish« gedünstet das Nationalgericht Jamaikas ergibt; der Kolabaum, dessen koffeinhaltige Nüsse eine Zutat der Colagetränke sind; die Senegalsenna *(Cassia italica)*, die in Afrika medizinisch als Abführmittel, Lebermittel, Abtreibungsmittel und gegen Vergiftungen verwendet wird; die Westindische Igelgurke *(Cucumis anguria)*, deren Früchte geschmort oder gekocht werden; verschiedene Jamswurzelarten (*Dioscorea* spp.), die gegessen oder zu Alkohol vergoren werden; die afrikanische Ölpalme *(Elaeis guineensis)*; Hanf (*Cannabis*, westafrikanisch *diamba*, *riamba*), der auch schon in Afrika als Entspannungsdroge genutzt wurde; Kalebassenmuskat *(Monodora myristica)*, Sesam, Sorghumhirse und die Augenbohne *(Vigna unguiculata)*, die ihren festen Platz in der Südstaatenküche hat, und einige andere medizinisch oder kulinarisch verwendbare Pflanzen (Grimé 1979: 63 ff.). Okra (Gumbo), Augenbohne *(black eyed pea)* und der afrikanische Reis *(Oryza glaberrima)*, der in Carolina und Georgia angebaut wird, sind Teil der in der afroamerikanischen Kultur beliebten *Soul-Food*-Cuisine, die in der Würzung und in der Art des Kochens viele Elemente der westafrikanischen Küche enthält.

Die aus Westafrika mitgebrachte Igelgurke *(Cucumis anguria)* ist verwildert und steht inzwischen in Kalifornien, Texas und Florida auf der »Watch List« für potenziell invasive Arten. Sie tritt als invasives Unkraut vor allem auf Erdnussfeldern auf.

Über achtzig Prozent der europäischen Siedler, die sich vor 1900 in Nordamerika niederließen, kamen aus dem mit einem kühlen, feuchten Klima gesegneten nördlichen oder nordwestlichen Europa. 27 Prozent kamen aus deutschsprachigen Ländern, 25 Prozent aus dem englischsprachigen Raum, viele Iren und Nordländer, auch Holländer, Belgier und Franzosen waren unter den Einwanderern; jeder vierte Einwohner Skandinaviens wanderte nach Amerika aus (Davie 1949: 51 f.). Die Einwanderung aus süd- und osteuropäischen Ländern, die ebenfalls viel zur amerikanischen Kultur beitrug, erfolgte erst später, nach der Jahrhundertwende. Es waren also Völkerschaften mit vorwiegend keltischen und germanischen Wurzeln, die zur heutigen amerikanischen Leitkultur und ihrem Ethos beitrugen. Im Grunde genommen waren es die Nachfahren von Waldvölkern, die einst in Europa die Urwälder gebrandrodet[26] hatten, um ihre Siedlungen zu bauen. Die Blockhütten, die ersten Behausungen der Pioniere an der nordamerikanischen *Frontier*, waren ein Rückgriff auf uralte kulturelle Muster der germanischen Waldvölker.[27] Die Schweizer Getreidespeicher und die skandinavischen Heuspeicher hatten diese archaische Bauform beibehalten und gaben das Modell dafür ab. Über mehrere Jahrtausende hinweg waren die

Vorfahren dieser Siedler vom nordeuropäischen Regenwald geprägt worden. Sie trugen die üppig grünen Wiesen, Weiden und Wälder, die das nasskühle atlantische Klima hervorbringt, unbewusst als kollektives Bild in ihrer Seele. Als sie dann in das östliche Waldland Nordamerikas vorrückten, griffen sie auf die Muster ihrer fernen Vorfahren zurück, als diese noch mit Planwagen umherzogen, mit Axt und Feuer das Land rodeten und mit ihren Rindern, Schweinen und anderen Haustieren neue Heimstätten schufen. Nicht nur brachten die Einwanderer ihre Nahrungspflanzen, ihr Getreide und Obst mit, sondern auch europäische Blumen und Heilkräuter und als blinde Passagiere ihre Unkräuter. Zu den schätzungsweise mehr als 20 000 höheren einheimischen nordamerikanischen Pflanzenarten sind in den letzten hundertfünfzig Jahren 6600 Neophyten vor allem aus Europa hinzugekommen. Diese hundertfünfzig Jahre des Abholzens oder Brandrodens der Wälder, der Weidewirtschaft mit Tieren, die es vorher nicht gab, der Unterdrückung natürlicher Feuersbrünste, die einst durch Teile der Natur fegten und sie verjüngten, und anderer Eingriffe verursachten gewaltige Veränderungen in der Ökologie (Manning 1997: 187).

Amerikas Natur wurde dadurch europäischer. Die nordwesteuropäischen Siedler schufen absichtlich und unabsichtlich ihre bekannte Welt von neuem. Die ursprünglichen nordamerikanischen Gräser zum Beispiel sind im Frühjahr grün, später im Sommer aber werden sie braun und gelb. Die Siedler brachten jedoch Gräserarten für ihr Weidevieh mit, die bis in den Herbst grün bleiben. Überhaupt trugen sie die saftig grünen Weiden und den von Gänsen und Schafen kurz gehaltenen Rasen der Dorfanger und Allmenden als tief verankertes Bild in ihrer Seele mit in das fremde Land. Und überall, wo sie sich niederließen, umgaben sie ihre Häuser und Farmen mit einer dauerhaft grünen, kurz geschorenen Rasenfläche – eine Reminiszenz der saftigen nordwesteuropäischen Weiden und der Dorfanger, auf denen Kinder spielten und an Feiertagen getanzt, gesungen und getrunken wurde. Selbst der Himmel war für die heidnischen Vorfahren dieser Siedler – wir erfahren es aus der Sage der Frau Holle und anderen Quellen – eine grüne, blühende Wiese, eine *gröne wang*. Der englische Rasen ist also für die Seele dieser Einwanderer der fliegende Teppich, der sie zurück zu den grünen Ahnengefilden trägt. Deshalb wird er von den weißen Amerikanern noch immer wie ein Heiligtum behandelt und frisst mehr Kunst-

26 Brandroden wurde als »schwenden«, vom althochdeutschen Wort *swedan*, bezeichnet. Diesem liegt vermutlich auch der Name »Schweiz« und viele Ortsnamen mit dem Wortbestandteil *-schwand* oder *-schwend* in der Bedeutung von »durch Brandrodung gewonnenes Land« zugrunde.

27 Man kann sich fragen, warum sie nicht die aus Birkenrinde hergestellten Wigwams der Algonquin oder die mit Ulmenrinde gedeckten Langhäuser der Irokesen übernommen haben.

dünger, als in der gesamten Dritten Welt für die Nahrungsmittelerzeugung verbraucht wird. Sogar in den trockenen Wüsten, in Arizona oder New Mexico, werden mit viel Aufwand und künstlicher Bewässerung Rasen angelegt. Und auf diesen Rasen wird dann an Feiertagen Ball gespielt und Fleisch gegrillt. Ein echter Kultort, im völkerkundlichen Sinne. Die seelische Wirkung der grünen Rasenflächen konnte ich als Kind auf meine eigene Weise erleben, als ich mit meinen Eltern von Norddeutschland nach Ohio auswanderte. Damals, in der Zeit vor Düsenflugzeugen, Satellitentelefon, Skype oder Chat im Internet, lag die alte Heimat weit, weit entfernt. Manchmal bekam man Heimweh, und als mich das traurige Gefühl einmal richtig packte, sah ich auf dem kurz geschorenen Rasen die Gänseblümchen blühen. Der kleine Neophyt aus Nordeuropa schien mir zu sagen: »Schau, auch du kannst wie ich hier eine Heimat finden.«

Mit dem Heimstättengesetz *(Homestead Act)* von 1862 war es jedem ab dem einundzwanzigsten Lebensjahr gestattet, sich auf unbesiedeltem Land niederzulassen und für die geringe Summe von 200 US-Dollar und das Versprechen, den Boden fünf Jahre lang unter dem Pflug zu halten, hundertsechzig *Acres* (ungefähr 647 000 Quadratmeter) sein Eigen zu nennen. Bis 1890 wurden rund 375 000 solche Heimstätten oder Farmen gegründet. Das östliche Waldland war bald vollkommen besiedelt, und nach dem Bürgerkrieg rückten die Planwagen in die schier endlos scheinende Grassteppe vor. Nachdem das Militär die Ureinwohner vertrieben oder in Reservate verbannt hatte und die riesigen Büffelherden, die den Indianern als Lebensgrundlage dienten, abgeschossen waren, wurde die Prärie in Quadrate vermessen, welche die Neusiedler umpflügten, um sich nach altem Muster in ihren neuen Heimstätten einzurichten. Den Farmern, die in Europa von einer bewaldeten Umwelt geprägt waren, erschien die Prärie als eine endlose, öde, leere Wüstenei ohne Bäume und ohne wirklich nützliche Pflanzen. Auf Regen war in der Grassteppe kein Verlass. Oft fehlte nach dem Pflügen das Wasser, die Saat vertrocknete, und der Wind verwehte den trockenen Humusboden in Form von Staubwolken, die zuweilen den Himmel verdunkelten. Die auf diese Weise geschädigte Erdoberfläche wurde empfänglich für invasive Neophyten, besonders solche, die aus den osteuropäischen Steppen kamen, wie etwa das Salzkraut, das als *tumble weed* auch in den Hollywood-Western vom Wind getrieben durch die gottverlassene Einöde rollt.

Das Landwirtschaftsministerium *(US Department of Agriculture)* kam um 1900 auf die Idee, dass man die wirtschaftlich »wertlose« Prärie umgestalten, sie durch rationelle Maßnahmen ändern und komplett neu aufbauen könne. Man lebte noch im Geiste der Aufklärung, welche die Grundsätze der Welt mechanistisch erklärte. Hatte man nicht mit der amerikanischen Revolution bewiesen, dass man gesellschaftliche Systeme nach rationellen Gesichtspunkten ändern kann, wie ein Ingenieur eine Maschine? Auch die Natur, so glaubte man, könne man grundlegend umgestalten. Man schickte einen Botaniker namens Frank

Nicholas Meyer nach Zentralasien, wo es ähnliche Grassteppen gibt. In der Mongolei, in Russland und China sollte er nach nützlichen Pflanzen suchen, Gewächse, die resistent gegen Trockenheit und Dürre sind und die Wüstenei begrünen könnten. Von den vier Expeditionen, die er zwischen 1905 und 1918 unternahm, brachte er rund 2500 Arten mit nach Hause. Der dürreresistente Russische Weizen, dessen Saatgut er mitbrachte, erwies sich als Glücksfall, indem er die Versorgungsengpässe im Ersten Weltkrieg zu überbrücken half. Auch verschiedene asiatische Steppengräser führte er ein, im guten Glauben, dass sie besseres Futter für die Rinder und Pferde liefern als die indigenen Sorten. Meyer ist es zu verdanken, dass inzwischen an jedem Farmhaus in der Prärie der hitzeverträgliche, frostharte Zwerg-Duftflieder *(Syringa meyeri)* wächst. Inzwischen wird dieser Flieder als potenziell invasiv eingestuft.

Über tausende Meilen durchziehen als Windschutz gepflanzte, mickrig und zerzaust aussehende Baumreihen die schier endlose Prärie und Karststeppe des amerikanischen Westens. Es handelt sich um die Sibirische Ulme *(Ulmus pumila)*, ein weiteres Mitbringsel des Botanikers Meyer. Am »Tag des Baumes« *(Arbor Day)*, alljährlich am letzten Freitag des Monats April, ziehen Schulkinder aus und pflanzen Bäume. Über Jahrzehnte hinweg haben Kinder in den Präriestaaten diese Trockenheit tolerierende Ulme gepflanzt. Leider hat man den Baum inzwischen als »invasive, exotische Pflanzenpest« *(invasive exotic plant pest)* ausgemacht, die auch an Orten wächst, wo sie nicht wachsen soll – entlang der Schienen und in den Städten. Während hier und dort die Kinder sie noch einpflanzen, reißen anderswo »Naturschützer«, die den ursprünglichen Charakter des Graslands wiederherstellen wollen, die Bäumchen aus oder vernichten sie mit den Produkten des Dow-Chemical-Konzerns.

Die Schmalblättrige Ölweide *(Elaeagnus angustifolia)* – im Amerikanischen »Russische Olive« *(Russian olive)* genannt –, von der Frank Meyer einige Exemplare aus Asien mitbrachte, wurde ebenfalls fleißig in der baumlosen Steppe als Windschutzhecke angepflanzt.[28] Wo sie wuchs, erhöhte sich die Zahl der Vögel, da sie ihnen Schutz bietet und ihre Scheinbeeren ein gutes Vogelfutter abgeben. Auch Menschen können sich an den aromatischen, süßlichen rotgelben Früchten laben. Dem mit dem Sanddorn verwandten Bäumchen gelingt es mit Hilfe eines Fadenpilzes, mit seinen Wurzeln Stickstoff zu binden, weshalb es auch nährstoffarme Böden besiedeln kann. Leider hat sich herausgestellt, dass dieser russische Fremdling die amerikanische Steppe, insbesondere die Flussniederungen und Seeufer, sehr mag. Das silbrige Bäumchen wurde als ökologische Gefahr ausgemacht, und Naturschützer sind dabei, es zu eliminieren. Die »russi-

28 Die Schmalblättrige Ölweide wurde schon 1830 in den Ostküstenstaaten als Zierpflanze in die Gärten gepflanzt.

schen Invasoren« werden abgehackt und die Stümpfe mit Glyphosat behandelt, damit sie nicht wieder austreiben.

Heutige Ökologen und Naturschützer finden keine lobenden Worte mehr für Franz Meyer. Den »botanischen Bomber« nennen sie ihn, den »Überfremder der einheimischen Flora«. Dass er die chinesische Kastanie ebenfalls mitbrachte, werden sie ihm nie verzeihen. Mit ihr, so glauben sie, wurde der Pilz eingeschleppt, der das große Sterben der essbaren einheimischen amerikanischen Kastanie *(Castanea dentata)* auslöste. Die Pilzerkrankung war jedoch schon vor den Reisen des Botanikers im Jahr 1904 in der Bronx aufgetaucht; er entdeckte, dass auch die asiatischen Kastanien zwar von dem Fungus betroffen sind, aber widerstandsfähiger zu sein scheinen, und brachte einige kranke Exemplare als wissenschaftliche Beweisstücke mit.

Die für alkalische Steppenböden geeignete Kammquecke (englisch *crested wheatgrass*[29], lateinisch *Agropyron critatum*) brachte er aus Turkestan mit. Er glaubte, es könnte eine gute Futterpflanze sein, »da sie dort wächst, wo das Weidevieh, die Rinder, Pferde, Schafe und Kamele, ursprünglich herkommen«. Diese und andere fremde Süßgräser, wie das Wiesen-Rispengras, das die Amerikaner *Kentucky bluegrass* nennen (nach ihm ist übrigens die Bluegrass-Musik benannt), und das Wiesen-Lieschgras (englisch *timothy grass,* lateinisch *Pleum pratense*) sollten das trostlos öde Land verbessern, Rinderweiden schaffen und den

29 Das frische, junge Weizengras oder *wheatgrass* hat inzwischen Karriere als Wunderheilmittel bei schweren Erkrankungen, wie etwa Morbus Crohn oder Krebs, gemacht. Es wird frisch entsaftet und als einziges Nahrungsmittel während einer drei- bis sechswöchigen Fastenkur getrunken.

Triebspitze der Schmalblättrigen Ölweide.

Staubstürmen, welche die fruchtbare Scholle verwehten, ein Ende setzen. Mit Unterstützung der Landwirtschaftsbehörde (USDA) wurde von den 1940er bis in die 1970er Jahre der Steppenbeifuß *(praric sagc)* und andere einheimische Vegetation ausgerissen und an deren Stelle vor allem die Kammquecke ausgesät. Auch mit der Kronenwicke *(Coronilla varia),* die er an der Wolga fand, beglückte Franz Meyer die amerikanische Steppe, auch sie ist eine gute Futterpflanze und ein starker Eroberer. »Ach, wäre doch der Wolgadampfer mit dem Meyer drauf nur abgesoffen!«, so der Kommentar eines Ökologen, der mit der Umgestaltung der amerikanischen Steppe nicht einverstanden ist.

Die Naturpuristen versuchen die ursprüngliche Prärie wiederherzustellen und rücken nun mit einem ganzen Arsenal an Herbiziden gegen die Wicke und andere »hoch aggressive« Invasoren wie die Bergscharte (*Russian knap weed,* lateinisch *Rhaponticum repens*) aus Zentralasien, das Hohe Fingerkraut *(Potentilla recta)* aus Osteuropa oder die Esels-Wolfsmilch aus Südosteuropa *(Euphorbia esula)* vor. Rancher und Naturpuristen sind sich auch einig in ihrem Hass auf die eurasiatische Dach-Trespe *(Bromus tectorum),* ein Pioniergras auf ruderalen Flächen. »Betrügergras« *(cheatgrass)* nennen sie das kurzlebige Gras, weil es im Frühjahr vielversprechend, saftig grün hervorsprießt, aber bald abstirbt und kaum Nahrung für Rind oder Wild hergibt. Im Sommer, wenn heftige Gewitterregen niedergehen, kann dieses Gras die Krume nicht schützen und der Boden erodiert. Für diesen Eindringling war Frank Meyer ausnahmsweise nicht verantwortlich. Das Betrügergras erschien erstmals im 19. Jahrhundert in einem Weizenfeld im Staat Washington. Inzwischen wächst es flächendeckend auf gestörten, überweideten oder planierten Böden. Trampelnde Rinderhufe bereiten den Boden für die Sa-

men. In den westlichen Staaten der USA werden pro Jahr mindestens 100 000 Dollar für die Bekämpfung dieser Grasart ausgegeben.

Die ursprüngliche Prärie war ein Naturwunder. Die Gräser waren so hoch, dass ein Reiter samt Ross sich darin verstecken konnte. Der indigene Topinambur *(Helianthus tuberosus)*, der bei uns inzwischen als Neophyt erscheint, konnte gerade noch seine gelben Blüten aus dem Gräsermeer herausstrecken. Die Fruchtbarkeit der Prärie beruhte auf den schätzungsweise hundert Millionen von Büffeln (Bisons), die sie düngten.[30] Die großen Herden bildeten mit dem Gras eine ökologische Einheit. Wenn das Gras im Herbst vertrocknete, war das für die Bisons kein Problem, da sie beste Raufutterverwerter sind, außerdem konnten sie mit ihren Hörnern und Hufen die bodennahen Graswurzelstöcke herausscharren. In der Trockenprärie weiter im Westen lebten weniger Büffel, aber dafür mehr Gabelböcke (Antilopen), die auf die bitteren Beifußarten (*prarie sage, Artemisia* spp.) spezialisiert sind. Diese ursprünglichen Lebensgemeinschaften werden sich nicht wiederherstellen lassen – da werden auch keine Bekämpfungsmaßnahmen mit Unkrautvertilgern helfen.

30 Studien im Yellowstone-Nationalpark zeigen, dass das Graswachstum auf Flächen, die von Büffeln beweidet werden, um 36 bis 85 Prozent stärker ist als auf unbeweideten Flächen. Fazit: Ohne Bison keine echte Prärie. (MacDonald 2003: 541)

Es gibt kein Ende im Weltenring,
Nur Wandel und Wende
für jegliches Ding.

Theobald Nöthig, »Lichter und Schatten«

EISZEITEN UND VERSPERRTE FLUCHTWEGE

Der Teil des Allgäus, in dem ich mit meiner Familie lebe, ist von tiefen, dunklen, von Fichten und Buchen bewaldeten Schluchten zerklüftet. Hirsch und Gams ziehen über die Höhen, und in dem engen Tal an der Nordseite liegt der Schnee oft bis in den späten Mai. Die Talbewohner bekommen wenig Sonne und fühlen sich vom dunklen Wald bedrängt. Ein Nachkömmling der Waldbauern und Holzfäller, dem es vergönnt war, die Universität zu besuchen und mit einem Doktorhut in sein Heimatdorf zurückzukehren, setzte eine Kampagne in Gang gegen die »Überbewaldung« der Region. Mehr Licht sollte in das Tal kommen, predigte er. Er kramte alte Schwarzweißaufnahmen aus den Fotoalben: »Seht doch her, die alten Fotos vom Dorf und von den Fluren! Damals war die Landschaft schön, damals, zu Großelterns Zeiten. Das ist der Idealzustand, den wir wieder herstellen müssen!« Es sollte wieder werden, wie es einst, vor fünfzig oder siebzig Jahren war, vor der Landflucht und ehe der Wald sich so arg ausgebreitet hat. Damals war es eine gemischte Landschaft mit viel Weideflächen und hier und da gelegentlich sogar einem Feld, auf dem etwas Brotgetreide oder Flachs angebaut wurde. Um seine Dorfgenossen von ihrem »Waldkoller« zu befreien und das einstige Landschaftsbild wiederherzustellen, sollten Teile des Waldes gefällt und gerodet werden und die Weideflächen an den steilen Hängen mit Hilfe bergtüchtiger und gefräßiger Hinterwäldler-Rinder baumfrei gehalten werden.

Vergessen war, dass es eigentlich harte Zeiten waren, Zeiten der bitteren Not, die einst die Bauern dazu veranlassten, die steilen Hänge zu bewirtschaften. Das Brotgetreide oder der Flachs auf den Äckern hatte in manchen Jahren keine Zeit zum Reifen, denn der Frost kam oft zu früh oder der Schnee lag zu lange, und die Arbeit war umsonst gewesen. Die Menschen waren arm. Mein Nachbar, der alte knorrige Bergbauer Hans, musste schon als Neunjähriger sein Zuhause verlassen und sich als Knecht und Hirtenbub bei anderen Bauern unter harten Bedingungen verdingen. Er war nicht das einzige Kind, dem so etwas passierte (Helber 1987: 111).

Warum sollte gerade diese Zeit als ideal gelten und warum die Umwelt in dem damaligen Zustand erhalten bleiben? Man könnte genauso gut einen anderen Zeitraum als ideal erklären. Warum nicht die Natur des Gebiets so wiederherstellen, wie es vor drei- oder vierhundert Jahren war? Zu der Zeit hatten noch keine Holzfäller und Bergbauern das Tal besiedelt. Höchstens ein paar arme Köhler hausten hier, Harzer zapften die Fichten an, um Harz zu gewinnen, Jäger gingen auf die Pirsch, und Vogelfreie hielten sich in den Wäldern versteckt. Damals, ehe die Glasbläser aus Böhmen die Buchenbestände fällten, um das heiß brennende Holz zur Feuerung, Laugen- und Schmelzsalzgewinnung für die Glasherstellung zu verwenden, und ehe zähe Bergbauern das Tal besiedelten, war hier alles Wald gewesen.

Die Natur und die menschliche Kultur sind in dauerndem Wandel begriffen. Das scheint der Mann mit dem Doktorhut wie auch viele vermeintliche Naturschützer vergessen zu haben. Sie erklären einen eher willkürlich gewählten Momentzustand als ideal und versuchen krampfhaft, ihn auf die Dauer zu erhalten. Sie erstellen Rote Listen und Pflückverbote für die alten »schützenswerten« Feld- und Wiesenblumen, die eigentlich die Begleitflora[31] der vorindustriellen Landwirtschaft waren, als die Felder noch mit Pferden oder Ochsen gepflügt wurden, mit Stallmist gedüngt und das Saatgut selbst erzeugt wurde. Das Pflanzenkleid einer Region kann nicht durch Gesetz und krampfhafte Maßnahmen künstlich erhalten oder verändert werden; es passt sich ganz von selbst aufs engste den bestehenden Umweltbedingungen an. So ist auch die Verbreitung und Ansiedlung der eingeschleppten Arten letzten Endes ein natürliches Geschehen, eine Anpassung der Natur an bestehende Bedingungen. Die Anstrengung und der hohe Kostenaufwand, um gegen den Fluss der Dinge einen willkürlichen Idealzustand zu erhalten, verkennt das Wesen der Natur. Ob es nicht vielleicht dringendere Probleme in unserer Gesellschaft zu lösen gibt?

Natur ist Wandel

Wir brauchen gar nicht allzu weit in die Erdgeschichte zurückzuschauen, um zu erkennen, dass die Natur und damit auch die Pflanzenwelt in ständigem Wandel begriffen sind. Im Frühtertiär, vor 65 bis 35 Millionen Jahren, lange nachdem die Riesenechsen, die Dinosaurier verschwunden waren, verbreiteten sich Vögel und Säugetiere über die Erde. Gleichzeitig eroberten die bedecktsamigen Blütenpflanzen die Erde und mit ihnen Bienen, Ameisen, Wespen und andere Kerbtiere, welche die Blumen bestäuben und mit Pflanzen in Symbiose leben. Das Klima war allgemein wärmer als heutzutage – wir leben ja noch im Schatten der Eiszeit, und niemand kann sagen, ob es nicht lediglich eine Zwischeneiszeit ist, die wir derzeit erleben.

Gut, dass es damals keine »Naturschützer« gab! Sie hätten sich wohl über die neuen Blütenpflanzen aufgeregt und versucht, die alten Bestände der Nackt-

31 Gemeint ist die archäophytische Segetalflora.

samer, die Nadelbäume und Ginkgos, die das Hauptfutter der Dinosaurier waren, zu schützen und die neuen Pflanzen, die seinerzeitigen »Neophyten« zu bekämpfen. Aber es gab damals noch keine Naturschützer, nicht einmal Menschen gab es, sondern nur rattengroße Frühprimaten, die ungefähr so aussahen wie Spitzhörnchen.

Auf dem heute arktischen Spitzbergen wuchsen im Eozän, also im frühen Tertiär (auch Braunkohlenzeit genannt), Mammutbäume, Sumpfzypressen, Zedern, Magnolien, Linden Pappeln, Eichen, Ahorn und Walnussarten. Auf Grönland gab es Ginkgobäume, Sassafras (Fenchelholzbäume), Judasbäume, Ebenholz, Kakipflaumen, Esskastanien, Platanen, Reben und andere Arten, die heute in warmen Regionen wachsen. In Mitteleuropa war es noch wärmer, mit einem Klima und einer Vegetation vergleichbar mit dem heutigen Sansibar (Schubert 1966: 91). Ein tropisches Paradies!

In der mittleren Braunkohlenzeit, im Miozän (vor 23 bis 5 Millionen Jahren), streiften Menschenaffen von der Art *Dryopithecus* – mögliche Vorfahren der Gattung *Homo* – zusammen mit hornlosen Nashörnern, Tapiren, Bärenhunden, Urpferden, hirschgroßen Giraffenverwandten, Säbelzahnkatzen und Rüsseltieren (Rhein-Elefanten) durch die Laubwälder am Urrhein; in den Sümpfen lebten Flamingos, Pelikane, Krokodile und Schildkröten. Die Wälder Mitteleuropas bestanden aus Lorbeerbäumen, wie sie sich bis heute auf den Kanarischen Inseln halten konnten, aus Sumpfzypressen, Zimtbäumen, Trompetenbäumen *(Catalpa)*, Amberbäumen *(Liquidambar)*, Ginkgos, Goldlärchen, Magnolien, Robinien, Mammutbäumen, Ulmen, Walnuss, Weiden und Weinreben. Viele dieser Arten haben anderswo auf der Erde überlebt und werden hierzulande gelegentlich als Parkbäume und Zierpflanzen wieder angebaut. Die Temperatur lag im Jahresdurchschnitt bei 14 Grad Celsius, also wesentlich über dem heutigen Mittelwert von etwa 7 Grad.

Gegen Ende des Tertiärs wurde das Klima kühler, das letzte große Klimaoptimum ging zu Ende. In Mitteleuropa starben die Krokodile aus. Wärmeliebende Bäume und Palmengewächse konnten sich nicht halten, außer der widerstandsfähigen, kälteresistenteren Hanfpalme *(Trachycarpus)*. Auch sie verschwand schließlich, hat aber bis heute in Ostasien und im Himalaja überlebt; im 19. Jahrhundert kehrte sie als Zierpflanze nach Europa zurück und befindet sich nun in der Schweiz auf der »Watch List«, da sie im Tessin als potenziell aggressiver Neophyt auftritt. Auch die Robinie verschwand, überlebte aber in Amerika; dieser wertvolle Baum ist in jüngster Zeit zurückgekehrt und schaffte es auf die »Schwarze Liste« der Problem-Neophyten. Mit den etwas kühleren Temperaturen bildete sich an den Polen Eis; in den nördlichen Breiten dehnten sich Tundren und Taigagehölze aus. Derweil schrumpften die tropischen Wälder Afrikas, und die Vorfahren der Menschen wurden von ihren stärkeren Verwandten, den Menschenaffen, zum Verlassen der Restbestände der Bäume gezwungen.

In der Schlussphase des Tertiärs, im Pliozän (vor 5 bis 2 Millionen Jahren), ähnelte die Pflanzen- und Tierwelt immer mehr der heutigen; aufrecht gehende Vormenschen *(Australopithecus)* streiften durch die Weiten der afrikanischen Savanne, sammelten Nahrung, stritten sich mit Raubtieren um frisches Aas oder jagten selbst mit Hilfe von primitiven Werkzeugen, die sie aus Geröllsteinen herstellten, bei denen sie die scharfen Kanten abschlugen. Das Klima in Mitteleuropa war gemäßigt. Die tropischen Gewächse verschwanden, es wuchsen Amberbäume, Walnussgewächse, Kastanien, Guttaperchta-Bäume und Lorbeer.

Vor rund zwei Millionen Jahren begann die Neuzeit, das sogenannte Quartär, das eingeteilt wird in Pleistozän – das Eiszeitalter – und Holozän, die Nacheiszeit, die auf 10 000 Jahre vor der Gegenwart angesetzt wird. Das Pleistozän, die erste Phase des Quartärs, bestand aus einem Wechsel von sehr kalten Zeiten (Eiszeiten) mit wärmeren Perioden (Zwischeneiszeiten). Die weltweite klimatische Abkühlung, die schon im Tertiär begonnen hatte, dauerte an. Die Pole vergletscherten, und immer wieder schoben sich schubweise die Eismassen von Norden her und aus den Bergen herab. Vermutlich sechsmal rückten während des Pleistozäns die Eismassen vor; dazwischen gab es wieder Phasen der Erwärmung. Besonders die letzten vier Glazialzeiten verzeichneten starke Temperaturrückgänge.[32] Dieser Wechsel ist ein kosmisches Geschehen und hat mit schwankenden Sonneneinstrahlungsrhythmen zu tun.

In den Phasen, wenn die Winter länger und kälter werden, weichen die Pflanzen und Tiere immer weiter nach Süden aus. Wo das Eisschild das Land nicht unmittelbar bedeckt, entstehen Gras- und Zwergstrauchsteppen (Tundren). Die Areale der arktischen Tundrenvegetation und der alpinen Hochlandflora vergrößern sich, und die nördlichen Waldformen verbreiten sich nach Süden. Noch weiter im Süden dehnen sich infolge geringerer Verdunstung aufgrund des Temperaturabfalls die Steppen, Savannen, trockenen Zonen und Wüsten aus; die Tropenwälder werden weniger (Müller-Beck 2005: 65). Nachdem die Vergletscherung ihren grimmigen Höhepunkt erreicht hat, kommen Phasen, in denen es wieder milder wird. Wärmeliebende Pflanzen und Tiere kehren allmählich zurück. In der Warmphase, die der Günz-Eiszeit vor über 800 000 Jahren folgte, siedelten sich wieder Flusspferde und Krokodile in den Sümpfen und an den Ufern der Gewässer Mitteleuropas an, Affen kletterten in den Urwaldbäumen, Nashörner, Waldelefanten und Säbelzahntiger streiften durch Sumpfzypressen- und Mammutbaumhaine. Auch Frühmenschen, sogenannte *Homo erecti,* hinterließen ihre Spuren. Sie waren im Besitz von Feuer, konnten ihre Nahrung braten und stellten primitive Steinwerkzeuge (Faustkeile) her.

32 Günz, Mindel (oder Elster), Riss (oder Saale) und Würm (oder Weichsel) sind die international anerkannten Benennungen der Eiszeiten in Europa. Ihre Namen erhielten sie von kleinen Alpenflüssen, in deren Nähe die typischen Gletscherablagen gefunden wurden.

Als es dann allmählich wieder kälter wurde und die nächste Eiszeit (Mindel-Eiszeit, vor 440 000 bis 320 000 Jahren) heranrückte, wanderten Frühmenschen, Tiere und wärmeliebende Pflanzen allmählich wieder in südliche Richtung. In der Folge beweideten Moschusochsen, Fellnashörner, Steppenelefanten (Vorläufer des Mammuts) und Rentiere die nun kalten, baumlosen Steppen. Diese Tierarten passen sich dem Selektionsdruck an, der von dem kalten unwirtlichen Klima ausgeht, indem sie eine massive Körpergröße entwickeln, was den Wärmeverlust verringert, indem sie ein dickes Fell wachsen lassen und Zähne entwickeln, die es ihnen ermöglichen, zähes Gras zu zermalmen. Kleinere Arten, Nagetiere, passen sich an, indem sie einen Winterschlaf halten und sich vor der Kälte in den Erdboden verkriechen; sie entwickeln nachwachsende Zähne, mit denen sie Wurzeln zernagen können.

Es folgte wieder eine Zwischeneiszeit (Mindel-Riss-Interglazial, vor 320 000 bis 180 000 Jahren), in der die wärmebedürftigen Pflanzen und Tiere – Löwen, Affen[33], Nashörner, Pferde, Riesenhirsche, Bisons und sogar Wasserbüffel – wieder in Mitteleuropa einwanderten. Auch der Frühmensch, der *Homo erectus,* kehrte wieder zurück und hinterließ seine Spuren in Bilzingsleben (Thürigen) und anderswo. Aber auch die ersten Neandertaler tauchten auf. Sie waren frühe moderne Menschen, man zählt sie heute zum *Homo sapiens;* sie waren lediglich ein an die Kälte angepasster Seitenzweig unserer Gattung. Im Jahr 2010 wurde im Max-Planck-Institut in Leipzig der größte Teil des Neandertaler-Genoms ent-

33 Die Affen oder Makaken auf Gibraltar sind die Nachkommen dieser letzten Affen Europas.

schlüsselt, und man stellte fest, dass die Europäer wie auch die Asiaten, die australischen Ureinwohner und die Indianer Neandertaler-Gene besitzen. Diese sind also nicht ausgestorben, wie man lange annahm. Neandertaler, die ihre Toten bestatteten, Kranke und Verletzte versorgten und Musikinstrumente bauten, trugen Lederbekleidung und entwickelten eine Jagdtechnik, die es ihnen erlaubte, während der nächsten Eiszeit (Riss-Glaziale, vor 180 000 bis 120 000 Jahren) nördlich der Alpen und der Pyrenäen auszuharren. Nachweislich hausten sie unter Felsvorsprüngen und in Lederzelten, die von Mammutknochen gestützt wurden, denn in der Tundra gab es kaum Bäume, deren Holz sie verwenden konnten.

In der Risseiszeit kam es zur stärksten Vereisung; die Gletscher reichten weit über die Ostsee bis in die Mittelgebirge, auch die Alpengletscher erstreckten sich bis ins Vorland. Gletscher bedeckten den Schwarzwald, den Bayrischen Wald und die Vogesen. Neandertaler Eiszeitjäger brachten Großsäuger wie Mammuts, Steinböcke und Fellnashörner zur Strecke und stellten den klimaresistenten arktischen Rentieren nach, den einzigen Säugetieren, die sich von Flechten ernähren können. Bis hinunter an die Côte d'Azur konnte man in dieser Zeit Rentierherden finden (Müller-Beck 2005: 99).

Wieder folgte eine Warmzeit und wieder eine Eiszeit (Würm-Glazial, vor 70 000 bis 10 000 Jahren). Der erste moderne Mensch, der Cro-Magnon, erschien mit dem Abklingen dieser letzten Eiszeit. Auch er war ein Großwildjäger, der den Mammutelefanten, Auerochsen, Wildpferden, Rentieren und anderem Wild auf den baumlosen Tundren und Steppen nachging. Zum Fleisch sammelt er selbstverständlich auch Grünzeug, Kresse und Kräuter und Beerenobst. Blütenstaubanalysen zeigen, dass damals neben Moosen und Flechten auch Seggen, Riedgräser und Gräser, Sonnenröschen, Hahnenfuß, Kreuzblütler, einige Strauchweiden, Moosfarne, Sanddornsträucher und andere anspruchslose Pflanzen wuchsen. Später, ehe der Wald wieder vom Land Besitz ergriff, gediehen Zwergbirken und verschiedene kälteliebende Kräuter sowie Preiselbeeren, Bärentrauben und Krähenbeeren, die den Menschen wie auch den Bären eine Gaumenfreude bereiteten.

Mit dem Rücken zur Wand

Jedes Mal, wenn die Gletscher auf der nördlichen Halbkugel vorstießen, wich die Vegetation nach Süden aus. Das war überall so. In Nordamerika zogen sich die Pflanzen ungehindert Richtung Golf von Mexiko und nach Mittelamerika zurück. Nichts stand ihnen im Weg, keine quer laufenden Bergketten – in Amerika verlaufen die Berge bekanntlich entlang einer Nord-Süd-Achse –, keine Meere, die den Weg versperrten. In Ostasien war die Vergletscherung nicht so drastisch; auch da blockierten keine größeren Hindernisse den Rückzug der Vegetation. Auf gebirgigen Inseln wie den Kanaren waren wegen der abmildernden Wirkung des Meeres die Temperaturschwankungen nicht so heftig; hier verbreiteten sich die Pflanzen in warmen Zeiten weiter nach oben in die Bergeshöhen und in kälteren Zeiten in die tieferen Lagen.

Auf dem europäischen Halbkontinent tat sich die Vegetation jedoch schwerer, die Eiszeiten zu überleben. Die von Ost nach West verlaufenden Gebirgsketten, die Alpen, die Pyrenäen, die Karpaten, das Pontische und das Kaukasische Gebirge, bildeten für viele Pflanzen eine unüberwindbare Schranke. Als es immer kälter wurde, stand die wärmebedürftige Flora praktisch mit dem Rücken zur Wand. Einige Arten drückten sich an den Bergketten vorbei und fanden Zufluchtsorte am Nordsaum des Mittelmeers, an der adriatischen und spanischen Küste, am Südrand des Kaspischen Meeres und am Schwarzen Meer – in Kolchis. Aber diese Meere konnten sie kaum umgehen, sie bildeten eine weitere Barriere.[34]

Noch heute ist Kolchis für seine üppige Vegetation bekannt; diese Region in Georgien gilt als eines der globalen Kerngebiete der Pflanzenvielfalt. Reste der tertiären Vegetation haben hier überlebt, darunter Walnuss, Flügelnuss, Zürgelbaum, Persischer Eisenholzbaum, Buchsbaum, der heute die alten Bauerngärten umrahmt, die schöne Elfenblume *(Epimedium)* aus der Familie der Berberitzen und der herrliche Pontische Rhododendron, der als »verfluchter« Neophyt die Britischen Inseln zu überwuchern droht. Schon die Griechen waren sich der dortigen Pflanzenvielfalt bewusst; ihr Mythos verlegt den Zaubergarten der schönen Erzhexe Medea nach Kolchis, östlich des Schwarzen Meeres. Das Land soll auch die Urheimat der Weinrebe und des wilden Weingottes Dionysos sein. In den Bachtälern des Kaukasus ist auch der Riesen-Bärenklau *(Heracleum mantegazzianum)* – der aggressive Neophyt Nummer eins – zuhause.

Den Sippen, denen es gelang, Zufluchtsorte zu finden, ging es dennoch nicht unbedingt gut. Die regenbringenden Zyklone, die in den Zwischeneiszeiten und auch heute über Mitteleuropa ziehen, wurden während der Eiszeit durch die über dem Gletscherschild liegenden Hochdruckgebiete nach Süden abgedrängt.

Wenn Veränderungen des Klimas relativ langsam vonstatten gehen, haben die Pflanzen eine größere Chance, ihr Ausbreitungsgebiet nach Süden zu verschieben und Zufluchtsorte zu finden. Verläuft der Klimawandel aber zu

34 Wasserpflanzen wie die Strand-Teichsimse *(Schoenoplectus litoralis)* und die Ägyptische Seerose *(Nymphaea lotus)* überlebten die Eiszeit in den heißen Thermen in Ungarn. Als ich das erste Mal im warmen Hevizsee badete und die vielen schönen mehrfarbigen Lotosblüten auf dem Wasser sah, glaubte ich, man hätte sie dort in königlich-kaiserlichen Zeiten als Attraktion für die Sommerfrischler und Kurgäste angesiedelt. Aber es sind Eiszeitflüchtlinge.

schnell, haben sie weder genug Zeit für eine Arealverschiebung, noch um genetische Mutationen hervorzubringen, welche die Anpassung an die neuen Klimaverhältnisse ermöglichen.

Eiszeitrelikte

Einige wenige Arten hatten Glück, dass sie nicht unter den Eismassen begraben wurden. Ihnen gelang es mit Mühe und Not, in einigermaßen geschützten Überdauerungsgebieten, die nicht von Eis bedeckt waren, auszuharren. Botaniker bezeichnen diese Überlebenskünstler als Eiszeitrelikte.

Ursprünglich waren die Arten, die wir heute als Eiszeitrelikte bezeichnen, einerseits kälteresistente Alpenpflanzen, die durch die fallenden Temperaturen in immer tiefere Lagen gedrängt wurden, und andererseits nordische Pflanzen (aus Skandinavien), die nach Süden auswichen. Sie trafen sich auf halbem Weg und teilten sich den Lebensraum an den wenigen geschützten Stellen. Als nach mehreren tausend Jahren die Temperaturen wieder stiegen, wanderten sie wieder in die höheren Lagen oder nach Norden. So kam es zu einer Vermischung, durch die auch Gewächse des Nordens ihren Weg in die Alpen fanden und umgekehrt Alpenbewohner ihren Weg in die skandinavischen Tundren.

Die Eiszeitrelikte sind nun Hochgebirgspflanzen geworden, leben auf den Matten und Geröllfeldern oberhalb der Baumgrenze, wo der Schnee bis zum Sommeranfang liegt und wo sie kaum drei Monate haben, um zu wachsen, zu blühen und Samen hervorzubringen. Sie haben sich an das raue Klima, an die Intensität des Sonnenlichts, an austrocknende und heftige Winde (die das Bestäuben beschweren), an Schnee und Eis der langen Winter gewöhnen müssen. Sie haben sich angepasst durch dickere Zellwände in der Oberhaut, durch kleinen Wuchs und die Bildung von dichten Polstern, kurzen Stängeln mit relativ großen Blüten; einige schützen sich vor den ultravioletten Sonnenstrahlen durch pelzige Blätter – wie das Edelweiß – oder in die Zellen eingelagerten violetten Farbstoff. Andere sind auf eine schützende Schneedecke angewiesen, unter der es bekanntlich nie kälter als 0 Grad Celsius wird und durch die die Sonnenstrahlen zu ihnen hindurchdringen, sodass sie sogar unter dem Schnee assimilieren, also Photosynthese betreiben können.

Diese Hochgebirgspflanzen haben sich auch durch genetische Mutation an ihre extreme Lage angepasst. Deswegen werden sie den Weg zurück ins tiefere Land und in die wärmeren Regionen nicht mehr schaffen. Sie sind Kinder der hohen Berge geworden.

Einige Eiszeitrelikte haben anderswo kleine Überlebensnischen gefunden. Der Botaniker Frank Brunke, der dieses Buch mit seinen einmaligen Fotos illustriert, hat mich auf solche Überlebenskünstler aufmerksam gemacht, die hier,

Zweiblütiges Veilchen, ein Relikt der Eiszeit.

Löffelkrautblättrige Glockenblume.

auf unserem Berg, ihr Dasein fristen. Der Berg war in der letzten Eiszeit nicht von Eis bedeckt, der Gletscher schob sich schleifend an dem Nagelfluhmassiv vorbei. An isolierten Standorten findet man als Kälteanzeiger das Alpenfettkraut *(Pinguicula alpina)*, an feuchten, schattigen Rutschhängen das Alpenmaßliebchen *(Aster bellidiastrum)*, das gelb blühende Zweiblütige Veilchen *(Viola biflora)*, das schattige, feuchte Standorte und im Winter eine tiefe, schützende Schneedecke braucht, und die kleine Löffelkrautblättrige Glockenblume *(Campanula cochleariifolia)*, die es ebenfalls feucht und kühl mag.

Bis auf einen kurzen Kälterückfall endete die letzte Eiszeit vor 12 000 Jahren recht plötzlich. Eine rapide, mit Hilfe von Eisbohrkernen nachweisbare Erwärmung um mindestens zwei bis drei Grad Celsius in weniger als einem halben Jahrhundert brachte das letzte Glazial zum Abschluss[35] (Müller-Beck 2005: 114). Diese rapide Wiedererwärmung in Eurasien und Nordamerika hatte zur Folge, dass sich die Bäume sehr schnell wieder ansiedeln konnten. Bis auf

35 Diese Tatsache lässt erkennen, dass eine plötzliche Klimaerwärmung, wie wir sie anscheinend in den letzten hundert Jahren erfahren haben, nicht außergewöhnlich und wahrscheinlich auch nicht ausschließlich auf anthropogene Ursachen zurückzuführen ist.

wenige Ausnahmen konnten die die Eiszeit überlebenden Pflanzen, die sich an die intensive Sonnenlichteinstrahlung der baumlosen Tundrenlandschaft angepasst hatten, nicht in dem Schatten der dichten nacheiszeitlichen Wälder bestehen.

In den Eiszeiten in Mitteleuropa verschwundene Gattungen

Viele Pflanzensippen und Gattungen, die im Tertiär in Europa zu finden waren, schafften es während der Vergletscherung nicht zu irgendwelchen Refugien und sind ausgestorben. Manche sind schon in den früheren, andere in den letzten Eiszeiten verloren gegangen. Über hundert Gattungen sind verschwunden. In Nordamerika und in Ostasien jedoch hatten sie die Möglichkeit zu überleben. Hier folgt eine Auswahl der bei uns verloren gegangenen Gattungen, die aber zum Teil wieder als Garten- und Zierpflanzen – oder als Neophyten – ihren Weg zurückgefunden haben:

Strahlengriffel *(Actinidia):* Es gibt einen Vertreter der Strahlengriffel, der nur in Ostasien überlebt hat, den wir alle kennen. Es ist die Kiwi *(A. deliciosa, A. chinensis),* die es in verschiedenen Varianten gibt und die auch als Chinesischer Strahlengriffel oder Chinesische Stachelbeere bekannt ist. Es handelt sich dabei um ausdauernde, verholzende Schlingpflanzen. Die Liane ist zweihäusig, das heißt, die männlichen und die weiblichen Blüten wachsen auf getrennten Pflanzen. Die süßen Früchte sind meistens walzenförmig. Viele glauben, die Kiwi komme aus Neuseeland, sie stammt aber aus Südchina und wurde lediglich in Neuseeland zuerst kommerziell angebaut. Aus marktstrategischen Gründen verpasste man ihr den Namen »Kiwi«. Eine winterharte Strahlengriffelart, die leckere Sibirische Stachelbeere, mit kleineren, unbehaarten Beeren kommt aus Sibirien und lässt sich gut anbauen. Vielleicht – ich hoffe es sehr – schafft sie den Sprung als Neophyt. Ich habe sie mir auf jeden Fall an den Gartenzaun gepflanzt, doch leider haben sich die Wühlmäuse über die Wurzeln der männlichen Pflanze hergemacht und die Spanische Nacktschnecke über die Blätter.

Götterbaum *(Ailanthus):* Die Gattung *Ailanthus,* die es vor den Eiszeiten auch in Europa gab, ist mit dem Götterbaum zurückgekehrt. Doch kein Willkommensgruß wird ihm entboten, er wird vielmehr als aggressiver Neophyt, als »stinkender Stadtunkrautbaum« verschrien (siehe Seite 245).

Scheinrebe, Doldenrebe, Wechselrebe *(Ampelopsis).* Diese Gattung sommergrüner Klettersträucher aus der Familie der Weinrebengewächse hat in Nordamerika und in Asien überlebt. Sie wird inzwischen in Europa als Zimmerpflanze und zur Fassadenbedeckung genutzt.

Aralien *(Aralia)* sind sommergrüne, blühende Bäume und Sträucher aus der Familie der Efeugewächse *(Araliaceae)*, jener alten Pflanzenfamilie, zu der auch der bekannte Efeu und der Ginseng gehören. Aralien haben in Nordamerika und Ostasien überlebt. Eine nordamerikanische Aralienart *(A. spinosa)*, die gelegentlich in Parks gepflanzt wird, heißt wegen der bösartigen Stacheln im Volksmund »Spazierstock des Teufels«. Ihre Wurzeln dienten den Indianern als schweißtreibendes und Brechreiz erzeugendes Mittel (Purgativum). Der chinesische Angelikabaum *(A. chinensis)* ist eine beliebte Zierpflanze, und der Gemüse-Ginseng *(A. cordata)* wird in Japan seit langer Zeit wegen seiner jungen essbaren Sprossen kultiviert (Danert et al. 1993 I: 288).

Brotfruchtbäume *(Artocarpus)*: Die Brotfrucht- und Jackfruchtbäume gehören zur Familie der Maulbeergewächse *(Moraceae)*. Ihre großen stärkereichen Früchte und die gerösteten haselnußgroßen Samen sind in den Tropen ein wichtiges Lebensmittel. Einst, im frühen Tertiär, wuchsen sie auch in den tropischen Wäldern Mitteleuropas. In der Südsee und in Teilen Südostasiens hat die Gattung überlebt. Die Europäer, die sie zuerst in Polynesien entdeckten, waren beeindruckt von der schieren Masse der essbaren Frucht, weshalb sie ihr den Namen »Brotfrucht« gaben. 1773 schickte die britische Regierung Captain Bligh nach Tahiti, um Schösslinge des Brotfruchtbaumes zu sammeln. Man wollte die Frucht als billiges Nahrungsmittel für die schwarzen Sklaven in den karibischen Zuckerrohrplantagen anbauen. Das Schiff, die *H. M. S. Bounty*, das die Schösslinge transportieren sollte, war sogar mit einem Gewächshaus ausgestattet. Die Mannschaft, verwöhnt durch die schönen Frauen und den lockeren Lebensstil während des sechsmonatigen Aufenthalts in Tahiti, meuterte gegen den Kapitän und setzte ihn auf einem Floß im Meer aus. Die Meuterei ist durch zwei Hollywood-Filme von 1935 und 1962 weltweit bekannt geworden.

Prachtspiere *(Astilbe)*: Vor rund hundert Jahren brachten Seeleute und Missionare die spektakulär blühende Staude aus Ostasien nach Europa. Das Steinbrechgewächs *(Saxifragaceae)*, das einst auch in Europa zuhause war, hat die Eiszeit in China, Japan, dem Himalaja und mit einer Art in Nordamerika überlebt.

Wasserschild, Schleimkraut oder Froschblatt *(Brasenia)*: Die Wasserschildgewächse aus der Familie der Haarnixengewächse *(Cabombaceae)* ist eine altertümliche Gattung von Wasserpflanzen, die heute noch manchmal in Aquarien zu sehen sind. Ein prominenter Vertreter ist das Schleimkraut *(Brasenia scheberi)*, das nachweislich im Tertiär in Europa wuchs und dessen mit einer schleimigen

Gallertschicht überzogene junge Stängel und Blätter in Japan als Gemüse oder Suppe *(Miso-Shiru)* gegessen werden und auch in China mit in den Wok kommen.

Gewürzstrauch *(Calycanthus):* Die Gattung der Gewürz- oder Erdbeersträucher aus der Familie der Gewürzstrauchgewächse *(Calycanthaceae)* hat in Nordamerika und Asien überlebt. Der sommergrüne und winterharte Strauch mit aromatisch duftender Rinde und wohlriechenden dunkelbraunen Blüten – ihr Duft liegt zwischen Gewürznelken und reifen Erdbeeren, daher der Name Gewürzstrauch – ist inzwischen als Zierstrauch nach Europa zurückgekehrt.

Paprika, Chilipfeffer, Peperoni *(Capsicum):* Von Mittelamerika und Südamerika aus haben diese bunten, feurig-scharfen Früchte aus der Familie der Nachtschattengewächse die Welt erobert. Es mag erstaunen, dass diese Gattung im Tertiär einst auch in Europa vertreten war.

Hickorynuss *(Carya):* Der mit den Walnüssen verwandte Hickorynussbaum, der in den Wäldern Nordamerikas gedeiht, war einer meiner Lieblingsgefährten in meiner Jugend in Ohio. Der Baum ist zwar wegen der rauen, abschilfernden Rinde schwer zu erklettern, aber das Nussfleisch schmeckt unbeschreiblich lecker. Leider ist die Nussschale so hart, dass man sie nur mit Mühe mit dem Hammer sprengen kann. Eichhörnchenzähne sind da besser geeignet. Das Holz ist so hart, dass sich die frühen Siedler, wenn es nicht unbedingt nötig war, oft nicht die Mühe machten, die Bäume zu fällen. Für Werkzeugstiele und Sportgeräte wie Skier ist das elastische Holz jedoch bestens geeignet. Die Gattung ist heutzutage mit zwanzig Arten vor allem in Nordamerika, aber auch in China zuhause.

Scheinkastanie oder Chinkapinbaum *(Castanopsis):* Die Scheinkastanie gehört wie die Esskastanie zur Familie der Buchengewächse *(Fagaceae)* und bringt wie diese essbare Nüsse hervor. Die Bäume dieser Gattung wachsen vor allem in den subtropischen Wäldern Südostasiens (Indonesien, Borneo), sind aber wegen der maßlosen Abholzung der Wälder selten geworden. Fossile Reste der Scheinkastanie wurden in Deutschland in der Braunkohle gefunden. In Japan wird der beliebte Shiitakepilz auf dem Holz einer Scheinkastanienart *(C. cuspidata)* kultiviert.

Trompetenbaum oder Bohnenbaum *(Catalpa):* In den Parks und Gärten von Villen hat der amerikanische Trompetenbaum *(C. bignonioides)* in Europa wieder ein Zuhause gefunden. Wie bei vielen anderen Mitgliedern der Trompetenbaumgewächse *(Bignoniaceae)* sind die Blüten dieses Baumes spektakulär. Den Baum, der auch in Ohio wächst, fanden wir Kinder besonders interessant, weil die langen Früchte wie grüne Bohnen aussehen.

Zürgelbaum *(Celtis):* Der Zürgelbaum, aus der Familie der Ulmengewächse, hat in Asien (Chinesischer Zürgelbaum, *C. australis*) und in Nordamerika (Westlicher Zürgelbaum, *C. occidentalis*) überlebt. Der Baum bringt eine Unmenge kleiner essbarer Beeren mit großem, hartem Kern hervor. Diese süß schmeckenden *hackberries* werden in Amerika gerne von den Kindern gegessen. Die Indianer zerstampften die getrockneten Beeren, mischten sie mit Bisonfett und anderen getrockneten Beeren und aßen sie als Kraftspeise (Moerman 1999: 147). In Europa werden diese Bäume gelegentlich zur Stadtbegrünung an Straßen und in Parks gepflanzt.

Judasbaum *(Cercis):* Ehe der Judasbaum im Frühling seine herzförmigen Blätter bildet, bricht eine Fülle von rosaroten Blüten aus dem kahlen Gehölz. Für uns in Ohio war der *Redbud* ein Frühlingsbote, das Blütentor zum bevorstehenden Sommer. Verschiedene Arten der Gattung haben in Nordamerika, Asien, aber auch in Südeuropa die Eiszeit überlebt. Das Bäumchen aus der Familie der Schmetterlingsblütler bekam seinen Namen, weil sich nach einer mittelalterlichen Legende Judas nach dem Verrat an Jesus in seinen Ästen erhängt haben soll, worauf sein Blut die Blüten rot färbte.

Zimtbaum *(Cinnamomum):* Bis zu 350 Arten gehören zu dieser Gattung aus der Familie der Lorbeergewächse, darunter der Kampferbaum *(C. camphora),* dessen Harz in Indien zum Räuchern verwendet wird, die Zimtkassie *(C. aromaticum),* der Lebensbaum der chinesischen Mythologie, und der Zimtbaum *(C. verum)* aus Ceylon. Die Zimtrinde, einst ein kostbares und teures Gewürz, das die Händler reich machte, war schon bei den Pharaonen und den Römern begehrt. Der portugiesische Seefahrer Vasco da Gama war der erste Europäer, der den Zimtbaum vor Augen bekam und 1502 die kostbare Rinde mit nach Europa brachte. Inzwischen ist Zimt Teil unserer Kultur geworden; er aromatisiert den Milchreis und weckt in Lebkuchen, Plätzchen und warmem Glühwein Weihnachtsgefühle in uns. Seit Jahrtausenden macht die chinesische Medizin Gebrauch von der antibakteriellen, antifungalen, blutfett- und blutzuckersenkenden Wirkung des Zimts.

Maiblumenstrauch oder Deutzie *(Deutzia):* Sechzig Arten der Gattung aus der Familie der Hortensiengewächse *(Hydrangeaceae)* wachsen heutzutage im Himalajagebiet und zwei Arten in Mexiko. In Europa haben diese Arten die Eiszeiten nicht überlebt, dafür aber haben schöne weiß bis rosa blühende Deutzien unsere Ziergärten wieder bevölkert.

Herzblumen *(Dicentra):* Diese Gattung aus der Familie der Erdrauchgewächse *(Fumarioideae)* mit ihren ungefähr zwanzig Arten ist heutzutage vor allem in Nordamerika und Ostasien zuhause. Fast jeder kennt das Tränende Herz *(D. spectabilis),* das einst zu Großmutters Zeiten in jedem Bauerngarten zuhause war. Jesuitische Missionare hatten es in China entdeckt, und der deutsche Naturforscher Johann Gmelin brachte es Mitte des 18. Jahrhunderts aus Ostasien mit. Im nordamerikanischen Waldland kennt man die Kapuzen-Herzblume *(D. cucullaria),* die dort *Dutchman's breeches* (Holländers Pluderhose) genannt wird. Die Indianer benutzten sie zum Liebeszauber. Die Kanadische Herzblume (*D. canadensis,* englisch *squirrel corn*) war für Kräuterheiler ein wichtiges Tonikum und Umstimmungsmittel, das spezifisch auch bei der Syphilis eingesetzt wurde. Für die Irokesen war es der »Geister-Mais«, den sich die Geister als Nahrungsmittel anbauten.

Winterrinde *(Drimys):* Bäume und Sträucher aus der Familie der *Winteraceae,* einer sehr ursprünglichen Blütenpflanzenfamilie, die fossil bereits aus der Kreidezeit nachgewiesen ist, gehörten einst zur tropischen Flora der Antarktis. In Australien und Tasmanien sowie in Südamerika überlebte die Gattung, deren bekannteste Vertreter die Winterrinde *(D. winteri)* aus Patagonien und Feuerland ist. Der Name hat nichts mit der Jahreszeit zu tun, sondern mit dem Kapitän Winter, der mit Sir Francis Drake segelte und die Besatzung bei Durchfall, Dyspepsie und Darmkoliken mit der aromatischen Rinde behandelte. Aus Tasmanien kommt der Tasmanische Pfeffer *(D. lanceolata),* der weiße, nach Jasmin duftende Blüten hat und dessen Beeren einen hervorragenden Pfefferersatz ergeben.

Feigen *(Ficus):* Wir alle kennen die Echte Feige *(F. carica)* aus dem Mittelmeerraum, die vor der Kleinen Eiszeit (15. bis 19. Jahrhundert) auch im warmen Rheinland und am Bodensee wuchs, und wir kennen das zu ihr gehörige Feigenblatt, mit dem Adam und Eva ihre Blöße bedeckten, nachdem sie aus dem Garten Eden vertrieben worden waren. Sicherlich kennen die meisten auch die Birkenfeige *(F. benjamina)* und den Indischen Gummibaum *(F. elastica)* als beeindruckende Zimmerpflanzen oder gar von Reisen in wärmere Länder. Und bestimmt haben viele schon vom Bodhi-Baum, dem heiligen Feigenbaum *(F. religiosa)* gehört, unter dem Siddharta die Erleuchtung fand und zum Buddha wurde. Im Ganzen gibt es schätzungsweise bis zu tausend Feigenarten – Bäume, Sträucher, Lianen, Epiphyten. Die Gattung, die zur Familie der Maulbeergewächse *(Moraceae)* gehört, war auch in unseren Breiten vor der Eiszeit reichlicher vertreten.

Scheinbeere, Rebhuhnbeere *(Gaultheria):* Es gibt ungefähr 130 Scheinbeerenarten, vor allem in Süd- und Nordamerika, auch in Australien, Neuseeland, Japan und im Himalajaraum. An den Blüten kann man erkennen, dass es sich um Heidekrautgewächse *(Ericaceae)* handelt, nahe verwandt mit dem Erdbeerbaum und der Bärentraube. Die immergrünen, kriechenden Zwergsträucher mit ihren oft knallroten Früchten sind inzwischen auch in unseren Gärten keine Seltenheit als Bodenbedecker. Mir ist besonders die aus dem amerikanischen Waldland stammende Niedrige Scheinbeere *(G. procumbens)* nahe, die auf Deutsch auch Wintergrün oder Moosbeere genannt wird. Sie wächst in den Wäldern, wo der Boden eher torfig ist. Manchmal entdeckte man ihre grünen, aromatischen Blätter unter Frost und Schnee und konnte daraus einen würzigen

Tee *(wintergreen tea)* machen; dass die Indianer ihn als tonischen, entzündungshemmenden und schmerzstillenden Tee verwendeten – er enthält Salicylsäure, das natürliche Aspirin –, wussten wir nicht. Den Geschmack kannten wir von Kaugummi, Mundwasser oder auch Zahnpasta, die mit dem ätherischen Öl (Gaultheriaöl) des Zwergstrauches aromatisiert wurden. Auch eine Salbe zur Behandlung von Rheuma kannte man aus dem Wintergrünöl.

Dieses Wintergrün ist nicht zu verwechseln mit dem Wintergrün, das in den Bergwäldern Europas einheimisch ist, das zwar derselben Familie, aber einer anderen Gattung *(Pyrola)* angehört.

Fächerblattbaum, Mädchenhaarbaum *(Ginkgo):* Der Ginkgobaum ist, wie Charles Darwin schon erkannte, ein lebendes Fossil. Er ist der einzige einer Gattung, deren hohe Zeit im Erdmittelalter vor 250 Millionen Jahren war, im Trias und in der Kreidezeit. Wie andere Nacktsamer diente auch er als Futter für die Dinosaurier. Lange glaubte man, der Mädchenhaarbaum, der einst auch in Europa wuchs, sei spätestens während der Eiszeiten ausgestorben. Aber dann entdeckte der deutsche Arzt Engelbert Kaempfer, der Ende des 17. Jahrhunderts eine holländische Gesandtschaft nach Ostasien begleitete, den Baum in einem buddhistischen Kloster in Japan. In seiner Wildform war der Baum, den die Chinesen »Silberaprikose« nennen, praktisch verschwunden. Buddhistische und taoistische Mönche in Ostasien hüteten den bis zu dreißig Meter hoch wachsenden Baum in ihren Tempelwäldern. Sie verehrten ihn als Symbol des langen Lebens und der Weisheit.

1737 ließ Engelbert Kaempfer den ersten Ginkgo in Europa, in Utrecht, pflanzen. Seit dem 18. Jahrhundert wird der Baum fleißig als Parkbaum angepflanzt. Goethe widmete ihm ein Gedicht. Das alte Wesen hat manchen Wandel in Klima und atmosphärischer Beschaffenheit durchlebt, deswegen erweist er sich auch als recht widerstandsfähig gegen Luftverschmutzung, Autoabgase, Funkstrahlen und Mehltau. Ein Ginkgo in Hiroshima hat sogar den Abwurf der Atombombe überlebt. Aus dem schwarz verkohlten Stumpf brach im folgenden Frühling ein zarter junger Trieb hervor. Inzwischen sind Ginkgoblätter als Tee oder Tinktur eines der meistverwendeten Medikamente gegen Durchblutungsstörungen, zerebrale Ischämie und Tinnitus (Storl 2009c: 226).

Wasserfichte, Chinazypresse *(Glyptostrobus):* Diese Sumpfzypresse, eine das Laub abwerfende Koniferengattung aus der Familie der Zypressengewächse *(Cupressaceae),* wurde um 1800 von Botanikern entdeckt. Die Pflanze, die einst über die ganze nördliche Halbkugel verbreitet war, ist wie der Ginkgo die letzte Art ihrer Gattung. Ihre hohe Zeit erstreckte sich von der Kreidezeit bis ins Tertiär, bis sie zum Opfer der Eiszeiten wurde.[36] Nur im feuchtwarmen Klima Südchinas und Vietnams hat sie überlebt, allerdings nur in kleinen Restbeständen. Sie wird zwar gelegentlich angepflanzt, aber ob es noch Wildbestände in China gibt, ist ungewiss; in Vietnam wird ihr natürliches Vorkommen auf lediglich 250 Exemplare geschätzt. Daher wurde sie auch auf die Rote Liste der bedrohten Arten gesetzt.[37]

Zaubernuss, Hexenhasel *(Hamamelis):* Die Zaubernuss, ein Strauch, der an die Haselnuss erinnert, wuchs vor der Eiszeit in den mitteleuropäischen Wäldern. In Nordamerika haben drei Arten überlebt, von denen die Virginianische Zaubernuss *(H. virginiana)* die bekannteste ist. In Ostasien hat eine Art in China *(H. mollis)* und eine in Japan *(H. japonica)* die Gletscherzeit überlebt. Besonders die beiden asiatischen Arten, die später und länger blühen, werden gerne als Winterblüher in unsere Gärten gepflanzt. Aus den beiden ostasiatischen Gehölzen hat sich in Europa sogar eine neue hybride Art, *H. x intermedia,* gebildet.

Die Zaubernuss nimmt mich mit in meine Jugendzeit in Ohio. Der Strauch blüht bis in den Winter hinein. Mitten im verschneiten Wald konnte man die aus dem kahlen Gehölz austreibenden einen Zentimeter langen, schmalen, hellgelben zerknitterten Kronblätter bestaunen. Bei sinkender Temperatur rollen sich die Blütenblätter ein und bei steigenden Temperaturen wieder aus. Vor einigen Jahren, als ich schon wieder in Europa lebte, plagte mich ein Geschwür im Hals. Eines Nachts träumte ich von der Zaubernuss. Am selben Tag – es war Februar – sah ich einen Busch in der Stadt blühen. Ich brach einige Zweige ab

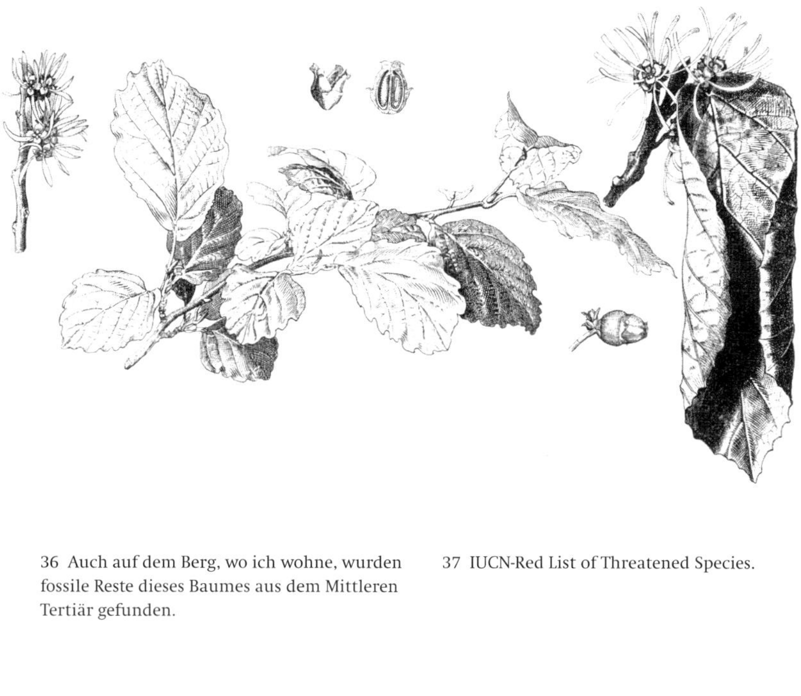

36 Auch auf dem Berg, wo ich wohne, wurden fossile Reste dieses Baumes aus dem Mittleren Tertiär gefunden.

37 IUCN-Red List of Threatened Species.

Die zarten Frühlingsblätter des Feigenbaums.

Zaubernuss oder Hexenhasel mit fast reifen Früchten.

und kaute daran, und das Geschwür verschwand in den nächsten Tagen. Die Zaubernuss ist tatsächlich eine der besten adstringierenden (gewebefestigenden) Heilpflanzen. Sie eignet sich als Salbe bei Krampfadern, Venenentzündung und Hämorrhoiden. Für die Indianer war sie eine der wichtigsten Heilpflanzen bei inneren Blutungen, bei Ruhr und Diarrhö, Tumoren und Entzündungen. Krieger und Lacrosse-Ballspieler rieben sich bei Muskelkater und um die Muskeln beweglich zu halten, Hamameliswasser ein. *Witch hazel water* zum Einreiben bei schmerzenden Muskeln gehört bis zum heutigen Tag zur amerikanischen Volksmedizin. Die weißen Siedler übertrugen den Aberglauben, der mit dem Haselnussstrauch verbunden ist, auch auf die Zaubernuss. Sie schnitzten zum Beispiel Wünschelruten aus ihren Zweigen.

Hortensien *(Hydrangia):* Die Hortensie mit ihren schneeballähnlichen, blassblauen, rötlichen oder weißen Blütenständen ist häufig als Kübelpflanze anzutreffen. Die aus der mit den Steinbrechgewächsen nah verwandten Familie der *Hydrangiaceae* stammende Pflanze hat vor allem in Ostasien die Eiszeiten überlebt, einige wenige Arten gibt es in Amerika. Engelbert Kaempfer bekam den spektakulär blühenden Halbbusch Anfang des 18. Jahrhunderts als erster Europäer in Nagasaki, Japan, zu Gesicht. Joseph Banks brachte sie schließlich 1790 in die Kew Gardens, von wo aus sie sich in alle botanischen Gärten Europas verbreitete. Seither sind davon unzählige Gärtnersorten gezüchtet worden.

Sternanis, Badian *(Illicium):* Auch der Sternanis aus der mit den Magnolien verwandten Familie der Sternanisgewächse *(Illiaceae)* hat sich im Europa der Eiszeiten nicht halten können. Wie andere Gattungen wurde sie im Tertiär stark reduziert und zählt heute noch rund vierzig Arten, die vor allem in Ostasien und Amerika verbreitet sind. Wir alle kennen die aromatischen, nach Anis riechenden getrockneten, sternförmigen braunen Sammelfrüchte des Echten Sternanis *(I. verum)* und schätzen ihren Duft im Weihnachtsgebäck, im Glühwein und in der asiatischen Kochkunst. Weniger bekannt dürfte sein, dass Sternanis den Rohstoff für das Medikament Tamiflu liefert, das gegen die sogenannte Schweinegrippe und Vogelgrippe eingesetzt wurde. Das antivirale Medikament wird mit Hilfe genetisch veränderter Darmbakterien hergestellt. Ein billiges Medikament, teuer verkauft.

Walnuss *(Juglans):* Walnüsse *(J. regia)* kennt jeder. Man würde meinen, diese Bäume seien einheimisch, zumal sie auch verwildert auftreten. Aber schon der Name Walnuss deutet an, dass es sich um eine fremde Nuss handelt. *Wal (welsch, wealh, wallis, välsk)* ist die germanische Bezeichnung für fremde Völker, insbesondere für die Römer. Diese welsche Nuss, deren Heimat Kleinasien und Vorderasien ist, kam auch tatsächlich zusammen mit der Weinrebe und bestimmten Obstbäumen mit den römischen Legionen nach Norden. Die einheimische Nuss war die Haselnuss, die auch eine entsprechend wichtigere Rolle im Aberglauben, Orakelwesen, Wintersonnwendbrauchtum und in Fruchtbarkeitsriten der Nordvölker spielte. In Nordamerika haben auch andere Arten der Gattung *Juglans* die Eiszeit überlebt: Zum Beispiel die köstliche, aber äußerst hartschalige Schwarznuss *(J. nigra)* und die Butternuss *(J. cinerea);* da ihr Holz von hervorragender Qualität für Tischlerarbeiten ist, sind diese Walnussarten seltener geworden. Auch in den ostasiatischen Laubwäldern haben Mitglieder der Gattung überlebt.

Lorbeerbaum *(Laurus):* Lorbeerwälder, wie sie einst im Tertiär in Mitteleuropa, im Mittelmeerraum und in weiten Teilen der Sahara existierten, kann man heute noch auf den Kanarischen Inseln, im Anagagebirge Teneriffas oder im Garajonay-Nationalpark auf Gomera erleben.[38] In Südeuropa hat nur der Echte Lorbeer *(L. nobilis)* überlebt, der in der Antike als heiliger, dem Sonnengott Apollo geweihter Baum galt; mit seinen Zweigen und Blättern bekränzte man Sieger und Helden, würzte Essen und heilte Kranke. Weitere Lorbeerarten wachsen in der Neuen Welt und in Asien.

Amberbaum *(Liquidambar):* Der mit der Hexenhasel *(Hamamelis)* verwandte Amberbaum wächst in Ostasien, in Kolchis und in Nordamerika; in Europa ist er lediglich als Fossil in der Braunkohle vorhanden. Als ich ihn im Schützenmattpark in Basel entdeckte, war es wie ein Wiedersehen mit einem alten Freund. In Ohio nannten wir ihn *sweet gum.* Die Indianer benutzten die Wurzel bei Durchfall, die Hillbillies (Bewohner des Appalachengebirges) den Saft als antiseptischen Balsam und auswurfförderndes Mittel.

Tulpenbaum *(Liriodendron):* Der stolze Baum aus der Familie der Magnoliengewächse hat in Ostasien als *L. chinense* und im nordamerikanischen Laubwald als *L. tulipifera* überlebt. Der nordamerikanische Tulpenbaum, der große gelborangefarbene Blüten hat und dessen Blätter wie Scherenschnitte einer Tulpe aussehen, wurde von den Indianern und in der Volksmedizin der Appalachenbewohner als Bittertonikum und wurmtreibendes Mittel verwendet.

38 Neben dem Azoren-Lorbeer *(L. azorica)* und dem Kanaren-Lorbeer *(L. canariensis)* wachsen auch andere tertiäre Pflanzenrelikte in den Nebelwäldern der Kanaren, darunter viele Farnarten, Drachenbaum *(Dracaena),* Stechpalmenarten *(Ilex),* Stinklorbeer *(Octotea foetens),* der mit der Avocado verwandte »kanarische Mahagoni« *(Persea indica),* das Kanarische Ebenholz *(Apollonias barbujana),* der Kanarische Gagelbaum *(Myrica faya),* Mocan *(Visnea mocanera),* ein Baum verwandt mit dem Teestrauch, der Kamelie und der Picconie *(Picconia excelsa),* um nur einige zu nennen.

Tulpenbaumblätter im Herbst.

Mahonie *(Mahonia):* Zum Glück kommt die Mahonie wieder zu uns zurück. Die Stechdornblättrige Mahonie *(M. aquifolium)* steht auf der »Watch List« der verdächtigen Pflanzen, die sich als Neophyten entpuppen könnten. In feuchten Gegenden Frankreichs ist sie verwildert und hat schon den Status eines erobernden Neophyten erreicht. Ihre Beeren sind ein gutes Fasanenfutter. In ihrer ursprünglichen Heimat, an der feuchtkühlen Pazifikküste des Nordwestens Amerikas, nennt man das Berberitzengewächs *Oregon grape,* »Weintraube Oregons«. Ihre saftigen blauen Beeren sehen tatsächlich den Burgunderweintrauben ähnlich. Der dunkelrote Saft der Beeren schmeckt angenehm säuerlich und wird zur Herstellung von Fruchtwein, Gelees und Marmelade verwendet. Der immergrüne Strauch ist inzwischen eine beliebte Zierpflanze in vielen Gärten, und die schönen hellgelben, nach Honig duftenden Blüten sind eine hervorragende Bienenweide. Aus der Rinde und dem gelben Holz kann man, ähnlich wie bei der verwandten Berberitze, ein Leberheilmittel herstellen. Auch zur Behandlung von Schuppenflechte (Psoriasis) sind Extrakte der Mahonie bestens geeignet. Schon die Indianer benutzten sie so. (Mehr dazu auf Seite 266.)

Die Gattung, die in Europa im Tertiär verschwand, enthält rund siebzig Arten, vor allem in Amerika und in Ostasien. Auch japanische und chinesische

Arten finden sich inzwischen in den Gärten und Parks in Europa ein, wobei es manchmal zu interessanten neuen Kreuzungen kommt.

Magnolie *(Magnolia):* Über hundert Arten der Gattung *Magnolia* sind heute in Nordamerika und Ostasien heimisch. Nach ihrem Verschwinden vor vielen tausend Jahren im Tertiär erschienen sie wieder in Europa, als man sie 1755 in den Königlichen Gärten in Paris anpflanzte. Bald darauf zierte diese »Königin der blühenden Bäume« öffentliche Parks und die Gärten der Villen. Sie fasziniert und begeistert noch immer mit ihren pastellfarbenen, rötlichen, weißen oder gelben Blüten, die aussehen, als seien sie aus feinstem, dünnem Porzellan gemacht. Für die Cherokee und andere Indianer der Südstaaten lieferte die Magnolienrinde ein Mittel gegen Wechselfieber, Magenkrämpfe und als heiße Packung bei Zahnschmerzen.

Maulbeerbaum *(Morus):* Bis gegen Ende der Braunkohlezeit wuchsen in den Laubwäldern Europas Maulbeerbäume. Wie so viele andere Pflanzen hat auch diese Gattung die Eiszeit in Asien und Nordamerika überlebt und fand in historischen Zeiten ihren Weg zurück in unseren Erdteil. Der Schwarze Maulbeerbaum *(M. nigra)* aus Vorderasien (Iran) kam schon im Mittelalter. Seine schwarzen Beeren, deren Aussehen an Brombeeren erinnert, sind saftig und süß, eignen sich aber nicht als Marktobst, da sie schnell verderben. Getrocknet sind sie köstlich, und auch ein Wein kann aus ihnen gekeltert werden. Die aus China stammende Weiße Maulbeere *(M. alba)* hat weiße Beeren, die aber eher wässrig schmecken. Die Blätter dienen als Futter des Seidenraupenwicklers *(Bombyx mori)*, dessen Kokon die kostbaren Seidenfäden liefert. Die Seidenherstellung wurde schon vor 5000 Jahren in China entdeckt – der Sage nach, als ein Kokon in die Teetasse der Kaiserin fiel. Das leichte, edel glänzende Textil gab der »Seidenstrasse«, der Karawanenroute, die vom Reich der Mitte zum römischen Reich führte, ihren Namen. Die chinesische Regierung hatte die Ausfuhr von Seidenraupen wie auch der Samen des Baumes bei Todesstrafe verboten. Nestorische Mönche jedoch verbargen die Eier des Wurms und die Samen des Baumes in hohlen Wanderstäben und schmuggelten sie im Jahr 522 n. u. Z. nach Konstantinopel.

Der Weiße Maulbeerbaum galt in China als Symbol der kosmischen Ordnung (Tao); seine getrockneten Beeren und der Maulbeerwein wurden in der traditionellen Medizin Ostasiens als Bluttonikum und zur Behandlung von Verstopfung und erhöhtem Blutzucker eingesetzt.

Die Rote Maulbeere *(M. rubra)* ist im nordamerikanischen Laubwald zuhause. In Europa ist sie vor allem in botanischen Gärten anzutreffen. Die schmackhaften Beeren waren für die Indianer ein wichtiges Nahrungsmittel. Die Weiße Maulbeere, die inzwischen in Amerika als invasiv gilt, bastardisiert

mit der einheimischen roten Maulbeerart. Man ist besorgt darüber, dass die reine einheimische Art dadurch ganz verschwinden könnte.

Zwölf Arten der Gattung *Morus* sind bekannt. Zu der Familie der Maulbeergewächse gehören auch Jackfruchtbäume und Brotfruchtbäume *(Artocarpus)*, die in den Tropen wichtige Nahrungspflanzen sind, die Papiermaulbeere *(Broussonetia)*, die in Südasien der Papierherstellung dient, aber in Florida als schwer zu bekämpfender Neophyt auftritt, der südamerikanische Kautschukbaum *(Castilla)* und die vielen Feigenarten *(Ficus)*.

Lotosblumen[39] *(Nelumbo)*: Man stelle sich vor, in den warmen Zwischeneiszeiten wuchsen Lotosblumen in den Teichen und Sümpfen Mitteleuropas, an den Ufern wateten Flamingos und sonnten sich Krokodile. Lange her ist das. Die Gattung der Lotosblumen, die einzige in der Familie der Lotosgewächse *(Nelumbonaceae)*, hat mit nur zwei Arten überlebt, die indische *(N. nucifera)* im Süden und im Osten Asiens und die amerikanische Lotosblume *(N. lutea)* im Osten der USA. Diese Lotosarten sind nicht zu verwechseln mit dem ägyptischen weißen oder

39 Der Lotos ist nicht zu verwechseln mit dem *Lotus*, dem botanischen Gattungsnamen des Hornklees.

blauen Lotos, der heiligen Pflanze der Pharaonen, die zu einer ganz anderen Familie gehört, nämlich jener der Seerosengewächse *(Nymphaceae).* Für Hindus und Buddhisten ist der Lotos *(padma)* die heiligste Pflanze; sie hat den Stellenwert, den die Lilie und die Rose im Christentum haben. Aus dem schmutzigen Schlamm erhebt sich ihre lang gestielte Knospe bis über den Wasserspiegel und öffnet ihre zarte Blüte dem Sonnenlicht. So erhebt sich die Seele aus dem Sumpf der Illusion und des Materialismus und öffnet sich zart und rein dem Licht der Erleuchtung. Die Götter nehmen ihren Sitz auf dem Lotosthron des Herzens. So ist die sich öffnende Lotosblüte Symbol der Reinheit und zugleich auch das Symbol der *Yoni,* der weiblichen Scham, der Spenderin der Freuden und Tor des erneuerten Lebens. Das ständige Aufsagen des buddhistischen Mantras *Om mani padme hum* – »Oh, du Juwel in der Lotosblüte« – soll eine der besten Methoden sein, die Wahnlosigkeit *(Nirvana)* zu finden.

Auf der Ebene des profanen Alltags spielt die Pflanze ebenfalls eine Rolle. Die Rhizome dienen in Ostasien, China, Korea und Vietnam als Gemüse und Salat; in Vietnam werden die Samen, die eine beruhigende Wirkung haben sollen, geknabbert. Auch der amerikanische Lotos diente den Indianern als Speise. Sie aßen den stärkehaltigen Wurzelstock, die Schösslinge sowie die gerösteten Samen. Für viele Stämme war es eine Pflanze mit mystischen Kräften (Moerman 1999: 353).

Attappalme, Nipapalme oder Mangrovenpalme *(Nipa):* Diese Palmenart, die vor allem in Südostasien vertreten ist, wächst in Mangrovenhainen im Uferschlamm der Flüsse oder im Brackwasser. Pollenanalysen zeigen, dass die Nipapalme im frühen Tertiär auch in Europa wuchs. In Südostasien wird der Saft zu Alkohol (Tuba) vergoren und die Blätter als Flechtwerk verwendet.

Tupelobaum oder Nymphenbaum *(Nyssa):* Fossile Reste der Tupelobäume wurden in der Braunkohle gefunden. Die Gattung scheint einst in Europa weit verbreitet gewesen zu sein. Heute gibt es weltweit acht Arten, davon sechs in den nordamerikanischen Sumpfwäldern von Maine bis hinunter nach Mexiko, eine Art in Borneo und Java und eine weitere, sehr bedrohte Art in Mittelchina.

Tupelo kommt aus der Sprache der Algonkin-Indianer und bedeutet »Sumpfbaum«; der botanische Name der Gattung *Nyssa* ehrt eine Waldwassernymphe aus dem Gefolge des Dionysos. Der Nymphenbaum, der sich im Herbst brillant scharlachrot verfärbt, ist als sommergrüner Baum in manchen Parks in Mitteleuropa wieder anwesend. Die für Menschen unbekömmlichen Früchte werden vom gefiederten Volk gerne angenommen.

Besonders bekannt ist der Ogeche-Tupelo *(N. ogeche),* der in einem kleinen Areal am Ogeechee-Fluss in Georgia vorkommt. Im Frühling bedeckt sich der Baum mit einem Schleier weißer Blüten, die einen schweren süßlichen Duft verbreiten und aus deren Nektar die Bienen den berühmten besonders süßen Tupelo-Honig machen. Sowohl der Honig wie überhaupt der Tupelobaum stehen für die schwere, süßliche Dekadenz der Südstaatenkultur und gehören zu ihr ebenso wie der Blues, Gospel-Songs, Bourbon Whiskey, Maisbrot und Maisgrütze *(hominy grits)*. *Tupelo Honey* als Symbol der süßen, lasziven Wolllust wurde 1971 von Van Morrison in dem gleichnamigen Album besungen – ein Musikstück mit Kultstatus.

Hopfenbuche *(Ostrya)*: Diese Gattung besteht aus hainbuchenähnlichen Bäumen aus der Familie der Birkengewächse *(Betulaceae)*. Die auffallenden hopfenähnlichen Fruchtstände gaben den Bäumen ihren Namen. Fünf Arten überlebten im Fernen Osten, drei im östlichen Waldland Amerikas und eine *(Ostrya carpinifolia)* in Kleinasien und Südeuropa. Anfang des 18. Jahrhunderts wurde er wieder als Parkbaum in Mitteleuropa eingeführt.

In Ohio kannten wir den kleinen Baum, der im Untergeschoss des Waldes wächst, wegen seines harten Holzes, das sich gut für die Herstellung von Werkzeugstielen eignet, als *ironwood* (Eisenholz). Die dunkelgrauen Stämme und Zweige sehen aus wie die angespannten Muskeln eines Bodybuilders. Es ist vielleicht wegen dieser Signatur, dass die Indianer eine Abkochung des Holzes als Bad für schmerzende Muskeln verwendeten. Sie benutzten die Abkochung außerdem als zusammenziehendes Mittel bei inneren und äußeren Blutungen, bei Zahnschmerzen und für die Nieren.

Pfeifensträucher *(Philadelphus)*: Wie herrlich riechen doch die schneeweißen Blüten des Pfeifenstrauchs! Ihr Duft entführt mich sofort in den Garten meiner Großeltern. Wegen ihrem Duft wird der Strauch auch Sommerjasmin oder Falscher Jasmin genannt. Die Gattung, die zur Familie der Hortensiengewächse *(Hydrangeaceae)* gehört, ist in Nord- und Mittelamerika vertreten, auch in Ostasien bis in den Himalaja, und eine Art *(P. coronarius)* hat ihr Areal vom Kaukasus bis nach Südosteuropa. Letztere kam als Zierstrauch in der zweiten Hälfte des 16. Jahrhunderts in die Fürstengärten West- und Mitteleuropas und fand hundert Jahre später ihren Weg in die Bauerngärten, wo sie als »Bauernjasmin« noch immer zu finden ist. Inzwischen gibt es viele Gärtnerzüchtungen mit Einkreuzungen mit amerikanischen und asiatischen Arten. Hier und da verwildert die Kulturpflanze und hat inzwischen den Status eines in Einbürgerung befindlichen Neophyten. Da kann man nur sagen: »Herzlich willkommen in der alten Heimat, die du in tertiären Notzeiten verlassen musstest!«

Der Name Pfeifenstrauch rührt daher, dass man aus den Stängeln einst Pfeifenstiele machte. Die Gattung *Philadelphus* (griechisch *philadelphia*, Geschwisterliebe) wurde nach dem ägyptischen König Ptolemaios II. Philadelphos (309 bis 246 v. u. Z.) benannt, denn dieser führte in der Herrscherfamilie den Kult der Geschwisterehe ein. Er heiratete seine eigene Schwester, damit das edle Blut der Götterkönige nicht verwässert und verdorben würde. Über acht Generationen hinweg heirateten die Ptolemäer nunmehr ihre Geschwister. Die Letzte ihres Geschlechts war die berühmte Schönheit Kleopatra (69 bis 30 v. u. Z.), die zwar mit ihrem Bruder verheiratet war, aber die Geliebte der römischen Eroberer Caesar und Antonius wurde (Genaust 2005: 478).

Flammenblumen, Phlox *(Phlox)*: Siebzig Arten der spektakulären Flammenblumen aus der Familie der Sperrkraut- oder Himmelsleitergewächse *(Polemoniaceae)* haben die Eiszeit in Nordamerika überlebt, eine einzige Art in Ostasien *(P. sibirica)*. Das farbenprächtige Blütenfeuer der Gattung, das aus den heutigen Blumengärten nicht wegzudenken ist, hat schon früh die Gärtner fasziniert. Im 18. Jahrhundert wurden die ersten Flammenblumen in die Alte Welt zurückgebracht. »Ein Garten ohne Phlox ist nicht nur ein Irrtum, sondern eine Versündigung gegen den Sommer«, sagte einmal der bekannte Staudenzüchter und Gartenphilosoph Karl Foerster (1874 bis 1970). Der Phlox, von dem es inzwischen viele Gärtnerzüchtungen gibt, wurde von verschiedenen Indianerstämmen als Heilpflanze verwendet. Oft wurden die Wurzeln verschiedener Phlox-Arten zerstampft und bei Rheuma, Erkältung und Gliederschmerzen eingerieben (Moerman 1999: 392).

Platanen *(Platanus)*: Platanen begegnen uns in den Städten auf Schritt und Tritt. Sie wurden in Mitteleuropa aber erst um die Mitte des 18. Jahrhunderts eingeführt. Platanen sind holarktische Gewächse, das heißt, sie bewachsen den gesamten gemäßigten Gürtel der nördlichen Hemisphäre. Nur in Europa verschwanden sie während der Eiszeiten. Es gibt acht bis zehn Arten der Gattung. Das Areal der Morgenländischen Platane *(P. orientalis)* erstreckt sich von Griechenland bis ins Himalajagebirge. In Indien ist der Baum der Göttin Bhawani (Durga), der löwenreitenden Zerstörerin der Dämonen der Illusion, geweiht. Die Amerikanische Platane *(P. occidentalis)*, dort *sycamore* genannt, ist ein stattlicher Baum der bis zu fünfzig Meter hoch wächst. Aus der Kreuzung der amerikanischen und morgenländischen Art ist in Europa die Ahornblättrige Bastard-Plantane entstanden, die besonders tolerant gegen Abgase und Rauch ist und deswegen als Alleebaum in den Städten häufig anzutreffen ist.

Douglasien *(Pseudotsuga)*: Der Förster, der den Stadtwald in unserer Gegend betreut, kam von einer Neophyten-Tagung zurück und wollte nun sämtliche Douglasfichten fällen lassen. »Sie gehören nicht hierher, und sie unterdrücken einheimische Pflanzen«, gab er mir zur Antwort, als ich ihn fragte, warum. Nun, so fremd sind sie gar nicht, denn sie waren vor der letzten Vergletscherung auch hier einheimisch. Die Bäume sind von schöner Erscheinung, und ihr Holz

Rindenmuster der Platane.

Flammenblume oder Phlox als Gärtnerzüchtung.

Die Wildform des Phlox.

ist extrem wertvoll; Studien zeigen, dass sie im Gegensatz zu vielen anderen Nadelhölzern keine Bodenversäuerung verursachen und weniger andere Arten verdrängen als die überall angepflanzte Fichte. Nur sechs Arten dieses Kieferngewächses *(Pinaceae)* gibt es weltweit, davon vier in Ostasien und zwei in Nordamerika. Die nordamerikanische Douglasie *(Pseudotsuga menziesii)*, die in ihrer Heimat bis zu 120 Meter Höhe erreicht, wurde zuerst im 19. Jahrhundert in den Kew Gardens bei London angepflanzt.

Kleeulme, Lederstrauch *(Ptelea)*: Kleeulmen sind kleine Waldbäumchen aus der Familie der Rautengewächse *(Rutaceae)*, die in der Osthälfte Nordamerikas einheimisch sind und von den Indianern unter anderem als Magenmittel verwendet wurden. In Europa kennt man davon ausschließlich eine homöopathische Zubereitung für Verdauungsschwäche und chronische Lebererkrankungen (Schönfelder 2004: 366). Wegen seiner bitteren Früchte, die in Pionierzeiten als Hopfenersatz verwendet wurden, nennen die Amerikaner das Bäumchen Hopfenbaum *(hop tree)*.

Flügelnuss *(Pterocarya):* Dieser schöne, schnell wachsende, mit zweiflügeligen Früchten versehene Baum aus der Familie der Walnussgewächse hat mit vier Arten in China und einer Art *(P. fraxinifolia)* im Kaukasus die Eiszeit überlebt. Als Garten- und Parkbaum hält er heute wieder Einzug.

Schirmtanne *(Sciadopitys):* Nur in Japan hat der bis zu vierzig Meter hoch wachsende Verwandte der Mammutbäume aus der Familie der Sumpfzypressengewächse *(Taxodiaceae)* als »lebendes Fossil« überdauert. In miozänen Braunkohlelagern am Rhein und in der Lausitz sind Reste seiner »Grasblätter« und seines Holzes gefunden worden.

Mammutbaum *(Sequoia):* Die kalifornischen Mammutbäume sind Riesen des Pflanzenreichs[40]. Ein Baum, der nicht mehr existierende »Vater des Waldes«, erreichte eine Höhe von 135 Metern. Sie sind auch Methusalems, die zwischen viertausend und fünftausend Jahre alt werden können – ein beeindruckendes Alter, wenn man bedenkt, dass unsere Zeitrechnung lediglich zweitausend Jahre zurückgeht und das ewige Rom vor zweitausendfünfhundert Jahren gegründet wurde. Die mit den Sumpfzypressen verwandten Bäume haben eine dicke rote Rinde, die sie vor Feuer schützt, und ein wertvolles rötliches Holz, das ihnen den Namen *Redwood* (Rotholz) eingebracht hat. Das Holz ist (leider) sehr begehrt, sodass neunzig Prozent der Mammutbaumwälder zwischen 1860 und 1960 abgeholzt wurden. Dank Baumschützern wie Julia Butterfly Hill konnten die letzten Exemplare gerettet werden. Von Dezember 1997 an verbrachte die mutige junge Frau 738 Tage auf einer Plattform in einem Mammutbaum auf sechzig Meter Höhe, um ihn vor den Motorsägen eines Holzkonzerns zu retten. In Europa wurde der immergrüne Baum seit Mitte des 19. Jahrhunderts wieder in Parks, auf Friedhöfen und in botanischen Gärten gepflanzt, und einige dieser Exemplare haben schon eine stattliche Höhe von bis zu 45 Metern erreicht.

Die Gattung wurde nach dem Cherokee-Indianer Se-Qui-Yah (1760 bis 1843), der die Cherokee-Schrift erfand, benannt.

Sumpfzypressen *(Taxodium):* Drei Arten der mit dem Mammutbaum verwandten Sumpfzypresse haben in Florida, im Reich der Alligatoren, und in Mexiko überlebt. Auch sie werden uralt; aus ihren Jahresringen konnten Archäologen erkennen, dass die Mayakultur aufgrund anhaltender Dürre untergegangen ist. Die Sumpfzypressen wachsen in Sümpfen; sie haben »Wurzelknie«, die aus dem Wasser herausragen und der Atmung, beziehungsweise der Durchlüftung der

40 Nur der australische Eukalyptus wird höher.

41 Auch Wacholder *(Juniperus)* wird von den Indianern als »Cedar« verwendet.

Wurzeln, dienen. Reste von Sumpfzypressen und Mammutbäumen wurden in mitteleuropäischen Braunkohlenflözen gefunden.

Lebensbäume *(Thuja):* Lebensbäume sind inzwischen in Europa als Hecken und Zierpflanzen allgegenwärtig. Fossile Nadeln wurden mehrfach im Ostsee-Bernstein aus dem Miozän gefunden. Die zur Familie der Zypressengewächse *(Curpessaceae)* gehörende Gattung enthält fünf Arten, zwei in Amerika und drei in Asien. Der Name *Thuja* (griechisch *thyia,* Weihrauch) geht auf einen nicht zu dieser Gattung gehörenden nordafrikanischen Baum zurück, dessen wohlriechendes Holz und Harz in der Antike für Rauch- und Brandopfer genutzt wurde. Die Indianer verwendeten die westlichen Thuja-Arten *(T. occidentalis, T. plicata),* die sie *cedar* (Zeder) nennen, als Räucherstoff, um die Atmosphäre zu reinigen und ungute Geister zu vertreiben.[41] Lebensbäume sind giftig; sie enthalten das nach ihnen benannte Nervengift Thujon, das auch die Nieren und die Leber schädigt.

Nusseibe *(Torreya):* Die zu den Eibengewächsen *(Taxaceae)* gehörende seltene Gattung der Nusseiben ist in Ostasien und Nordamerika beheimatet.

Schierlingstanne *(Tsuga):* Dieser stattliche Baum aus der Familie der Kieferngewächse war ein Begleiter meiner Jugend. In den Laubwäldern Ohios, wo es über hundert Laubbaumarten gibt, war der *hemlock tree (Tsuga canadenis)* die einzige Konifere, der einzige Baum, der in den arktisch kalten Wintern des Mittelwestens sein grünes Kleid behielt. Wenn wir bei Winterausflügen im Wald ein Lagerfeuer machten, brachen wir öfter einige Zweige ab und kochten daraus einen Tee. Duft und Geschmack waren köstlich balsamisch; er wärmte und gab frische Kraft. Der erste Europäer, der in Genuss eines solchen Tees kam, war der französische Entdecker des Sankt-Lorenz-Stroms in Kanada. Im Winter 1535/36 saß seine Expedition von November bis April fest, die Schiffe eingefroren in einer meterdicken Eisdecke. Seine Mannschaft von 110 Seeleuten erkrankte an Skorbut. Als schon 25 Mann daran gestorben waren, wagte er es, zu den lokalen Algonkin zu gehen, um sie nach einem Heilmittel zu fragen. Dabei nahm er zehn seiner gesündesten Männer mit, um seine prekäre Lage nicht zu erkennen zu geben. Die Indianer zeigten ihm die Hemlock-Tanne. Der Vitamin-C-haltige Tee brachte eine dermaßen schnelle Besserung, dass es den Seeleuten wie ein Wunder erschien. Kein weiteres Mitglied der Besatzung musste sterben.

Die Schierlingstanne, die einst im jüngeren Tertiär auch in Mitteleuropa gedieh, wächst inzwischen wieder in Parks und in den Gärten alter Villen in Europa. Andere Arten dieser Gattung sind in Ostasien beheimatet.

Der Lebensbaum (Thuja) mit reifen Zapfen.

Blauregen (Glyzinie) mit reifenden Schoten.

Blauregen, Glyzinie *(Wisteria):* Die Gattung intensiv blühender Kletterpflanzen aus der Familie der Schmetterlingsblütler hat in Ostasien und Nordamerika die Eiszeiten überlebt. Sie wird gerne zur Verschönerung von Hauswänden, Lauben und Mauern angepflanzt.

Zelkove *(Zelkova):* Die Bäume aus der Familie der Ulmengewächse *(Ulmaceae),* die heute in Asien zu finden sind, wuchsen bis zur letzten Eiszeit noch in Europa. Die Relikte *(Z. abelicea),* die sich auf Kreta gehalten haben, sind vom Verbiss der Ziegen und leider auch vom Ulmensterben bedroht. Japanische Zelkoven *(Z. caprinifolia, Z. serrata)* sind als Bonsai-Bäumchen (japanisch, »in einer Schale gepflanzter Baum«) beliebt.

Stunde null – nach der Eiszeit

Auf dem Höhepunkt der Vergletscherung vor 20 000 Jahren bedeckte das Eis ein Drittel der Landfläche, die Gletscher waren bis zu 3000 Meter dick, und der Meeresspiegel lag 100 bis 200 Meter tiefer als heute (Hoffmann 1999: 92). Danach zog sich das Eis verhältnismäßig schnell zurück. Vor 8500 Jahren war dann auch Skandinavien bis auf geringe Reste eisfrei. Abgesehen von den kleinen Refugien, wo einige wenige Pflanzen unter schwersten Bedingungen ausgeharrt hatten, waren die nördlichen Regionen Europas, Sibiriens und Nordamerika pflanzenfrei. Es war sozusagen die Stunde null. Nun begann, von den Randgebieten ausgehend, die Wiederbesiedlung. Eine zähe, kältestrotzende und lichtliebende Pioniervegetation siedelte sich an, vor allem Gräser, Seggen, Meerträubel *(Ephedra)*, Sonnenröschen *(Helianthemum)*, Moosfarn, Steinbrech *(Saxifraga)*, Silberwurz *(Dryas)*, Wiesenraute *(Thalictrum)*, Zweiblütiges Veilchen, Krähenbeere *(Empetrum)*, Kuhschelle, Wundklee und andere (Fukarek 1995: 67). Auch der Beifuß *(Artemisia)*, den die Angelsachsen als »Mutter der Wurze und Älteste der Kräuter« verehrten, gehörte zu den Pionieren. Nachdem die lichtbedürftigen Kaltzeitrelikte, die in irgendwelchen Nischen überlebt hatten, die offenen Tundren und Kältesteppen besiedelt hatten, gesellten sich anschließend frostharte, sonnenlichthungrige Sträucher, wie Zwergbirken, Strauchweiden, Sanddorn und Wacholder, dazu (Hempel 2009: 43 f.). Diese Pflanzen, die seit Ende der Eiszeit hier leben, werden von Botanikern als einheimische oder autochthone Arten bezeichnet.

Da diese Tundren im Gegensatz zu den heutigen Kältesteppen in vergleichsweise südlicheren Breitengraden lagen, war die Sonneneinstrahlung direkter und intensiver. Die Gräser und Kräuter wuchsen daher schnell und üppig; sie konnten den großen Herden von Pflanzenfressern mehr als ein ausreichendes Nahrungsangebot bieten. Rentiere, kleine Wildpferde, Auerochsen, Wisente, Moschusochsen, Wollnashörner und Mammutelefanten zogen über das weitgehend baumlose Land, weideten und düngten es. Diese Herbivoren waren selbst wiederum Nahrung für ein breites Spektrum von Fleischfressern: Wölfe, Panther, Höhlenlöwen – und Menschen. Als Großwildjäger zogen diese, unsere Vorfahren, den Herden nach, lebten im Sommer in tipiähnlichen Lederzelten und im Winter in halb in die Erde eingegrabenen Hütten, stellten aus Horn und Feuerstein Klingen, Speerspitzen, Schaber und andere Werkzeuge her, räucherten mit Beifuß und Wacholder und kommunizierten mit den Geistwesen auf schamanische Art und Weise. In Höhlen, die ihre Kultzentren waren und wahrscheinlich die Gebärmutter der Erdgöttin (Venusfiguren!) darstellten, malten sie naturgetreue Bilder von den Tieren, die ihnen das Leben ermöglichten. Diese paläolithische Jägerkultur war universal, sie erstreckte sich vom Atlantik bis nach Ostsibirien und – nachdem einige Jägersippen dem Großwild, den Hirschen (Wapiti) und Mammuts, über die noch bestehende Landbrücke nach Amerika gefolgt waren – bis in die Neue Welt.

Um etwa 10 000 Jahre vor unserer heutigen Zeit setzte eine sehr rasche und kräftige Erwärmungsphase ein. Wälder dehnten sich aus, wo vorher Steppe und Tundra war. Den Anfang machten aufgelockerte Birkenwälder, gefolgt von Kiefern. Nach einem kurzen Kälterückschlag, wurde es vor rund 7000 Jahren wieder sehr warm und führte zu einem Klimaoptimum, in dem die Temperatur um 2,5 bis 4 Grad Celsius höher war als heute und die Baumgrenze in den Alpen 300 bis 400 Meter höher verlief (Fukarek 1995: 68). Unter diesen Bedingungen breitete sich dichter Laubwald aus. Mutter Erde legte sich im Sommer ein grünes Kleid an – bestehend aus Hasel, Eiche, Ulme und Linde, Erlen, Eschen und Ahorn gesellten sich bald hinzu – und im Winter einen weißen Mantel. Für die großen Herden der Herbivoren war nun kein Platz mehr. Der Wald verdrängte das offene Grasland. Rentiere, Mammutelefanten, Wollnashörner und andere grasfressende Steppentiere wurden nach Osten abgedrängt, und damit wurde auch der Lebensraum der nomadischen paläolithischen Großwildjäger immer weiter eingeengt.[42] Die Altsteinzeit war zu Ende. Vor zehntausend Jahren verschwanden die meisten Mammuts, Wollnashörner und der Riesenhirsch in Eurasien sowie Nordamerika – das ist, nebenbei bemerkt, auch die Zeit, in der im »fruchtbaren Halbmond« im Nahen Osten die ersten Bauern sesshaft wurden. Ein kläglicher Rest der zotteligen Elefanten fand Zuflucht auf der arktischen Wrangelinsel und starb dann plötzlich vor 3700 Jahren aus – zur Zeit der ägyptischen Pharaonen.

Auch wenn sich der europäische Halbkontinent wieder in einen grünen Mantel hüllte, war er nicht mehr so vielfältig wie einst. Die Eiszeit hatte der Pflanzenwelt, besonders nördlich der Alpen, starke Verluste gebracht. Im Vergleich zu anderen Erdteilen ist die Vegetation nicht besonders artenreich. Die

42 In Nordamerika war die Entwicklung ähnlich. Mit der Erwärmung zogen die Bäume wieder nach Norden. Die Clovis-Kultur der Großwildjäger endete mit dem Aussterben der Mammutelefanten, auch die Wildpferde verschwanden. Im Windschatten der Rocky Mountains, auf den endlosen Grasflächen der Prärie, konnte sich jedoch die altsteinzeitliche Großwildjägerkultur der Büffeljäger bis in die Neuzeit halten.
In Europa traten nun an die Stelle von Herdentieren die Waldtiere, die als Einzelgänger oder in kleinen Rudeln leben: Hirsch, Reh, Wildschwein, Dachs, Urrind, Wisent, Elch und Waldbär. Diese Tiere erforderten andere Jagdtechniken. Die Menschen siedelten nun hauptsächlich an Fluss- und Seeufern, sammelten essbare Knollen, Samen, Beeren, Nüsse, Bienenhonig, Muscheln, Amphibien. Sie fischten mit Netzen und Harpunen, angelten mit Haken aus Knochen, flochten Netze aus Baumbast und Brennnesselfasern, bauten Reusen aus Haselgerten und Weidenzweigen, stellten aus Baumstämmen Einboote her. Sie bauten Schlitten, jagten Kleingetier und Vögel mit Pfeil, Bogen und leichten Lanzen, zapften Birkensaft, den sie vergären ließen, um sich damit zu berauschen. Die Pfeilspitzen sind nun viel kleiner (Mikrolithen) als die Speerspitzen der Großwildjäger. Diese Mittlere Steinzeit (Mesolithikum) endete in Mitteleuropa erst vor 5000 bis 6000 Jahren, als die Menschen sesshaft wurden, Äcker bestellten und Haustiere züchteten.

Wiederbesiedlung dauerte Jahrtausende und findet noch immer statt. Immer mehr ist menschliches Schaffen daran beteiligt. Oder sollten wir vielleicht sagen, dass die Pflanzenwesen selbst die Menschen nutzen, um ihr Areal zu erweitern? Die ersten Ackerbauern brachten einen Schub neuer Pflanzen, dann römische Händler und Legionen sowie die christlichen Missionare, welche die Flora über die Grenzen des Imperiums hinaustrugen, dann der Welthandel und heute die Globalisierung. Wir haben es also nicht nur mit einem biologischen Vorgang zu tun, sondern ebenso mit einem kulturellen. Die Pflanzenmigrationen lassen sich nicht von der kulturellen Entwicklung trennen. Dieses Zusammenspiel wollen wir nun näher betrachten.

Wer Korn hat, der sä',
Wer Gras hat, der mäh',
Wer Hafer hat, der rech,
Wer Äpfel hat, der brech.

Aus einem alten Bartholomäus-Spruch

DIE GRÜNEN BEGLEITER DER ERSTEN KOLONIALISTEN

Drei bis vier Millionen Jahre lebten die Vor- und Frühmenschen und ihre Nachkommen, die *Homo sapiens*, als frei umherstreifende Jäger und Sammlerinnen. 99 Prozent ihres Daseins auf der Erde verbrachten unsere Vorfahren auf diese Weise, eingebunden in die jahreszeitlichen Naturrhythmen und die Gegebenheiten der Ökologie. Und dann plötzlich, vor rund zehntausend Jahren, beginnen einige Stämme sich in Dörfern niederzulassen und die harte Arbeit auf sich zu nehmen, Pflanzen auf dem Feld anzubauen. Lange glaubte man, dass diese Entwicklung allein vom Fruchtbaren Halbmond in den biblischen Ländern des Nahen Ostens ausging. Inzwischen wissen wir, dass das eine eher ethnozentrische Annahme ist. Auch in China, Thailand, Neuguinea, im Mississippital, in Mexiko, Peru, Äthiopien und anderswo gab es neolithische Keimzellen. Dass diese Entwicklung einen Fortschritt darstellt, gehört zur Fortschrittsideologie der westlichen Philosophie. Sesshaftes Bauern- und Pflanzertum stellt eigentlich keinen Fortschritt gegenüber der Lebensweise der Jäger und Sammler dar. Brandroden, hacken und pflügen, jäten und bewässern, die Feldfrüchte vor gefräßigen Tieren schützen, Zäune bauen und die erzeugten Erntevorräte lagern, ist viel Arbeit, schwere Arbeit, die den ursprünglichen Menschen unbekannt war. Dichtgedrängtes, dauerhaftes Wohnen, Vorratslager mit nahrhaftem Getreide oder Knollen, aber auch Abfallhaufen und der Kot von Mensch und Tier ziehen Ratten, Mäuse, Fliegen, Käfer, Wanzen, Läuse und anderes Ungeziefer an, die als Vektoren zahlreicher Krankheiten dienen. Viele Infektionskrankheiten – Grippe, Typhus, Milzbrand, Masern, Windpocken, Tuberkulose und andere – die die nomadisierenden Jäger und Sammler nicht kannten, überspringen als Nebenwirkung der Domestizierung von Tieren die Artengrenze vom Haustier zum Menschen (Storl 2007: 238). Das Nahrungsspektrum, das sich nun auf wenige Hauptnahrungspflanzen (Knollen, Hülsenfrüchte, Getreide) beschränkt, ist einseitig und armselig im Vergleich zu der Vielfalt, die Wildbeuter kennen (Logan et al. 1994: 25). Wie anthropologische Untersuchungen eindeutig zeigen, leben Jäger und Sammler gesünder als sesshafte Bauern.[43]

43 Bauernkulturen haben generell ein größeres Heilpflanzenwissen als Jäger und Sammler, aus dem einfachen Grund, dass ihre Ernährungs- und Lebensweise weniger gesund ist.

Auch die Freiheiten, die Jäger und Sammler allgemein kennen, gehen verloren. Soziale Unterschiede und Privilegien entwickeln sich. Die Notwendigkeit, Ackerland, Vieh und die festen Wohnsitze zu verteidigen, führt zu häufigeren bewaffneten Konflikten. Bei Jägern und Sammlern packt man seine Sachen zusammen und geht einfach auseinander, um Streit zu vermeiden. Das ist für bäuerliche Gemeinschaften schwieriger, da man weder die Felder, die Speicher noch die festen Bauten bewegen kann. Da wird ein Waffengang wahrscheinlicher. Krieger erlangen Status, Siedlungen werden mit schützenden Palisaden umgeben. Die Gesellschaft fängt an, differenzierte Rollen zu entwickeln: Neben Spezialisten, wie Krieger und Handwerker, entstehen die Knechte (oft Gefangene), die vor allem schwere Fronarbeit leisten müssen. Es braucht Häuptlinge, um die Vorräte zu verteilen und die Arbeit zu organisieren. Bei den Jägern und Sammlern wird der Häuptling aus der jeweiligen Situation heraus gewählt; der beste Fährtenleser und Jäger führt die Jagd an, die alte erfahrene Frau die Sammlerinnen. Priester und ihre aufwendigen Kulte sind in den ackerbauenden Kulturen vonnöten, um dem Ganzen Sinn zu geben. Schamanen, die einen unmittelbaren persönlichen Zugang zu dem Geist der Tiere und Pflanzen haben, sind nicht mehr gefragt. Paläolithische Tiergötter werden auf den zweiten Rang verwiesen. Vegetationsgötter, oft dargestellt durch sterbende und wiederauferstehende Jünglinge, und Erdgöttinnen nehmen ihren Platz ein und erwarten als Sühne für die geernteten Pflanzen blutige Opfer. Das alles kannten die Jäger und Sammler nicht. Betäubende, trostspendende Drogen, der Schlafmohn und vor allem alkoholische Getränke, gewonnen aus vergorenem Getreide – die Töpferei machte das Brauen möglich –, treten bei den neolithischen Gesellschaften in Erscheinung. Diese Rauschspender wirken anders als die bewusstseinserweiternden Mittel (wie etwa der Fliegenpilz), die gelegentlich in archaischen Gesellschaften verwendet wurden.

Wer domestizierte wen?

Wieso kam es zu dieser plötzlichen Entwicklung? Waren es vielleicht die Pflanzenwesen selbst, die sich den Menschen näherten und sie dazu veranlassten, sich für sie abzurackern, ihnen Lebensräume in Form von Gartenbeeten und Feldern zu schaffen, um auf diese Weise ihre Areale massiv auszuweiten? Als Gegenleistung opferten die Pflanzendevas Teile ihrer Leiblichkeit, um ihre menschlichen Knechte zu ernähren und mit ihren Fasern zu bekleiden. Bestimmte Pflanzendevas kolonisierten nicht nur die Felder und Brandrodungen, sondern auch die Köpfe der Menschen: Weizen und Weinrebe geben sich als Götter zu erkennen: »Dies ist mein Leib, dies ist mein Blut«, sagt eine Mensch gewordene Gottheit.

Im Spiegel der menschlichen Seele erscheinen Pflanzen gerne in göttlicher Gestalt: Demeter ist das Korn, Shiva ist Hanf und Stechapfel, Dionysos ist die Weinrebe, Apollo der Lorbeer, Tristan und Isolde Haselstrauch und Geißblatt. »Götter seid ihr, aus der Erdgöttin geboren«, so ruft die altindische *Atharva Veda* die Pflanzen an. »Siegeszüge der Pflanze durch die menschliche Psyche«, so hat es Ernst Jünger einmal in Bezug auf die Rauschdrogen ausgedrückt (Jünger 1990: 42). Aber nicht nur rauschspendende Pflanzen geben Inspirationen, schüren Imaginationen und wandeln in vielfältiger Gestalt leichtfüßig durch unsere Träume, auch andere Pflanzen können das. Die australischen Ureinwohner holen sich zum Beispiel Kraft von Heilpflanzen, indem sie vor der Pflanze meditieren, unter ihr schlafen oder den Morgentau von ihren Blüten lecken (Hobert 2007: 194).

Erklärungen dieser Art sind selbstverständlich nicht wissenschaftlich haltbar, aber aus dem Blickwinkel des schamanischen Bewusstseins durchaus möglich (Storl 2010b: 73).

Die noch nicht sesshaften mesolithischen Wildbeuter sammelten ihre Pflanze nicht ziellos, sondern sie wanderten, jahreszeitlich bedingt, in weiten Kreisen und schlugen immer wieder Lager auf, die sie für kurze oder längere Zeit bewohnten. Der Lagerplatz selbst ist ein Biotop, in dem die ursprüngliche Vegetation niedergetrampelt oder beseitigt wird. Asche vom Lagerfeuer, Urin und Kot, auch von den Hunden, reichern den umliegenden Boden mit Stickstoff und Mineralien an. Ausgespuckte Kerne, Schalen von Knollen mit Augen, verschüttete Samen und schnell wachsende Pionierpflanzen haben die Möglichkeit, da zu keimen und zu gedeihen. Kehren dann im nächsten Jahr die Wildbeuter zu dem Lagerplatz zurück, finden sie die bevorzugten Pflanzen stärker vertreten. Die meisten Kulturpflanzen waren ursprünglich solche Pionier- oder Ruderalpflanzen.

Im Vorderen Orient waren es vor allem Getreidegräser, auch Mohn, welche die verlassenen und von konkurrierender Vegetation gesäuberten Flächen rund um die Lagerplätze besiedelten. In den Tropen waren es Knollen und Wur-

zeln wie Yams, Süßkartoffel oder Taro. Spontan fingen die Menschen an, die Pflanzen, die auf diesen Plätzen wuchsen, zu pflegen. Sie halfen den bevorzugten Gewächsen nach, indem sie unerwünschte Konkurrenz jäteten, manchmal Zäune errichteten, um Wildfraß abzuhalten, oder sie bei Trockenheit bewässerten. Urgeschichtler bezeichnen das als proto-neolithisches Verhalten.

Die Pflanzen ließen sich das gefallen. Sie kamen den Menschen entgegen. Die Getreide bekamen allmählich feste Ähren, die beim Reifen nicht zerfallen; sie keimten und reiften gleichzeitig, nicht sporadisch, wie es bei den Wildsorten der Fall ist. Andere Arten verzichteten immer mehr auf Bitterstoffe, Gifte, Stacheln und Dornen, sie wurden fleischiger, saftiger, nahrhafter. So etwa die Kürbisse, die von den Urindianern zuerst wegen der essbaren Kerne gesammelt wurden: Was hat sie veranlasst, mehr Fruchtfleisch zu erzeugen und weniger bitter zu werden? Oder wie wurde in Südamerika der Maniok (Tapioka), ein blausäurehaltiges Wolfsmilchgewächs, das zuerst als Fischgift diente, zu einem Hauptnahrungsmittel, das heute mehrere hundert Millionen Menschen ernährt? Oder die Yamswurzel, die einst so giftig war, dass sie zuerst in Südostasien als Pfeilgift verwendet wurde. Wer weiß, das Sesshaftwerden und die Domestizierung war wahrscheinlich nicht das Resultat logischen Denkens und Planens. Vielleicht wurde der Mensch von den Pflanzen verführt? Der Cheyenne-Medizinmann Tallbull betonte immer wieder, Pflanzen sind aktive Wesen, sie sind nicht bloß passiv. Das war seine Erfahrung und die der Weisen seines Stammes.

Immer mehr Pflanzen drängten sich den ersten Bauern auf. Im Nahen Osten wuchsen Hafer, Roggen, Erbsen und Linsen zuerst als Ackerunkräuter. Sie wuchsen zwischen der Gerste, dem Emmer und Einkorn, den die Bauern ausgesät hatten. Auch Mangold, Rüben, Buchweizen, Hanf und Mohn begannen ihre Karriere als Feldunkräuter. In Südamerika kamen Tomaten und Chilipfeffer zuerst als Unkräuter in den Maniokpflanzungen auf.

Archäophyten, alte Einwanderer

Die neolithische Lebensweise verbreitete sich von Südosten, von Kleinasien her kommend entlang der Donau und ihren Zuflüssen nach Nordwesten und erreichte Mitteleuropa vor rund sechstausend Jahren. Diese ersten Bauern werden nach den Verzierungen ihrer Tongefäße Bandkeramiker genannt. Sie besiedelten vorzugsweise die von Eichen, Ahorn, Eschen Linden, Ulmen und Hainbuchen bewachsenen fruchtbaren Lössböden. Mit Hilfe von geschliffenen Feuersteinäxten, durch Ringeln der Bäume und durch Brandrodung drängten sie den Urwald zurück und schufen Inseln mit kultivierten freien Flächen. Darin errichteten sie ihre zwanzig bis vierzig Meter langen rechteckigen Langhäuser, in denen die ganze Sippe lebte. Die Häuser waren von Nordwesten nach Südosten ausgerichtet. Die Speicherräume und Wohnräume der Menschen befanden sich am sonnigeren Südende und in der Mitte, die Stallungen für die Rinder, Schafe, Ziegen und Schweine am Nordende. Die Wände bestanden aus Pfosten, die mit Reisig umflochten und mit Lehm abgedichtet waren. Die Siedlungen wurden von Palisaden umgeben. Frauen machten die Feldarbeit, kümmerten sich um die Lebensmittel, das Töpfern und die Herstellung der Kleider. Die Viehwirtschaft, der Häuser- und Palisadenbau und die Werkzeugherstellung waren der Bereich der Männer. Da die Frauen die Feldarbeit machten, gehörte der Ackerboden – ähnlich wie bei den auf vergleichbarer Kulturstufe stehenden matrifokalen Irokesen in Nordamerika – der weiblichen Verwandtschaftsgruppe, und die »Große Mutter«, die fruchtbare, Leben schenkende und Leben nehmende Erdgöttin, spielte eine führende Rolle im Kult. Wenn nach Jahren die Fruchtbarkeit des Bodens nachließ, zog man weiter und rodete neue Flächen. Die Wälder in Dorfnähe wurden von dem Vieh beweidet.

Diese Landwirtschaft stellte einen gewaltigen Eingriff in den Lebenshaushalt der Natur dar und schuf Raum für neue Pflanzen, und zwar die »Unkräuter« oder besser die Ackerbegleitkräuter, deren ursprüngliche Heimat die Steppen und Gebirgssteppen Vorderasiens und des östlichen Mittelmeerraumes waren und die die Bauern unwillkürlich mit ihrem Saatgut mitgebracht hatten. An den von Menschen geschaffenen Standorten fanden diese einjährigen Kräuter die ihnen zusagenden Bedingungen. Diese *Segetalpflanzen* (lateinisch *seges,* Saatfeld, Ackerland) gediehen auf dem Acker zwischen dem Emmer, Einkorn, Dinkel, Gerste, Hirse, Linsen, Mohn oder Flachs, den die neolithischen Bauern anbauten. Es waren die »Neophyten« der damaligen Zeit. Im Gegensatz zu den als indigen (einheimisch) geltenden Pflanzen, welche die mitteleuropäische Erde nach der Eiszeit besiedelten, bezeichnen Botaniker, wie wir schon sahen, diese frühen Einwanderer als Archäophyten. Inzwischen sind sie vollkommen eingebürgert und werden von Naturschützern als schützenswerte einheimische Pflanzen betrachtet. Sie bevölkern die Roten Listen gefährdeter Pflanzen. Sie schwinden, nicht weil »böse« Neophyten sie bedrängen und ihnen den Raum streitig machen, sondern weil sich seit den 1950er Jahren die ökologischen Bedingungen für ihr Überleben geändert haben. In Holland, mit seiner intensiven industriellen Landwirtschaft sind seit 1950 37 Prozent der Pflanzenarten verschwunden, 54 Prozent gelten als bedroht (Fukarek 1995: 82). Die Artendichte von 120 Arten pro Quadratkilometer im Jahr 1900 ist inzwischen auf durchschnittlich 70 Arten gesunken.

Die Kräuter und Wildpflanzen, die so lange mit ihren bunten Blüten die reifenden Kornfelder zierten, haben sich über die vielen Jahrhunderte einen Platz in den Herzen der Mitteleuropäer erobert. Sie spielen im jahreszeitlichen Brauchtum, als Sinnbilder und in der Volksheilkunde eine vorrangige Rolle. Sie wurden in Erntekränze und in die Haare geflochten, Festtische, Götterbilder und Statuen wurden mit ihnen geschmückt. Für viele sind sie der Inbegriff der Heimat. Die Neophyten andererseits sind noch nicht lange genug da, um solche Achtung zu erfahren.

Zu den alten eingewanderten Ackerunkräutern und Ruderalpflanzen, die in Kult und Erzählung ihren Platz haben, gehören folgende:

Kornrade *(Agrostemma githago):* Die rot blühende Konrade war der Kornmutter, der alten Getreidegöttin, geweiht. Wenn das Nelkengewächs zu blühen begann, sagten die fränkischen Bauern: »Raden, Raden, rot, in vier Wochen gibt es Brot.« Die Kornraden haben sich seit der Jungsteinzeit an den Lebenszyklus des Korngetreides angepasst. Sie reifen mit dem Korn; die Fruchtkapseln bleiben fest verschlossen, sodass sie beim Getreidedreschen unbeschadet mitgedroschen werden können; sie haben dermaßen große Samen entwickelt, dass sie beim Worfeln nicht verloren gehen, sondern im Saatgut erhalten bleiben. Wären die großen schwarzen Samen nicht leicht giftig – sie machen auch das Brot bitter –, hätte sich die Kornrade zu einer eigenständigen Feldfrucht gemausert, wie etwa der Roggen oder der Hafer, die auch zuerst »Unkräuter« waren. Mit den roten Kornradenblumen wurden Erntekränze geschmückt. Und wenn ein Mädchen einem Freier einen Korb[44] gab als Zeichen dafür, dass er sich verziehen solle, war immer die Kornrade dabei; damit sagte sie: »Ich will dich nicht, denn ich will im Leben kein bitteres Brot essen müssen.« (Storl 2010c: 410)

Ackergauchheil *(Anagallis arvensis; A. foemina):* Auch das kriechende Kräutlein aus der Familie der Primelgewächse mit seinen sternförmigen ziegelroten oder blauen Blüten wird von Brauchtum und Sage umwoben. Es heilt den *Gauch* (mittelhochdeutsch *gouch,* Kuckuck, Narr), den Irrsinnigen. Im Mittelmeerraum wurde es gegen Melancholie eingesetzt. Der Kräuterarzt Leonhart Fuchs schreibt: »Dieses Kraut haben die alten / abergläubischen Teutschen / Gauchheil darum geheißen / das sie geglaubet / wo mans am Eingang des Vorhofs aufhänge / dass es allerlei Gauch und Gespenst vertreibe.« Man benutzte es zur Wettervorhersage, da es bei heranziehendem schlechtem Wetter früh die Blüten schließt. Es soll Blut stillen, allein schon wenn man es in der Hand hält.

44 Der Korb, auch Schabab genannt, enthielt verschiedene Blumen, deren Symbolik eindeutig ist. Die blaue Wegwarte besagte: »Ich will nicht einsam am Wegrand stehen und auf dich warten müssen«; der Augentrost bedeutete: »Ich will nicht ständig weinen müssen«; das Greiskraut oder Kreuzkraut gab zu verstehen: »Du bist mir zu alt« usw. Der Korb war eine Botschaft, die ohne Worte und ohne zermürbende Diskussion übermittelt werden konnte. (Zum Thema Korb siehe auch Storl 2010c: 410.)

Getreidebegleitkraut Kornrade.

Die Strahlenlose Kamille, deren Blüte nach Ananas riecht.

Hundskamille *(Anthemis arvensis):* Die Hundskamille ist für den Hund, da sie weder duftet noch heilen kann. Dennoch weihten die Germanen sie, wie auch ähnliche gelbe Korblütler mit weißen Zungenblüten, wie das Gänseblümchen, die Wucherblume oder die Echte Kamille, dem Sonnengott und benutzten sie zum Schmücken der Kultbilder.

Gemeiner Ackerfrauenmantel *(Aphanes arvensis):* Der Ackerfrauenmantel ist ein kleines, unscheinbares Kräutlein, das sandige oder lehmige, kalkarme Wintergetreideflächen besiedelt. Es ist nicht zu verwechseln mit dem in den Wäldern, Wiesen und Quellfluren wachsenden gewöhnlichen Frauenmantel, der eine besonders heilige Pflanze war und der Freya und später der Mutter Gottes geweiht war. Der kleine Ackerfrauenmantel wirkt harntreibend und steinbrechend, er wurde bei Nieren- und Blasensteinen eingenommen. Da er selbst kaum zu sehen ist, glaubte man, wenn man ihn zur Mittsommerzeit trage, könne er unsichtbar machen. Durch moderne Ackerbaumethoden ist er selten geworden, aber in Amerika ist er inzwischen ein Neophyt.

Saat-Leindotter *(Camelina sativa):* Der Leindotter ist ein gelb blühender Kreuzblütler, der einst auf den Leinfeldern als Unkraut wuchs. In neolithischen Zeiten mauserte er sich wegen seiner ölhaltigen Samen zu einer eigenständigen Kulturpflanze und wurde auch in der Bronzezeit und in der frühen Eisenzeit in Reinkultur angebaut. Die an ungesättigten Fettsäuren reichen Samen kamen mit in den Brei und das Brot. Das Dotteröl, auch »Öl der Kelten« genannt, war Lampenöl und zugleich lange Hausmittel; bei Gliederreißen und alten Wunden wurde es eingerieben und bei Schwäche eingenommen, da es die Abwehrkräfte stärkt. Als invasives Unkraut kam es nach Amerika, ist aber inzwischen wieder im Gespräch als mögliche Ölpflanze für Biosprit. Die Pflanze ist nicht besonders auffallend und ähnelt vielen anderen Kreuzblütlern; ob sie eine Rolle im Brauchtum spielte, ist mir nicht bekannt.

Hirtentäschel *(Capsella bursa-pastoris):* Das Hirtentäschel ist wie Gänseblümchen, Löwenzahn und Sauerampfer eine Kinderpflanze. Die Kleinen streifen die herzförmigen Samenkapseln gerne ab und essen sie. In der Volksmedizin galt der Kreuzblütler als blutstillend. In der alten Blumensprache symbolisierte die Pflanze Betrug und Beutelschneiderei.

Kornblume *(Centaurea cyanus):* Die Kornblume mit ihren tiefblauen Blüten gehörte ebenso wie der rote Klatschmohn zum reifenden goldenen Kornfeld – ein Bild, das sich tief in die europäische Seele eingeprägt hat. In der christlichen bäuerlichen Kultur war diese Blume das Attribut der Maria als Himmelskönigin mit ihrem himmelblauen, mit goldenen Sternen bedeckten Mantel, einem Mantel, den zuvor die geliebte Freya getragen hatte. Wie einst Ceres[45], die griechische Göttin der Kornernte, trug die Mutter Gottes einen Kranz von Kornblumen auf ihrem Haupt (Zerling 2007: 155). Der Gattungsname *Centaurea* geht auf den sagenumwobenen heilkundigen Kentaur[46] Chiron zurück. Wegen des leuchtenden Blaus wurde den Blüten früher auch eine wohltuende Wirkung auf die Sehkraft zugesprochen.

Feld-Rittersporn *(Consolida regalis):* Dieses giftige, aber wunderschön azurblau blühende Hahnenfußgewächs galt als Sinnbild des edlen Rittertums, der Treue und der Tugenden der Himmelsherrin Maria. Es ist die Blume der heilige Ottilie, der Schutzpatronin der Augen und Helferin bei Augenleiden. Wundärzte

45 Der Korngöttin Ceres verdanken die Spanier das Wort *cerveza*, das Bier als heiliges Getränk, und die Amerikaner ihr *breakfast cereal*, die Getreideflocken zum Frühstück.

46 Kentauren sind intelligente, heilkundige wilde Wesen mit einem Pferdekörper, aber dem Kopf und den Armen eines Menschen. Sie zeigen die glückliche Symbiose von Instinkt und Intellekt, Eigenschaften, die einen berufenen Heiler ausmachen.

taten den Rittersporn mit in den »Wundheiltrunk«, ein Augenwasser wurde aus dem Kraut destilliert und laut Tabernaemontanus ist es »ein guter Trank gegen die großen Wurm im Leibe, die sonst mit keiner Arzney können und mögen ausgetrieben werden«.

Erdrauch *(Fumaria officinalis):* Dieses mit unzähligen regionalen Namen bedachte bitter schmeckende Kräutlein aus der Familie der Mohngewächse kam, wie wir bei Plinius lesen, schon im antiken Rom mit in die Teemischungen für Leber- und Gallebeschwerden. Bis zum heutigen Tag verwendet es die Volksmedizin so. Auch bei Krätze und Melancholie – wenn die »schwarze Galle« bis ins Hirn steigt – wurde es verwendet, denn es galt als reinigend und klärend. Es war der heiligen Katharina, einer der drei Jungfrauen[47], geweiht, da diese für einen reinen und klaren Geist zuständig ist. Viel Zauber umgibt den Erdrauch. Mädchen stecken sich ihn an den Busen oder in den Schuh; der erste Mann, der ihnen begegnet, wird ihr Freier oder Bräutigam werden. Unter das Kopfkissen gelegt, lässt er den Bräutigam im Traum erscheinen.

Mäusegerste *(Hordeum murinum):* Die Mäusegerste oder *Häxegärste*, wie man in Bern sagt, galt als nutzlose Gerste, gerade gut für die lästigen Mäuse. Die spitzen, zerbrechlichen Grannen dieser wild wachsenden Gerstenart haben kleine Widerhaken, die sich an der Kleidung und an Tierfellen festsetzen. Für Hunde sind sie gefährlich, denn sie können sich in Ohren, Augen, Nase und Pfoten eingraben und Entzündungen auslösen. Kinder spielen damit, indem sie sich die Ähre des Kriechers – »Schliefhansel« (Niederösterreich), »Hans-kruip-in« (Flandern), »Pitter-kruff-de-Ärm-erup« (Rheinland), »Kriech-Männel« (Westsachsen) – in den Ärmel stecken, wo sie wie eine Maus im Loch verschwindet und woanders auftaucht.[48] Inzwischen ist die Mäusegerste in Ländern, wo Europäer gesiedelt haben, zum invasiven Neophyten geworden.

Tännelkraut *(Kickxia elantine):* Dieser kleine, wenig auffallende Rachenblütler, der auch auf Stoppelfeldern wächst, heißt auch Falsches Leinkraut, Unechter Dorant oder Schlangenmaul (Schweiz), Letzteres wahrscheinlich wegen der hellgelben Rachenblüte mit schwarzer Unterlippe. Das kleine Kraut galt im Mittelalter als Frau des Ehrenpreises (Ehrenpreis-Weiblein; italienisch *veronica femina*). Als *cancerwort* wurde es in England zur Krebsbehandlung genutzt.

47 Zu den drei Virgines capitales gehören zudem die heilige Barbara und die heilige Margareta.

48 Wenn die Wiener Kinder beim Spiel sagen: »Hansl schliaf«, dann geht die Ähre beim Schuh hinein und beim Hals heraus; kriecht er von einem Arm zum anderen, bekommt man einen Brief, und wenn er wieder herauskriecht, bleibt man gesund (Marzell, Bd. II, 1972: 893).

Echte Kamille *(Matricaria recutita):* Der freundliche Korbblütler, in heidnischen Zeiten der Sonne und der milden Freya heilig, wurde im Mittelalter der Maria als Mutter Gottes geweiht. Die Kamille symbolisiert Tugend und Bescheidenheit. Sie galt schon immer als ein wunderbares Frauen- und Kinderheilkraut. Als *Maythen* (Mägdekraut) wird sie im angelsächsischen Kräutersegen *(Lacnunga)* als Allesheiler unter den neun wichtigsten Kräutern, die der Schamanengott Wodan oder Odin offenbarte, erwähnt.

Acker-Wachtelweizen *(Melampyrum arvense):* Der einjährige, rotviolett blühende Halbschmarotzer, der Gräser und Getreide anzapft, hat weizenähnliche Samen, die Wachteln gerne picken. Wenn die Samen mit dem Getreide ins Brot gelangen, bekommt dieses einen bläulichen Schimmer. Der Rachenblütler ist wie andere Wachtelweizenarten ein sogenanntes Beschreikraut: Das Kraut wurde in dem Sud mitgekocht, mit dem man »beschriene«, das heißt verzauberte Kinder abwusch; auch zum Beräuchern »verschriener« Kühe, die dahinsiechten, abmagerten und keine Milch mehr gaben, wurde es benutzt.

Feldlöwenmaul (*Misopates orontium,* syn. *Antirrhinum orontium*): Das wildwachsende Löwenmaul, ein Rachenblütler mit hübschen rosa Blüten, die wie eng zusammengepresste Lippen aussehen, gilt als hoch gefährdet und steht auf der Roten Liste. In früherer Zeit wurde es Orant oder Dorant genannt. Dorant galt als ein mächtiges hexenabwehrendes, zauberkräftiges Mittel, das oft zusammen mit dem Dost genannt wird. Eine Sage erzählt von einer Frau, die beim Gang in den Keller, um Bier zu holen, von einem Teufel angesprungen wurde. Da sie Dorant bei sich hatte, konnte der Unhold ihr aber nichts antun, außer sie anzuschreien:

> *»Hättest net Dorant und Dosten,*
> *Solltest 's Bierle net kosten.«*

Ein Zauberspruch gegen den Koller der Pferde lautet:

> *Dorant und weiße Heid*
> *Tun dem Teufel viel Leid.*

Dorant, unter der Schwelle vergraben, verwehrt Hexen den Eintritt in den Stall; in Norddeutschland galt die Pflanze als Schutzmittel gegen Zwerge, die Kleinkinder stehlen wollten (Hovorka/Kronfeld, Bd. I, 1908: 102).

Die Zauberpflanze »Dorant«: das Acker- oder Feld-Löwenmaul.

Klatschmohn *(Papaver rhoeas):* Der Feldmohn, der einst mit seinen feuerrot leuchtenden Blüten das reifende Kornfeld schmückte, war Sinnbild der feurigen, schnell vergehenden Liebe. Die heidnischen Germanen weihten die Blume dem Donnergott Donar (Thor), dem Beschützer der Felder. In der christlichen Deutung wurden der rote Mohn und die reifenden Ähren mit dem Blut und dem Brot, der Passion und dem Opfer des Gottessohnes Christus gleichgesetzt (Zerling 2007: 187). Auch glaubte man, der Mohn entspringe dem Blut gefallender Krieger oder Soldaten.

Flachs-Leimkraut *(Silene linicola):* Die Flachsnelke, ein Begleitkraut im Flachsfeld, ist seit dem Rückgang des Flachsanbaus und der modernen Saatgutreinigung selten geworden und in Österreich ganz verschwunden. Diese Nelkenart mit kleinen, zartrosa Blüten ist nicht so spektakulär wie die rote Karthäusernelke oder wie das Taubenkropf-Leimkraut, um die sich viel Aberglauben dreht. Wahrscheinlich gehörte das Flachs-Leimkraut, wie der Leinlolch und die Leindotter, zum Zauberkreis der Freya, die für Faser- und Gespinstpflanzen zuständig war.

Wegrauke, Raukensenf oder Apothekerhederich *(Sisymbrium officinale):* Der senfölglykosidhaltige Kreuzblütler war einst ein wichtiges Heilkraut bei Lungenleiden; ein Aufguss des Krauts half Sängern, die ihre Stimme verloren hatten. Die frische Wegerauke kam auch mit in die Gründonnerstagssuppe, eine traditionelle Frühjahrsspeise, die seit der jüngeren Steinzeit im Frühjahr gegessen wurde, um Kräfte und Säfte anzuregen. Man hielt die gelb blühende Pflanze für die »Frau« des Eisenkrauts – im Mittelalter galten sogar Pflanzen als verheiratet – und nannte sie »Eisenkrautweiblein«.

Kohl-Gänsedistel *(Sonchus oleraceus):* Die Gänsedistel ist essbar und wurde für Gemüsesuppen verwendet. Als Heilmittel wurde sie bei Leberbeschwerden eingesetzt; bei Entzündungen diente das zerstampfte Kraut als Umschlag. Die Pflanze ist inzwischen ein Neophyt in aller Welt.

Kleine Brennnessel *(Urtica urens):* Die Kleine Brennnessel, auch Eiternessel genannt, brennt noch heftiger als ihre große Schwester. Sie galt als hexenwidrig.

Selbstverständlich sind nicht alle Ackerunkräuter neolithische Einwanderer aus dem Südosten. Viele waren einheimische Pflanzen, die ebenfalls die neu entstandenen Felder und Äcker, Triften, Anger und Dorfplätze kolonialisierten. Trittfeste Ampferarten wie der Breitwegerich und der Vogelknöterich gehören dazu; auch die Stickstoff liebende Große Brennnessel, das Gänsefingerkraut, die Klette, die Wegmalve, der Pfirsichblättrige Knöterich und die Kratzdistel. Königskerze, Wilde Möhre, Wegwarte und Seifenkraut sind weitere einheimische Pflanzen, die sich zum Menschen gesellt haben und Teil der Dorfflora geworden sind.

Römerpflanzen

Klimatisch ist Mitteleuropa dem nordischen Regenwald zuzuordnen. Hier wachsen Bäume besonders gut, weil es viel regnet; weiter südlich, im Mittelmeerraum, ist es zu trocken, und weiter nördlich ist es zu kalt, um eine dermaßen schnelle Wachstumsrate der Baumvegetation zu erreichen. Ohne den Eingriff der Menschen wäre Mitteleuropa noch heute bis zu 99 Prozent dichter Urwald, ein sommergrüner Laubwald, mit der Buche als vorherrschendem Baum. Die mesolithischen Jäger und Sammler haben die Natur wenig verändert. Diese Ureinwohner, aus denen die Germanen hervorgingen, waren Waldmenschen. Sie haben sich ihrer natürlichen Umwelt weitgehend angepasst. Für sie war der Wald heilig, er schenkte Leben und Geborgenheit. Die Tiere, die in ihm lebten, Bär (Meister Petz), Dachs (Grimbart), Wolf (Isegrim), Wildschwein und Hirsch, waren ihnen ebenfalls heilig. In ihnen offenbarten sich Götterwesen. Die Bäume waren für sie beseelte Wesen, durch alte Bäume sprachen die Götter.

Diese Eintracht mit dem Wald änderte sich allmählich, als die ersten Bauern mit dem Schwenden und Brandroden begannen. Sie schufen kleine Kulturinseln inmitten des unendlichen grünen Blättermeers. Aber der Wald mit seinen Tieren hatte auch für sie noch immer etwas Numinoses, Ehrfurchterregendes. Der weise Wintergeist, der die Samenkräfte über die kalte Jahreszeit hinüberrettet – unser Weihnachtsmann – kam zur Wintersonnenwende noch immer aus den Tiefen des Waldes und brachte Segen, frische Lebenskraft und Inspiration. Die wohltuende Sonne war in den Augen der Neolithiker und auch der Megalithleute ein Hirsch, der mit seinen Sprüngen den Himmelsraum durchmisst, und die Pflanzen, die im Einklang mit dem Sonnenjahr hervorsprießen, wachsen und wieder vergehen, wurden mit Hinden (Hirschkühen) verglichen, die ihn begleiten. Das Menschengeschlecht selbst, so glaubten sie, sei aus den Bäumen entstanden – der Mann aus der Esche, die Frau aus der Ulme. Und jedes Jahr werde die Sonne, die im November stirbt, in den Winterweihenächten als Lichtkind am Fuß des Weltenbaumes neu geboren (Mannhardt 1875: 8). Zur Wintersonnenwende steht das Rad des Jahres still, bis es der kräftige Eber wieder anschiebt. Das sind alles kulturelle Imaginationen, die dem Wald entstammen. Sie haben die mitteleuropäische Seele geprägt, zum Teil bis zum heutigen Tag. Noch immer haben ihre Nachfahren »Schwein«, wenn sie Glück haben, wenn die Dinge wieder gut laufen, und Bilder eines röhrenden Hirschs zieren noch manches Wohnzimmer. Noch immer stellen viele Menschen die Weihnachtskrippe mit dem neugeborenen Jesuskind unter dem Weihnachtsbaum auf.

In der Bronzezeit, als das Klima vorübergehend wieder kühler wurde und es zu Ernteausfällen kam, und auch später in der Keltenzeit (Hallstatt, La Tène) wurden die Ackerbauflächen erweitert. Die Bauern trieben Schafe, Ziegen, Rinder und Hausschweine zum Weiden in die Wälder. Das veränderte die Zusammensetzung der Pflanzendecke. Aber immer noch war der Wald Quelle der Inspiration. Die Priester der Kelten, die Druiden (*drui*, »Eiche, Baum«; *wid*, »sehen, weise«) waren, so die Bedeutung ihres Namens, Waldweise. Um ihre sprichwörtliche Weisheit zu erlangen, lebten und lernten sie, wie Caesar berichtet, zwanzig Jahre lang in der Waldwildnis. Der Hirsch war ihr Totemtier, so wie der Bär und das Wildschwein die Totemtiere der keltischen Krieger waren.

Noch zu Zeiten der Römer war Mitteleuropa zu Dreiviertel dicht bewaldet. Als Träger einer städtischen Zivilisation empfanden sie diese Wildnis als schrecklich, als einen Ort des Grauens. Der römische Historiker Publius Cornelius Tacitus beschreibt das Land der Germanen als feucht und »im Allgemeinen durch raue Waldungen oder Sümpfe entstellt« (Tacitus 2000: 151). Heute sind in Zentraleuropa nur noch 26 bis 30 Prozent der Landfläche mit Bäumen bedeckt, wobei davon viele in Reih und Glied angepflanzte Fichten- und Kiefernforste oder Pappelplantagen sind.

Als die Römer mit ihren Legionen in die düsteren Wälder des Nordens eindrangen, wo keltische und germanische Bauernvölker lebten, führten sie die Bequemlichkeiten des städtischen Lebens ein, bauten gepflasterte Straßen, öffentliche Bäder und Häuser mit Steinmauern und Fenstern, die Dächer mit gebrannten Ziegeln anstatt mit Reet gedeckt. Auch Obstplantagen und Weinberge legten sie an und brachten dabei unwillkürlich ihre »Unkräuter« – die Ruderal- und Segetalflora Italiens – mit, von denen einige mit Erfolg in den Regionen nördlich der Alpen Fuß fassten. Viele dieser damaligen »Neophyten« waren Weinbaubegleiter, die unter den Rebstöcken wuchsen (Hempel 2009: 146, 179). Dazu gehörten folgende (eine Auswahl):

Wermut *(Artemisia absinthium)*: Für die Ärzte der Antike hatte der bittere Wermut, eine Artemisia-Art, die das Nervengift Thujon enthält, fast den Status eines Allheilmittels. Verwendet wurde es als Verdauungs- und Magenmedizin, um die Menstruation anzuregen, als wurmtreibendes Mittel, bei Gelbsucht und Kopfschmerzen. Mittelalterliche Gelehrte und Mönche hängten Wermutbüschel an die Bücherregale, um nagende Mäuse, die ihre fleißige Schreibarbeit zunichte zu machen drohten, zu vertreiben. Auch die Bauern räucherten damit, um mit einem »Zauber« belegte Tiere, Ungeziefer und Nager sowie böse Geister loszuwerden. Die Römer weihten das bittere Kraut der Göttin Diana (Artemisia) und dem alten, bitteren Planetengott Saturn. Für die Juden galt es als Symbol des bitteren Leidens und des Passahfestes; es hieß, die Pflanze sei aus der Kriechspur der Schlange entstanden, die Adam und Eva um das Paradies betrogen hatte.

Schwarznessel *(Ballota nigra):* Dieser Lippenblütler, auch Stink-Andorn oder Stinknessel genannt, hat einen starken unangenehmen Duft. In der antiken Säftelehre (Humoralpathologie), die später von der Klostermedizin übernommen wurde, deutete man den Geruch des dunklen Krauts als Signatur des Saturn. Deswegen wurde es bei saturnischen Leiden wie Fallsucht oder Schwermut (Melancholie; griechisch *melan-cholia,* »Schwarzgalligkeit«) eingesetzt.

Schöllkraut *(Chelidonium majus):* Dieses saftige Kräutlein aus der Familie der Mohngewächse spielt eine große Rolle in der Volksheilkunde. Viele kennen es als »Warzenkraut«, dessen goldgelber Saft, auf die Warzen getupft, diese zum Schwinden bringt. Das Kraut, das nach Leber riecht und dessen Saft bitter wie Galle schmeckt, ist tatsächlich eines der leberwirksamsten Mittel. In dieser Funktion wurde es mit großem Erfolg von Maurice Mességué, dem berühmten französischen Kräuterheiler, verwendet. Im Mittelalter galt die Pflanze als Heilmittel für die Augen und wurde deshalb Christus geweiht, »der die (geistige) Blindheit heilt«. In der Antike glaubte man, dass Schwalbenmütter mit frischem Schöllkraut ihren Jungen über die Augen streichen, damit diese scharf sehen können. Daher das Sprichwort: »Schöllkraut macht die Augen gesund, das tun uns die Schwalben kund.« Die Römer weihten es dem Jupiter, der für die Leber zuständig ist.

Die Alchimisten kannten die Pflanze als »Goldwurz«, da sie von ihnen zum Goldherstellen verwendet wurde.

Guter Heinrich *(Chenopodium bonus-henricus):* Der Gute Heinrich ist wie der Spinat ein Gänsefußgewächs und war, bevor er von diesem aus den Suppengärten verdrängt wurde, eines der beliebtesten Blattgemüse.

Katzenminze *(Nepeta cataria):* Diese unangenehm stark riechende Minze, die anziehend auf Katzen wirkt, war der Göttin Venus geweiht. Heilkundige zogen sie in Kräuterbeeten und nutzten sie als Zutat für Erkältungstees, Tees zur Beruhigung der Nerven, gegen Hysterie, schlechte Träume, und, stark dosiert, um die Menstruation anzuregen.

Glaskraut *(Parietaria officinalis):* Das mit der Brennnessel verwandte Glaskraut, das gerne alte, morsche Gemäuer besiedelt, hat eine harntreibende Wirkung. Es wurde in Kräutergärten angebaut als Mittel, um Harnsteine zu lösen und Blasenentzündungen zu behandeln. Seinen Namen hat es daher, dass man mit dem Kraut angeblich Glas geputzt hat.

Einjähriges Bingelkraut *(Mercurialis annua):* Das grüne Garten- und Feldunkraut gilt im Gegensatz zum Guten Heinrich als der »böse Heinrich«. Der Genuss

Schwarznessel oder Stink-Andorn.

bewirkt Erbrechen, Unwohlsein und Durchfall; daher wurde die Pflanze in der mittelalterlichen Medizin als »vegetabiles Quecksilber« *(Mercurius)* im Sinne eines ausleitenden Reinigungsmittels (Purgativum) eingesetzt. Es ist ein Kraut des Götterboten Merkur.

Doldiger Milchstern *(Ornithogalum umbellatum):* Dieses weiß blühende Liliengewächs findet sich auf trockenen Äckern und Wiesen und vor allem in den Weinbergen. Die Zwiebeln werden im Nahen Osten roh, getrocknet oder wie Esskastanien geröstet verspeist. Es war der Göttermutter Hera geweiht und später der Gottesmutter Maria. Aus den Milchtropfen ihrer keuschen Brust sei die Pflanze entstanden. Eine weitere christliche Legende zählt die Blume zu den Kräutern und Gräsern, auf die in der Krippe das Christkindlein gebettet wurde. Sie symbolisiert seine Reinheit. Der Arzt Edward Bach bereitete aus der zarten Blüte die Blütenessenz *Star of Bethlehem* als einen Seelentröster, der körperliche, seelische und geistige Schocks überwinden hilft.

Gemüseportulak oder Burzel *(Portulaca oleracea):* Das saftige Kraut mit dickfleischigen runden Blättern und ebenso dicken rötlichen Stängeln wird in den wärmeren Ländern als Salat- und Gemüsepflanze geschätzt. Die frühesten Samenfunde nördlich der Alpen stammen aus der Römerzeit aus Neuss am Rhein.

Ackerröte *(Sherardia arvensis):* Das heute gefährdete rosa blühende Ackerunkraut wurde wie andere Pflanzen aus der Familie der Rötegewächse zum Färben verwendet.

Mittelalterliche Neuankömmlinge

Abkühlung und Klimainstabilität lösten die Völkerwanderung aus. Die asiatischen Steppen wurden kälter und trockener, sodass die nomadischen Hirtenvölker, wie die Hunnen und Awaren, in die Randgebiete vordrangen, um Futter für ihre Herden zu finden. Sie verdrängten die Slawen nach Westen, und diese wiederum verdrängten die Germanen, die dann auf ihrer Suche nach Acker- und Weideland das Römische Reich bedrängten und schließlich zu Fall brachten. Erst in karolingischer Zeit beruhigte sich die Situation wieder, der Städtebau kam voran und der Urwald wurde gerodet. Der Wald, einst den Heiden heilig, galt nun als Feind. Die christliche Kultur sah sich als zivilisierende und erlösende Kraft; sie ging gegen die innere Wildnis der Seelen wie auch gegen die äußere wilde Natur vor, rodete, legte Weinberge und Ackerland an. All das hatte natürlich ökologische Folgen, die in der Zusammensetzung der Flora Spuren hinterließen. Wiederum kam es zu einem Schub pflanzlicher Zuwanderer.

Benediktinermönche und später auch die Zisterzienser, die Träger der Gartenkultur, brachten fremde Zier- und Arzneipflanzen mit, die sie in ihre Gärten pflanzten. Viele der Fremdgewächse gingen ein, manche hielten sich brav an die ihnen zugewiesenen, kleinen viereckigen Beete hinter den Klostermauern, aber es gab auch solche, die über den Zaun sprangen und verwilderten. Einige sind Gewerbepflanzen, die von verschiedenen Zünften eingeführt wurden. Tuchmacher und Walker führten die Weberkarde *(Dipsacus sativus)* aus Südfrankreich ein und aus dem Mittelmeerraum stammende Färberpflanzen wie den blau färbenden Waid *(Isatis tinctoria)* und den gelb färbenden Wau *(Reseda luteola)*. Brauer bauten den Hopfen an, der wahrscheinlich nicht einheimisch ist, und das ebenfalls aus südlicheren Gefilden stammende Bilsenkraut als Rauschverstärker. Die Nordvölker kannten diese Brauereizutaten vorher nicht, für sie war der Gundermann *(Glechoma)* das Würzkraut für das alltägliche Bier. Auch Porst, Heidekraut, Schafgarbe und andere Pflanzen sind althergebrachte einheimische Bierwürzkräuter, die je nach Bedarf das beliebte Getränk würziger, haltbarer, berauschender oder heilkräftiger machten.

Unter den mittelalterlichen Kulturflüchtlingen und Neuankömmlingen machen Botaniker folgende aus (Schubert 1966: 124):

Deutsche Magenwurz oder Kalmus *(Acorus calamus)*: Ursprungsgebiet dieses Aronstabgewächses ist Indien. *Vacha* (»Wort«; verwandt mit dem lateinischen *vocare*, »nennen, rufen«) ist der alte Sanskritname für die Pflanze, in der sich Saraswati, die Shakti des Schöpfergottes, manifestiert. Saraswati benennt die Dinge, die Brahma ins Dasein meditiert. Im Ayurveda gilt die Kalmuswurzel unter anderem als Hirntonikum. Der Kalmus kam erst Ende des 16. Jahrhunderts über Russland und Siebenbürgen durch die Tataren nach Europa und fand als stimmungsaufhellendes, nervenentspannendes, stoffwechselregulierendes Stärkungsmittel Eingang in die Apothekermedizin. Die dem Bad hinzugefügte gekochte Wurzel gilt als Aphrodisiakum für Männer. In nördlichen Regionen, wie in Europa, bildet die Pflanze keine Samen aus, sondern pflanzt sich als Klon fort. Nagetiere und Menschen (Schamanen und Kräuterkundige) verbreiten sie.[49]

Osterluzei *(Aristolochia clematitis)*: Dieses mediterrane Kraut, das oft in sonnigen Weinbergen wächst, war einst ein geschätztes Frauenkraut; darauf deuten der Name *Aristochlia* (griechisch *aristo*, »sehr gut« und *lockeius*, »geboren«) wie auch der englische Name *birthwort* (»Geburtswurz«) hin. Schon bei Hippokrates im 4. Jahrhundert v. u. Z. wurde es zur Geburtshilfe eingesetzt. Es wirkt Wehen einleitend, die Menstruation anregend und auch abtreibend. Außerdem galt es als Wundheilkraut bei Entzündungen und chronischen Eiterungen und wurde schon im alten Ägypten gegen Schlangenbisse verwendet. 1981 wurde

Ein »Mauerblümchen«, das Zymbelkraut.

die Pflanze aus dem Handel genommen, weil sie angeblich karzinogen, nieren- und erbgutschädigend wirken könne.

Zymbelkraut *(Cymbalaria muralis):* Der kleine Rachenblütler mit hellvioletten, zygomorphen[50] Blüten kam im 16. Jahrhundert als Heil- und Zierpflanze nach Mitteleuropa. Es ist ein echtes »Mauerblümchen«, über das Ludwig Bechstein (1801–1860) ein Gedicht schrieb, das mit folgenden Worten beginnt:

49 Noch heute bringen indianische Medizinleute die aromatischen Rhizome des Heil- und Zauberkrauts als Geschenk mit, wenn sie andere Stämme besuchen. Wahrscheinlich wurde die Pflanze schon in der Steinzeit auf diese Art weitergereicht und drang so weit über ihr natürliches Areal hinaus bis nach Sibirien und Nordamerika vor, eventuell schon vor über 10 000 Jahren mit den paläoindianischen Einwanderern. In Mexiko blüht die Pflanze und bringt rote Früchte hervor. Neben Überlieferung und vielfältiger traditioneller Anwendung unter den Indianern spricht auch die Tatsache, dass der amerikanische Kalmus diploid (anstatt tetraploid wie die südasiatische und europäische Sorte) ist und kein ß-Asaron enthält (es steht im Verdacht, mutagen zu wirken), dafür, dass der Kalmus nicht erst mit den europäischen Siedlern hierher kam.

50 Als zygomorph oder dorsiventral werden Blüten mit spiegelbildlichen Seitenteilen, aber unterschiedlicher Bauch- und Rückseite bezeichnet.

Niedliche Pflanze, du kleidest
Der alten Ruine Gemäuer,
Rankend hinab und hinauf,
Blühest du einsam für dich.

Die Kräuterkundigen des 16. Jahrhunderts verwendeten es für Wunden und Entzündungen; auch als Salatgewürz eignen sich die Blätter. Die Pflanze dient zudem als Frauenheilkraut; die Signatur deutet darauf hin: Die Samen verstreuen sich bis auf einen, der am Fruchtstiel fest haften bleibt; dieser Stiel wächst dann in die dunklen Mauerspalten hinein, wo der Same eingepflanzt wird und anschließend keimen kann.

Wilde Karde *(Dipsacus sylvestris):* Anders als die Weberkarde eignet sich die Wilde Karde kaum zum Aufrauen oder Kardieren von Stoffen. Beide Arten scheinen aber zur gleichen Zeit nach Mitteleuropa gelangt zu sein (Hempel 2009: 147). Seit der Antike wurde dieses Skabiosengewächs im Mittelmeerraum zur Entgiftung des Körpers benutzt. Heutzutage gibt die Pflanze wegen ihrer entgiftenden, spirochätenwidrigen Wirkung Hoffnung als Heilmittel bei der Borreliose.

Hopfen *(Humulus lupulus):* Viele Botaniker nehmen an, dass der Hopfen, der in Auenwäldern als Schlingpflanze wächst, eine einheimische Pflanze ist. Sprachkundliche und ökologische Gründe stellen diese Annahme jedoch in Frage, denn was macht eine windbestäubte, zweihäusige Pflanze im Wald, wo wenig Wind weht und Flügelsamen kaum Sinn ergeben? Das Wort Hopfen, wie auch Hanf, lässt sich mit dem ural-altaischen *qumlix* verbinden und deutet auf seinen Ursprung im eiszeitlichen Rückzugsgebiet am Kaspischen Meer hin (Reichholf 2008: 248–250).

Die Benediktinermönche waren die Ersten, die ihr Bier mit Hopfen brauten. Die ersten Nachweise des Anbaus von Hopfen stammen von 736 n. u. Z. im Kloster St-Denis bei Paris, 822 n. u. Z. im Kloster Corvey in Höxter (Nordrhein-Westfalen) und 859 n. u. Z. im Kloster Freising. Dank seiner östrogenisierenden Wirkung kann Hopfen den Samenerguss verzögern. Gehopftes Bier sollte den Mönchen helfen, verführerische Dämonen abzuwehren, die ihnen während der Nacht den Samen entwenden wollten. Medizinisch wird Hopfen bei Schlafstörungen, Blasenentzündung und Wechseljahrbeschwerden verschrieben.

Herzgespann oder Löwenschwanz *(Leonuris cardiaca):* Dieses schon in der Antike bekannte Heilkraut kam erst spät im Mittelalter nach Mitteleuropa. Als »Cardiaca« wurde es zuerst im »Mainzer Gart der Gesundheit« von 1485 erwähnt. Die Kräuterväter empfehlen es bei Magendrücken und Herzschmerzen,

Die Wilde Karde, eine entgiftende Heilpflanze.

Herzgespann, zusammen mit dem grauen, bitteren Wermut.

»wenn die Herzbänder zu straff gespannt sind«. Bei nervösen Herzbeschwerden und bei Wechseljahrbeschwerden findet dieser Lippenblütler noch immer Anwendung.

Andorn *(Marrubium vulgare):* Der Andorn könnte ein Archäophyt sein, aber vieles deutet darauf hin, dass diese Mittelmeerpflanze aus den Klostergärten verwildert ist. In Amerika und Australien ist er als Neophyt anwesend. Der daraus bereitete bittere Tee hat vielerlei Anwendungsgebiete, vor allem aber bei Problemen mit der Galle, der Verdauung, bei Appetitlosigkeit und bei Problemen mit den Bronchien.

Nickender Milchstern *(Ornithogalum nutans):* Dieses hübsche Hyazinthengewächs, das vom östlichen Mittelmeerraum bis nach Zentralasien zuhause ist, wurde seit dem Mittelalter in Klostergärten als Marienpflanze angebaut und ist hier und da verwildert.

Eisenkraut *(Verbena officinalis):* In der Antike weihte man die Verbene dem Donner- und Blitzgott Jupiter; seine Altäre wurden damit gereinigt. Schmiede und Eisenschürfer benutzten das Jupiterkraut, um sich vor der Rache des Erddrachens zu schützen. Römische Botschafter trugen es bei sich, wenn sie mit ihren Feinden verhandelten, und die keltischen Druiden trugen Eisenkrautkränze, um sich gegen Zauber zu feien. Nach Mitteleuropa scheint die Pflanze erst spät gekommen zu sein, denn dieses Zauberkraut spielt in der deutschen Volksheilkunde kaum eine Rolle, umso mehr aber bei den Pfaffen und Pastoren, die im Lesen lateinischer Zaubertexte bewandert waren. In der heutigen Zeit hat man eine antivirale Wirkung der Pflanze entdeckt, und Edward Bach stellte aus der Blüte eine Essenz her für Menschen, die sich bis zur Erschöpfung aufopfern. Das europäische Eisenkraut ist nicht zu verwechseln mit dem mit ihm verwandten, nach Zitrone duftenden Eisenkraut aus Südamerika *(Verbena triphylla, Lippia citriodora),* das man im Supermarkt als Tee in Beuteln kaufen kann, und das seinerseits im Mittelmeerraum zum Neophyten wurde.

Spätheimkehrer

Während der Renaissance, als die Europäer in fremde Erdteile ausschwärmten, um Handel zu treiben und sie zu besiedeln, gab es einen frischen Schub der Pflanzenmigration. Aus verschiedenen Ecken und Enden der Welt fanden sie ihren Weg nach Europa, die Neophyten, jene Pflanzen also, die seit der Rückkehr des Kolumbus bei uns Fuß fassen. Für mich sind diese Neuankömmlinge keine Bedrohung der einheimischen Natur, sondern eine Ergänzung.

Kraut der Zauberer und Schmiede: Eisenkraut oder Verbene.

Man sollte bedenken, dass während der Eiszeiten in weiten Teilen Europas fast die gesamte Vegetation, fast alle Pflanzen verschwanden. Wie der nasse Schwamm, der die Kreideschrift auf der Schiefertafel wegwischt, so wischte das Vorrücken der Gletschermassen die grüne Vegetation vom nord- und mitteleuropäischen Erdboden. Und als die Gletscher sich mit der Klimaerwärmung wieder zurückbildeten, kamen sie wieder aus den Randgebieten und Refugien hervor. Als die neolithischen Pflanzer von Kleinasien aus der Donau entlang nach Norden vorrückten, folgten ihnen ihre Ackerkräuter und wurden Teil der einheimischen Flora. Im Laufe der Zeit kamen immer wieder, meistens mit Hilfe der Menschen, pflanzliche Neusiedler zu uns. Warum sollte man – etwa im Jahr 1492 – eine Linie ziehen und jene Pflanzen, die vor diesem Datum anwesend waren, als gut und schützenswert betrachten, während man denjenigen, die danach kamen, mit Argwohn begegnet?

In Nordamerika, wo die Vegetation den Gletschern ausweichen konnte, wo weder Berge noch Meere eine unüberwindbare Barriere bildeten, gibt es dreimal so viele Pflanzenarten wie in Europa, allein über 150 Laubbaumarten enthält das nordamerikanische Waldland. Ostasien übertrifft in der Zahl der Arten Europa ebenfalls bei weitem. Was wir erleben, ist eine schubweise Wiederbesiedlung. Wie wir gesehen haben, handelt es sich bei den Neophyten teilweise um Arten aus Gattungen, die bei uns wegen der Eiszeiten erloschen sind. Diese Pflanzen sind daher für mich so etwas wie Spätheimkehrer.

Auf einen fremden Hund
schlägt alles ein.

Sprichwort

Das Leben geht seine eigenen Wege.
Wenn du alles lenken willst,
verdirbst du es.
Lass dem Leben seine Freiheit.

Shree Rajneesh, »Worte«, 1989

PSYCHOLOGISCHE ASPEKTE DES NEOPHYTEN-PROBLEMS

Die Diskussion um Neophyten ist ein emotionsgeladenes Thema. Das merkt man gleich, wenn man einen Blick ins Internet wirft oder sich mit Experten unterhält. Was da debattiert wird, hat nicht nur mit biologischen oder ökologischen Vorgängen, sondern auch mit der Psyche derjenigen zu tun, die sich damit befassen. Auf diese psychologischen Aspekte soll hier etwas Licht geworfen werden.

Der Schatten

In der Sprache der Psychologie bedeutet Projektion ein Hinausverlagern oder Übertragen von subjektiven Gefühlen, Ängsten, Befürchtungen, Vorurteilen oder Wunschvorstellungen auf andere Menschen, auf Tiere, Landschaften oder auch Gegenstände. Diese wirken dann wie eine leere Leinwand, wie ein Rorschach-Tintenklecksbild. Was man in ihnen zu sehen glaubt, kommt eigentlich aus der eigenen Psyche. Eine neutrale Landschaft kann dann etwa als »friedlich« oder »bedrohlich« wahrgenommen werden; an dem Hund, der im Abfall gewühlt hat, meint man einen »schuldbewussten« Blick zu erkennen, und aufgepasst vor der alten Witwe am Dorfrand, die ist bestimmt eine Hexe! Für Carl Gustav Jung zeigen sich in solchen Projektionen Inhalte der eigenen Seele, die Angst, Abneigung oder Widerstand hervorrufen, deren man sich aber nicht bewusst ist und die man ablehnt. Sie sind ein »Schatten«, den die Psyche wirft, und dieser Schatten wird projiziert und dann in dem »Anderen« wahrgenommen. Man beachte: Wenn jemand besonders emotionsgeladen, fanatisch oder aufdringlich für irgendeine Position argumentiert, dann ist meistens der verdrängte Schatten im Spiel, dann fühlt sich ein Ego bedroht. Politik, Religion, Klimakatastrophe, Frauenrechte oder Immigration sind solche von Schatten belegte Themen. Bei Sektenpredigern und Fundamentalisten hat man oft den Eindruck, dass die Vehemenz und Aufdringlichkeit, mit der sie argumentieren, einen unbewussten Versuch darstellt, die eigenen unterschwelligen Zweifel zu übertönen. Jeder, den sie bekehren, dient ihnen als weiterer Beweis, auf dem einzig richtigen Weg zu sein. Aber wenn man genauer hinsieht, merkt man, dass da ein Schatten im Spiel ist. Dieser Schatten wird vor allem auf jene Dinge oder Lebewesen geworfen, die nicht leicht widersprechen oder Widerstand leisten können. Pflanzen, besonders die Neophyten, eignen sich besonders gut als

Projektionsflächen. Neophyten sind »leer«, man kennt sie kaum, und auch sonst spielen sie keine große Rolle in der überlieferten Kultur, in Sage und Mythos, als Symbol oder als Heilmittel.

Dass Pflanzen sich gut als Projektionsflächen für die Übertragung von Gefühlen und Vorstellungen eignen, wurde mir kürzlich wieder klar, als ich ein altes, verstaubtes College-Lehrbuch aus dem Bücherregal kramte, das wir damals am Institut für Landwirtschaft an der Ohio State University lesen sollten. *All about Weeds* (»Alles über Unkräuter«) hieß es. Ich blätterte durch die Seiten. Im Vorwort, gleich auf der ersten Seite, schreibt der Verfasser, Professor Edwin Rollin Spencer, dass die Acker- und Wiesenunkräuter Wirtschaftsschädlinge seien und dass sie den ökonomischen Interessen der Menschen im Wege stünden. Frei nach dem Motto »*Kill 'em, before they multiply*« (»Töte sie, bevor sie sich vermehren!«) müssten sie mit Jätmaschine, Flamme und vor allem chemischen Unkrautvertilgern bekämpft werden, denn diese Unwesen besäßen »die Eigenschaften eines Bonaparte oder Hitler. Gönne ihnen einen Zoll, und sie werden sich gleich eine Meile nehmen.« (Spencer 1974: 1) Das Hauptinteresse der meisten Menschen an Unkräutern sei einzig und allein die Frage, »wie kann ich die Vogelmiere, den Löwenzahn, die Ackerwinde, die Ackerkratzdistel und die anderen loswerden?« Darum geht es in diesem Buch: Rat zu geben, mit welchen Mitteln man diese »pestilenzischen« *(pestiferous)* Geschöpfe vernichten kann. »Mehrere von ihnen wurden in verschiedenen Bundesstaaten gesetzlich verboten, und als verantwortungsbewusste Bürger sollten wir uns daran beteiligen, diese feindlichen Kräuter völlig auszurotten und uns ein für allemal ihrer Aufdringlichkeit und ihrer Räuberei zu entledigen. (...) Räuber sind sie, wenn man bedenkt, wie viel Unkosten sie in der Landwirtschaft verursachen. Wir beschweren uns über die Steuerlast, aber die Aleppo-Hirse in den Baumwoll-, Mais- oder Kartoffelfeldern oder der wilde Knoblauch auf der Weide, der die Milch verdirbt, kommen uns viel teurer zu stehen.« (Spencer 1974: 6)

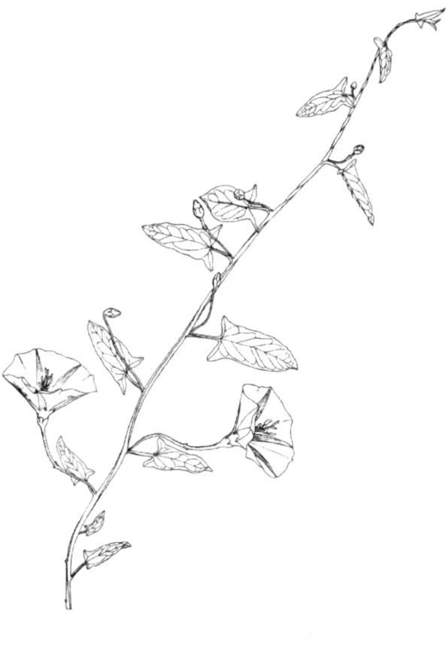

Nach dieser dramatischen Einführung werden die missliebigen Geschöpfe im Einzelnen besprochen, ihre boshaften Eigenschaften erläutert und die Lösung in Form von Herbiziden oder mechanischer Kultivierung angeboten. Hier einige Beispiele:

»Die Ackerwinde ist eines der schlimmsten Unkräuter (...). Es ist ein säuselndes kleines Flittchen, das sich einschleicht und alles verdirbt.« (ebda 196)

»Schade, dass die Vogelmiere nicht einen Namen hat, der die Empörung der Rasenbesitzer zum Ausdruck bringt, deren Rasen sie überwuchert. ›Rasenfutsch‹ oder etwas Ähnliches wäre wohl angebrachter als Name. Aber sie wurde eben von Naturliebhabern benannt (...). Bestäubung mit Aluminiumsulfat wird sie jedoch abtöten.« (ebda 112)

»Die Schafgarbe gehört zu den wertlosesten Gewächsen. Rinder fressen sie nicht, sie kann nicht als Gründünger eingearbeitet werden. Auch als Heilpflanze ist sie nicht einmal den Platz wert, auf dem sie wächst.« (ebda 284)

Die aus Europa eingeschleppte und verwilderte Pastinake wird als »wild und gefährlich« *(wild and dangerous)* beschrieben; und dem *Kraut weed* (Ackersenf) könne man nur mit Schwefelsäure und Feuer zu Leibe rücken. Von dem ebenfalls aus der Alten Welt eingebürgerten Sauerampfer heißt es: »Der Sauerampfer ist ein Kommunist. Er hisst seine rote Fahne, wo immer er eindringt, und er dringt überall ein, wo die demokratischen Gräser mit widrigen Umständen zu kämpfen haben. Obwohl er klein ist, kriechen seine schlangenartigen Wurzeln unter den Graswurzeln hindurch und lassen neue ›Rote‹ zwischen den Grasbündeln aufsprießen« (Spencer 1974: 83). Um diese Zeilen richtig einzuordnen, sollte man wissen, dass sie auf dem Höhepunkt des Kalten Krieges geschrieben wurden, als die »Roten« die freie Welt bedrohten.

In Sätzen dieser Art, die sich durch das Buch hindurchziehen, spüren wir den »Schatten«, der ungeniert auf die ungeliebten Geschöpfe projiziert wird.

Im Herbst 2010 besuchte ich den renommierten botanischen Garten Kirstenbosch, der in einer der schönsten Landschaften der Welt, am Kap unterhalb des Tafelbergs, angelegt wurde. Im dortigen Buchladen fiel mir ein dickes, hervorragend illustriertes Buch in die Hände, mit dem Titel *»Problem Plants and Alien Weeds of South Africa«* (»Problempflanzen und fremde Unkräuter Südafrikas«). Clive Bromilow hat sich viel Mühe gemacht, es zu schreiben. Das Porträt des Autors auf dem Buchumschlag erinnert mit den zusammengekniffenen Augen und dem schmerzverzerrten Gesichtsausdruck fatal an George W. Busch, wann immer dieser über den Terrorismus sprach. Das scheint auf einer ähnlichen Gesinnungshaltung zu beruhen, denn schließlich sind Neophyten so etwas wie die Terroristen der Pflanzenwelt.

Das Buch, mitfinanziert und mitgetragen von der agrochemischen Industrie Südafrikas (Crop Life of SA und von der ACDASA), schlägt nicht minder Alarm als das oben erwähnte Buch von Edwin Rollin Spencer. Der Chef des südafrikanischen Zweigs des Bayer-Konzerns (Bayer Crop Science) steuert ein Vorwort bei. Darin erklärt er, dass die Beseitigung von Neophyten und anderen Unkräutern aus humanitären Gründen zwingend notwendig sei, denn sonst werde es nicht gelingen, die wachsende Weltbevölkerung in Zukunft zu ernähren. Um bei gleichbleibender Ackerfläche viele hundert Millionen mehr Menschen zu ernähren – bis zum Jahr 2030 werden es weitere 1,7 Milliarden hungrige Mäuler sein – müssten die konkurrierenden Unkräuter und vor allem die potenten Neophyten auf den Feldern beseitigt werden. Ohne Anwendung von effizienten Herbiziden sei mit Ernteverlusten bis zu 75 Prozent zu rechnen. Selbstverständlich, fügt er hinzu, müsse man mit den Chemikalien verantwortungsbewusst umgehen. Der Pharmakonzernmann dankt dem Autor nicht nur für die farbigen Hochglanzfotos und die detaillierten Beschreibungen der Fremdpflanzen mit ihrem Schadpotenzial, sondern auch für die sachkundigen Hinweise auf chemische Bekämpfungsmöglichkeiten, die zur Tilgung oder Kontrolle der Invasoren führen werden. Das Buch sei ein wertvoller Beitrag für Farmer, Gärtner, Agrikulturwissenschaftler und Studenten (Bromilow 2010: 3). Dem schließe ich mich an; auch ich bin dankbar für dieses Buch, denn es half mir, viele der Pflanzen, die mir am Kap begegneten, zu bestimmen. Aber beim Lesen musste ich immer wieder den Kopf schütteln über die Gründe, die angegeben werden, warum es notwendig sei, diese AIP *(alien invasive plants)* auszurotten. Auch hier scheint trotz aller Wissenschaftlichkeit der »Schatten« im Spiel zu sein. Hier einige Beispiele der im Buch vorgestellten Todeskandidaten:

- Den Mesquite-Baum oder **Honig-Süßhülsenbaum** *(Prosopis glandulosa)*, eine Mimosenart aus den wärmeren Regionen Amerikas, haben deutsche Siedler 1912 in Südwestafrika als Schattenspender und Futterpflanze angebaut. Er kann große Trockenheit und Hitze vertragen und liefert gutes Futter. Wo ist also das Problem? Es besteht lediglich darin, dass der Baum das Landschaftsbild der Trockenzone verändert. Aber keine Sorge, mit geeigneten Herbiziden und als »biologische Maßnahme« einem Käfer aus Arizona, der die Samen frisst, bekommt man den Süßhülsenbaum unter Kontrolle.
- Die **Robinie** *(Robinia pseudoacacia)* hat zwar wertvolles Holz, aber Samen und Innenrinde sind giftig und »die Blüten konkurrieren mit den Blüten anderer Pflanzen um die Bestäubung durch Bienen«. Lese ich da recht? Die anderen Blüten kommen zu kurz, weil die Robinie zu viel blüht?
- Der **Persische Flieder** *(Melia azedirachta)*, auch Zederachbaum und, weil aus den erbsengroßen Beeren Rosenkränze und Schmuckketten gemacht werden, Paternosterbaum genannt, kommt aus Süd- und Südwestasien und wurde wegen seiner Schönheit in fast allen subtropischen Gebieten der Erde angepflanzt. Er hat wertvolles Holz, die Blüten duften herrlich[51],

Die Spreublume, ein Amaranthus-Gewächs mit Widerhaken.

und die ölhaltigen Samen werden zum Seifenmachen verwendet. Aus den Beeren gewinnt man ein Insektizid, oder man legt sie zum Schutz gegen Insekten zwischen eingelagerte Textilien. In Südafrika ist er jedoch nicht willkommen, da »er die einheimische Vegetation bedrängt und allgemein hässlich aussieht. Viele Menschen haben sich mit den Beeren tödlich vergiftet«. Wie viele wohl? Wer würde diese Beeren schon essen wollen?

- Die **Maulbeere** *(Morus alba, M. nigra)* »verdrängt einheimische Vegetation«.
- Der **Eukalyptus** *(Eucalyptus grandis)* »senkt den Wasserspiegel«.
- Die **Guajave oder Guave** *(Psidium guajava),* ein Baum, der schmackhafte Früchte hervorbringt, »zieht Fruchtfliegen an, die sich dadurch vermehren; verändert das Landschaftsbild«.
- **Kiefern** (*Pinus* spp.), deren Samen von Vögeln, Eichhörnchen und Pavianen verbreitet werden, »erhöhen Feuergefahr und verändern das Landschaftsbild des Fynbos«. Wo soll da ein Problem sein? Die endemische

51 Der fliederartige Duft – so der persische Aberglaube – wirkt stark aphrodisisch. Deswegen, so heißt es, soll man die Frauen, während der Blütezeit, nicht aus dem Haus gehen lassen.

Fynbos- (»Feinbusch«) Flora ist darauf angewiesen, periodisch in Brand zu geraten, um sich zu verjüngen.

- Zur **Australischen Silbereiche** *(Grevillea robusta)* heißt es: »Pollen kann Heuschnupfen auslösen. Berührung der Blätter kann Allergien auslösen und die Wurzeln können Wasserrohre verstopfen.« (Mehr zum Thema Heuschnupfen auf Seite 196 ff.)
- Die **Japanische Wollmispel** oder **Loquat** *(Eriobotrya japonica)*, eine köstliche Frucht aus Ostasien, »kann Fruchtfliegenpopulation erhöhen«.
- Der **Pfirsich** *(Prunus persica)* ist ein »Fruchtfliegenwirt« und sollte umgehauen werden.
- Die Wurzelmassen der **Weide** (*Salix* spp.) können die Tiefe fließender Gewässer vermindern und so zu Überschwemmungen beitragen.«
- Die **Tamariske** *(Tamarix ramosissima)* »kann den Salzgehalt des Bodens erhöhen«.
- Der **Oleander** *(Nerium oleander)* ist schlicht »giftig«.
- Das **Johanniskraut** *(Hypericum perforatum)* »verdrängt andere Pflanzen, vergiftet Weidetiere«.
- Die europäische und amerikanische **Brombeere** *(Rubus fruticosus, R. cuneifolius)* ist ein Kulturflüchtling und »formt undurchdringliche Hecken, wodurch die Bewegung von Arbeitern, Maschinen und Tieren behindert wird«.
- Die **Spreublume** *(Achyranthes aspera)*, ein Fuchsschwanzgewächs, »ist widerspenstig und sieht unordentlich aus«. (Ich kenne es aus Indien als wertvolle Heilpflanze.)
- Der verwilderte **Fenchel** *(Foeniculum vulgare)* »riecht schlecht und sieht hässlich aus«.
- Die **Hundskamille** (*Anthemis* spp.) »stinkt«.
- Die **Wegwarte** *(Cichorium intybus)* ist »unordentlich, wirkt störend an Straßenrändern«.
- Der **Löwenzahn** *(Taraxacum officinale)* »macht Ärger in Rasen und manchmal auf dem Acker (...) er entsendet viele Samen in den Wind«.
- Der **Hanf** *(Cannabis sativa)* ist »eine illegale Pflanze«, und nicht nur das, seine Beseitigung verursacht zudem hohe Kosten. »Ungefähr 80 Arbeitstage sind vonnöten, um die Pflanzen von einem Hektar Land auszureißen und zu zerstören. Herbizide sind nicht immer erfolgreich, und wenn die Pflanze nicht ganz abgetötet wird, reagiert sie mit zusätzlicher Bestockung und bildet dichtere Büsche.« (Bromilow 2010: 257)
- **Spanisches Rohr** *(Arundo donax)* »kann so hoch am Straßenrand wachsen, dass es die Weitsicht blockiert und die Autofahrer die Landschaft nicht sehen können«.
- Die **Brennnessel** *(Urtica dioica, U. urens)* »kann schmerzhafte Stiche verursachen«.

Angst vor Veränderung

Die Natur soll so bleiben, wie sie ist. Von diesem Grundsatz sind viele Naturschützer und Ökologen überzeugt. Die Menschen selbst werden als der hauptsächliche Störfaktor ausgemacht. Dazu der Witz von zwei Planeten, die sich treffen.

»Na, wie geht's?«, fragt der eine.

»Ganz schlecht«, antwortet der andere. »Ich habe einen schweren Befall von *Homo sapiens.*«

»Kein Grund zur Sorge«, sagt darauf der Erste, »das geht schnell vorüber.«

Das ist im Grunde genommen eine zutiefst menschenfeindliche Einstellung. Als ob nicht auch der Mensch Teil der Natur wäre! Das Ideal, das man herzustellen versucht, ist eine unberührte Natur: Da ist alles im Gleichgewicht, da gibt es geschlossene Kreisläufe. Menschen, so lernen wir tagtäglich in den Medien, stören diese natürliche Balance, indem sie das Klima verderben oder die Ökotope durch das Verbreiten aggressiver Neophyten zu Grunde richten. Und wo diese Kreisläufe gestört werden, da braucht es gesetzliche Maßnahmen und staatliche Sanktionen. In gewissen Fällen ist das zweifellos sinnvoll, etwa zur Verhinderung der Abholzung der Wälder, welche die Lunge der Erde darstellen, gegen das Leerfischen der Meere, bei der Verschwendung nicht erneuerbarer Ressourcen und der Vergiftung der Natur mit Abfall und Plastik. Hier ist es sinnvoll, einen Riegel vorzuschieben.

Aber die Vorstellung, dass sich gar nichts in der Natur verändern darf, dieser erzwungene Beharrungszustand, beruht auf einem ideologischen Missverständnis der Natur. Das Klima schwankt eben und Pflanzen wandern. Der Evolutionsbiologe, Josef Reichholf, findet schon den Begriff »Ökologie«, den der große Naturforscher Ernst Haeckel im 19. Jahrhundert prägte, problematisch. Ökologie – vom griechischen *oikos,* »Haus, Wohnung«, und *logos,* »Wort, Lehre« – hat die Bedeutung »Haushalt der Natur«. Ein Haus ist eine fest gebaute, stabile Konstruktion, und ein guter Haushalt ist geregelt und wohlgeordnet. Unbeabsichtigte Bewegungen, ungeplante Veränderungen bedeuten darin vor allem Unordnung. Veränderungen können in solchen Systemen bedrohlich werden, und Abweichungen vom Gleichgewicht müssen neu stabilisiert werden: Flüsse reguliert, damit sie nicht überschwemmen, der CO_2-Gehalt der Luft gesenkt, Wildtiere mit Sendern versehen und Haustiere mit implantiertem Chip, Fremdpflanzen aus dem Ökotop verbannt usw. Und dennoch, in Wirklichkeit ist und war die Natur immer im Wandel und in Bewegung (Reichholf 2009: 13 f.). Das Wort Natur selbst trägt schon den Wandel in sich, es kommt vom lateinischen *natus,* »geboren« beziehungsweise *nasci,* »geboren werden«. Natur ist nicht etwas vom Verstand Konstruiertes wie eine Maschine, sondern etwas Lebendes, aus dem unsichtbaren Urgrund in Stößen und Wellen Hervorgebrachtes.

In der Literatur oder an Tagungen zum Thema Neophyten erhält man häufig den Eindruck, dass die Experten und Spezialisten zwar hoch intelligent sind, aber seelisch weit entfernt von der Natur. Oft spürt man, dass sie die meiste Zeit in geschlossenen Räumen und im Labor verbringen. Die Natur findet für sie vor allem im Hirn statt, in Computer-Simulationen oder im kontrollierten Laborexperiment. Sie nehmen sich wohl kaum je die Zeit, sich in eine blühende Blumenwiese zu legen, die Seele zu entspannen und die Blumendüfte einzuatmen, staunend an der blühenden Herkulesstaude Halt zu machen und dem Treiben des munter schwirrenden, summenden Fliegen- und Käfervölkchens zuzuschauen oder sich in die Hummel hineinzuversetzen, die zum Nektartrinken in den rosa-lila leuchtenden Prachtpalast einer indischen Springkrautblüte eintaucht. Der intellektuellen Schärfe dieser Forscher fehlt oft das Gegengewicht einer liebevollen Hingabe an die Natur und ihre Geschöpfe oder wie beim traditionellen Bauern, Hirten oder Gärtner das anstrengende, schweißtreibende Arbeiten in der Natur, draußen an der frischen Luft. Oft sehen sie in ihren Untersuchungsobjekten nur Gefahr und Bedrohung. Es ist fast ein Gesetz: Je weiter der Mensch von der Natur entfernt ist, umso bedrohlicher erscheint sie ihm. Entfremdung nennt man das.

Besonders groß ist die Angst vor Veränderungen in der mitteleuropäischen Bevölkerung. Man hat Angst vor fast allen natürlichen Prozessen, Angst vor der Geburt, Angst vor der transformierenden Kraft der Krankheit, Angst vor dem Alter und Angst vor dem Tod. Hunde kommen an die Leine, werden sterilisiert und geimpft. Nirgendwo wird so viel gesetzlich geregelt und kontrolliert, nirgendwo ist man so vollkommen gesichert und versichert. Man kann sich gegen fast alles versichern. Das Klima, die Wirtschaft, alles soll so bleiben, wie es ist. Für jemanden, der in dieser erstarrten Geisteshaltung verharrt, bedrohen selbstverständlich auch die Neophyten den Status quo. Man muss sie auf die »Watch List« setzen, sie unter die Lupe nehmen, kontrollieren, in ihre Schranken verweisen und wo immer möglich wieder eliminieren.

Man darf den Menschen jedoch diese Haltung, diese Angst vor Veränderung, nicht übel nehmen. Sie gründet in dem Leid, in der tiefen seelischen Erschütterung jener Generationen, die Weltkriege, Wirtschaftskrisen, Verlust von Heimat, Flächenbombardierung, Verlust von Besitz und Vermögen, inhumane Diktaturen und den Zusammenbruch überlieferter Lebensweisen erfahren mussten. Es sind traumatisierte Menschen, die so reagieren. Und nun, da es uns wieder einigermaßen gut geht, birgt jede Veränderung ein Gefühl der Unsicherheit. Ein solches unterschwelliges Gefühl kann leicht projiziert werden – auch auf die Natur.

Das Indische Springkraut, eine reichhaltige Nektarquelle.

Fremdenfeindlichkeit und political correctness

Manche Umweltaktivisten reagieren auf die Neophyten, als seien diese imperialistische Aggressoren, welche die lokale Flora unterdrücken. Man spricht von der »MacDonaldisierung« der Natur.[52] Andererseits hört man bisweilen auch den Vorwurf, dass die hysterische Ablehnung der Neophyten Ausdruck verborgener Fremdenfeindlichkeit oder des latenten Rassismus sei (Nentwig 2010: 114). Die Sprache, die in der Neophyten-Diskussion Einzug gehalten hat, ähnelt tatsächlich derjenigen, die hinter vorgehaltener Hand in Bezug auf die ungezügelte Einwanderung und Integration von Ausländern verwendet wird: »Die

52 Manchmal geht es den Aktivisten in Wirklichkeit gar nicht um die Natur, sondern um etwas anderes. So hörte ich von einem alten Wiener Freund, dass er nun in der Grünen Partei Österreichs und im Naturschutz aktiv sei. Ein absolutes Stadtkind, mit Beton und Asphalt unter den Füßen aufgewachsen, das kaum ein Gänseblümchen von einem Löwenzahn unterscheiden konnte. Nachdem er zuvor ein überzeugter Marxist und lange Vorsitzender der Trotzkistischen Partei Österreichs gewesen war, hatte er nun eine neue scharfe Waffe im Kampf gegen den Klassenfeind gefunden, die »Kapitalisten, die die Natur kaputt machen«.

unerwünschten aggressiven und aufdringlichen Fremdgewächse bedrohen die alteingesessenen einheimischen Arten und machen ihnen den Lebensraum streitig; um die Biotope zu retten, sollten die Eindringlinge eliminiert werden.« Das klingt doch fast so wie: »Kriminelle Ausländer sollten abgeschoben werden.«

Man hat den Eindruck, dass in Gesellschaften, in denen es tabu und politisch inkorrekt ist, über die echte und gefühlte Bedrohung durch eine massive Immigration aus fremden Kulturkreisen zu sprechen, das Thema auf eine andere Ebene verlagert wird. Es ist nicht nur ein europäisches Problem, sondern man findet es überall, wo Gesellschaften unter interethnischen Konflikten leiden und wo eine massive fremdethnische Einwanderung stattfindet. Wie schon erwähnt, führt die südafrikanische Regierung eine groß angelegte Offensive gegen die Invasion von Fremdpflanzen. Im südlichen Afrika herrscht ein delikates gesellschaftliches Gleichgewicht zwischen verschiedenen ethnischen Gruppen, zwischen den Afrikaans sprechenden Buren, den Englisch sprechenden Weißen, den mehrheitlich muslimischen Farbigen, den Indern, den Nachkommen der Ureinwohner (Khoi, Hottentotten), den Zulu, Xhosa, Swazi, Sotho und anderen Bantuvölkern, die weitgehend ihre eigene Kultur und Sprache behalten haben. Dieses fein abgestimmte und für Völkerkundler interessante gesellschaftliche »Soziotop« gerät zunehmend unter Druck einer massiven Einwanderung aus den schwarzafrikanischen Staaten jenseits der nördlichen Grenze. Mehrere Millionen bettelarme Zuwanderer kamen aus Angola, Mosambik, aus dem von Hunger, Not und der Diktatur Mugabes geplagten Zimbabwe oder sogar aus dem weit entfernten Nigeria. Die Einwanderer haben wenig Bezug zu den indigenen Kulturen Südafrikas; sie konkurrieren um Arbeitsplätze und Ressourcen, wie Wohnraum, Nahrung und Wasser, sie drücken den Wohlstand und vermehren die Kriminalität. Es kommt immer wieder zu blutigen Auseinandersetzungen zwischen den Immigranten und den Bewohnern der schwarzen Townships. In Südafrika, das sich als *Rainbow Nation* (Regenbogennation) versteht, ist es tabu, über dieses Problem zu reden. Man hat den Eindruck, dass viele soziale Ängste, die mit Immigration zu tun haben, auch in den Medien totgeschwiegen werden und dass sie auf andere Ebenen verlagert werden. Eine Ebene, auf der man sich gegen Fremdes austoben kann, ist das Neophyten-Problem.

Ähnlich ist es in Nordamerika, in den USA und Kanada, beides Einwandererländer. Viele US-Amerikaner, Weiße wie Schwarze, fühlen sich von der massiven, größtenteils illegalen Zuwanderung bitter armer Spanisch sprechender *Latinos,* die oft indianischen Ursprungs sind, bedroht. Über zwanzig Millionen sind es inzwischen, die meist illegal über die Grenze gekommen sind. Ganze Viertel in den Großstädten haben sie übernommen, sie konkurrieren um die in der Wirtschaftskrise knapp gewordenen Arbeitsplätze und machen wenig Anstalten, Englisch zu lernen. Es ist in einem gewissen Sinn eine mexikanische

Reconquista (Wiedereroberung) der südwestlichen Bundesstaaten, die erst vor hundertfünfzig Jahren von den USA annektiert wurden. Über das Immigrationsproblem zu sprechen, gilt aber generell als rassistisch, rechtslastig und politisch absolut unkorrekt. Bei der Diskussion über *»invasive alien plants«* jedoch gibt es dieses Problem nicht, da kann man der »Fremdenfeindlichkeit« freien Lauf lassen.

Ähnliche Situationen findet man in Australien und Neuseeland, beides Länder mit einer ausgesprochen rassistischen Vergangenheit. Auch da kann man von Neophyten-Hysterie und -Aktionismus sprechen. Aber Pflanzen wandern eben, nicht zuletzt begünstigt durch menschliche Transportmittel und den globalen Warenhandel. In Ländern wie Mexiko oder Indien ist man da allgemein weniger besorgt.

Welche Rolle unterbewusste Gefühle bei der Neophyten-Diskussion spielen, konnte ich erleben, als ich im Sommer 2011 das »Montana Herb Gathering«[53], ein Treffen Kräuterkundiger in Montana, besuchte und Shane Doyle, einen jungen, begabten Trommelbauer und traditionellen Sänger der Absorokee (Crow-Indianer), kennenlernte. Die Umweltbehörde hatte ihn als Lehrer angestellt, die Indianerkinder im Kampf gegen die invasiven Neophyten zu mobilisieren. Dazu komponiert, singt und trommelt er Lieder wie dieses:

Hey ya, hey ya, ihr eingeborenen [native] Kräuter,
wehrt euch gegen die fremden Eindringlinge,
die euch verdrängen wollen.
Werdet wieder stark. Hey ya, hey ya, hey ay ho.

Offensichtlich werden da alte Ressentiments gegen die Siedler angesprochen. Ich erzählte ihm, was mich ein alter Medizinmann einst lehrte: »Alle Pflanzen, auch die neuen, sind Kinder der Mutter Erde, so wie wir es sind. Alle verdienen Respekt.« Shane bedankte sich. Er würde die Lieder entsprechend umschreiben.

Was sich nicht kontrollieren lässt, muss ausgerottet werden

Irgendjemand sagte einmal, dass es psychologisch gesehen bei den Menschen zwei verschiedene Arten und Weisen gebe, die Welt zu sehen, zwei grundlegend verschiedene Mentalitäten. Auf der einen Seite die Jäger und Sammler und auf der anderen die Gärtner und Bauern. Doch diese beiden psychologischen

53 www.montanaherbgathering.org

Grundtypen schließen einander nicht unbedingt aus. Ein bisschen Jäger und Sammler steckt in jedem von uns, auch wenn es nur der Schnäppchenjäger im Kaufhaus ist, und ein bisschen Gärtner und Bauer sind wir auch, selbst wenn es nur auf der Fensterbank oder dem Balkon ist.

Die Jäger und Sammler waren zuerst da. Ihre Lebensweise ist die ursprünglichste. Für sie ist die wilde Natur, der Wald, die Steppe oder die Tundra, Lebenswelt und Seelenheimat. Ihre Lebensweise ist innig mit der unmittelbaren Natur und dem Jahreszeitenrhythmus verflochten. Kultur und Natur bilden für sie keine Gegensätze. Es gibt keine Spaltung. Die Welt ist eins.

Bei den Bauern und Gärtnern ist es anders. Da passt sich der Mensch weniger der Natur an, vielmehr wird versucht, die Natur dem Menschen anzupassen. Die Natur wird manipuliert; es wird daran gearbeitet, sie umzuändern und zurechtzubiegen. Wald wird gerodet, der Boden geackert und bewässert, Wildpflanzenwuchs gejätet, Tiere werden domestiziert, in Gehege gesperrt, angepflockt, kastriert. Der Mensch wird zum Macher, und dieses Machen gibt ihm Macht. Nun erst entsteht die ideelle Spaltung zwischen Menschenwelt, dem kultivierten Land, und der Natur, dem wilden Land. Dazwischen wächst als sichtbare Grenze die Hecke, das Dornendickicht als Randbiotop. Hier der Garten, die Äcker, die Weiden, geordnet, gehegt und gepflegt – dort die ungeordnete Wildnis.

Das Wort »Garten« lässt sich sprachkundlich auf das indogermanische **ghordho* zurückverfolgen und bedeutet »Flechtwerk, Zaun, Hürde, Eingehegtes«. Das eingezäunte, vom Hag umgebene Land, in dessen Mitte sich die Dorfgemeinschaft befindet, bedeutet Sicherheit, Frieden, Geborgenheit.[54] Die Wildnis hingegen, wo sich wilde Tiere, wilde Menschen und ruhelose Geister aufhalten, bedeutete Gefahr. Sogar die geistige Welt, die Anderswelt, stellte man sich als eingefriedeten Garten vor, wie zum Beispiel den biblischen Garten Eden (aus dem altsemitischen **'dn,* »bewässerter Garten«) oder das Paradies (aus dem mittelpersischen *pardéz*, »Einzäunung«). Im Gegensatz zu den Mühen, die der irdische Acker bereitete, galt dieser himmlische Garten als ein Ort der Freude, ein Ort, wo herrliche Früchte ganz von allein wachsen und wo man nicht arbeiten muss, ein Ort, wo kein Unkraut, keine Dornen und Disteln wuchern.

Das neolithische Bild des guten kultivierten Landes einerseits und der Schrecken einflößenden Wildnis andererseits wurde den späteren Stadtzivilisationen weitervererbt. Die Spaltung wurde absoluter. Der Zaun oder Dornenhag wurde zur Mauer, das imaginierte Himmelsreich zur Stadt, zur leuchtenden Zitadelle, wie etwa das himmlische Jerusalem. Für die späteren Christen galt schließlich das wilde, unkultivierte Land als Ort der Dämonen und als erlösungsbedürftig. Mönche, wie die Zisterzienser, machten es sich zur Aufgabe, nicht nur die Seelen zu retten, sondern auch die Natur. Das Arbeiten an der Natur, das Fällen von Bäumen, die Urbarmachung, die Gewinnung von Ackerland samt der

Bekämpfung von Unkräutern und auch das Errichten von Städten wurde als Gottesdienst aufgefasst.

Die Alchemisten, die in verborgenen Winkeln und hinter Klostermauern über rauchenden Apparaturen ihre geheimnisvollen Experimente durchführten, beabsichtigten ebenfalls die Läuterung und Erlösung der mangelbehafteten Natur. Die Welt, die Schöpfung sei noch nicht fertig, so glaubten sie, sie brauche unsere Entwicklungshilfe. Die schweren, dunklen Elemente strebten nach Erlösung und Licht. Die unedlen Metalle, wie das schwere graue Blei, müssten in vielfachen Stufen gereinigt und veredelt werden, bis sie sich zu Gold verwandeln oder zum Stein der Weisen transmutieren würden. Wie jeder weiß, machte die Alchemie selbst eine Verwandlung durch und wurde zur modernen Chemie, die wie ihre Ahnherrin noch immer versucht, die fehlerhafte, bedürftige Natur zu verbessern – zum Beispiel mit immer potenteren Herbiziden, Agrarchemikalien und gentechnologischen Manipulationen.

Der im neolithischen Bauerntum wurzelnde Gedanke, dass die Natur unter menschliche Kontrolle gebracht werden muss, hat in der modernen Welt eine absolute Steigerung erfahren. Mit der experimentellen Laborwissenschaft entstand ein ganzes System der Naturüberlistung und Naturvergewaltigung. Es ist ein Ausdruck der völligen Entfremdung von den natürlichen Grundlagen unseres Daseins. Das Gefühl der Geborgenheit und des Getragenwerdens, das die naturnahen Völker kannten, ist verblasst. Der Zivilisationsmensch kann sich unter Göttern, Naturgeistern, Pflanzendevas oder der Erdmutter nichts mehr vorstellen, es sind für ihn lediglich subjektive Einbildungen, Fantasien. Er kennt nur noch blinde, brutale Mechanismen, die es zu erkennen, zu beobachten, auszumessen und zu beherrschen gilt. Die Aussage des Chemikers Carl Djerassi, des Erfinders der Antibabypille, der auch Wesentliches zur Synthetisierung des Cortisons, zur Schädlingsbekämpfung und Herbizidforschung beitrug, ist charakteristisch. Dieser geniale und hoch angesehene Vertreter des neuen Weltbilds erklärte in einem Interview in der »Neuen Zürcher Zeitung«, dass er es nicht verstehen könne, wieso alles Natürliche automatisch als gut gelte, »obwohl die Natur im Großen und Ganzen das Gefährlichste überhaupt ist. Die Vorgänge in der Natur liegen außerhalb der menschlichen Kontrolle«.

Die Hippies und Alternativ-Bewegten der 1960er und 1970er Jahre verehrten den Architekten und Konstrukteur Buckminster Fuller (1895–1983) als Visionär. Sein Buch »Betriebsanleitung für das Raumschiff Erde« (1963) war eine »Bibel der Gegenbewegung« und neben dem *Whole Earth Catalogue* in jedem Rucksack und Buchregal zu finden. Die Beatles widmeten ihm den Song »The Fool on

54 Das englische Wort *town* (Stadt, Ortschaft) entstammt dem germanischen tún (Flechtzaun, Gehege).

the Hill« in ihrem Album *Magic Mystery Tour* (1967). Fuller, liebevoll »Bucky« genannt, erklärt dort: »Wir sind Passagiere des Raumschiffs Erde, das mit 60 000 Meilen pro Stunde irgendwo im Sonnensystem unterwegs ist.« Wie jedes Raumschiff braucht es gute Ingenieure, Technologen und Wartungspersonal, die mit Hilfe der neusten technologischen Möglichkeiten das Life-Support-System managen und steuern. Was uns in dieser »Vision« geboten wird, ist, wie Peter Sloterdijk es formuliert, eine wahrhaft ungeheuerliche Neudefinition des heimatlichen Planeten: »Von diesem kritischen Moment an durfte die gute alte Erde nicht länger als eine Naturgröße vorgestellt werden, sondern war als ein riesenhaftes Artifizium aufzufassen. Sie war kein Fundament mehr, sondern ein Konstrukt, sie war keine Basis mehr, sondern ein Fahrzeug.«[55] Die Erde ist in dieser Vision keine weise Göttin mehr, nicht einmal ein selbstregulierender Organismus, sondern ein störungsanfälliges kosmisches Fahrzeug, in dessen Funktionen eine technologisch-wissenschaftliche Elite immer wieder – global und massiv – eingreifen muss. Es ist nicht mehr das entspannte *tsu jan* der Taoisten: »Während ich hier sitze und nichts tue, wächst das Gras und die Wolken ziehen dahin!« Weisheit der Natur, die der enge Verstand nie begreifen wird!

Buckminster Fuller erlangte auch Berühmtheit für seine geodätischen Kuppelbauten *(geodesic domes)*, mit denen kleine oder große Flächen überdacht und als Gewächshäuser oder auch als künstliche Biotope genutzt werden können. Die Alternativkultur war begeistert. Gary Snyder[56], Naturliebhaber und Zen-Poet, erfasste ihren Geist in dem Gedicht »Der Ruf der Wildnis« (Snyder 1980: 33):

Die alten LSD-Freaks aus den Städten
Zu Guru oder Swami konvertiert,
Tun Buße mit leuchtenden
Drogenaugen, und sie essen kein Fleisch mehr.

In den Wäldern Nordamerikas,
Dem Land des Coyoten und Adlers,
Träumen sie von Indien, von
immerwährenden glückseligen geschlechtslosen Höhen.

Und schlafen in ölgeheizten
Geodätischen Domen, die
Wie Wanzen
In die Wälder geklebt wurden.

Und der singende Coyote
Wird ausgeschlossen
denn sie fürchten
den Ruf
der Wildnis.

1991 wurde in der Wüste von Arizona ein riesiger solcher Kuppelbau errichtet. Mit viel Geld und erheblichem technischem Aufwand (Pumpen, Filter, Ventilatoren, Labor, Computerraum) versuchte man dort, ein von der Außenwelt unabhängiges, selbstregulierendes Biotop zu schaffen. Diese »Biosphäre 2« – die Erde selbst galt als »Biosphäre 1« – war als möglicher Prototyp für Kolonien im Weltall, auf anderen Planeten gedacht. Das ausgeklügelte System, in welchem Pflanzen genügend Sauerstoff und Nahrung für die eingeschlossenen Teilnehmer erzeugen und diese sie wiederum durch ihre Ausscheidungen unterstützen, kippte bald. Der experimentelle »kleine Garten Eden« erwies sich als teurer Flop.

Das war aber nicht das Ende, sondern nur ein Anfang. Der Wahn der absoluten Kontrollierbarkeit der Natur nimmt inzwischen immer neue Dimensionen an. Das neuste Kapitel heißt *Geo-Engineering*. Das ist die Bezeichnung für eine großräumige technologische Umgestaltung unserer Umwelt, ein massiver Eingriff in geochemische und geobiologische Kreisläufe der Erde. Geo-Engineering soll die – umstrittene – Klimaerwärmung aufhalten, die Versalzung der Meere stoppen und vieles andere mehr. Es gibt Überlegungen, einen Schirm von 55 000 Aluminiumballons in eine Umlaufbahn zu schicken, damit sie als Weltraumspiegel die Sonnenstrahlen reflektieren, oder es der Vulkanasche nachzumachen und 100 000 Tonnen Schwefeldioxid in die Atmosphäre zu pumpen. Oder es soll Aluminium- und Bariumstaub unter das Flugzeugbenzin gemischt werden, sodass sich ein reflektierender Schleier am Himmel bildet. Oder die Meere mit Eisen oder anderen Substanzen zu düngen, um eine Algenblüte auszulösen, was wiederum zur CO_2-Absenkung führen sollte. Oder die Urwälder zu roden, da der von den Bäumen erzeugte Wasserdampf ein starker Treibhausfaktor sei, und die Flächen mit Ölpalmen als nachwachsenden Rohstoff zur Biospritherstellung zu bepflanzen. Derartige Doktor-Seltsam-Fantasien sind nicht ganz neu. Vor einigen Jahren propagierten seriöse Universitätsprofessoren ähnliche Ideen: etwa durch Nuklearexplosionen die Umlaufbahn des Mondes so zu verändern, dass es einen günstigen Einfluss auf die Erdatmosphäre haben würde.

55 www.petersloterdijk.net/agenda/reden/wie-gross-ist-»gross«

56 Gary Snyder sagt von sich selbst: »Als Dichter bewahre ich die archaischsten Werte der Erde. Sie reichen zurück bis in die späte Steinzeit: die Fruchtbarkeit des Bodens, die Magie der Tiere, die Geist-Vision in der Einsamkeit, die erschütternde Initiation und Wiedergeburt; die Liebe und Ekstase des Tanzes, die gemeinsame Arbeit des Stammes.« (Snyder 1980: 144)

Oder gigantische Sonnenspiegel ins All zu bringen, die nachts die dunkle Erdhälfte erhellen; so würden die Pflanzen 24 Stunden lang Photosynthese betreiben können, und es würde mehr Nahrung für die hungernde Dritte Welt erzeugt. Dazu gehört auch das auf Tesla-Technologien basierende HAARP-Projekt *(High Frequency Active Auroral Research Program)*[57], welches Elektronen in die Ionosphäre jagt, um diese aufzuladen und zu manipulieren. Die Forschung eröffnet die Möglichkeit, weltweit das Wetter zu beeinflussen oder gar tektonische Bewegungen auszulösen. Es gibt Experten, die meinen, dass die Wetterturbulenzen, Dürreperioden und Stürme der letzten Jahre weniger auf den Klimawandel zurückzuführen sind als auf Forschungsprojekte und Experimente dieser Art.

Terraforming – der Traum von Raumfahrt-Ingenieuren, den Mond und andere Planeten technisch umzuformen, sodass sie für Menschen bewohnbar werden – wird nun also auf die Erde selbst angewendet. Tausende Milliarden Dollar wird diese Planetenklempnerei verschlingen. Keiner der wild gewordenen Zauberlehrlinge weiß, welche Nebenwirkungen zu erwarten sind. Der Philosoph Alan Watts fragt sich angesichts der Eingriffe und Korrekturen, die wir an der Natur vornehmen: »Wird die Korrektur dieser Irrtümer auf lange Sicht vielleicht ernstere Probleme hervorrufen als diejenigen, die wir vermeintlich gelöst haben? Und wird die Lösung dieser neuen Probleme nicht zu noch größeren Schwierigkeiten führen?« (Watts 1986: 77)

Das Aufstellen von Listen von invasiven Neophyten und deren kostenaufwendige globale Bekämpfung tragen ebenso den Stempel dieser auf Kontrolle und Manipulation ausgerichteten Mentalität. Auch dies zeugt von Entfremdung und einem falschen Bewusstsein. Entscheidungen, die aufgrund von falschem Bewusstsein getroffen werden, bringen unweigerlich Schaden – aber es lässt sich viel dabei verdienen.

Kinder der Mutter Erde, Töchter des Himmels

Für die Naturvölker, egal ob die australischen Ureinwohner, die Khoi und San des südlichen Afrika oder die Indianer, braucht die Natur keine Erlösung, keine Manipulation. Sie braucht nicht geheilt zu werden, denn sie ist schon heil und heilig. Sie braucht keine Verbesserung, keinen Fortschritt, denn sie ist vollkommen und vollendet. Sie ist das offenbarte Göttliche und ist voller Wunder. Eigentlich ist es nur der Mensch, der das nicht sieht, welcher Heilung braucht.

Die Aborigines, die ein mindestens 80 000 Jahre altes paläolithisches Wissen wahren, betonen: »Die Ahnen schufen eine vollkommene Welt. Da gibt es

57 www.haarp.alaska.edu/

nichts zu verbessern.« Die Natur, die Tiere und Pflanzen, selbst die Steine, Flüsse und Seen sind lebendig, beseelt und vom Geist durchdrungen; die Erde kann mit uns reden, mit unserer Seele kommunizieren und wir mit ihr. Für die naturnahen Völker beruht diese Überzeugung nicht auf Glauben, nicht auf priesterlichen Lehrsätzen, sondern auf schamanischer Erfahrung. Es ist keine schöngeistige Fantasie, denn wie hätten unsere steinzeitlichen Vorfahren oder die Jäger und Sammler in der Wildnis sonst überleben können – ohne Versicherungen, Staat, Behörden, Gesundheitsinstitute, Kliniken, Polizei, Schulzwang und ähnliche fortschrittliche Errungenschaften?

Taoisten haben dieses Urvertrauen beibehalten. »Unheil droht dem, der die Natur fördern will mit Gewalt. Nicht gewaltig, sondern gewalttätig nenne ich den Geist, der zwingen will die Kräfte des Lebens«, heißt es in Lao Tzes *Tao Te King*. Und Shunryu Suzuki, Meister der dem Taoismus nahestehenden Zentradition, lässt uns wissen: »Für den Studenten des Zen ist jedes Unkraut ein Schatz.«

Wie anders doch andere Völker beziehungsweise andere Kulturen mit den »grünen Brüdern und Schwestern« umgehen! Das habe ich immer wieder erfahren können. Etwa in Indien, wo Pflanzen nicht wie in der westlichen Philosophie als zufällige Produkte der Evolution ohne Geist und Seele gelten, sondern als göttliche Wesenheiten, deren lebendige Leiber vor uns ausgebreitet sind. Jede Pflanzenart hat ihren göttlichen Geist *(Deva)*. Pflanzen sind Mütter, die den anderen verkörperten Seelen, wie es eben Menschen und Tiere sind, Nahrung und Heilung schenken. Und wenn man sich ihnen in der Versenkung nähert, dann können sie Lehrmeister sein. Es ist eine Baum-*Devi*[58], die einem Mann das Geheimnis des *Ahimsa* verriet (»Gewaltlosigkeit«; das Unterlassen des Verletzens eines anderen lebenden Wesens durch Gedanken, Worte oder Tat). Schon in der *Rigveda,* dem ältesten indoeuropäischen Sprachzeugnis, werden Pflanzen besungen und verehrt (Zysk 1996: 98–100). Trotz der Einflüsse der westlichen Mentalität findet man diese Einstellung in Indien bis zum heutigen Tag, wenigstens bei den meisten Indern. In jeder Pflanze und selbstverständlich auch in jedem Neophyten lebt das Göttliche. Und in Indien wachsen viele von diesen Neophyten, man begegnet ihnen auf Schritt und Tritt: am Gangesufer dem mexikanischen Stachelmohn, wilden Tomaten und Studentenblumen, in den Teichen der Wasserhyazinthe, und im Gebirge (Western Ghats) wächst neben Eukalyptus und verschiedenen australischen Akazien sogar der Kaffeestrauch als Neophyt. Auch die Neulinge, die sich bei uns breit machen, findet man dort, wie die Kudzu-Ranke aus Japan, das Wandelröschen, die Prachtwinde, den Drüsigen Wasserdost oder den Feigenkaktus aus Mittelamerika.

58 *Devi* ist die weibliche Form von *Deva*, einem himmlischen, leuchtenden, göttlichen Wesen.

Die Nguni-Völker[59] des südlichen Afrika kennen in Bezug auf Tiere, Pflanzen und Landschaft, die ihren Lebensraum ausmachen, den Begriff *umuntu ... ubuntu,* »wegen dir bin ich«. Der Psychiater und Dichter Ian McCallum nennt das »ökologische Intelligenz« (McCallum 2010: 150). Sie anerkennen damit das zusammenhängende Netz des Lebens, von dem wir auch ein Teil sind. Für die Ureinwohner Südafrikas, die Buschmänner[60] oder Khoi, gelten die Landschaft, die Tiere, Pflanzen und Steine als »Seelenmacher«. Sie sagen: »Wir brauchen sie alle, sie machen unsere Seele, sie sind heilig. Wenn eines ausgerottet wird, stirbt ein Teil von uns.«

Dass man Pflanzen, insbesondere Neophyten, ganz anders sehen und erleben kann als im normalen Biologieunterricht oder im Botanikstudium, lernte ich zuerst von den Indianern.

Was ich von einem alten Medizinmann lernte

Es ist schon recht lange her und ich habe diese Geschichte schon öfter erzählt. Es ist die Geschichte meiner ersten bewussten Auseinandersetzung mit Neophyten und mit einer anderen Art und Weise, mit ihnen umzugehen und über sie zu denken als nur als bedrohliche Invasoren, die bekämpft werden müssen. Ich hielt damals am Sheridan College in Wyoming Vorlesungen über Ethnomedizin und Heilkräuter. Eines Tages meldete sich bei mir ein alter indianischer Medizinmann vom Cheyenne-Reservat in Montana. Er hieß Tallbull. Er wollte wissen, was es mit den vielen Pflanzen auf sich hat, die mit den weißen Siedlern ins Land gekommen waren. Da es viel Energie und auch viel Zeit benötigt, sich mit den Geistern dieser Pflanzen unmittelbar in Verbindung zu setzen, wollte er zuerst einmal jemanden fragen, der anscheinend etwas über sie wusste. Nun, wir wurden gute Freunde und verbrachten die nächsten anderthalb Jahre damit, die Sagebrush-Steppe und die mit Ponderosa-Kiefern bewachsenen Hänge der Big Horn Mountains zu durchwandern und uns mit den »grünen Verwandten« einzulassen.

Tatsächlich hatten sich in den letzten hundert Jahren viele europäische Wildkräuter als Fußstapfen des weißen Mannes im amerikanischen Westen angesiedelt.[61] Wir fanden massenhaft den Windenknöterich *(Polygonum convolvulus),* auf festgetrampelten Böden Ampfer oder Blacken *(Rumex crispus),* dann Johanniskraut, wilde Möhre, den gewöhnlichen Wiesenbärenklau, Schwarzen Nachtschatten, Leindotter, Hirtentäschel, Färberwaid, Jakobskraut, Gänsedisteln, Königskerzen, Wildkressen und eine Menge anderer Kreuzblütler. In den Gärten und auf den bewässerten Feldern zwischen dem Mais gab es eine meiner Lieblingssalatpflanzen, den Portulak *(Portulaca oleracea),* daneben Vogelmiere, Wegmalve und den Schreck aller Gärtner, die Quecke. Hinzu kamen etliche Einwanderer aus südlichen Gefilden, wie die Samtpappel *(Abutilon trifida)*, ein aus Indien stammendes Malvengewächs mit samtig weichen Blättern, oder auch den bodenbedeckenden Erd-Burzeldorn *(Tribulus terrestris)*, dessen Kapselfrüchte mit ihren reiszweckartigen Dornen schmerzhaft in die Sohlen von Tier und Mensch eindringen; dass der Erd-Burzeldorn ein natürliches Anabolikum und Potenzmittel ist, wusste ich damals noch nicht. Von vielen dieser Neophyten wusste ich eigentlich nichts außer ihren Namen, und selbst das nicht immer. Auch der hochgiftige Gefleckte Schierling *(Conium maculatum)* hatte seinen Weg von Europa nach Wyoming gefunden; er umgab eine alte, zerfallene Siedlerblockhütte, an der wir vorbeistreiften. Aber als ich dem alten Indianer das Giftgewächs zeigte und ihm die Schauergeschichte vom Tod des Sokrates erzählen wollte, winkte er ab. Er wolle damit nichts zu tun haben, da stecke ein unfreundlicher Geist drin, der einen seiner Stammesbrüder gelähmt und fast getötet hätte. Ab und zu sahen wir das Salzkraut *(Salsola kali)*, das berühmte *tumble weed* der Western Filme, über die Prärie rollen oder an den Weidezäunen hängen bleiben. Es ist ein eingebürgertes Gänsefußgewächs aus den Salzsteppen Südrusslands. Um 1870 erschien es in den USA und seit 1894 verbreitet es sich im Westen. Der Halophyt (von griechisch *halos*, »Salz«, und *phytón*, »Pflanze«; salzresistente Pflanze) wächst zu einer großen Kugel heran, dörrt aus, bricht von der Wurzel ab und rollt, vom Wind getrieben, wie ein großer Strandball über die Steppe. Bei seiner Reise verstreut er seine Samen – um die 200 000 sind es pro Pflanze. Der Steppenroller – so nennen Botaniker Pflanzen, die sich auf diese Weise verbreiten – wächst und keimt vor allem auf geschundenen, überweideten Böden, er schadet niemandem und wird sogar, solange er noch jung und zart ist, von den Rindern und Gabelböcken (Antilopen) gefressen. Dennoch versucht die Umweltbehörde ihn mit Herbiziden zu bekämpfen. Der alte Medizinmann sagte mir, es sei eine Geisterpflanze, eine »Windhexe«. Das heißt, manchmal benutzen es die Geister als Fahrzeug. Manchmal lenken sie Autofahrer ab, sodass diese einen Augenblick lang nicht auf die Strasse aufpassen und verunfallen.

59 Zu den Nguni gehören Stämme wie die Swazi, Zulu, Xhosa und Nbedele.

60 Die Buren, die vorwiegend holländischen Sieder des 16./17. Jahrhunderts, gaben den Khoi oder San den Namen »Buschmänner«, weil diese ihre Körper mit einer wohlriechenden Salbe aus Fett und den pulverisierten aromatischen Blättern des Buchu-Busches *(Agathosma betulina)* einrieben. Der in Apotheken erhältliche Buchu-Tee wird heute in der Phythotherapie als Mittel bei Harntraktentzündung empfohlen.

61 Obwohl schon vorher einige wenige Trapper und Goldsucher in Wyoming und Montana anwesend waren, kamen die weißen Siedler erst nach den letzten Indianerkriegen um 1877 und nachdem die Sioux und Cheyenne in Reservate verbannt waren, in die Region. 1889 wurde Montana und 1890 Wyoming US-Bundesstaat. Zu der Zeit lebte Tallbulls Vater schon. 1892 gab es einen Kleinkrieg zwischen den Ranchern, die offenes ungezäuntes Land für ihre Rinderherden wollten, und den Bauern, die den Boden pflügen wollten. Mit diesen Siedlern kamen die Neophyten.

Über das Salzkraut konnte ich ihm nichts weiter sagen. Aber ich war froh, dass ich ihm bei anderen Neophyten einige praktische Hinweise geben konnte, etwa dass die eingebürgerte Wegwarte und die Klette gute Lebertonika und Bittermittel sind, dass der Löwenzahn und die Quecke harntreibend wirken, der Breitwegerich und die Schafgarbe ausgezeichnete Wundheiler und Blutstiller sind.

Der alte Medizinmann zeigte mir seinerseits viele Pflanzen, die in Wyoming und Montana einheimisch sind und erklärte mir ihren Nutzen. Darunter befanden sich etliche, die sich ihrerseits seit ein paar Jahrhunderten in Europa als neophytische »Unkräuter« ausbreiten und von denen die Europäer kaum etwas wissen. Da ist etwa der Korbblütler, den wir als Kanadisches Berufkraut *(Conyza candensis)* kennen und den die Indianer als Abkochung bei Bauchschmerzen nehmen. Wir fanden die mehrjährige Stauden-Ambrosie *(Ambrosia psilostachya),* die für den Laien kaum von dem verteufelten Beifußblättrigen Traubenkraut *(Ambrosia artemisiifolia)* zu unterscheiden ist und die inzwischen auch in Mitteleuropa als eingebürgerter Neophyt angekommen ist. Der Medizinmann nannte die Pflanze »schwarzer Beifuß«; die ganze Pflanze, Blätter, Stängel und Wurzel, werden als Mittel bei Darmkrämpfen und blutigem Stuhl gekocht und getrunken. Auch bei Nasenbluten, zum Gurgeln bei Mundgeschwüren und bei Durchfall wird das adstringierende, blutstillende Pulver der Ambrosie verwendet. Und bei nächtlichen Angstzuständen kauen die Cheyenne die Wurzel des »schwarzen Beifußes«.

An trockenen, sonnigen Stellen fanden wir immer wieder das klebrige, herrlich aromatisch riechende Gummikraut *(Grindelia squarrosa),* das auch bei uns in Mitteleuropa in öden Bahnhof- und Industriegeländen, wo sonst kaum etwas wächst, eine Nische als »Unkraut« gefunden hat. Ich kannte die Pflanze schon vorher, denn damit konnte meine Frau erfolgreich einen durch den Giftsumach *(poison ivy)* verursachten Hautausschlag zur Abheilung bringen. Auch die Cheyenne benutzen eine Abkochung des kleinen gelb blühenden Korbblütlers bei Hauterkrankungen, Krätze und Schorf. Es sei außerdem eine Augenmedizin, sagte Tallbull, besonders bei Schneeblindheit werden die klebrigen Blütenköpfe um die Augen gerieben. Und ansonsten schmeckt er gut im Tee.

Auf den festen Wegen und Pfaden fanden wir die Strahlenlose Kamille *(Matricaria discoidea),* die auch bei uns in Europa inzwischen festgetrampelte Wege, Viehtriften, Parkplätze und andere verdichtete Böden besiedelt und diese mit dem Breitwegerich und dem Vogelknöterich teilt. Diese »winzigen Büffelkälbchen«, dieses »Präriehundeparfüm« – so nannte Tallbull das angenehm süß nach Ananas duftende Kräutlein – sei eines der Lieblingsparfüms der Cheyenne. Sie mischen es gerne mit dem süß duftenden Mariengras (englisch *sweet grass,* lateinisch *Hierochloe odorata*) und mit Tannennadeln. Dass diese Kamillenart auch eine wichtige Frauenheilpflanze ist, sagte er mir nicht, denn Frauenangelegenheiten sind bei den Cheyenne für die Männer tabu.

Ein verblühtes Kanadisches Berufkraut.

Auch mit anderen nordamerikanischen Pflanzen, die inzwischen bei uns als Neophyten oder als brave Gartenbeetbewohner wachsen – verschiedene Goldruten (*Solidago* spp.), wilde Sonnenblumen *(Helianthus)*, Anis-Ysop *(Agastache foeniculum)* –, machten wir bei unseren Streifzügen Bekanntschaft. Der Eschen-Ahorn *(Acer negundo)*, der in Europa vielerorts als problematischer Neophyt eingestuft wird – er steht auf der Schweizer »Watch List« –, wuchs ebenfalls am Rande der Big Horn Mountains. Für die Cheyenne ist er ein heiliger Baum, dessen Holz für zeremonielle Feuer benutzt wird; sein zuckerhaltiger Saft, der im Frühling angezapft wurde, war neben Honig früher die einzige Zuckerquelle des Stammes.[62] Auch den Schmalbättrigen Sonnenhut *(Echinaceae angustifolia)* und den Blassfarbenen Purpursonnenhut *(Echinaceae pallida)* lernte ich bei unseren Wanderungen wild wachsend kennen. Die Indianer kauen die Wurzeln oder verwenden diese als Abkochung bei allen möglichen Leiden, vom Rheuma bis hin zu Virusinfektionen.

Es war aber nicht nur das Wissen um die heilkundliche Anwendung, die mich bei den Indianern beeindruckte, sondern wie sie mit den Pflanzen Umgang pflegen. Der alte Medizinmann sprach weniger *über* die Pflanzen als *mit* ihnen. Sie waren für ihn das »Grüne Volk«, jede Gruppe hatte ihren Häuptling, den er aufsuchte und mit dem er verhandelte. Wie man es auch sonst tut, wenn man einen starken Medizinmann um Hilfe bittet, brachte er dem Pflanzenhäuptling Tabak zum Rauchen und eine Decke – einen kleinen Stoffstreifen –, um sich in kalten Nächten warm zu halten. Man kann die Pflanze nicht einfach nehmen, man muss sie um ihre heilende Kraft bitten, sonst hat man nur den toten Stoff ohne den Geist. Der Zugang zu der Dimension, in welchem sich der »Geist« *(maiyun)* der Pflanze offenbart, wird schrittweise durch ein Ritual eröffnet (Storl 2010b). Das Ritual bildet die Brücke von der Menschenseele zu der Pflanzenseele.

Ich fragte den Medizinmann, ob auch die fremden, aus Europa eingewanderten Pflanzen eines derartigen Rituals würdig sind. Er schaute mich etwas erstaunt an, als wollte er sagen, was für eine dumme Frage!

»Selbstverständlich«, erklärte er, »denn auch diese Kräuter sind Kinder der Mutter Erde, und sie haben hier, in diesem Erdboden, ein Zuhause gefunden.«

Was für eine andere Einstellung, als ich bisher gewohnt war!

Unkraut und Neophytenfreunde

Auch bei uns in Europa gibt es Ansätze, in denen der Wert der Pflanzen an sich erkannt wird. Es gibt Menschen, die sich weigern, die Vegetation in gute und böse Pflanzen einzuteilen, und die die Neophyten willkommen heißen. Ich kenne zwei bekannte Schriftsteller – gerne würde ich ihre Namen verraten, will

Schmalblättriger Sonnenhut oder Igelkopf.

sie aber nicht bloßstellen –, die immer die Samen von verteufelten Neophyten mit sich in der Hosentasche tragen und bei jeder Gelegenheit an Straßenrändern, auf Brachfeldern und Böschungen aussäen. Sie sehen sich als Ökoguerilleros, Krieger im Dienst von Mutter Erde, Widerständler gegen den lebensfeindlichen Zeitgeist. Auch von Imkern weiß ich, die heimlich Neophyten aussäen, denn unsere Landschaft ist so kahl geschoren oder mit Herbiziden durchtränkt, dass die Bienen kaum mehr Futterpflanzen finden.

Natürlich gibt es unter den Pflanzenfreunden auch solche mit ziemlich schrulligen Ideen. Nachdem die Zeitschrift »GEO« vor einigen Jahren einen Beitrag über mich als den »Schamanen aus dem Allgäu« herausgebracht hatte, kamen (ungebeten) viele Leute uns besuchen. Da sprachen barfüßige Pilger vor, die einen Guru suchten und die ich sofort weiterschickte, neugierige Journalisten, selbsternannte Druiden und »Berufene«, die mich belehren wollten. Unter ihnen war auch ein älterer Aussteiger ohne festen Wohnsitz, aber mit Mission.

62 Im östlichen Waldland wird im Frühling der viel ergiebigere Zuckerahorn (*Acer saccharum*) angezapft, aber diese Art wächst nicht in den Rocky Mountains.

Er trug einen Rucksack voller Neophyten-Samen, vor allem den runden, schwarzen des Drüsigen Springkrauts und den Flügelsamen der Herkulesstaude. »Die Menschen verachten mich und schicken mich weg; es ist das Gleiche mit diesen ungeliebten, verpönten Pflanzen, sie erkennen ihren Wert nicht an«, quäkte er, »deswegen säe ich sie überall aus! Genauso wenig, wie sie mich kleinkriegen, werden sie diese Pflanzen ausrotten können.« Nachdem er in unserer Scheune geschlafen hatte, machte er sich mit seiner Saat auf den Weg. Bevor er ging, sagte er mir seinen Namen, den ich mir unbedingt merken sollte. Leider habe ich ihn vergessen.

Neophyten sind moderne Unkräuter. Bedenkenswert sind dabei die Überlegungen des renommierten Schweizer Künstlers Gottfried Honegger zum Thema »Unkraut« – wobei wir Unkraut getrost als »Neophyt« lesen können. Er fragt sich, wie wir es uns erlauben können, unsere Umwelt, die Natur, nach Kriterien der Nützlichkeit zu werten: »Sind wir Menschen unsittlich geworden? Was gibt uns das Recht, einen Pflanzenreichtum als Unkraut abzuwerten? Übrigens – wann ist die Natur gut und wann ist sie Unkraut? Was wissen wir, warum die Natur Unkraut hervorbringt? Verkennen wir vielleicht seine Nützlichkeit?« (Honegger 2009: 10)

Die kleinen grünen Naturinseln in der Stadt, zwischen Asphalt, Beton und Steinanhäufungen, die Kräuter in ihrer Formen- und Farbenvielfalt, in der Mauerritze und in der Gosse, erfreuen ihn, bringen ihn immer wieder zum Staunen, sodass er verkündet: »Heute ist für mich das Un-Kraut ein Gut-Kraut. (...) Für mich ist das Un-Kraut das Kind der Sonne, des Windes und des Regens. Ich versuche einzutauchen in die stille Kreativität des Gut-Krauts, um so den Zauber des kurzen Lebens auszukosten. Ich träume, dass wir uns mit dem Un-Kraut versöhnen. Es umbenennen in Gut-Kraut. Ich träume, dass wir Menschen aufwachen und uns einfügen in den universellen Zyklus der Natur. Dass wir alle eins sind mit der Schöpfung. Ich träume davon, dass wir gemeinsam zurückkehren ins verlassene Paradies.« (Honegger 2009: 12)

Es gibt keine Unkräuter in der Natur. Der Begriff ist ein kultureller Begriff. Unkräuter gibt es in unnatürlichen Monokulturen, Plantagen oder den puritanisch gesäuberten Gärten der Vorstädte. In primitiven Gärten naturnaher Völker gibt es kein Unkraut.

Es gibt auch andere, die den Wildpflanzen und Begleitkräutern freundlicher gesinnt sind, als es gang und gäbe ist. Das gilt auch für die Anhänger Rudolf Steiners, für die Gärtner und Bauern, die sich zur biologisch-dynamischen Landwirtschaft bekennen. Sie fragen sich, warum ein bestimmtes Kraut an einem bestimmten Ort wächst, was seine Eigenschaften sind und was der Garten oder das Ackerfeld damit aussagen will. Und dennoch haftet auch diesen naturfreundlichen Praktikern oft der faustische Glaube an, dass man an der Natur arbeiten müsse, um sie zu verbessern, zu erlösen oder sie dem Menschen dienstbar zu machen. Die biologisch-dynamische Landwirtschaft soll nicht nur egoistische Bedürfnisse nach giftfreien, gesunden Nahrungsmitteln befriedigen, sie soll der Heilung und Heiligung der Erde dienen; sie ist ein Liebesdienst an der Schöpfung. Artgerechte Tierhaltung, Nachhaltigkeit, das Beachten der natürlichen und kosmischen Rhythmen der Natur, das Hereintragen des himmlischen Christuslichtes in die Erde – das sei die Aufgabe des Gärtners und Bauern. Schöne Gedanken sind das, Gedanken, die auch mich in meiner Jugend begeisterten (Storl 2008). Und dennoch unterscheidet sich diese Auffassung von dem der ursprünglichen Jäger und Sammler. Für sie sind die Geschöpfe, Pflanzen, Tiere und sogar die Steine von tiefer Weisheit und Perfektion durchdrungen; sie brauchen weder Erlösung noch Heilung.

Gaia-Hypothese

Gaia (*Gäa* oder *Ge*) nannten die Griechen die älteste Göttin, die Mutter Erde. Aus sich heraus allein, so heißt es bei Hesiod, gebar die großbrüstige Allmutter den Himmel (Uranos) und das Meer (Pontos). Die Erde war in der Vision der Griechen kein gigantischer, toter Felsbrocken, der als Trabant mit berechenbarer Bahn im unendlichen Raum schwebt, sondern der lebende, atmende Körper der Urgöttin, die alle Geschöpfe aus ihrem Schoß gebiert und wieder zu sich nimmt. Als der britische Atmosphärenchemiker James Lovelock im Auftrag der NASA die Biosphäre untersuchte, wurde ihm plötzlich klar, dass er es mit »einem selbstregulierenden, komplexen Rückkoppelungs- und kybernetischen System zu tun hat, das sich wie ein lebender Organismus verhält« (Lovelock 1982). Er nannte diesen »Organismus« Gaia, nach der alten griechischen Erdmutter.

Diese Idee ist nichts Neues. Fast alle traditionellen Völker kennen die Mutter Erde, die nährende, die verschlingende, die betörende, die ewig jungfräuliche. Mit unzähligen Namen wurde sie benannt. Aus ihren dunklen Tiefen wird ihr Sohn, das Sonnenkind, geboren, das seinen heldenhaften Lauf antritt, stirbt und dann wiedergeboren wird – wieder und immer wieder. So sahen es die Weisen im Nahen Osten. Für die Germanen war es Nerthus oder Erce, die *earthan modor* (Erdenmutter), vom Blitz des Donnergottes begattet, die beim Pflügen und Ausbringen der Saat angerufen wurde; sie ist wahrscheinlich die »verhohlene Herrin«, die Frau Holle, die den Sehern und Schamanen visionär in vielen Gestalten erscheinen konnte, etwa als junges Gänsemädchen, als wilde Percht, die mit ihrer Geisterschar über das Land fliegt, als Schicksalsspinnerin mit dem Spinnrad oder als Alte mit großen Zähnen und wirrem Haar, die die Gestorbenen auf den grünen, blühenden Wiesen ihres unterirdischen Lichtreiches empfängt. Bei den Cheyenne war sie die Großmutter *Esceheman,* die in der Erde unter den Wurzeln zuhause ist und bei der die Tierseelen leben. Bei den Guanchen, den Ureinwohnern der Kanaren, ist es die schwarze *Tara*. Bei den Altindern hieß die Erdmutter *Prithivii,* die in der Gestalt der heiligen Kuh erscheint. Sie ist die Gattin des Himmelsvaters und trägt viele Beinamen wie »Erdboden«, »Allernährerin«, »Mutter aller Welten« oder »Mutter der Pflanzen«.

Auch bei mystischen Philosophen wie Rudolf Steiner steht es außer Frage, dass die Erde ein lebendiges Wesen ist, mit nicht nur einem materiellen Leib, sondern auch einem Energiekörper (ätherischer Leib), einer mit den Sternen verbundenen Seele (Astralleib; *Anima mundi*) und einem bewussten Geist. Für ihn ist der wahre Gärtner oder Bauer ein Mystiker, der diesem Erdwesen dient und mit ihm arbeitet. Der Naturweise Arthur Hermes, der mein Lehrer war, konnte es nicht fassen, wenn wissenschaftlich gebildete moderne Menschen den Begriff Mutter Erde in Frage stellten oder als bloße vorwissenschaftliche Metapher deuteten. Für ihn, der sein ganzes Leben Bauer war, war es offensichtlich, dass die nährende Erde die Mutter des Lebens ist, dass in ihr eine Weisheit west, die unseren Verstand übertrifft, dass man mit ihr im Gebet und in der Versenkung sprechen kann und dass sie unserer Seele Bilder und Einsichten schickt. Der Gaia-Gedanke ist also nichts Neues.

Neu an Lovelocks Gaia-Hypothese ist allerdings, dass er auf Grundlage empirischer wissenschaftlicher Forschung zu dem Ergebnis gekommen ist, dass sich die Erde, die Biosphäre, wie ein anpassungsfähiger, selbstorganisierender, lebender Organismus verhält. Ein Organismus ist dadurch charakterisiert, dass er ein sinnvoll organisiertes Ganzes darstellt, dass er imstande ist, ein homöostatisches Gleichgewicht zu erhalten und dass er Selbstheilungskräfte besitzt. Unser menschlicher Organismus zum Beispiel hat die Fähigkeit, die Körpertemperatur von 37 Grad Celsius konstant zu halten, auch wenn die Umgebung heißer oder kälter ist. Der Salzgehalt des Blutes und ebenso der Blutzuckerspiegel werden durch Rückkoppelungsmechanismen konstant gehalten. Bei Infektionen und Verwundung kommen Selbstheilungsprozesse in Gang, die das ursprüngliche (gesunde) Gleichgewicht wieder herstellen. Lovelock erkannte ähnliche Mechanismen in der Atmosphäre und Biosphäre. Egal wie viel CO_2 Vulkane und der Stoffwechsel von Bodenbakterien an die Luft abgeben, der Kohlenstoffanteil bleibt über lange Zeiträume stabil (um die 0,03 bis 0,04 Prozent der Luft). Je mehr Kohlenstoffdioxid (CO_2) in die Luft gerät, umso mehr davon nehmen die Pflanzen auf. Sie brauchen es, um die Kohlenstoffketten, aus denen ihr Körper besteht, aufzubauen; in anderen Worten, sie wachsen schneller und besser und binden dadurch den Kohlendioxid-Überschuss. Sobald weniger von dem Gas vorhanden ist, wachsen sie langsamer. Eine große Rolle im CO_2 -Haushalt spielt auch das kalkhaltige Meeresplankton. Diese Algen nehmen gelöstes Kohlenstoffdioxid aus dem Wasser auf und binden es in ihren Kalkschalen, und wenn sie sterben, lagern sie es in Sedimenten auf den Meeresböden; dadurch tragen sie ebenfalls zur Regelung des CO_2-Gehalts der Atmosphäre bei. Ähnlich verhält es sich mit dem Sauerstoff, der knapp 21 Prozent unserer Luft ausmacht: Egal wie viel Eisen verrostet, Nahrung verdaut, Laubstreu verrottet oder wie viel Holz verbrannt (oxidiert) wird, der Sauerstoffgehalt der Atmosphäre bleibt dank verschiedener homöostatischer Rückkoppelungen konstant. Dasselbe mit dem Salzgehalt des Meeres, der bei 3,5 Prozent liegt. Meeresalgen setzen Chlorid in die Atmosphäre frei und entfernen so das überschüssige Salz, das in höheren Konzentrationen den Lebewesen nicht bekömmlich ist. Auch das Klima und die Bodentemperatur auf Erden werden innerhalb einer natürlichen Schwankungsbreite konstant gehalten, egal wie viel Energie von der Sonne herabströmt. Vor allem das Meer funktioniert dabei – mittels Faktoren wie Wolkenbildung, Verdunstung und durch das Absondern von Gasen durch das Plankton – als Thermostat.

Es war nicht Lovelocks Absicht, mit der Gaia-Hypothese die mystische Lehre von der Einheit des Lebens und von der archaischen Erdgöttin neu aufzutischen. Er hielt nur fest, dass die Kreisläufe in der Atmosphäre und in der Biosphäre homöostatisch verlaufen und miteinander verbunden sind wie in einem lebendigen Organismus. Es sollte reine empirische Wissenschaft sein. Diese Ideen waren jedoch Wasser auf die Mühlen vieler New-Age-Propheten und ihres spirituellen Weltbilds. Sie spannen die Idee weiter. Die Überlegung war folgende: Wenn die Erde ein lebender Organismus ist, dann – so die Analogie – wäre jedes Lebewesen so etwas wie eine Zelle des gesamten Körpers. Jede Pflanzen- und Tierart wäre dann wie ein notwendiges Organ.

Ein Körperorgan, Leber, Lunge, Niere, Bauchspeicheldrüse oder was auch immer, versucht zwar, sich gesund und im Gleichgewicht zu halten, doch es lebt nicht nur allein für sich. Es ist kein egoistisches Individuum, das nur sich selbst erhalten will; es dient vor allem dem großen Ganzen. Das ist sein Sinn und Zweck. Die Leber dient der Ganzheit des Organismus, indem sie den gesamten Organismus entgiftet und Gallensäure herstellt, welche die Nahrung, die dann allen anderen Organen zugute kommt, verdauen hilft. Verweigert die Leber ihren Dienst und geht eigene Wege, indem sie etwa wächst oder schrumpft, dann ist der ganze Organismus krank. Diese gegenseitige Abhängigkeit gilt natürlich für alle Organe.

In ähnlicher Weise hat jede Pflanzenart und jede Tierart, inklusive der *Homo sapiens,* eine wichtige Aufgabe im gesamten Erdorganismus. Pflanzen nehmen die Sonnenenergie auf und ermöglichen das Leben der Erde überhaupt. Sie verkörpern das Lebensprinzip – oder wie die biologisch-dynamischen Bauern sagen, sie verkörpern den Ätherleib der Erde. Tiere sind fühlende Wesen, sie verkörpern die Seele der Erde. Jede Tierart ist ein Organ der *Anima Mundi,* der Welten- oder Erdenseele. Stirbt eine Tierart aus, dann verliert die Erde als Ganzes an seelischen Eigenschaften, an Fähigkeit zur Freude, zur Empfindung. Der Mensch ist auch Teil des Ganzen, er ist nicht überflüssig. In ihm verkörpert sich das Selbstbewusstsein der Erde.

Wenn ein Organ nicht richtig funktioniert, dann wird der Körper, der Organismus in seiner Gesamtheit, in Mitleidenschaft gezogen. Dann arbeiten die anderen Organe daran, das Gleichgewicht wiederherzustellen. Drüsen sondern Sekrete ab, das Immunsystem läuft auf Hochtouren, der Blutkreislauf reagiert und so weiter. So auch im Fall von Gaia, dem Erdorganismus. Verliert der Mensch oder die Menschheit ihre geistige und die damit verbundene körperliche Gesundheit, wird der ganze Erdorganismus in Mitleidenschaft gezogen. Wenn der Mensch wahnsinnig wird, krankhaft egoistisch und verwirrt, dann schädigt er die Natur, dann beutet er die Rohstoffe aus, zerstört die Wälder, die Lungen des Erdorganismus, verpestet die Luft und so weiter. In dem Fall versucht die Erde selbst, Heilprozesse in Gang zu setzen. Sie tut das wohl nicht aus Mitleid, sondern um sich selbst in ihrer Ganzheit zu erhalten. So etwa wie der traditionelle chinesische Arzt als Weiser nichts anderes will, als das Wunder der Natur, das ewige *Tao,* zu meditieren; aber da kranke, unglückliche, disharmonische Menschen oder Tiere seine Meditation stören, wird er sie heilen wollen. Um die allgemeine Harmonie unter dem Himmel wiederherzustellen, setzt er sein Wissen und seine Weisheit ein, um die Kranken zu heilen. Dabei ist sicherlich auch etwas Mitleid im Spiel. Und vielleicht spielt auch das Mitleid der Erdmutter mit, wenn sie ihren Pflanzenkindern Anweisung gibt, heilende Kräfte und Elixiere für die kranke Menschheit bereitzustellen.

Das Heilen ist die Aufgabe der Pflanzen. Sie sind das Immunsystem des Erdorganismus. Sie erhalten Mensch und Tier am Leben, indem sie ihn mit Atemluft und Nahrung versorgen. Sie schaffen aus der Lichtkraft der Sonne und aus den Stoffen der Erde die Nahrung. Diese Nahrung wirkt nicht nur auf den Körper, sondern auch auf die Gefühle und Gedanken der Menschen, und diese wiederum beeinflussen seine Einstellungen und Handlungen. Auch Heilkräuter sind Nahrung, die Einseitigkeiten und Disharmonien ausgleichen können. Die sogenannten »Wirkstoffe«, die Alkaloide, Glykoside, Terpene oder ätherischen Öle, die sie enthalten, stellen sie nicht für sich selbst her. Pflanzenphysiologen sprechen diesbezüglich von Produkten des sekundären Stoffwechsels und sehen darin Abfallprodukte, die mangels Ausscheidungsorganen in Sonderzellen gespeichert werden. Zufällig können diese Abfallprodukte auch vorteilhafte Wirkungen haben, zum Beispiel als Gifte oder Bitterstoffe, die Tiere davon abhalten, sie zu fressen. Aber diese darwinistische Erklärung ist wahrscheinlich eine recht beschränkte reduktionistische Sichtweise. Im Sinne der Gaia-Hypothese stellen die Pflanzen ihre Wirkstoffe für andere Lebewesen her, damit diese sie als Medizin benutzen und gesunden können. Denn wenn die Teile nicht gesund sind, kann der ganze Organismus nicht gesund sein.

Immer wieder erzählen mir Menschen, dass in ihrem Garten plötzlich ein Unkraut wächst, das sie vorher nicht bemerkt hatten. Und es stellt sich heraus, dass es genau die Heilpflanze ist, die bei der Krankheit helfen kann, die das

Haus gerade heimsucht. Auch Paracelsus glaubte, dass die Astralkräfte (seelische Schwingungen in der Atmosphäre), die im menschlichen Mikrokosmos Disharmonien und Krankheiten hervorrufen, zur selben Zeit im Makrokosmos, also in der äußeren Natur, in der Landschaft oder im Garten hinter dem Haus, das Kraut hervorbringen, das die Krankheit heilen kann. Etwas Ähnliches sagt auch die holländische Weise Frau Mellie Üldert: Es sei eine Gesetzmäßigkeit, dass die umliegende Natur reagiere, wenn der kranke Mensch bestimmte Schwingungsmuster von sich gibt. So kann es kommen, dass dann bestimmte Wildkräuter aus der Samenruhe erwachen, keimen und wachsen. Plötzlich wachsen Ringelblumen rund um ein Haus, in dem ein Krebskranker lebt, oder der Ackerschachtelhalm als lästiges Unkraut bei einer Gärtnerin, die an chronischer Blasenentzündung leidet. Mellie Üldert erzählt von einer Frau, die von Durchfall und Darmblutungen geplagt wurde und bei der die Nelkenwurz in der Hecke wucherte. Nachdem sie sich mit Nelkenwurz geheilt hatte, verschwand die Pflanze aus ihrem Garten. In ihrem Buch »Die Verborgenen Kräfte der Pflanzen« gibt die Kräuterfrau viele Beispiele dieser Art und sagt dazu: »So sorgt Mutter Natur für den Menschen und die Tiere. (...) Unkraut ist in Wahrheit Heilkraut. Rotten Sie es nicht aus, gebrauchen Sie es und lernen Sie davon.« (Üldert 1984: 15–19)

Positivistische Wissenschaftler haben ihre Schwierigkeiten mit solchen Berichten, denn so etwas lässt sich kaum experimentell beweisen. Auch ich dachte lange, das sei alter Aberglaube, sogenannter Altweibertratsch. Aber bei meinen Seminaren erzählten mir Menschen immer wieder ähnliche Geschichten. Wenn man die Gaia-Hypothese in sein Denken einbezieht, werden diese Zusammenhänge eher plausibel. Ist es nicht merkwürdig, dass sich zum Beispiel die Karde *(Dipsacus sylvestris)* seit den letzten dreißig Jahren in den USA als »aggressiver Neophyt« *(invasive alien)* explosionsartig ausbreitet, obwohl die Pflanze schon vor 1700 von Tuchmachern und Gärtnern in den amerikanischen Kolonien angebaut wurde und keinen Anstand machte, die ihr zugewiesenen Beete zu verlassen. Vor dreißig Jahren aber verbreitete sich von Neuengland aus eine von Zecken übertragene Spirochätenkrankheit, die Borreliose. Sie tauchte plötzlich in der Nähe des Städtchens Lyme im Bundesstaat Connecticut auf, und zwar zufällig ganz in der Nähe eines Biowaffen-Labors, wo mit Zecken experimentiert wurde. Diese rezidive Infektion, in den USA bekannt als *Lyme-disease*, wurde erst 1982 wissenschaftlich erfasst. Sie ist inzwischen zu einer Epidemie geworden, die sich in Windeseile ausbreitet und große Teile der Bevölkerung befällt (Storl 2009a: 61 ff.). Über die chinesische Medizin kam der amerikanische Phythotherapeut Matthew Wood darauf, die Wurzel der Karde als Heilmittel zu verwenden. Er war damit durchaus erfolgreich. Es stellte sich heraus, dass ein Tee oder eine Tinktur der Karde wahrscheinlich das effektivste Heilmittel für diese Krankheit ist (Wood 1997: 233). Seit der Antike wurde dieses Kraut zur

Entgiftung verwendet, und auch nach Hildegard von Bingen treibt die Karde das Gift aus dem Leib. Eines der Probleme bei der Borreliose sind die Endotoxine (Stoffwechselgifte und lipide Zerfallsprodukte) der Lyme-Bakterien, die im Körper entzündliche Reaktionen auslösen. Ist es nicht erstaunlich, dass sich die entsprechende Heilpflanze schlagartig als Neophyt über das Land ausbreitet, und dies zur selben Zeit, in der sich eine Krankheit epidemisch ausbreitet? Diesen Zusammenhang scheint bis jetzt niemand erkannt zu haben. Die Karde wird als Neophyt von den bundesstaatlichen Behörden und dem föderalen Landwirtschaftsministerium (USDA) mit Vehemenz bekämpft, mit teuren Programmen zur chemischen und mechanischen Kontrolle, mit Gift und Feuer.

Wir sind Teil der Natur, wir sind Kinder der Mutter Erde. Aber nicht nur wir. Auch die anderen Wesen sind ihre Kinder. Auch für sie sorgt sie. In vielen Regionen der Erde, wie auch hier in Mitteleuropa, mähen die Landwirte fast jeden Flecken, jede blühende Wiese bis an den Rand der Strasse oder der Baumpflanzungen und besprühen die Felder mit Giften, mit Insektiziden und mit Herbiziden, die die Futterpflanzen der Raupen abtöten und die Nektarquellen der Bienen und Schmetterlinge versiegen lassen. Könnte es vielleicht sein, dass die Erdmutter die Traurigkeit dieser kleinen wertvollen Geschöpfe wahrnimmt und Hilfe schickt? Von einem entfernten Erdteil lässt sie vitale, robuste Blütenpflanzen anrücken. So kam das Schmalblättrige Greiskraut aus Südafrika und das blühfreudige Drüsige Springkraut aus dem Himalaja, um die hungrigen Schwebefliegen, Hummeln, Bienen und Falter bis in die nebelig trüben Novembertage mit reichlich vorhandenem Nektar und Pollen zu versorgen. Auch die Klagen der Mäuse und Kleinvögel hat die Erdgöttin wahrgenommen. Sie schickte ihnen den wuchernden Japanknöterich, der ihnen Schutz und Nahrung bietet. Ein Märchen? Nicht für die Schamanen, die in die Tiefen der »Innenwelten« der Natur reisen können und nicht nur an der mess- und wägbaren Oberfläche kleben bleiben.

Auch für den Boden, die Bodenorganismen und Kleinlebewesen wie Würmer, Asseln und Mikroben schickt sie Pflanzen, etwa Schmetterlingsblütler – Neophyten wie Akazie, Robinie, Ginster, Wolfsbohne (Lupinen), Honigklee oder verwilderte Luzerne –, die Stickstoff in den Boden bringen. Andere Unkräuter sind auf Kalzium spezialisiert: Gänseblümchen, Ginster, Löwenzahn und Kamille sammeln auch auf kalkarmen Böden diesen Stoff und stellen ihn den anderen Pflanzen und den Humus bildenden Regenwürmern zur Verfügung. Koniferen, Alpenrosen sowie viele Mitglieder der Familien der Erikagewächse und der Rosengewächse bewirken das Gegenteil: Sie halten den Boden im sauren Bereich. Bilsenkraut, Stechapfel und Baldrian speichern Phosphorsäure, die mitunter auch an die Wurzeln anderer Pflanzen weitergereicht werden. Zinnkraut reichert beträchtliche Mengen Kieselsäure an. Die Liste könnte beliebig verlängert werden. Die Konzentration der Elemente und die Interaktionen der Pflanzen, der Kleinlebewesen und der Bodenbeschaffenheit sind so kompliziert, dass man sie nicht im Computermodell erfassen kann. Vielleicht ist der Erdorganismus weiser als wir glauben.

Und um ihn zu verstehen, braucht es vielleicht seherisch begabte Menschen, die zur Erdgöttin reisen und mit ihr sprechen können. Vielleicht kann auch sie einsam werden, wenn Menschen ständig tote Gedanken denken und störende Energien ausstrahlen. Vielleicht hat sie deswegen in den 1960er und 70er Jahren den Menschen besondere Heilkräuter geschickt, psychoaktive, wie den heiligen Hanf und andere Lehrerpflanzen, um ihnen den Ausbruch aus ihren Zwangsvorstellungen und aus dem Gefängnis einer toten, materialistischen Sehweise zu ermöglichen – Psychovitamine, wie Albert Hofmann sie einst nannte. Wer weiß?

*Was ist ein Unkraut?
Eine Pflanze, deren gute
Eigenschaften noch nicht
entdeckt wurden.*

Ralph Waldo Emerson

DIE GANZ BÖSEN

In den Medien werden neu eingewanderte, gebietsfremde Pflanzen wie steckbrieflich gesuchte Verbrecher vorgeführt und an den Pranger sogenannter schwarzer Listen oder »Watch Lists« gestellt. Man lässt kein gutes Haar an ihnen. Der Bürger wird angehalten wachsam zu sein und »problematische invasive Neophyten« auszureißen und zu vernichten, wo immer er sie antrifft. Wie lang die Liste ist, kommt auf die jeweiligen zuständigen Expertengremien an. Meistens sind es zwischen 20 und 40 Arten. Hier nun die allerschlimmsten.

Der Riese aus dem Kaukasus: Herkulesstaude

(Heracleum mantegazzianum)

Andere Namen: Riesen-Bärenklau, Mantegazzi-Bärenklau
Englisch: *Giant Hogweed*
Französisch: *Berce géante du Caucase*

An der Spitze der »Most wanted«-Liste »krimineller« Pflanzen steht der Riesen-Bärenklau oder die Herkulesstaude. Sie wurde im Jahr 2008 zur »Giftpflanze des Jahres«[63] auserkoren und gilt als der »meistgehasste Neophyt« Deutschlands (Kowarik 2003: 213). Wie der Menschenschlächter Stalin kommt dieser Schirmblütler (Familie der *Apiaceae* oder *Umbelliferae*) aus dem Kaukasus. Er gilt als Ökoschädling. An Bachauen, Flussufern, Müllplätzen, feuchten Wiesen, Waldsäumen und vor allem auf Böden, die durch schwere Maschinen geschädigt sind, verdrängt er einheimische Binsen, Röhricht und Stauden, welche die Uferböschungen stabilisieren und verhindern, dass die Böden wegrutschen. Man sagt, die Wurzeln der Herkulesstaude geben dem Boden keinen Halt, daher bestehe eine höhere Bodenerosionsgefahr an den Standorten, wo sie wächst. Im Schatten seiner riesigen Blätter haben die anderen Pflanzen kaum eine Möglichkeit zu gedeihen.

63 Bei der jährlichen Abstimmung »Giftpflanze des Jahres«, Botanischer Sondergarten, Hamburg-Wandsbek.

Aber nicht nur das. Auch dem Menschen selbst setzt er arg zu. Allein die Berührung mit seinen giftigen Blättern und Stängeln kann bei empfindlichen Menschen juckende Quaddeln bis hin zu wässrigen, entzündlichen Brandblasen hinterlassen. Der Saft des Riesen-Bärenklaus enthält nämlich Furanocumarine (Xanthotoxin, Psoralin, Bergapten). Diese sind fototoxisch, das heißt, unter dem Einfluss von Sonnenlicht rufen sie Verätzungen und Verbrennungen hervor, als wäre man mit einem heißen Bügeleisen über die Haut gefahren. Die Gefahr, den Saft auf die Haut zu bekommen, besteht nicht nur bei spielenden Kindern, sondern auch beim Arbeiten mit Rasentrimmern oder Mähern.

In Osteuropa hat das kräftige Doldengewächs inzwischen große Gebiete überwuchert. In einigen Dörfern fürchten sich die Mütter, ihre Kleinkinder draußen spielen zu lassen. Die Polen beschimpfen das zähe Kraut als »Stalins Rache«. Vielerorts, wie etwa in Schweden oder Baden-Württemberg, haben sich »Bürgerwehren« formiert, um mit Hacke, Spaten, Sense, Herbizidgiftdüse und Flammenwerfer den Vormarsch des übermannshohen Eroberers zu bremsen und zurückzudrängen. Gekleidet wie Astronauten auf Marsexpedition, angetan mit Schutzanzügen, Handschuhen und Gesichtsmasken rücken die Verteidiger vor, um den Feind zu köpfen beziehungsweise die Blütendolden abzusicheln. Mangels echter Pflanzenkenntnis fallen sie häufig auch über andere Doldenblütler, wie den Wiesenbärenklau, her. In Freiburg im Breisgau kämpft die »Bürgerinitiative für Bärenklau-Bekämpfung« (BBB) gegen die Monsterpflanze. Der Erfolg ist nicht immer garantiert. So einfach lässt sie sich nicht stoppen. Sie besitzt eine unglaubliche Vitalität. Mehr als 10 000 Samen bringt die Einzelpflanze hervor; diese können jahrelang im Ruhezustand verharren, ehe sie auskeimen. Die Samen – flache Schließfrüchte (Achäne) – sind leicht genug, dass der Wind sie forttragen kann oder dass sie auf dem Wasser zu neuen Standorten treiben können. Die Wurzeln der geköpften oder mit Flammenwerfern zu einem Häufchen Asche verbrannten Stauden, können wieder austreiben, und wenn man sie abmäht, sind sie fähig Nachtriebe und Notblüten zu bilden. Beunruhigend ist, dass die Pflanze zunehmend immun gegen Herbizide wird. An einem Ort in Jütland, wo sie ein Gelände von dreißig Kilometer Länge mit Hunderttausenden Exemplaren besetzt hat, versucht man sie seit 1968 mit allen Mitteln auszurotten. Ohne Erfolg! (Danert et al. 1993: 301) In einigen europäischen Ländern, wie England, ist das Aussäen der Pflanze unter Strafe gestellt. Und eine, von dem deutschen Umweltbundesamt in Auftrag gegebene Studie der Goethe-Universität Frankfurt kommt zu dem Schluss, dass die Herkulesstaude pro Jahr um die 12 Millionen Euro Schaden anrichtet. Anderswo wird die Höhe des Schadens auf 14 Millionen Euro beziffert (Nentwig 2010: 99). Nach effektiven Kontrollmitteln wird gesucht.

Nicht immer war der Riesen-Bärenklau so verhasst und gefürchtet. Ganz im Gegenteil. Als er zuerst erschien, erfreute er die Herzen der Pflanzenfreunde –

Herkulesstaude oder Riesen-Bärenklau am Waldrand im Allgäu.

ganz zu schweigen von den Insekten, den Bienen, Schwebfliegen, kurzrüsseligen Käfern und Fliegenarten *(Diptera)*, für welche die riesigen Blüten eine vollbeladene Festtagstafel ist, ebenso wie für die Raubspinnen, die dem frivolen, summenden, krabbelnden Partyvölkchen auflauern. Der Doldenblütler wurde für seine majestätische Größe bewundert und als Zierpflanze in den Gärten des Adels ausgesät. Dreieinhalb Meter wächst er auf armdicken Stängeln in die Höhe. In Vancouver, Kanada, wurde ein fast fünf Meter hohes Exemplar gefunden – ein Rekord, der eigentlich in das Guinness-Buch der Rekorde gehört. Die Laubblattspreite beträgt bis zu einem Meter. Die Blütendolde selbst, die bis zu 80 000 Einzelblüten enthalten kann, bildet eine Scheibe von bis zu fünfzig Zentimeter Durchmesser.

Der russische Bär in Pflanzengestalt

Wie nun und wann kam die kaukasische Monsterpflanze nach Europa? Wir wissen es genau. Wieder einmal waren die Russen schuld! Als die Grande Armée Napoleons endlich besiegt war, wurde 1814/15 in Wien unter Vorsitz des Fürsten Metternich ein Kongress einberufen. Es ging um die Neugestaltung Europas. Alle Fürsten und namhaften Diplomaten des Kontinents reisten im Herbst 1814 an. Auch der russische Zar Alexander I. Seinem Gastgeber überreichte der Zar eine wertvolle Malachit-Vase voller Samen als Geschenk. Die leichten, linsenförmigen Samen mit Randflügeln waren die Früchte eines Schirmblütlers, eines Verwandten des Wiesen-Bärenklaus, der in den höheren Lagen Abchasiens, im Südwesten seines Riesenreiches, endemisch war.

Fürst Metternich ließ die Samen im Park seiner Sommerresidenz Schloss Königswart in Böhmen aussäen. Und was die Gärtner da in den folgenden Jahren zu Gesicht bekamen, gereichte dem Namenspatron der Pflanze, dem antiken Helden Herkules, wirklich zu Ehren. Ein russischer Bär in Pflanzengestalt! Neben ihm sah der Wiesen-Bärenklau *(Heraculeum sphondylium)* – immerhin das größte in Mitteleuropa heimische Wiesenwildkraut – eher schmächtig aus.

Botaniker bewunderten die Pflanze. Samen dieser vorläufig *Heracleum giganteum* oder *H. caucasicum* getauften Pflanze wurden getauscht. Auch der Pflanzenliebhaber Johann Wolfgang von Goethe gelangte an die Samen und pflanzte sie im Garten seines Gartenhauses an der Ilm bei Weimar aus. Der achtzigjährige Dichter ließ ein Podest bauen, damit er hochsteigen und Blütenschirm sowie Samenstand dieses »Flügelmanns« von ganz nahe, von oben her mit der Lupe betrachten konnte. Immer wieder kommt er im Jahr 1831 in seinem Gartentagebuch auf das »Heracleum speciosum« zurück und bewundert dessen Wachstum (Balzer 1976: 209 f.). Vielleicht ist es Goethe zuzuschreiben, dass der Riesen-Bärenklau noch heute im Tal der Ilm munter wuchert.

Um 1890 begeisterte sich der englische Hof für den Riesen-Bärenklau. Die Royals ließen die prächtige Pflanze in ihren Gärten und Parks anbauen, und

Der verdorrte, vorjährige Blütenstand einer Herkulesstaude.

Der vertrocknete Blütentrieb der Herkulesstaude mit Stängelknoten – ein Kunstwerk der Natur.

manch ein Gentleman machte es ihnen nach. Imker, denen es nicht entgangen war, dass die Blütendolde reichlich Nektar und Pollen hervorbringt und dadurch ein ergiebiges Futter für Honigbienen ist, taten das ihrige, um die Pflanze zu verbreiten.

Lange hielt sich die Herkulesstaude zurück. Viel Zeit verging zwischen der ersten Kultivierung und der Verwilderung des Doldenblütlers. Jahrzehntelang wuchs er brav in den ihm zugewiesenen Beeten und Böden, als ob er vorsichtig prüfen wollte, ob ihm seine neue Umgebung auch passt. Aber dann, in der Mitte des letzten Jahrhunderts, setzte spontan sein Eroberungszug ein, und noch immer ist er auf dem Vormarsch. In seiner kaukasischen Heimat ist er auf die feuchteren, höheren Regionen begrenzt, weiter unten ist es ihm anscheinend zu trocken, und die Sommer sind ihm zu heiß. Sein ursprüngliches Areal schrumpft. In Europa aber und mittlerweile auch in Nordamerika, wo der Neophyt 1917 in New York als Zierpflanze eingeführt wurde, fand er einen passenden Lebensraum. Dennoch glaube ich, dass seine expansive Phase irgendwann ein Ende finden wird. Wie viele andere Neophyten, die einst auch auftauchten und wucherten, wird das Pendel wieder in die andere Richtung schwingen. Emotionsgeladene Hasstiraden sind fehl am Platz. Wir müssen nur das Gute in ihm finden. Wer weiß, was diese vitale Pflanze uns zu sagen hat und welche Heilkräfte sie enthält. Wir müssen den Riesen-Bärenklau erst einmal richtig betrachten. Er ist bewunderungswürdig. Ja, lieben lernen sollten wir ihn. Denn, wie einst Paracelsus sagte, nur was man liebt, kann man richtig erkennen. Künstler und querdenkende Naturfreunde machen da den Anfang.

Fred Weidmann, La croûte fragile des forêts vierges, 1976.

Annäherungen

- Einer der ersten Künstler, der sich auf diese Weise dem Neophyten näherte, war der bekannte visionäre Maler Fred Weidmann. Er hat die Pflanze nicht nur äußerlich, mit kaltem objektivem Blick betrachtet, sondern meditativ in sie hineingeschaut. Ganze Zauberlandschaften, bevölkert von Geistern und Elementarwesen, hat er in ihr entdeckt und diese auf Leinwand gebannt. Riesige Bilder hat er von ihren Blättern gemalt, die aus einigen Metern Ferne betrachtet vollkommen naturalistisch wirken, aber von nahem ein Tor zu andersweltlichen Dimensionen darstellen.
- Ulrich Holbein, naturverbundener Zauberer von wundersamen Wortsymphonien und wahrer *Magister botanicus,* hat für sich das Wunder des Bärenklaus entdeckt und gelegentlich darüber geschrieben. Er rät: »Sofort Aussteigen aus der BBB (Bürgerinitiative für Bärenklaubekämpfung)! Und in eine ganz andere BBB eintreten (= Bekämpft Bärenklau-Bekämpfer). Bearbeitet erst einmal euren inneren Stalin!«
- Hersteller und Spieler des Didgeridoos, wie der Elementarmusiker Hky Eichhorn, finden Gefallen an den armdicken hohlen Stängeln des Riesen-Bärenklaus. Als Didgeridoo bezeichnet man die zylindrischen Röhren, die den australischen Ureinwohnern als sakrale Blasinstrumente dienen. Sie werden mittels Zirkularatmung geblasen, um eine schwingende, tönende Luftsäule voller Obertöne herzustellen. Sie werden traditionell aus Eukalyptusstämmen hergestellt, die von Termiten ausgehöhlt wurden. Für die Aborigines wirken die Schwingungen des Instruments magisch auf Mensch und Tier und verbinden sie mit der »Traumzeit«. Der hohle Stängel des Riesen-Bärenklaus, versehen mit einem Mundstück aus Bienenwachs zum Schutz der Lippen, eignet sich hervorragend als ein derartig magisches Traumzeit-Instrument. Die ganze Skala von Obertönen kann mit dem Herkulesstaudenrohr erzeugt werden. Nur muss man aufpassen, dass das Rohr vollkommen trocken ist, ehe man es verwendet. Ein weiterer Vorteil ist, dass für dieses Windrohr kein lebender Eukalyptus in Australien gefällt zu werden braucht.
- Vor einiger Zeit sah ich zufällig im Fernsehen eine Dokumentation über einen französischen Wildkräuterkoch; es war Jean-Marie Dumaine, der ein edles Wildkräuter-Restaurant in Sinzig bei Bonn führt. Der Meisterkoch wurde, ausgerüstet mit Schürze und Handschuhen, am frühen Morgen beim Ernten der saftigen jungen Stängel der Pflanze gefilmt. Er ließ seine Zuschauer wissen, dass sich die giftigen, eine Dermatitis verursachenden Furanocumarine beim Kochen oder Backen verflüchtigen. Das Gericht vollendete er mit einer Himbeersauce. Ich war erstaunt. Aber ja, warum sollte das nicht gehen. Schließlich gehört er zur selben

Familie wie Möhre, Petersilie oder Sellerie, aber auch – das muss ebenfalls gesagt werden – wie der Giftschierling und andere giftige Doldengewächse.

Der nahe verwandte Wiesen-Bärenklau *(Heracleum spondyleum)* ist ebenfalls ein beliebtes Wildgemüse, dessen junge Blätter und Triebe manchem Kartoffelgericht den richtigen Pfiff geben und dessen ganz junge, noch nicht voll entfaltete Dolden ein besonders feines brokkoliartiges Gemüse ergeben. Auch der Wiesen-Bärenklau enthält, jedoch in viel geringeren Mengen, Furanocumarine, die auf der Haut empfindlicher Menschen, wenn sie das Kraut bei strahlendem Sonnenschein ernten, eine sogenannte Wiesen-Dermatitis auslösen können. Auch Steffen Guido Fleischhauer, der eine Enzyklopädie der essbaren Wildpflanzen Mitteleuropas geschrieben hat, gibt die Herkulesstaude als Nahrungsmittel an (Fleischhauer 2004: 163). Er warnt jedoch zur Vorsicht und vermerkt, es sei unbedingt zu vermeiden, dass die Haut bei Sonnenlicht mit dem Pflanzensaft in Berührung kommt. Inzwischen ist mir Jean-Marie Dumaines Buch »Kochen mit Wildpflanzen« (AT Verlag, 2008) in die Hände gekommen, in dem er seine Lieblingsrezepte mit den hundert häufigsten Wildkräutern zum Besten gibt. Mit dabei ist ein Rezept für den Herkules-Bärenklau mit Nonnenfürzchen und Sauerkirschen. Ich kann kaum warten, es zu probieren! Auch andere, als »aggressive Neophyten« geoutete Pflanzen wandern in die Töpfe des Kochgenies, darunter Franzosenkraut, Nachtkerze, Topinambur und Zackenschote.

- Der Bachblüten-Arbeitskreis stellt nach der Methode des englischen Mediziners Edward Bach Blütenessenzen aus den Blüten des Riesen her. Die Erprobung ergab, dass es sich dabei um ein Mittel handelt, »für Menschen, die es in der heutigen Welt schwer haben, sich mit dem Materiellen auseinanderzusetzen«. Die Essenz, so heißt es, hilft die Balance zwischen materieller und geistiger Welt zu finden.
- Auch Musiker haben sich mit dem riesigen Schirmblütler auseinandergesetzt und sich von ihm inspirieren lassen. Die Rockband Genesis brachte im Jahr 1971 das Lied *The Return of the Giant Hogweed* (»Die Wiederkehr der gigantischen Herkulesstaude«) auf dem Album *Nursery Cryme* heraus. Das ironisch gemeinte Lied beginnt mit diesen Zeilen:

Macht kehrt und rennt!
Nichts kann sie aufhalten, an jedem Fluss und Kanal wächst ihre Macht.
Rottet sie aus!
Wir müssen sie zerstören,
denn sie infiltrieren jede Stadt mit ihrem schweren, dunklen, warnenden Gestank.
Sie sind unbesiegbar,

Sie sind immun gegen unseren Herbizid-Angriff.
Vor langer Zeit in dem russischen Hügelland
fand ein viktorianischer Forscher das majestätische Schweinekraut beim Sumpf,
er fing es und nahm es mit nach Hause.
Nun rührt sich die botanische Kreatur, sucht nach Rache (...)

Ein weiterer Hinweis auf ein mögliches medizinisches Potenzial ist die Tatsache, dass die Pflanze, wie auch andere *Heracleum*-Arten, testosteronähnliche Substanzen enthält. Testosteron, das männliche Geschlechtshormon, ist sozusagen Gegenspieler der weiblichen Hormone, der Östrogene. Testosteron macht den Mann zum Hengst, befeuert den Begattungstrieb und die Angriffslust. Nicht ohne Grund galt der Wiesen-Bärenklau *(Heracleum spondyleum)* in der Volksmedizin als »gut für eheliche Werke« (Degen 2010). Kräutermeister Maurice Mességué schreibt, »dass Bärenklau das beste aller Aphrodisiaka ist: mehr als nur ein impotenter Mann, mehr als nur eine frigide Frau konnte (und kann noch) dank dieser Pflanze die unentbehrliche sexuelle Gesundheit, ohne die Körper und Geist krank sind, wiedererlangen«. (Mességué 1994: 41)

Wir leben in einer Zeit, in der es um das männliche Hormon nicht gut bestellt ist. Männer werden zunehmend unfruchtbar. Das Leben wird zunehmend östrogenisiert durch dubiose Fortschritte in der Chemie und Medizin:

- Plastikverpackungen und PET-Flaschen enthalten östrogenähnliche Stoffe, wie Bisphenol A, die in Nahrungsmittel oder Mineralwasser übergehen können und auf den Hormonhaushalt einwirken.
- Mit dem Urin ausgeschiedene Substanzen der Antibabypille geraten in die Gewässer und stören den Hormonhaushalt der Fische und Lurche, sodass es zu immer mehr Zwittern beziehungsweise zu verweiblichten männlichen Fischen – mit Eierstöcken – kommt. Diese hormonartigen Substanzen können auch von den Wasseraufbereitungsanlagen nicht ganz herausgefiltert werden.
- Herbizide, wie Atrazin, lassen ebenfalls Froschmännchen verweiblichen. Sie bilden weniger Testosteron aus. Vermutlich ist das eine der Ursachen des Rückgangs der Fruchtbarkeit der Lurche.
- Die Sonnenschutzmittel, die heutzutage massiv angewendet werden, enthalten Substanzen, die an die Rezeptoren für weibliche Hormone andocken und wie Östrogene wirken.
- Phytoöstrogene sind in vielen Hülsenfrüchtlern *(Leguminosae)* enthalten, etwa in Kichererbsen, Linsen und in den heute so populären Sojaprodukten (Tofu, Sojamilch).

Vielleicht, so die Überlegung von einigen Ökologen, hat der Riesen-Bärenklau in der sumpfigen, feuchten Welt nahe der Flüsse und Bäche die Aufgabe, der Östrogenisierung etwas Testosteron entgegenzusetzen. Vielleicht ist die rapide Verbreitung der Pflanze eine Antwort Gaias – des bewussten Erdorganismus – auf die Not der Fische und Amphibien – und der Menschen.

Der Sündenbock: Beifußblättriges Traubenkraut oder »Ambrosie«

(*Ambrosia artemisiifolia*, syn. *A. elatior*)

Weitere Namen: Beifuß-Ambrosia, Aufrechte Ambrosia
Englisch: *Ragweed*
Französisch: *Ambrosie à feulles d'armoise, herbe à poux*

Das Beifußblättrige Traubenkraut *(Ambrosia artemisiifolia)*, in den Medien bekannt als »Ambrosie« oder »Aufrechte Ambrosie« steht in der Schweiz, in Österreich und Bayern ganz oben auf der schwarzen Liste der mit aller Härte zu bekämpfenden invasiven, gebietsfremden Arten. Es besteht sogar offizielle Melde- und Bekämpfungspflicht. Der stattliche einjährige Korbblütler kam wahrscheinlich mit importiertem Vogelfutter oder verunreinigtem Saatgut nach Mitteleuropa. In Deutschland wurde die Pflanze erstmals vor über hundertfünfzig Jahren (1860) in Hamburg gesehen. Sie gilt als Hauptverursacher des Heuschnupfens, an dem im Sommer viele Millionen Menschen leiden. Wie schon die unspektakulären farblosen Blüten andeuten, wird die Pflanze nicht von Insekten bestäubt, sondern ist ein Windbestäuber, der unzählige Pollen hervorbringt. Pro Pflanze können bis zu einer Milliarde Pollen erzeugt werden. Ein Quadratkilometer voller Ambrosiapflanzen kann sechseinhalb Tonnen Pollen pro Jahr produzieren; um eine allergische Reaktion auszulösen, genügt aber

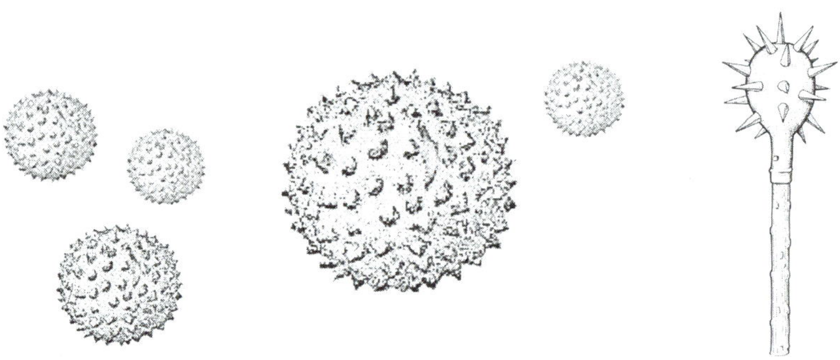

bereits ein millionstel Gramm (Neese/Williams 1997: 184). Unter dem Elektronenmikroskop betrachtet, kann einem das Gruseln kommen, besonders wenn man sich vorstellt, dass man die Pollen massenweise einatmet. Mit Stacheln gespickt, sehen sie nämlich aus wie Morgensterne, die schrecklichen Waffen, mit denen Krieger im Mittelalter die Schädel ihrer Feinde zerschmetterten. Nano-Morgensterne für die Nasenschleimhäute! Arme Menschheit!

Von all dem hatte ich nichts gewusst, obwohl ich das Traubenkraut, das *ragweed,* schon in meinen jungen Jahren gut kannte, denn es ist im amerikanischen Mittelwesten einheimisch. Es wuchs in dichten Beständen auf brachliegenden Feldern und an den Randstreifen von schlammigen Flüssen und Landstraßen. Als Jungen mochten wir das Kraut, das zusammen mit anderen hochstängeligen Ruderalpflanzen, wie der Schlitzblättrigen Rudbeckie, ein fast undurchdringliches Dickicht bildet.[64] Da ließ sich gut Dschungelsafari spielen, und man konnte sich mit Macheten einen Weg ins Abenteuer freischlagen. Im Spätherbst dienten uns die abgestorbenen, trockenen Stängel als Degen. Das noch höher, bis über drei Meter hoch wachsende Riesen-Traubenkraut, auch Dreilappiges Traubenkraut *(Ambrosia trifida), giant ragweed* oder in Ohio *horseweed* genannt, eignete sich besonders gut als Speer und Lanze. Auch diese Art wuchs auf den fruchtbaren, schweren Böden des Mittelwestens. Dieser Riese ist inzwischen übrigens auch in Europa, von Frankreich bis hin zur ukrainischen Steppe, als Neophyt anwesend. Wir tollten in der Natur und hatten keine Ahnung, dass Milliarden mikroskopischer Morgensterne uns bedrohten, dass diese *ragweeds* Heuschnupfen oder irgendwelche Allergien verursachen konnten. Auch kannten wir niemanden, der Heuschnupfen hatte.

In den 1970er Jahren war ich engagierter Biogärtner in Oregon. Wie andere in der aufkeimenden biologischen Bewegung war ich überzeugt, dass *organic gardening* zwar arbeitsintensiv, aber dennoch effizient ist. Wenn man mit der Natur und nicht gegen sie arbeitet, kann man gut auf Herbizide, Pestizide und Kunstdünger verzichten. Einer unserer Lehrmeister war der Botaniker Joseph Cocannouer. Sein Buch *Weeds: Guardians of the Soil* war ein Klassiker, aus dem Naturgärtner viel Inspiration zogen. Für Cocannouer waren die Ackerbegleitpflanzen keine Unkräuter, sondern ein unerkannter Segen, »Wächter des lebendigen Erdbodens«. Die meisten »Unkräuter«, wie etwa das Traubenkraut, sind Tiefwurzler, die die Pflugsohle durchbrechen und den Untergrund für die schwächeren Kulturpflanzen aufschließen, die dann selbst ihre Wurzeln tiefer

64 Das Traubenkraut erweist sich als extrem anpassungsfähig. Wenn es höher wächst als die umgebende Vegetation, bringt es vor allem männliche Staubblüten hervor. Ist jedoch die umgebende Vegetation höher, bringt die Pflanze vor allem weibliche Blütenorgane hervor (Stein 1994: 116). Auch in Hinblick auf Unkrautvertilger ist sie anpassungsfähig, sie entwickelt zunehmend eine Herbizidresistenz.

treiben können. »Mutterkräuter« nannte er sie deswegen. Zudem pumpen sie versickerte Nährstoffe wieder an die Oberfläche und lassen das Grundwasser kapillarisch in die oberen Schichten steigen. Ihre Wurzelmasse durchlockert und belebt den Boden, hält ihn aber gegen Wind- und Wassererosion fest. Eine harmonisierende Wirkung der Unkrautwurzeln besteht auch in ihren Ausscheidungen und Chelaten, die den anderen Organismen, den Bodenlebewesen, zugute kommen (Storl 2008: 249 f.). Obwohl sie für den Menschen nicht genießbar sind, verbessern auch die Traubenkräuter, das Beifußblättrige wie das Riesen-Traubenkraut, den Boden. Untergepflügt ergeben sie einen guten Gründünger. Kühe knabbern gelegentlich an den »Vitaminspendern« und nach der Ernte können sie mit in der Silage verarbeitet werden. Am wichtigsten aber sind sie für die Vogelwelt, indem sie in schneereichen Wintern für das gefiederte Volk eine gute Futterquelle darstellen (Cocannouer 1964: 158).

Kurz nach der Wende, Anfang der neunziger Jahre, als ich ein Kräuterseminar im post-sozialistischen Ungarn veranstaltete, traf ich meinen alten pflanzlichen Jugendfreund, das *Ragweed,* wieder. Es wucherte munter auf den unbestellten sommerlichen Feldern der ehemaligen kollektivierten landwirtschaftlichen Produktionsgenossenschaften und weckte in mir gute Erinnerungen an die längst vergangenen unbeschwerten Sommer in Ohio. Dann, zehn Jahre später, entdeckte ich die beifußblättrige Pflanze im Englischen Garten in München, wo sie munter wuchs. Ich erzählte niemandem davon, denn zu dieser Zeit häuften sich in den Medien die Meldungen über ihr Gefahrenpotenzial. Immer hysterischer wurden die Artikel und Beiträge. Im *Zürcher Unterländer* (vom 3. August 2006) konnte man unter der Überschrift »Mit Stumpf und Stiel vernichten« Folgendes lesen:

»Da der Pollenflug demnächst einsetzt, wird die Zürcher Bevölkerung aufgerufen, die Pflanze mit Stumpf und Stiel zu vernichten. ›Jetzt ist es höchste Zeit zu handeln‹, teilte die Baudirektion des Kantons Zürich gestern in einer Medienmitteilung mit. Die hoch allergene Pflanze sei mit Handschuhen und – falls die Blüten bereits offen seien – mit einer Staubmaske samt Wurzel auszureissen und im Kehricht zu entsorgen. (...) Der Kanton Zürich hat die Bekämpfung von Ambrosia am 10. Mai 2006 für obligatorisch erklärt. Die Baudirektion hat bis Mitte Juli 2006 rund 800 Personen im Erkennen und Umgehen mit dem gefährlichen Unkraut geschult.« Und in der *Neuen Zürcher Zeitung* (vom 12. Mai 2006) konnte man lesen, dass der Zürcher Regierungsrat den Kampf gegen Ambrosia zur Pflicht erklärt hat. Landwirte und Gartenbesitzer werden gesetzlich verpflichtet, die Pflanze auszureißen und mit dem Kehricht zu verbrennen.

Die Hysterie beschränkt sich selbstverständlich nicht auf Zürich. Ähnliches erfährt man in den Medien der anderen europäischen Länder. In Italien bekommt man eine Buße von bis zu 400 Euro aufgebrummt, wenn man eine Ambrosie in seinem Garten belässt. Die *Süddeutsche Zeitung* vom 1. September 2009

Das Beifußblättrige Traubenkraut (»Ambrosie«) in Blüte.

Ein kleines blühendes Traubenkraut.

zeigt heldenhafte Gutmenschen in Schutzanzügen und Schutzmasken an vorderster Front beim Einsatz gegen die superpotenten Allergieauslöser. Ein Faltblatt des schweizerischen Gesundheitsamts warnt vor a) gesundheitlichen und b) ökologischen Gefahren, die von dieser Ruderalpflanze ausgehen:

a) Ambrosiapollen verursachen Allergien. Zwischen 10 und 15 Prozent der Bevölkerung können pollenallergisch reagieren, 25 Prozent der Ambrosia-Allergiker werden zusätzlich unter Asthmaanfällen leiden. Die folgenden medizinischen Gesamtkosten würden sich in der Schweiz auf CHF 325 000 000 belaufen.

b) Die Ambrosia kann wegen ihres flächendeckenden Ausbreitungspotenzials die einheimische Flora verdängen und damit die Biodiversität gefährden.

Und nun, nach dieser Propagandaoffensive, rücken besorgte Bürger aus, um den Eindringling unschädlich zu machen. Da sie aber wenig botanische Kenntnisse besitzen, vernichten sie unwillkürlich vielfach ganze Beifußbestände *(Artemisia vulgaris)*. Die Blätter dieses einst sakralen Krauts sehen nämlich ganz ähnlich aus.

Doch stimmt das wirklich: Ist das Aufreche Traubenkraut tatsächlich der Hauptverursacher des Heufiebers? Um diese Frage zu beantworten, wollen wir uns zuallererst mit dem Thema Pollenallergie oder Heuschnupfen befassen.

Heufieber, Heuschnupfen, allergische Rhinitis, Pollinose

Im Jahre 1819 beschrieb John Bostock, Arzt in Liverpool, eine völlig neue Krankheitserscheinung, an der er selbst zu leiden hatte und die ihn jedes Jahr im Sommer heimsuchte: Fließschnupfen, Niesanfälle, entzündete, tränende Augen, Schleimabsonderungen, Halskratzen, verstopfte Atemwege. In einer Studie neun Jahre später berichtet er der Gesellschaft der Ärzte und Chirurgen *(Medical and Chirurgical Society),* dass unter 5000 Patienten, die er untersuchte, lediglich 28 an ähnlichen saisonalen Beschwerden litten, und bei diesen handle es sich ausschließlich um »Mitglieder der oberen Schichten der Gesellschaft, darunter einige von hohem Rang, aber nicht ein einziger Fall unter den Armen ist mir bekannt«. Da er die Bezeichnung »Bostocks Katarrh« nicht mochte, schlug er den Namen Sommerkatarrh *(Catarrhus aestivus)* vor.

Bostock war ein moderner, wissenschaftlich geschulter Arzt, der gegen das neu entdeckte Übel mit den modernsten therapeutischen Methoden anrückte: Schröpfen, Aderlass, Purgieren, magere Diät, Opium, Quecksilberpräparate, Digitalis. Man rätselte über die Ursache der aristokratischen Krankheit: Ausdünstungen der Feldhasen? Duft des Heus während der Heuernte? Bostock selbst glaubte, es hätte etwas mit der Gicht zu tun, die ebenfalls eine Krankheit der wohlhabenden Schichten war. (Sie konnten sich eben viel Fleisch, Weißmehl und alkoholische Getränke leisten, was der Übersäuerung des Körpers Vorschub leistet.) Der erste Heufieberfall in Amerika wurde 1850 vermerkt. 1874 wurde die amerikanische Heuschnupfen-Gesellschaft *(U.S. Hayfever Society)* gegründet, der nur die oberen Zehntausend angehörten, denn – darin war man sich einig – weder Arme noch Bauern und schon gar nicht die »Neger des Südens« waren betroffen. Je gebildeter und vornehmer, desto anfälliger waren die Menschen. Besonders die englische Elite traf es. Für den britischen Hals- und Nasenspezialisten Dr. Morell Mackenzie war die Krankheit »in Wirklichkeit Grund zum Selbstlob, da Heuschnupfen auf kulturelle un zivilisatorische Überlegenheit gegenüber weniger begünstigten Völkern hinweist« (Ehgartner 2008: 102). Erst 1873 erkannte Dr. Charles Blackley, dass es nicht der Duft des Heus, sondern vor allem der Pollenflug war, der den Heuschnupfen auslöste.

Die Heuschnupfen-Gesellschaft, deren wohlhabende Mitglieder ansonsten den Müßiggang pflegten, schritt zur Tat. Sie machte sich für die Ausrottung des Beifußblättrigen Traubenkrauts stark, dessen Pollen angeblich an den spätsommerlichen »Pollinose«-Anfällen die Hauptschuld trage (Ehgartner 2008: 103).

1908 fragte sich der Arzt Dr. Sticker, warum die armen Bauersleute keinen Heuschnupfen bekamen, wo doch gerade auf dem Land am meisten Pollen flogen, während dieses Leiden bei den Stadtbewohnern viel häufiger war (Konz 2000: 893). Dieselbe Frage stelle ich mir, wenn ich an das ländliche Ohio zurückdenke, wo das Aufrechte Traubenkraut in Massen wuchs. Keiner, den ich kannte, hatte Heufieber. Zur Massenkrankheit wurde der Heuschnupfen erst im Laufe der 1950er Jahre, als das Impffieber bei den Ärzten ausbrach (Konz 2000: 893). Heuschnupfen ist am häufigsten in jenen Ländern anzutreffen, in denen am meisten geimpft wird, nicht aber, wo am meisten Blütenstaub durch die Luft wirbelt. Die ersten Opfer der allergischen Rhinitis kamen, wie wir sahen, nicht aus den untersten Gesellschaftsschichten oder dem Landvolk, sondern von der eher dekadenten, überzivilisierten Elite, die sich vor allen in geschlossenen Zimmern aufhielt, einer übertriebenen Hygiene frönte, deren Kleinkinder die »saubere« Flasche anstatt die Brust bekamen, die gegen Pocken »vacciniert« (geimpft) war und ihre Milch abkochte, in anderen Worten, die von der Natur völlig entfremdet war.

Vor drei oder vier Generationen waren Allergien eine Kuriosität, heute sind sie ein Massenphänomen. 1926 wurde ermittelt, dass etwa 0,28 Prozent der Einwohner Deutschlands an Heuschupfen erkrankt war – das sind 56 Erkrankte pro 20 000 Einwohner. Bis heute hat sich dieser Wert um das Fünfzigfache erhöht. Von zwanzigtausend Personen leiden etwa dreitausend an Heuschnupfen (Werner 2009: 76). Statistiken in anderen Industrieländern sind ähnlich.

Diverse Studien zeigen, dass bei Kindern, die gestillt wurden, im Gegensatz zu Flaschensäuglingen die Allergiebereitschaft sinkt (Nesse/Williams 1997). Natürlich geborene Kinder sind weniger anfällig als Kinder, die per Kaiserschnitt zur Welt kommen. Je mehr Geschwister, desto weniger Allergien oder Heuschnupfen treten auf. Kinder, die Stallluft atmen, Hunde als Spielgefährten haben und auf dem Erdboden spielen, sind ebenfalls weniger anfällig. Wissenschaftler fanden eine 75-prozentige Verminderung der Allergierate, wenn Bauernkinder im ersten Lebensjahr Kontakt mit Kühen hatten und Rohmilch zu trinken bekamen (Ehgartner 2008: 60).

Als Auslöser der Atemwegsallergien, an denen zehn Prozent der Bevölkerung der Industrienationen leiden, stehen nicht nur der Pollenflug unter Verdacht, sondern auch Chemikalien, Feinstaub, Hausmilben, der Aufenthalt in geschlossenen Räumen – wenn ein Sonnenstrahl durch die Scheiben dringt, sieht man die Partikelchen flimmern. Aber eindeutig ist das nicht. Eine der Hauptursachen für die aktuelle immunologische Krise scheint die gegenwärtige medizinische Doktrin und Praxis zu sein. Von Geburt an wird die Umwelt steril gehalten. Nicht einmal Darmwürmer dürfen die kleinen Kinder bekommen – obwohl man inzwischen weiß, dass diese das Abwehrsystem anregen und kräftigen, wie der Ärzteverband Deutscher Allergologen (ÄDA) und die Deutsche Gesellschaft für Allergologie und klinische Immunologie (DGAKI) bestätigen. Bei Krankheiten, auch solchen, die von selbst verschwinden würden oder die mit einfachen Hausmitteln zu behandeln wären, werden Antibiotika, Fiebersenker, gegebenenfalls Steroidhormone wie Cortison eingesetzt. Besonders das Impfen der Säuglinge ist fragwürdig. »Impfungen verschieben das immuno-

Natürliche Behandlungsmöglichkeiten bei Heuschnupfen

Immunologen sind heute natürlich weiter mit ihren Therapien, als der gute alte Doktor Bostock es war. Meistens besteht die Therapie aus Symptomunterdrückung mittels Glukokortikoide (Cortison), Antihistaminika und Antiallergika wie Cromoglicinsäure in Form von Tropfen und Sprays. Eventuell kommt noch eine Desensibilisierungstherapie dazu, wobei der Patient allmählich immer stärker dem Allergen ausgesetzt wird.

Desensibilisierung ist auch bei Naturheilern bekannt. Als zum Beispiel Hassan Muwonge, ein Nganga (Heiler) aus Uganda, während des Ethnomed-Weltkongresses 2008 (Maximilian Universität, München) danach gefragt wurde, erklärte er, dass das Immunsystem in einem solchen Fall falsch programmiert sei. Man könne es umprogrammieren. Der Betroffene solle in die blühende Wiese gehen, seine geistigen Kräfte mobilisieren, tief einatmen und zu sich selbst sagen: »Das tut mir gut!«

Traditionelle Kräuterkundige stimmen dem bei. Propolis und Blütenhonig sollen bei der Desensibilisierung helfen. Dazu werden im Fall akuter Heuschnupfenattacken verschiedene Kräutertees – 3 Tassen pro Tag – verschrieben:

- **Meerträubel** *(Ephedra)*: Der Tee hat eine krampflösende Wirkung auf die Bronchien, lässt die Schleimhäute abschwellen und wirkt zentralstimulierend, ähnlich wie Amphetamine. Die chinesischen Barfußärzte lassen den Patienten den Tee direkt durch die Nase ziehen. Englische Kräuterheiler mischen gerne Meerträubel wegen seiner antiallergischen Wirkung mit **Brennnesselbättern** *(Urtica dioica)*, die antihistaminisch wirken (Bartram 2001: 215). Wer unter hohem Blutdruck leidet

---

logische Gleichgewicht in die allergische Richtung«, bestätigt der Immunologe Prof. Graham Rook vom University Medical College in London (Rook/Brunet 2002: 145–149). Durch solche Maßnahmen wird das Immunsystem durcheinandergebracht, praktisch arbeitslos gemacht. Kommt dann ein Ambrosia-Blütenstaubkörnchen daher oder ein Katzenhaar oder was immer, dann reagiert die Abwehr unvernünftig, löst falschen Alarm aus.

Allergien wie Heuschnupfen sind Schutzmechanismen des Körpers. IgE-Antikörper werden mobilisiert, um das Antigen, das vermutlich angreifende schädliche Fremdeiweiß, wieder aus dem Organismus zu befördern – mit Tränenfluss, Schleimabsonderungen, Niesen, Hustenanfällen und dergleichen. Es ist der Versuch eines verwirrten Abwehrsystems, eine Entgiftung durchzufüh-

oder Antidepressiva einnimmt, sollte jedoch keinen Meerträubeltee trinken.

- Ein Tee von **Holunderblüten** *(Sambucus flos)* hilft nicht nur bei viralen Infektionen, sondern lässt auch die Schleimhäute abschwellen.
- **Kanadische Goldrute** *(Solidago canadensis)*, einer der »bösen« Neophyten, dessen Pollen selbst als Auslöser von Heuschnupfen verdächtigt werden, hat als Tee nicht nur eine nierenheilende Wirkung, sondern wird auch gerne bei Erkältungen und Rhinitis getrunken. Die einheimische **Echte Goldrute** *(S. virgaurea)* und die **Riesen-Goldrute** *(S. gigantea)* sind genauso wirksam.
- **Augentrost** *(Euphrasia rostkoviana)*, das bewährte Kräutlein für Augenbindehautentzündung und Übermüdung der Augen hilft auch bei allergischer Rhinitis, indem es die Schleimhäute beruhigt.
- **Durchwachsenblättriger Wasserdost** *(Eupatorium perfoliatum)*, eine mächtige Heilpflanze aus dem nordamerikanischen Waldland und eine meiner Lieblingspflanzen, hilft nicht nur bei viralen Infektionen, wie Grippe und Erkältung, sie hat auch eine gute Wirkung als Tee bei Heuschnupfen.
- Weitere Kräuter, die mit in eine Heuschnupfen-Teemischung kommen könnten, sind das **Kanadische Berufkraut** (*Conyza canadensis*, syn. *Erigeron canadensis*, eine Pflanze, die sich seit dem 18. Jahrhundert als Neophyt in ganz Europa verbreitet), der **Wegerich** *(Plantago lanceolata)*, der **Salbei** *(Salvia officinalis)*, das **Ruhrkraut** *(Gnaphalium uliginosum)* und der **Quendel** *(Thymus vulgaris)*.

---

ren. So betrachtet, ist Heuschnupfen, wie auch die ganze Palette von atopischen und allergischen Reaktionen sowie weitere Autoimmunerkrankungen, eine Zivilisationserscheinung.

Ein falsches medizinisches Paradigma und die daraus resultierende Praxis und nicht der Blütenstaub eines Neophyten wie die Ambrosia sind letztlich verantwortlich für das zunehmende Auftreten von Heuschnupfen und Asthma. Die verteufelte Pflanze hat lediglich eine Alibifunktion. Sie ist der Sündenbock eines hilflosen und von der Natur entfremdeten Medizin-Establishments. Und andererseits ist es ein gutes Geschäft für die Medikamentenhersteller.

Als diätetische Maßnahme sollten Milchprodukte weitgehend gemieden werden, da sie verschleimend wirken. Bei einem akuten Anfall können eiskalte

Duschen Wunder wirken, da sie die Nebennierenrinde zur körpereigenen Cortisonausschüttung anregen.

Vom Nutzen der Ambrosie

Für wackere Streiter gegen die Unkrautplage ist der Name »Ambrosia«, mit dem der große Systematiker Linnaeus das Traubenkraut belegte, ein schlechter Witz. Ambrosia, aus dem Griechischen, bedeutet nämlich »Speise der Götter«. Edwin Spencer, Koryphäe der Unkrauthasser, findet, dass die Bezeichnung »Teufelsfutter« eher passen würde; er gibt Ratschläge, wie man es mit Herbiziden schnellstens vernichten kann (Spencer 1974: 272).

Ganz anders die Ureinwohner des amerikanischen Kontinents. Für sie ist es ein wertvolles Heilkraut. Die Lakota-Sioux hatten drei Namen für das Kraut: »Süß riechendes Kraut«, »Arschwischkraut« und *poipiye,* »Kraut zur Behandlung von Geschwülsten«, wobei sie die Tumore äußerlich mit einem Sud behandelten (Kindscher 1992: 34).

Am häufigsten verwendeten die nordamerikanischen Eingeborenen die Traubenkrautblätter und Triebspitzen als Abkochung oder Tee bei Blutstuhl und Ruhr. Für die Dakota-Sioux fand diese »Bittermedizin« *(pexhuta pa)* Anwendung, um blutigen Stuhlgang und Erbrechen zu unterbinden. Die Cheyenne, die das westliche Traubenkraut *(Ambrosia psilostachya)* »schwarze Medizin« *(mohk tah' wanotst)* nannten, setzten es bei Blutstuhl, Magen-Darm-Krämpfen und Er-

kältungen ein (Moerman 1999: 66). Die Oto verwendeten es bei »Übelkeit«, wobei der Bauch zuerst skarifiziert (angeritzt) und dann mit zerstampften Ambrosiablättern bedeckt wurde (Gilmore 1977: 80). Die Irokesen benutzten das Riesen-Traubenkraut wie auch das Beifußblättrige Traubenkraut als Abkochung – »es wird recht lange gekocht« – bei schweren Durchfällen mit Blutung (Herrick 1995: 228). Andere Indianer, wie die Kiowa, benutzten die Abkochung äußerlich, um Insektenbisse, Verpilzung und Hautauschläge bei Mensch und Pferd zu behandeln. Die Meskwaki kauten an den Wurzeln, wenn sie in der Nacht von Ängsten befallen wurden (Moerman 199: 67). Weitere Anwendungen bei den Indianern sind Daniel Moermans ethnobotanischem Meisterwerk »Native American Botany« (1999) zu entnehmen.

Die Ambrosie beziehungsweise das Riesen-Traubenkraut *(Giant ragweed, Ambrosia trifida)* diente prähistorischen Indianern sogar als wichtige Nahrungspflanze; das haben sorgfältig durchgeführte archäologische Ausgrabungen und pflanzengenetische Untersuchungen feststellen können. Um 1000 v. u. Z. wurden die Indianer in den fruchtbaren Flusstälern des Mittelwestens sesshaft und ergänzten das Jagen und das Sammeln von Wildpflanzen mit Landwirtschaft.[65] Es entstand die Kultur der Moundbuilders (»Hügelbauer«), die neben ihren Dörfern künstliche Erdhügel aufschütteten, die als Grabhügel oder als Unterbau ihrer Tempel dienten. Nach neuster Erkenntnis war diese Region ein eigenständiges Zentrum der Pflanzendomestikation. Erst später kamen von Südwesten her, aus dem tropischen Mexiko, die »Drei Schwestern«, Mais, verschiedene Kürbisse und Bohnen, und verdrängten weitgehend die ursprünglich angebauten Pflanzen. Unter den stärke- und ölhaltigen Körner- und Samenpflanzen, die die Moundbuilders züchteten und auf ihren Feldern aussäten, waren folgende (Kindscher 1987: 25, Pickersgill 2011: 825 ff.): Gänsefußgewächse *(Chenopodiaceae)*, Fuchsschwanz *(Amarathus)*, Sonnenblumen *(Helianthus)*, Schlagkraut oder Rispenkraut (*Iva annua* Michx. oder *Ambrosia pitcheri* Torr., englisch *marsh elder* oder *sumpweed*), Glanzgras (*Phalaris caroliniana*, englisch *maygrass*) und eben das Große Traubenkraut *(Ambrosia trifida)*.

Als die Indianer diese Pflanzen kultivierten, waren ihre Samen größer als die der heutigen Wildformen. Die Ambrosiasamen zum Beispiel waren vier- bis fünfmal größer und heller in der Farbe. Anhand der großen Mengen von Samen, die man fand, scheint die Ambrosia in ihrer Wichtigkeit an zweiter Stelle hinter dem Schlagkraut rangiert zu haben. Ob die Indianer, die diese Pflanzen feldmäßig anbauten, auch an Heuschnupfen litten?

65 Der Kulturkreis der ersten Pflanzervölker erstreckt sich von den Adena Moundbuilders in Ohio über die Kulturen des zentralen Mississippitals bis hin zu den Ozark-Bluff-Bewohnern in Nordwest-Arkansas.

Der üppige Blütenstaub des einjährigen Schlagkrauts gilt übrigens ebenfalls als gefährlicher Auslöser der Heuschnupfenallergie. Es ist mit dem Traubenkraut eng verwandt, eine Kusine sozusagen. Inzwischen hat auch diese Pflanze den Sprung über den Ozean geschafft und ist in sonnenwarmen Lagen der Rheinebene und der Kurpfalz gesichtet worden. Auch ihr nächster Verwandter, das zweijährige Spitzklettenblättrige Schlagkraut oder Rispenkraut *(Iva xanthifolia)* ist als Neophyt präsent (Aichele/Schwegler, BdTV, 2000: 342).

Der Bote aus Shambala: Indisches Springkraut

(Impatiens glandulifera)

Weitere Namen: Drüsiges Springkraut, Himalajabalsam, Himalaja-Springkraut
Englisch: *Himalayan Balsam, Policeman's Helmet, Poor man's orchid*
Französisch: *Balsamine de l'Himalaya*

Das Drüsige Springkraut ist eine saftige einjährige, nicht verholzende Krautpflanze, die sich in Flusstälern, auf feuchten Wiesen und an Waldrändern wohlfühlt. Vor der Sommersonnenwende machen die zarten Pflänzchen einen eher schwächlichen Eindruck. Man meint, die Brennnesseln und andere robuste Wildkräuter würden sie bald überwuchern. Doch dann, ganz plötzlich, nach Johanni schießen sie hoch und ringen ihre Konkurrenten nieder. Das Wachstum überstürzt sich: Gierig saugen sie das Bodenwasser auf, sodass es an den Knoten der rötlich glasigen Stängel zu Schwellungen kommt und die überschüssige Flüssigkeit von Sprossenden und Blatträndern tropft. Zwei bis drei Meter Höhe können sie erreichen. Der Himalajabalsam ist somit die am höchsten wachsende einjährige Wildpflanze im nördlichen Europa. Knickt ein Sturm das Gewächs oder trampelt ein Tier es nieder, dann schießen sofort neue Adventivwurzeln aus allen Knoten, die den Boden berühren. Als ich einmal die in meinen Gartenbeeten überhandnehmenden Springkräuter herausriss und auf den Komposthaufen warf, verwelkten sie nicht etwa, wie man es bei einer solchen wässrigen Pflanze erwarten würde. Über Nacht trieben die herausgerissenen, hingeworfenen Stängel aus praktisch jedem Stängelknoten frische, saftige rötliche Wurzeln aus und senkten diese in den Kompost hinein; zugleich hatten sich die blühenden Triebspitzen wieder senkrecht aufgestellt und wurden eifrig von den Hummeln besucht. Man konnte nur staunen, was für eine unbändige Vitalität in dieser zerbrechlich wirkenden Pflanze steckte.

Wenn die Sonne im Jahreslauf das Sternbild Krebs erreicht, fängt das Springkraut zu blühen an. Immer ungestümer blüht es bis in den Spätherbst hinein, wenn andere Blütenkräuter schon größtenteils vertrocknet oder längst

Die reifenden Samenkapseln des Indischen oder Drüsigen Springkrauts.

Keimlinge (groß: Indisches Springkraut; klein: heimisches Springkraut; hinten: Milzkraut).

Keimling des Indischen Springkrauts.

versamt sind. Die Blütenstände sind dermaßen prächtig, dass sie ihm den Namen »Orchidee der Vorstadt« eingebracht haben. Die zarten malvenfarbigen Kronblätter sind paarweise miteinander verbunden und formen einen Rachen, der die schweren Hummeln zum Nektartrunk einlädt und sie dabei fast verschluckt. Auch Bienen, Wespen und verschiedene Falter, wie der Kolibri-Schwärmer *(Marcoglossum stellatarum),* laben sich an dem süßen Nektar, der mit fünfzig Prozent Zucker eine besonders hohe Zuckerkonzentration aufweist. Auch zuckerhaltigen Blütenstaub bietet die Blüte den Insekten an. Imker freut das. Ich fragte den Imker, der hier auf dem Berg einige Bienenstöcke unterhält, was er von dem Indischen Springkraut halte und auch von anderen Neophyten. »Ich danke Gott dafür«, gab er zur Antwort, »zu dieser Jahreszeit sind die Wiesen abgemäht und die Weiden abgegrast, da ist es ein Segen für meine Bienen. Ich brauche kaum Zuckerlösung nachzufüttern.«

Manchmal denke ich, dass die Mutter Erde, die Frau Holle oder die barmherzige Gottesmutter die kraftvollen indischen Springkräuter in den Westen geschickt hat, weil ihr ihre kleinen summenden Kinderlein leid taten.

Die Blüte des Springkrauts ist ein regelrechtes Kunstwerk. Zwei rote Kelchblätter verbinden sich zu einer Art Kappe mit Sporn, als trüge die Blüte eine

Zipfelmütze. Und in dieser Zipfelmütze sammelt sich der verführerische Nektar. Wie bei den Rachenblütlern, etwa dem Löwenmaul, ist die Springkrautblüte zweiseitig symmetrisch und hängt waagrecht im Raum, was ihr eine eher tierhafte Ausstrahlung verleiht. Eine derartige Blüte lässt vermuten, dass man es mit einer Giftpflanze zu tun hat. Wenigstens die anthroposophischen Botaniker könnten das vermuten, denn nach ihnen ist die Tendenz zur Giftigkeit vorhanden, wenn sich eine Pflanze, was Farbe, Form oder Stoffwechsel angeht, in Richtung Tierhaftigkeit bewegt. Die Springkrautblüte scheint beseelt zu sein, sie berührt – nach dem Prinzip, Gleiches wirkt auf Gleiches – auch unser Empfinden, unsere Seele. In ihrer Form und Farbe erinnert sie an ein tierisches Organ, an ein Herz.[66] Die Pflanze ist aber nicht wirklich giftig, eher unbekömmlich. Ihre tierische Seite lebt sie in einer fast animalisch anmutenden Regsamkeit aus. Der oberständige Fruchtknoten reift zur spindelförmigen Kapsel, die bei der leichtesten Berührung mit hörbarem Knacken aufplatzt und ihre Samen bis zu sechs oder sieben Meter von sich schleudert. Manchmal genügt ein Regentropfen, ein Windhauch oder gar ein Sonnenstrahl, um den Samenhagel auszulösen. Wie der Revolverheld aus dem Wildwestfilm hat sie ihren Weg auf diese Weise durch den Kontinent freigeschossen.

Mit typisch indischer Fruchtbarkeit bringt jede Pflanze zwischen 1600 und 4300 Samen hervor – emsige Botaniker haben nachgezählt. In Reinbeständen können sich so bis zu 32 000 Samen pro Quadratmeter bilden. Imker mag das freuen, Hummeln und Bienen sowieso. Aber für Ökologen und Naturpuristen, die jeden Wandel in der Natur als bedrohlich empfinden, ist es lediglich ein weiterer »aggressiver Neophyt«, der die einheimische Flora bedrängt und bedroht.

Aber sicherlich hat das alles auch seine positiven Seiten. Vielleicht braucht unsere schwächelnde Natur dieses vitale Gewächs. Vielleicht ist die Natur weiser als unser Verstand. Wem die Pflanze nicht passt, der kann die im September bis Oktober reifenden schwarzen Samen getrost essen. Sie schmecken überraschend gut, ähnlich wie Walnüsse. Steffen G. Fleischhauer, führender Experte für essbare Wildpflanzen, schlägt vor, die Samen in Würzpasten, für Aufläufe, Bratlinge und Gebäck zu verarbeiten oder zu Speiseöl zu pressen (Fleischhauer 2004: 172). Die frischen Blätter sollte man jedoch lieber nicht als Wildgemüse in die Suppe oder den Salat geben, da sie Brechreiz auslösen können.

Das Indische Springkraut kam 1839 nach England. Der in Indien geborene Arzt und Pflanzensammler John Forbes Royle brachte es zusammen mit anderen Pflanzenarten aus Kaschmir mit. Zuerst wurde das zarte, zerbrechlich wir-

66 Zum tieferen Verständnis der Tierhaftigkeit, Beseeltheit oder Astralität der Pflanzen siehe W. D. Storl, Der Kosmos im Garten (AT Verlag, 2008, S. 109 ff.).

Das einheimische Springkraut oder Rühr-mich-nicht-an.

kende Springkraut im Gewächshaus gezogen, weil man glaubte, es sei zu empfindlich für die freie Natur. Bald aber entschlüpfte der gehätschelte indische Pflegling der Obhut seiner Wächter. Schon 1855 war er in England hier und da verwildert anzutreffen. Der Volksmund nannte die schöne neue Blume *policeman's helmet* (Polizistenhelm), *poor man's orchid* (Orchidee der Armen), *jumping jacks* (Springende Jakobs), *stinky pops* (stinkende Hüpfer), *bee bums* (Bienenhintern) oder *nuns* (Nonnen). Inzwischen hat sie sich auf den Britischen Inseln dermaßen verbreitet, dass man feldzugmäßig gegen sie vorgeht. Trupps von Schulkindern und Naturschützern gehen an Wochenenden *»balsam bashing«*, das heißt so viel wie die Pflanzen ausreißen und auf ihnen herumtrampeln, so ähnlich wie sich Skinheads mit *queer bashing,* dem Verprügeln von Schwulen, oder mit *Paki-bashing,* dem Herumhacken und Beleidigen von südasiatischen Einwanderern vergnügen.

In Deutschland tauchte das Drüsige Springkraut das erste Mal um 1900 von Basel ausgehend in Baden auf, aber es dauerte relativ lange, bis es zum Eroberungszug ausholte. Ich kann mich gut erinnern, wie es Anfang der 1990er Jahre bei uns im Allgäu auftauchte. Eine benachbarte Bäuerin entdeckte dieses ungewöhnliche »Fleißige Lieschen« am Bachufer bei ihrem Garten. Im nächsten Jahr waren schon viel mehr dieser Pflänzchen da. Sie machte sich die Mühe, die überschüssigen Keimlinge vorsichtig auszugraben, in Joghurtbecher zu setzen und dann damit ihre Nachbarn und Freunde zu beschenken. Diese pflanzten es dankbar in ihre Gärten. Es dauerte nicht lange, da überwucherte die saftige, einjährige Blütenpflanze ganze Bachtäler, Auwiesen und Waldränder mit ihrer erstaunlichen Vitalität.

Das Indische Springkraut als Heilpflanze

Wenn eine fremde Pflanze sich in der Landschaft ausbreitet, weiß die lokale Bevölkerung meistens nicht, was damit anzufangen ist. Oft sind es besonders sensitive, leicht hellsichtige Menschen oder bei den Eingeborenenvölkern Schamanen, die ihre ersten Erfahrungen damit machen. So war es auch in England, als der Arzt Edward Bach in einem hochsensiblen Zustand im Herbst 1928 in Wales am Ufer des Flusses Usk die wildwachsende Blütenpflanze entdeckte. Er hatte die Laborwissenschaft hinter sich gelassen und war auf der Suche nach Heilmitteln, mit denen er Krankheiten auf der seelisch-geistigen Ebene abfangen konnte, ehe sie sich im Körper manifestieren. Nach langem Suchen kam er auf die Blütenessenzen, indem er die in den Blüten vorhandenen ordnenden und heilenden Informationen auf Quellwasser übertrug und dieses dann homöopathisch dosiert tröpfchenweise verabreichte. Die *Impatiens*-Blütenessenz war, neben der *Mimulus*-Blütenessenz (Gefleckte Gauklerblume; *Mimulus guttatus*)[67], die erste der 38 sogenannten Bach-Blüten-Essenzen, die er entdeckte (Scheffer/Storl 2007: 80).

Weil die Springkräuter, wie auch das einheimische zitronengelbfarben blühende »Rühr-mich-nicht-an« *(Impatiens noli-tangere),* nie verholzen, schnell wachsen und ihre Samen wegschleudern, wobei sich die Fruchtblätter blitzschnell, schlangenartig zurückrollen, galten sie in der alten astrologischen Kräuterkunde als Merkurpflanzen. Merkur ist der planetarische Gott blitzschneller Kommunikation und des Wandels; sein Stichwort ist Ungeduld, das flüssige, unruhig bewegte Quecksilber sein Metall. Edward Bach spürte diese merkuriale Natur auch in dem Neophyten aus Indien. Er spiegelte seinen eigenen geistigen Zustand. Er hatte seine Londoner Arztpraxis von einem Tag auf den anderen aufgegeben, sein Labor für Nosodenforschung aufgelöst und war voller Ungeduld – der typische »Impatiens-Zustand«. Er stand vor einem völligen Neuanfang, was zugleich Angst in ihm auslöste (*Mimulus*-Zustand). Er stellte aus der Blüte des Springkrauts eine Essenz her, die seine Ungeduld, Gereiztheit und Voreiligkeit in positive merkuriale Eigenschaften umwandeln sollte, sodass sich sein schnelles Handeln und Denken mit Geduld, Vergebung und Sanftmut paaren konnte.

In der Volksheilkunde gilt das europäische Springkraut, auch Rühr-mich-nicht-an und – in der Schweiz – »Chapezinerzipfeli« genannt, als ein eher minderwertiges Brechreiz erzeugendes, harntreibendes und abführendes Purgiermittel. Es löst gemäß seiner merkurialen Signatur Flüssigkeitsstauungen im Leib. Auf diese Weise kann auch das Indische Springkraut innerlich verwendet werden, in höherer Dosierung, um Erbrechen zu ermöglichen und in niederer Dosierung als harntreibendes Mittel. Es wird aber kaum so verwendet, da es dafür viele andere bessere phythotherapeutische Möglichkeiten gibt.

Bekannter ist die Anwendung bei wässrig aufgeschwollenen, juckenden Insekten- und Nesselstichen. Dafür wird das frische, saftige Kraut zerdrückt und auf die entzündeten, irritierten Hautstellen aufgetragen. Ähnlich benutzten die Indianer das in den Wäldern einheimische orangefarben blühende Springkraut *(jewel weed, I. biflora),* um das Jucken der wässrigen Blasen, das der Giftsumach *(poison ivy)* verursacht, zu lindern. Dass das Indische Springkraut tatsächlich wie ein beruhigender Balsam auf die von Nesseln verletzte Haut wirkt, konnte ich einmal bei einem Schulausflug erleben. Ein kleines Mädchen stolperte und fiel in einen Nesselhorst. Es war Sommer, sie hatte nur ein kurzes ärmelloses Kleid an. Ich brachte ihr einige Große Ampferblätter, die helfen sollen, das Nesselbrennen zu lindern und zu kühlen. Aber sie schrie weiter. Da entdeckte ich das Springkraut, zerknüllte es und rieb den saftigen Brei auf ihre Haut. Sie wischte ihre Tränen aus dem Gesicht und sagte: »Das hilft wirklich!«

67 Die Gefleckte Gauklerblume, ein kleiner gelb blühender Rachenblütler aus den Rocky Mountains, der im 19. Jahrhundert als Gartenblume eingeführt wurde, gilt inzwischen auch als Neophyt im nördlichen Europa. An den Bachläufen in den Mittelgebirgen ist sie häufig zu finden; da sie aber so hübsch ist, scheint sich niemand daran zu stören.

Nun, die Pflanze ist schließlich ein Balsaminengewächs *(Balsaminaceae)* und das hat etwas mit Balsam (Linderungsmittel) zu tun.

In Nordindien spielt die Pflanze (Hindi *Gul-mehndi*) anscheinend keine besonders große Rolle in der Heilkunde. Gelegentlich wird das abgekochte blühende Kraut als abführendes, harntreibendes Mittel zur seelischen und körperlichen Reinigung eingenommen. Wichtiger ist die Anwendung bei Pilzinfektionen der Haut; dazu werden die frischen Blüten zerquetscht und auf die befallenen Stellen aufgetragen (Singh et al. 1990: 106). Die muslimischen Unani-Ärzte benutzen zum selben Zweck eine alkoholische Tinktur der Blüten. Ähnlich verfahren die traditionellen chinesischen Heiler mit den Blüten ihres einheimischen Springkrauts, der »Phönixfeenpflanze« *(I. balsamina)*. Abkochungen der Blüten und des Krauts finden innerliche und äußerliche Anwendung bei vielen verschiedenen Leiden, darunter Rheuma, Erkältungen, Drüsenentzündungen und Hautleiden. Mit den frischen Blüten behandelt man Pilzinfektionen der Hände. Chinesische Forscher haben inzwischen nachweisen können, dass *Impatiens*-Auszüge tatsächlich Pilze und Bakterien hemmen können (Leung 1985: 63).

Inspirationen durch das Indische Springkraut

Wo immer man sie auf der Erde findet, schrieb man den Springkräutern magische Kräfte zu; oft trug man sie gegen Verhexung. In der altüberlieferten Blumensprache Europas bedeutete das Tragen von Springkraut: »Bleib mir vom Leib.« Welche symbolische Bedeutung das Drüsige Springkraut in seiner Heimat hatte, wissen wir nicht. Es wäre eine Aufgabe für einen Ethnobotaniker, das herauszufinden. Aber auch hier, in seiner neuen Heimat in Europa gibt es sensible Menschen, Dichter, die jenseits von Messen und Wiegen, von chemischer Analyse und botanischer Bestimmung das Wesen dieser Pflanze spüren. Die zeitgenössische britisch-amerikanische Poetin Anne Stevenson ließ sich in ihrem Gedicht »Himalayan Balsam« von ihr inspirieren und beginnt mit folgenden Worten[68]:

Purpurrötliche Blüten,
gleichgültige,
mit Lippen wie Orchideen, mit lockeren Gelenken,
mit dem reifen Duft von Pfirsichen,
wie der Atem eines Mädchens, gehaucht durch lippenstiftbemalte Lippen,
zart und zugleich grob,
im Unkrautschoß spätsommerlicher Flüsse,
unordentlich verstrubbelt auf zerbrechlichen Stängeln,
gewöhnlich wie Brombeergestrüpp,
wie eine Liebe, die uns aus den Jahreszeiten herausnimmt ...

Die Blumen und Kräuter, die ganze, vielfältige, bunt gescheckte Vegetationsdecke einer bestimmten Region ist die Sprache dieser Landschaft. Sie ist Ausdruck und Offenbarung des Traums der Seele des Landes, ein Sichtbarwerden ihrer Energien. Den »Indian Summer« mit seinen leuchtenden, fast grellen roten, orange, gelben und purpurroten Herbstblättern gibt es nur in den Laubwäldern Nordamerikas. Sie sind der Traum dieses Erdteils. Das helle, pastellfarbene Leuchten des *Fynbos* mit seiner feinblättrigen, würzig duftenden und blütenfreudigen Pflanzendecke ist nur am Kap Südafrikas denkbar. Die Buchenwälder und vor allem die saftig grünen Wiesen und Weiden Nordwesteuropas sind die einmalige Sprache dieser regen- und wolkenreichen Erdgegend. Zusammen mit den eingeborenen Menschen, ihrer überlieferten Kultur und mit der einheimischen Tierwelt bilden sie die jeweilige charakteristische, unverwechselbare Einheit. Den Neophyten, die sich da mittendrin ansiedeln, sieht man oft ihren Ursprung an. Der im Herbst in brillanter roter, oranger und gelber Farbe auflodernde Essigbaum (Hirschkolbensumach) träumt immer noch einen amerikanischen Traum und lässt uns den Farbenrausch des *Indian Summers* erahnen. So ist es auch mit dem Indischen Springkraut. Da ist viel Nordindien drin. Diese Pflanze kann nur von dort stammen, sie kann nur den indischen Träumen entsprungen sein. Form und Farbe erinnern an die zauberhaften rosafarbenen Städte Rajastans, an Paläste nordindischer Maharadschas, an schwebende Göttergondeln, an Frauen in bunten Seidensaris. Und als ich mich zu ihr setzte, unter ihre in der Sonne leuchtenden Blüten, in denen die Bienen und Hummeln ein- und ausgingen wie Pilger in einem Tempel, da hatte auch mich der indische Traum wieder, und ich fragte sie:

Warst du es, schöne Blüte,
die Maharadschas und Fürsten träumen ließ
von malvenfarbigen Palästen und Sälen,
ja, von ganzen Städten in Pink, Mauve und Rosarot?
Deine Blüte gleicht einem Herzen,
das sich dem Licht des Morgens öffnet;
deine Farben sind die der zarten, jungen Liebe.
Wie ein Traumschiff pendelst du im Raum,
bist eine Wolke in der Morgendämmerung,
eine schwebende Gondel, das Gefährt
unserer jungfräulichen Lichtbringerin Uscha.
Wie der zierliche Schuh der leuchtenden Devi,

68 Im Original: *Orchid-lipped, loose-jointed, purplish, indolent flowers, / with a ripe smell of peaches, like a girl's breath through lipstick, / delicate and coarse in the weedlap of late summer rivers, / dishevelled, weak-stemmed, common as brambles, as love which / subtracts us from seasons …*

wenn sie leichtfüßig die Landschaft meiner Seele durchwandelt
und dabei die Nacht meines Kummers zur Illusion macht –
so erscheint mir deine Blüte.
Wie der leuchtende rosa Lotosthron der Padma,
der treuen Gefährtin Vishnus, des ewigen Welterhalters,
erscheinst du mir,
wenn ich mich versenke, in deine Pracht.
Schönes Wesen, kein Wunder,
dass ein Kolonialherr dich begehrte,
so sehr, dass er dich mitnahm auf die kühle Nebelinsel,
um dem grauen britischen Herbst Farbe zu verleihen:
Farbe der Liebe.

Springkräuter allgemein

Der botanische Name der Springkräuter lautet *Impatiens,* zu deutsch »Ungeduld«. Das ist eine Anspielung darauf, dass die reife Fruchtkapsel bei den meisten Arten bei Berührung aufplatzt und die Samen im weiten Bogen wegschleudert. »Rühr-mich-nicht-an« (St. Gallen: *Rühr mi nit a oder i verspringe*, englisch *touch me not,* französisch *ne me touchez pas*) oder auch Scheckerli, Schnellkraut, Springsamen und Altweiberzorn sind die volkstümlichen Namen des leuchtend gelb blühenden einheimischen Echten Springkrauts *(Impatiens noli tangere).*

Springkräuter gibt es fast überall auf der Erde, vor allem aber in den windstillen, feuchten Urwäldern der Tropen, die über vierhundert Arten zählen. In den gemäßigten Zonen sind es lediglich acht Arten. Es sind allesamt krautige, saftige Pflanzen, die nicht verholzen und oft hübsche, farbenfrohe zygomorphe Blüten haben, die mit einem Sporn enden, der reichlich mit Nektar gefüllt ist und eine gute Futterquelle für Insekten darstellt. Die Sprossachsen haben oft eine glasige Erscheinung und sind an den Gelenken geschwollen. Bekannt als Garten- und Balkonpflanze ist das »Fleißige Lieschen« *(I. walleriana)*[69] aus Ostafrika und die Gartenbalsamine *(I. balsamina),* deren Blütenfarbenpalette von Weiß über Gelb, Rosa, Lachsrot, Purpur bis Lila reicht. Sie wurden im 16. Jahrhundert von portugiesischen Seefahrern aus Südostasien nach Europa gebracht. In den Laubwäldern Nordamerikas wächst ein von nektarhungrigen Kolibris umschwirrtes, sanft orangerot blühendes Rühr-mich-nicht-an *(I. capensis).* Zu Recht nennen es die Amerikaner »Edelsteinkraut« *(jewel weed).* Es ist so schön, dass man es sich fast als Neophyt in Europa wünschen würde.

Das **Kleinblütige Springkraut** *(I. parviflora),* das aus Sibirien zu uns kam und wie das Indische Springkraut zum »aggressiven Invasoren« wurde, blüht von Mai bis September und hat viel kleinere Blüten als das Echte Springkraut. Es

Blüte des Kleinblütigen Springkrauts (»Mongolenkraut«) aus Sibirien.

entfloh im 19. Jahrhundert den botanischen Gärten in Genf (1831) und Dresden (1837) und verwilderte als Unterwuchs auf den kalkarmen, aber humusreichen Böden in Parks, Feldgehölzen, Laubwäldern, an Wegrändern und auf Bruchflächen Mitteleuropas. Schwebefliegen bieten ihre Dienste bei der Bestäubung an. Wegen der Massenentwicklung einer nachträglich eingeschleppten, hoch wirtspezifischen Blattlausart *(Impatientimum asiaticum)* ist diese Pflanze zu einer wichtigen Brutstätte für die Blattlaus vertilgenden Schwebefliegen geworden.

Die Nationalsozialisten mochten das fremde »Mongolenkraut« überhaupt nicht, sie schickten Hitlerjugendtrupps aus, um es großflächig auszureißen (Gauger 2009: 442). Es galt schließlich, die »Bolschewisierung« der einheimischen Flora zu verhindern. Der Schriftführer der Arbeitsgemeinschaft sächsischer Botaniker machte sich für die Ausrottung der Pflanze stark: »Wie beim Kampf gegen den Bolschewismus unsere gesamte abendländische Kultur auf dem Spiele steht, so beim Kampf gegen den mongolischen Eindringling eine

69 Wegen seines hohen Wasserbedarfs wird das Fleißige Lieschen in der Schweiz Süüferli (Säufer) genannt.

wesentliche Grundlage dieser Kultur, nämlich die Schönheit unseres heimischen Waldes.« (Kästner 1942: 67) Offensichtlich blieb die Aktion ohne Erfolg.

Von der ethnobotanischen Anwendung des Kleinen Springkrauts in seiner sibirischen Heimat ist wenig bekannt. Es soll eine pilzwidrige Wirkung haben. Eine Abkochung wird dort als Haarspülmittel verwendet, wenn die Kopfhaut juckt; Textilien färbt man mit der Pflanze gelb. Wie bei anderen Springkräutern kann man bei Insektenstichen oder wenn man sich an Brennnesseln gebrannt hat, das frische Kraut zerdrücken und auf die schmerzende Haut reiben. Die gute lindernde Wirkung tut dem Namen Balsamgewächs alle Ehre. Die kleinen Samen sind essbar. Die im Frühling gesammelten jungen Triebe und Blätter dienen jedoch höchstens als Notgemüse; das Kochwasser sollte mehrmals gewechselt werden. Roh ist die Pflanze giftig, das heißt, sie ist stark abführend, Brechreiz erzeugend und harntreibend.

Die gelbe Gefahr: Kanadische Goldrute und Riesen-Goldrute

(Solidago canadensis und S. gigantea, syn. *S. serotina, S. glabra)*

Weitere Namen für die Kanadische Goldrute: Goldähre, Goldschwinge, Goldstern, Gelbe Waddel
Weitere Namen für die Riesen-Goldrute: Spätblühende Goldrute, Goldsternli
Englisch: *Canadian Goldenrod, Giant Goldenrod*
Französisch: *Solidage du Canada, Solidage glabre*

Die amerikanischen Goldruten sind ausdauernde, gelb blühende Korbblütler mit einem stattlichen Wuchs von einem halben bis zu zwei Meter Höhe. Man kennt sie allgemein gut, denn sie sind kaum zu übersehen, zumal sie recht menschenfreundlich sind – auf jeden Fall menschenfreundlicher als die einheimische Goldrute *(S. virgaurea),* die sich lieber ins abgelegene Gelände und in lichte, trockene Wälder zurückzieht. Die neuen Goldruten wachsen nahe menschlicher Siedlungen auf brachliegenden industriell-urbanen Flächen, entlang Bahnstrecken, auf Waldrodungen, Schutt- und Erdhalden, an Wegrändern und anderen besonnten, durchwärmten, stickstoffüberschüssigen Ruderalflächen. Besonders in wärmeren Regionen fühlen sie sich wohl und breiten sich nicht nur durch ihre vielen fliegenden Samen – es sollen bis zu 19 000 pro Stängel sein – erfolgreich aus, sondern auch durch kriechende Wurzelausläufer. Nachdem diese Fremdlinge mit ihren Fallschirmtruppen und Untergrundkämpfern das Terrain erobert haben, bilden sie dichte Horste, die sie nicht so leicht wieder aufgeben.

Verblühte Riesengoldrute im Spätherbst.

Fremdlinge auf der Anklagebank

Die Kanadische Goldrute wurde als Gartenpflanze schon früh nach Europa eingeführt. Es wurde lange angenommen, dass der britische Botaniker und Meistergärtner John Tradescant der Jüngere (1608–1662) die Pflanze im Jahr 1645 als Erster in England in seinem berühmten Garten angebaut hatte. Tradescant war selbst in Virginia gewesen und hatte viele Pflanzen mit nach Europa gebracht, darunter Astern, die Sumpfzypresse und verschiedene Phloxarten. Eine erst vor kurzem entdeckte Notiz ergab jedoch, dass sein Vater John Tradescant der Ältere[70] (1570–1638), ebenfalls ein Botaniker, die Pflanze bereits 1632 unter dem Namen *Virga Aurea virgine* erhalten hatte. Sehr früh also. Die spätblühende Riesen-Goldrute, ebenfalls aus Nordamerika, kam erst 1758 nach Europa (Krausch 2003: 444). Die spektakulär blühenden Goldruten verhielten sich recht freundlich. Nach ihrer Einführung in botanischen Gärten und fürstlichen Parks hielten sie Einzug in die Bauern- und Bürgergärten und schließlich auch in die Schrebergärten. Als Neun- oder Zehnjähriger pflanzte auch ich mir die Kanadische Goldrute in den winzigen Garten, den ich, nachdem ich Schutt und Abfälle weggeräumt hatte, hinter dem mit Flüchtlingen vollgestopften Haus in der Stadt Oldenburg angelegt hatte. Auch damals nach dem Krieg war es noch eine willkommene und ehrwürdige Gartenstaude. Doch das änderte sich bald. In dieser Zeit begann die Zierpflanze mehr und mehr zu verwildern, vor allem auf Trümmer- und Schuttflächen, dann übernahm sie Ruderalflächen und Waldschläge. Damit hatte sie die Gastfreundschaft, die man ihr geboten hatte, endgültig überbeansprucht. Für Ökoschützer ist sie inzwischen zum Problemimmigranten geworden. Sie wird beschuldigt, ansässige Pflanzen zu verdrängen und zur Verarmung der Flora beizutragen. Es heißt, dass sie auch die Insekten beeinträchtigt, die auf die schutzwürdige heimische Vegetation angewiesen sind. Das scheint aber nicht ganz zu stimmen, denn erstens besiedelt sie meistens ruderale Standorte, wo es kaum »schutzwürdige« Pflanzen gibt, und zweitens bieten ihre Blüten im sonst blütenarmen Spätsommer zahlreichen Wildbienen, Tagfaltern und Schwebefliegen Nahrung.[71] Ein weiterer Anklagepunkt: Die Riesen-Goldrute wurde als »unduldsamer Forstschädling« ausgemacht, da die »Goldrutendominanzbestände« die Neubegründung forstlicher Kulturen erschweren (Kowarik 2003: 150). Aber, wie Prof. Kowarik hervorhebt, haben sich diese Dominanzbestände erst etabliert, nachdem der ursprüngliche Wald massiv geschädigt war.

70 Die Dreimasterblume oder Purpurranke, *Tradescantia* spp., eine subtropische und tropische Gattung aus der Familie der Commelinengewächse, wurde nach ihm benannt. Dreimasterblumen *(englisch wandering Jew, spiderwort)* gelten inzwischen als aggressive Neophyten in Florida, Kalifornien, Japan, Neuseeland, Südafrika und anderen subtropischen Regionen.

71 http://de.wikipedia.org/wiki/Riesen-Goldrute

Auch als Gesundheitsschädling hat man die goldgelb blühenden Stauden in Verdacht. Der Unkrautfeind Edwin Rollin Spencer schreibt: »Auch wenn sie wegen ihrer schönen Blüte von einigen US-Bundesstaaten zur offiziellen Staatsblume ernannt wurde, so ist dennoch absolut nichts Gutes an ihr. Es ist ein schlimmes Unkraut und verursacht Heuschnupfen.« (Spencer 1974: 261) Aber auch von dieser Anklage muss man die Goldruten freisprechen. Sie blühen zwar ergiebig, sind aber keine Windbestäuber. Die Pollen sind schwer und klebrig, sie lassen sich nicht vom Wind wegtragen, sondern warten auf Insekten. Die Goldrutenbestände lösen also keinen Heuschnupfen aus, im Gegenteil, ein Tee aus dem gerade vor der vollen Blüte geernteten Goldrutenkraut ist eines der besten Mittel für Heuschnupfenallergiker; es lässt die Nasenschleimhäute abschwellen.

Der kleine Unterschied

Die meisten Menschen unterscheiden nicht zwischen den beiden Arten, die nun allgegenwärtig in Mitteleuropa wachsen. Das ist auch in der Benennung so, der Volksmund trifft da kaum Unterscheidungen. Beide Arten werden »Kanadische Goldrute« genannt. Regional heißen sie Goldschwinge, Goldähre, Gelbe Waddel oder Hirschwaddel (in Baden; »Waddel« bedeutet »buschiger Schweif«), *Gollen Ledder* oder *Gollen Wilg* (Ostfriesland), Goldstern, Goldregen, englisch *yellow weed*, französisch *gerbe d'or, flocon d'or* oder *chevelure dorée,* italienisch, *piogia d'oro.* Andere Namen sind Himmelsblume, Bienenblume, Pastorenpflanze, weil sie oft in Pfarrgärten angepflanzt wurde, oder Klapperschlangenkraut, weil man glaubte, die Indianer hätten sie gegen den Biss der Schlangen verwendet. Im Thurgau war es die Streuepest, da sie als schier unausrottbares Unkraut auf Streuwiesen erschien. Und die Dresdner kannten sie als Schnupfengold oder Schnupfenrute, weil man ihren Blütenstaub für Nasenschleimhautreizungen verantwortlich machte. Nach dem Bomben-Holocaust besiedelte das goldgelb blühende amerikanische Kraut die Trümmerlandschaft der sächsischen Kulturmetropole (Marzell 1979, Bd. 4: 388–389).

Wie unterscheidet man nun die beiden Arten? Für mich ist das einfachste Unterscheidungsmerkmal der Stängel. Bei der Riesen-Goldrute ist der Stängel kahl, glatt und weiß bereift, an sonnigen Standorten ist er rötlich angehaucht; bei der Kanadischen Goldrute ist der Stängel fein behaart und grün. Die Blüten sind ebenfalls etwas unterschiedlich. Die Riesen-Goldrute hat längere Blütenkronblätter als ihre kanadische Schwester. Das heißt, bei der Kanadischen Goldrute sind die Zungenblüten kürzer als die Scheibenblüten. Weiterhin ist die Blütenrispe der Kanadischen Goldrute lockerer gestaltet als der Blütenstand der Riesen-Goldrute. Die Riesen-Goldrute bevorzugt feuchtere Böden und kühleres Wetter als die Kanadische. Beide Arten verbreiten sich durch unterirdisch wuchernde Rhizome. Die Riesen-Goldrute mehr noch als die kanadische, weshalb man sie als Wurzel-Kriechpionierpflanze bezeichnet. Aus diesem Grund überstehen sie auch das Abmähen ohne Problem.

Auch wenn wir die einheimische Echte Goldrute, die Kanadische und die Riesen-Goldrute am häufigsten zu Gesicht bekommen, muss man wissen, dass es in Wirklichkeit ein Riesensortiment an Goldruten gibt. Hier und da trifft man bei uns, neben einer Vielfalt an Zuchtsorten, noch auf etliche andere nordamerikanische Arten, die alle zu Spontankreuzungen und zur Bastardisierung neigen. Kein Botaniker kann sich anmaßen, alle der schätzungsweise über hundert Arten von Solidagen, die in dichten Beständen von der amerikanischen Ostküste bis zur pazifischen Westküste wachsen, zu kennen oder zu benennen.

Die Heilkraft der Solidago-Arten

Freundlich leuchten die goldgelben Blüten der einheimischen Goldrute, der *Solidago virgaurea,* dem Wanderer entgegen, dessen Weg im Hochsommer durch den lichten krautreichen Laubmischwald oder in die Gebirgswälder führt. Die schöne mit den Astern nahe verwandte Blume ist eine alte Heilpflanze. Kelten und Germanen schätzten sie so sehr, dass sie noch lange als »heidnisch Wundkraut« bezeichnet wurde.[72] Im Mittelalter, als die Urinschau in der ärztlichen Kunst eine wichtige Rolle spielte, entdeckte man diesen Korbblütler als Heilmittel für die Harnorgane. Der katalanische Arzt und Alchemist Arnold von Villanova (1240–1311) erwähnt als Erster das in Wein gesottene Goldrutenkraut als Urologikum. Die »Kräuterväter«, etwa Tabernaemontanus (1520–1590), verschreiben es zum »Lösen des [Nieren-]Steins« und zum »Reinigen des groben Schleims aus den Harngängen«. Auch bei »Bauchflüssen«, Ruhr und Blutspeien wurde das in Rotwein gekochte Kraut getrunken. Äußerlich wurde es bei Wunden und Zahngeschwüren angewendet. Die Volksheilkunde kennt den Goldrutenaufguss bei Gicht, Rheuma, Diabetes, Hämorrhoiden, Prostataschwellung, Lungentuberkulose, inneren Blutungen, Wunden, Wassersucht und Schnupfen. Eine beeindruckende Heilpflanze also!

Der geniale Arzt Johann Gottfried Rademacher (1772–1850), der die Überzeugung hegte, dass die Natur für jedes Organ ein spezifisches Heilkraut bereitstelle, machte die einheimische »echte« Goldrute als *das* Nierenkraut aus. Er verschrieb sie – mit bestem Erfolg – bei Nierenentzündung (Nephritis), Blasenentzündung, Niereninsuffizienz (Urämie) und Harngrieß. Von der aus Nordamerika eingebürgerten »falschen« Goldrute hielt er nicht allzu viel. Dieser Meinung sind viele Kräuterexperten noch immer und glauben, die Kanadische Goldrute habe wenig Heilkraft. Ein Trugschluss, wie wir gleich sehen werden.

72 Auch andere Pflanzen, insbesondere das Fuchskreuzkraut *(Senecio fuchsii, S. nemorensis)* und der Waldziest *(Stachys sylvatica),* werden in verschiedenen Mundarten »heidnisch Wundkraut« genannt.

Riesengoldrute oder Spätblühende Goldrute.

Die einheimische, europäische Goldrute.

Von der Heilkraft der amerikanischen Goldrute war mir lange nichts bekannt. Das änderte sich, als ich vor einigen Jahren am Sheridan College in Wyoming ethnobotanische Vorlesungen hielt. Dabei erwähnte ich die europäische Goldrute als bewährtes Nierenheilmittel. Unter den Zuhörern befand sich eine Frau, der es gesundheitlich offenbar schlecht ging. Sie war blass, abgemagert und hatte dunkle Ringe unter den Augen. Ein Jahr später traf ich sie zufällig wieder in der Stadt, wobei ich feststellen konnte, dass sich ihr Gesundheitszustand sichtlich gebessert hatte. Als ich sie darauf ansprach, entgegnete sie mir: »Ja, ich war damals schwer nierenkrank. Die Ärzte konnten mir nicht helfen. Da habe ich mir Ihren Rat zu Herzen genommen und habe mir Tees aus Goldrute gemacht. Ich habe das Kraut in kaltem Wasser eingeweicht, zehn Stunden ziehen lassen – genau wie Sie es beschrieben haben – und täglich mehrere Liter davon getrunken. Nach einiger Zeit ging es mir besser, und nun habe ich überhaupt keine Beschwerden mehr.« Die Goldrute, die ihr das Leben rettete, war nicht die europäische, sondern die dort heimische Kanadische Goldrute.

Inzwischen sind auch einige unserer Apotheker dazu übergegangen, die seltenere und teurere europäische Goldrutenart *Solidago virgaurea* mit der kanadischen zu strecken. Die *Zeitschrift für Phytotherapie* (Hiller/Bader 1996: 123 f.) hat den Unterschied zwischen der »echten« und den beiden »falschen« Arten untersuchen lassen und dieselben oder ähnliche Wirkstoffe, aber in verschiedenen Konzentrationen festgestellt. Alle drei Arten sind harntreibend, entzündungshemmend, leicht krampflösend und antioxidativ. Der Flavonoid- und Saponingehalt ist bei den amerikanischen Arten bedeutend höher als bei der europäischen Goldrute. Dagegen enthält die *Solidago virgaurea* entzündungswidrige, schmerzhemmende und steinlösende Phenolglykoside (Leiocarposid). Bestimmte Polysaccharide aus der Kanadischen wie auch aus der europäischen Goldrute wirken antitumoral. Die Kommission E, die den Versuch unternahm, die wichtigsten Heilpflanzen nach wissenschaftlichen Kriterien zu untersuchen, bestätigt, dass alle Solidago-Drogen, die europäische wie auch die amerikanischen, harntreibend, krampflösend sowie entzündungshemmend wirken. Sie eignen sich allesamt zur »Durchspülung bei entzündlichen Erkrankungen der ableitenden Harnwege, Harnsteinen und Harngrieß«. Die Goldrutensaponine haben zudem eine antifungale (pilzwidrige) Wirkung, insbesondere auf den *Candida*-Pilz, und da sie die Schleimhäute abschwellen lassen, eignet sich der Tee zudem bei Halsschmerzen und chronischem Schnupfen (Triefnase, allergische Rhinitis). Die Goldrute vermag also den Heuschnupfen zu lindern, den sie angeblich verursacht.

Rudolf Fritz Weiss, der Medizinprofessor, der es sich zur Lebensaufgabe machte, die Phytotherapie wieder in die moderne Medizin einzugliedern, spricht von einer leistungssteigernden Wirkung aller Goldrutenarten auf die Niere und verschreibt sie bei akuter Nierenentzündung (Nephritis) und bei Schwierigkeiten beim Harnlassen (Anurie, Oligurie)[73] (Weiss 1991: 305). Nebenbei erwähnt er die Untersuchungen des Goldruten-Experten Rolf Gnekow, der darauf hinweist, dass auch die Wurzel der Goldrute reich an wirksamen Inhaltsstoffen sei.

Die Niere ist zuständig für die Ausscheidung von Stoffwechselschlacken und für die Regulierung des Salz- und Wasserhaushalts im Körper. Es sind nicht nur Schadstoffe und vagabundierende Chemikalien, die diesem Organ heutzutage zu schaffen machen. Auch Stress und Beziehungsprobleme können einem »an die Nieren gehen«. Psychosomatiker sagen, dass die Niere auch mit dem Ausscheiden negativer Gefühle zu tun hat, insbesondere von solchen, die mit

73 Nach Rudolf F. Weiss soll der Patient am Morgen auf nüchternen Magen anderthalb Liter eines Aufgusses des Goldrutenkrauts trinken. Nach meiner Erfahrung hat ein Kaltwasserauszug, der zehn Stunden steht, eine bessere Wirkung. Vorteilhaft ist es, nicht nur die getrockneten Blüten und Blätter, sondern auch die Wurzeln zu verwenden. Günstig ist es auch, abwechselnd einige Tage die europäische und dann wiederum die amerikanischen Arten zu verwenden. Das schließt den Gewohnheitseffekt aus. Solange die Niere krank ist, schmeckt das Gebräu dem Patienten so gut, dass er ein regelrechtes Verlangen danach hat. Wenn es ihm nicht mehr so gut schmeckt, ist die Erkrankung meistens schon ausgeheilt.

zwischenmenschlichen Beziehungen zu tun haben. Nierenerkrankungen stellen sich oft ein bei Verlust von Besitz, sozialer Position, eines geliebten Menschen oder wenn das Verlangen nach einer liebenden Verbindung enttäuscht wird. Sie haben zu tun mit gestauter Wut, die an Stelle von Trauer und Traurigkeit tritt. Derartige Probleme scheint es heutzutage und hierzulande viel zu geben. Hat die Erdmutter Gaia uns deswegen so viele Goldruten geschenkt? Freuen wir uns also mit den Bienen und anderen Insekten, dass die Kanadische Goldrute zu uns gekommen ist.

Indianermedizin

Die Ureinwohner der Neuen Welt verwendeten die Goldrute auf vielfältige Art und Weise, als Färbepflanze, Zaubermittel und vor allem zum Heilen. Die Medizin der Indianer war in erster Linie Kräuterheilkunde, Schamanentum und Schwitztherapie. Ein großer Teil des immensen Wissens der Indianer ist im Laufe der Zwangsakkulturation, der Verdrängung aus ihren angestammten Gebieten und vor allem durch das mangelnde Interesse und der Ablehnung durch die ethnozentrischen Siedler verloren gegangen. Vom Kräuterwissen der Ojibwa, eines Algonkinvolks vom Lake Superior, das vor allem vom Wild- oder Wasserreis *(Zizania aquatica)* lebte, ist jedoch einiges überliefert. Noch heute hüten die *Midewiwin,* die Eingeweihten der Medizingesellschaft des Stammes, das über viele Jahrtausende angesammelte Heilpflanzenwissen. Dieses Wissen, erklären sie, wurde den Heilern von barmherzigen *Manidos* (Geistwesen) in Träumen und Visionen offenbart. Das Wissen ist so vielschichtig, dass es viele Jahre braucht, um es zu meistern. Es wird in einem System mit vier Einweihungsgraden erworben. Der Midewiwin-Arzt lernt nicht nur die Krankheitsgeister erkennen, er muss die Kräuter genau bestimmen können, die Kraftsprüche und Rituale für die Pflanzen-*Manidos* lernen, die komplizierten Rezepturen – oft enthalten sie über ein Dutzend Pflanzenarten – und ihre Anwendungen beherrschen. Es überrascht nicht, dass die Ojibwa-Midewiwin für die vielen verschiedenen Goldrutenarten, die im Gebiet der Großen Seen wachsen, eine regelrechte »Solidagologie« entwickelt haben. Sie nennen die Goldrute *Giziso Mukki,* »Sonnenmedizin«. Die gelb blühenden Kräuter sind dem goldenen Adler, Wabun, dem Hüter des Ostens, der aufgehenden Sonne und des erwachenden Lebens geweiht. Sie behandeln Furunkel und Eitergeschwüre mit Breiumschlägen der pulverisierten, angefeuchteten Wurzeln und Verbrennungen mit Wickeln aus den Blüten (Moerman 1999: 536). Abkochungen des Krauts werden bei Fieber getrunken. Die gekochten Goldrutenblätter werden bei Verstauchungen und Prellungen aufgelegt. Bei Unfähigkeit, Wasser zu lassen, und bei Prostata-Leiden verwenden die Midewiwin-Ärzte die Abkochung einer Handvoll Wurzeln der Steifen Goldrute *(S. rigida)* als Klistier. Die Klistierspritze, die jeweils nur einmal verwendet wird, besteht aus einer Rehblase und einem Schilfrohr. Goldrutenwurzeln, in Bärenschmalz gesotten, dienen als Haarpomade. Wenn jemand von einer Schlange gebissen wird, kramt der Heiler getrocknete Goldrutenblüten aus dem Medizinbeutel und mischt sie mit den blauen Blüten des Anis-Ysop (*Agastache foeniculum,* Duftnessel), des Sonnenhuts *(Echinaceae)* sowie einer kleinen Sonnenblume. Die Mischung wird angefeuchtet und auf dem Biss aufgetragen. Die Ojibwa sagen, diese Kombination, *Wabunowuk* (»östliche Medizin«) genannt, sei besonders stark. Wer seine Hände mit Wasser mit Wabunowuk darin wäscht, kann dann seine Hand in kochendes Wasser tauchen, ohne sich dabei zu verbrühen (Erichsen-Brown 1989: 390). Es soll zu den magischen Fähigkeiten eines Schamanen gehören, sich gegen Hitze unempfindlich machen zu können; als Beweis holt er mit bloßen Händen Gegenstände aus einem Topf mit kochendem Wasser.

Für die Zuni in New Mexico sind die Goldruten besondere Pflanzen. Eingeweihte Medizinleute, sagen sie, können mit ihnen reden, denn sie wurden von den »Sternenleuten« auf die Erde gebracht, und einige von ihnen seien einst Menschen gewesen. Die Zuni bereiten einen Kaltwasserauszug aus den zerstampften Blüten der Kanadischen Goldrute für »Schmerzen im Körper«, und bei Halsschmerzen werden die Blüten einfach gekaut. Es handelt sich dabei also um eine allgemein angewendete Hausmedizin und nicht um Geheimwissen der Medizinleute oder Schamanen (Stevenson 1915: 26).

Die Azteken bereiteten aus der Goldrute und einem Greiskraut *(Senecio vulneraria)* eine Medizin für Eiterbeulen. Die Goldrute war auch ein Bestandteil eines aztekischen Antisyphilitikums (Gall 1997: 97). Auch andere Indianer verwendeten die Abkochung von Goldruten, um Wunden, Schürfungen, Geschwüre und um bei Pferd und Reiter die vom Sattel wund geriebenen Stellen zu waschen. Kalifornische Stämme benutzten die an der Westküste heimische Kalifornische Goldrute *(S. californica)* zum selben Zweck. Vor nicht allzu langer Zeit hat Patricia Kaminski, Sensitive und Bach-Blüten-Therapeutin, diese Goldrutenart als eine der kalifornischen Blütenessenzen entdeckt. Die Tropfen dieser *Goldenrod*-Essenz sollen denjenigen, die zu stark abhängig vom Sittenkodex der Familie oder von gesellschaftlichen Konventionen sind, dazu verhelfen, den Individualisierungsprozess erfolgreich durchzuführen – das dürfte ein typisch kalifornisches Anliegen sein (Kaminski/Katz 1996: 300).

Die Alabamas, Cherokee und andere Stämme der südöstlichen US-Staaten tranken Goldrutentee bei Erkältung und Fieber.

Die in Minnesota lebenden Meskwaki verwendeten einen wässrigen Auszug aus zerstossenen Goldrutenblüten bei Insektenstichen und Verbrennungen. Aus den tischtennisballgroßen Gallen, die sich an den Goldrutenstängeln bilden, brauten sie – zusammen mit den Beeren des Gelbholzbusches (*Zanthoxylum americanum,* englisch *prickly ash*) – ein Nierenheilmittel. Diese Gallen finden wir in Europa (noch) nicht, denn die Gallmücke *(Eurosta solidaginis),* die sie verursachen, gibt es bei uns nicht. Wenn ein Kind nicht sprechen lernen wollte oder nicht lachte, holte der Meskwaki-Medizinmann einen Knochen von einem Tier, das zur Zeit der Geburt des Kindes gestorben war, und kochte ihn zusammen mit der Kanadischen Goldrute. Mit dieser Abkochung wurde das Kind gewaschen. Das mag auf den aufgeklärten Zeitgenossen eher befremdend wirken, aber unsere Vorfahren kannten ähnliche Rituale. Wenn ein Kind nicht richtig gedeihen wollte, kränkelte und lustlos war, wussten unsere Urgroßmütter, dass es »beschrien« oder »berufen« worden war. Dann holten sie gelb und lila blühende »Berufkräuter«[74], darunter auch die einheimische Goldrute, kochten sie ab und taten sie mit ins Bad, in dem sie das bezauberte Kind badeten. Mit dem Badewasser gossen sie anschließend auch die Böse »Berufung« weg.

Viele Indianer, wie etwa die Irokesen, benutzten die Goldrute zur Behandlung der Gelbsucht (Leberentzündung). Wie bei den Heilkräutertraditionen der meisten Völker wurde hier auf die Signatur geachtet: eine üppig gelb blühende Pflanze für eine Krankheit, deren Symptom eine gelbe Verfärbung der Haut ist. In diesem Fall trifft die Signatur nicht ganz zu, aber sicherlich hat diese Anwendung auch nicht geschadet.

Andere Indianerstämme hatten ähnliche Verwendungen für die Goldrute, aber es würde den Rahmen sprengen, diese im Detail weiter auszuführen. Für alle Ureinwohner Nordamerikas war die Zeit der Goldrutenblüte eine wichtige Station im natürlichen Kalender. Die Omaha sagten, wenn sie im Herbst weit weg von ihren Dörfern auf Büffeljagd waren: »Nun blüht das gelbe Kraut, zuhause reift der Mais.« (Gilmore 1977: 81)

Die Goldrutenarten wurden von den Indianern wie auch von den Siedlern als Färbemittel für Textilien benutzt. Die gesamte Pflanze kann eingesetzt werden und ergibt, je nach Beizung, eine braune bis goldgelbe Farbe. Die Wasch- und Lichtechtheit liegt auf demselben hohen Niveau wie jene des Färberwaus *(Reseda luteola)*.[75]

74 Andere bekannte Berufkräuter sind das Gewöhnliche Berufkraut *(Erigeron acer)*, Dürrwurz-Alant *(Inula conyza)*, Frauenflachs oder Gemeines Leinkraut *(Linaria vulgaris)*, Kreuzkraut *(Senecio vulgaris)*, Sumpfgarbe *(Achillea ptarmica)*, Wundklee *(Anthyllis vulneraria)*, Ziest *(Stachys recta)* und das Christophskraut *(Actaea spicata)*. Interessanterweise hat die Landbevölkerung auch die aus Nordamerika stammenden, im 18. Jahrhundert eingebürgerten Neophyten, das Kanadische Berufkraut *(Erigeron canadensis)* und den Einjährigen Feinstrahl *(Erigeron annuus)* mit zu den Berufkräutern hinzugenommen.

75 www.wikipedia.org/wiki/Kanadische_Goldrute

Ostasiatische Amazonen: Japanischer Staudenknöterich und Sachalin-Staudenknöterich

(*Fallopia japonica,* syn. *Reynoutria japonica, Polygonum cuspidatum* und *Fallopia sachalinensis,* syn. *Polygonum sachalinense*)

Weitere Namen des Japanischen Staudenknöterichs: Zugespitzter Knöterich, Spießknöterich, Japanischer Flügelknöterich, Japanischer Schirmknöterich, Japanischer Rhabarber, Japanischer Buchweizen
Englisch: *Japanese knotweed*
Französisch: *Reynoutria du Japon*

Weitere Namen des Sachalin-Staudenknöterichs: Russischer Staudenknöterich
Englisch: *Giant knotweed*
Französisch: *Reynoutria sakhaline*

Knötериche kennt fast jeder. Sie haben auffällig knotig gegliederte Stängel, was ihnen den Gattungsnamen *Polygonum* (griechisch *poly,* »viele«, und *góny,* »Knie«) beschert hat. In Mitteleuropa gibt es mehrere Arten dieser Gattung. Etwa den Vogelknöterich *(Polygonum aviculare),* der neben dem Breitwegerich und der Strahlenlosen Kamille festgetrampelte Wege und Plätze besiedelt und in der Volksmedizin als harntreibendes Mittel wie auch bei Darmerkrankungen rege Anwendung findet. Auch der rosa blühende Schlangenknöterich *(Polygonum bistorta),* der feuchte Wiesen besiedelt und eines der besten adstringierenden Heilmittel ist, gehört zu dieser Gattung, ebenso der Flohknöterich *(P. persicaria),* eines der beliebtesten Heilmittel des Paracelsus, und der scharf schmeckende Wasserpfeffer *(P. hydropiper).* Der Buchweizen und die verschiedenen Ampferarten gehören zu den nahen Verwandten. Es sind alles relativ kleine, krautige Pflanzen. Die ostasiatischen Staudenknöteriche sind dagegen richtige Riesen, die drei bis vier Meter hoch wachsen, dichte Bestände formen und kaum andere Pflanzen in ihrer Mitte dulden.

Die Staudenknöteriche werden inzwischen in eine eigene Gattung, *Fallopia,* eingeordnet. Der Name geht auf den italienischen Arzt und Anatomen Gabriel Fallopia (1523–1562) zurück, der unter anderem die Eileiter entdeckte, die im Englischen nach ihm *fallopian tube* genannt werden.

Es gibt unterschiedliche Angaben, wann der in China, Korea und Japan heimische Japanische Staudenknöterich zuerst in Europa auftauchte. Höchstwahrscheinlich war es der Arzt, Ethnograf und Botaniker Philipp Franz von Siebold (1796–1866), der ihn 1825 als Zier- und Futterpflanze nach Europa schickte. Er war Angestellter der Holländischen Handelsgesellschaft und lebte zu der Zeit, als sich Japan noch von der Außenwelt abschottete, mehrere Jahre

Blütenstand des Sachalin-Staudenknöterichs.

in der winzigen Handelsenklave im Hafen von Nagasaki. Er lernte Japanisch, nahm sich eine japanische Kurtisane zur Frau, sammelte Pflanzen und träumte davon, die faszinierenden Pflanzen und Gehölze Japans in europäischen Gärten und Parks heimisch zu machen. In seinem Tagebuch notiert er: »Die Physiognomie unserer Landschaft wird sich eines Tages durch die wunderbare Flora Japans verwandeln, dann wenn sich die Ulmen und Akazien, die roten Ahorne und Paulownien auf den Hügeln und Abhängen der Gebirge erheben werden.« (Hielscher/Hücking 2005: 121) Seine Vision wurde wahr, insbesondere was den Staudenknöterich betrifft. Nach seiner Rückkehr – er wurde als Spion 1830 aus Japan ausgewiesen, konnte aber 120 Kisten mit rund 500 Pflanzen mitnehmen – gründete er einen botanischen Garten in Leiden, Holland. Dort konnten neugierige Gärtner und Pflanzenfreunde das erste Mal blühende Baumpäonien, Chrysanthemen, asiatische Lilien, Funkien *(Hosta)*, Deutzien und andere Hortensiengewächse, flammend rote Ahorne, die Siebold-Fetthenne, asiatische Waldreben *(Clematis)* mit ihren spektakulären Blüten, Weigelien, den Kaiserlichen Blauglockenbaum *(Paulownia)*, den japanischen Blauregen oder Glyzinie *(Wisteria floribunda)*, Elfen- oder Sockenblumen *(Epimedium)* und andere japanische Importe bewundern, die noch immer unsere Blumengärten verschönern. Auch Gewächse, die heutzutage in fast jedem Vorstadtgarten zu finden sind, führte er ein, wie etwa den Japanischen Zierapfel, die Japanische Eibe, die Japanische Zierquitte und die Dreispitzige Jungfernrebe *(Parthenocissus tricuspidata)*, die als »wilder Wein« besonders im Herbst, wenn sie rot entflammt, manche langweilige Hausfassade verschönert. Und für die Stube brachte er die Zimmeraralie. Wie viele Pflanzenarten der botanisch begeisterte Japanologe genau mitbrachte, ist schwer zu sagen.

Zuerst war die imposante Knöterichstaude mit ihren herzförmigen Blättern und ihren schlanken, an Bambus erinnernden Stängeln sehr begehrt. Siebold nahm die Pflanze in das Sortiment seines Gartens in Leiden auf und vertrieb sie ab 1840 kommerziell. Da der Riesenknöterich so schnell und üppig wächst, glaubte man, er würde eine ausgezeichnete Futterpflanze für das Vieh abgeben. Die Förster pflanzten ihn gezielt als Äsungspflanze für das Rotwild an und als Deckungspflanze für Fasane. Leider machten die Rindviecher, Hirsche und Rehe einen Strich durch die Rechnung; sie nahmen die neue Futterquelle nicht an. Die Imker jedoch freuten sich, da der Staudenknöterich eine gute Bienenweide ist und der daraus hergestellte Honig ähnlich schmeckt wie der gute Buchweizenblütenhonig. Gartenbesitzer pflanzten die hoch wachsende, dichte Staude gerne als grünen Sichtschutz gegen die neugierigen Augen der Nachbarn oder gegen die störende Betriebsamkeit der Straße.

Staudenknöteriche sind zweihäusig, das heißt, es gibt getrennte männliche und weibliche Pflanzen. Die Klone, die der Freiherr von Siebold aus dem fernen Inselreich mitbrachte, waren anscheinend alle weiblich. Obwohl sie keinen Partner hatten, der sie begatten oder bestäuben konnte, haben sie sich dennoch schnell und erfolgreich verbreitet. Jahrelang machten sie keine Umstände, aber dann, im Jahr 1872, wurden sie plötzlich zu Berserkern. Von einer Gärtnerei in Zwickau (Sachsen) ausgehend, begannen die pflanzlichen Amazonen ihren Eroberungszug. Man vermutet, dass ein einziger weiblicher Klon die ganzen Britischen Inseln besiedelte. Sie waren so erfolgreich, dass das *Japanese Knotweed* inzwischen als schlimmster Invasor *(most invasive plant)* Englands bezeichnet wird. 150 Millionen Pfund werden jährlich zur Bekämpfung der Pflanze in Großbritannien ausgegeben; und im Jahr 2000 erschien ein Buch, »Das Japan-Knöterich-Bekämpfungshandbuch«, das sich ausschließlich mit dieser Problematik auseinandersetzt.

Wie konnte diese Pflanze so erfolgreich sein, wenn sie sich nicht einmal über Samen vermehren kann? Zum einen verschleppen Nagetiere Wurzelstückchen, die sofort ausschlagen und zu neuen Pflanzen heranwachsen. Rhizome werden bei Überflutung vom Wasser mitgerissen und besiedeln neue Stellen an den Fluss- und Bachufern. Ein wichtiger Faktor sind wütende Gärtner, die das wuchernde Kraut ausreißen und irgendwo mit anderen Gartenabfällen in Straßengräben, an Abhängen oder in Wasserläufen deponieren. Auch Erdarbeiten, Aufschüttungen und Böschungsarbeiten tragen zur Verbreitung bei (Kowarik 2003: 217). Die grüne Amazonenarmee ist auch so erfolgreich, weil sie weder Fressfeinde noch Konkurrenzvegetation zu befürchten hat. Und sie ist zäh, sie lässt sich kaum von Ausrottungskampagnen beeindrucken. Trotz Einsatz von Totalherbiziden wuchern die bambusähnlichen Bestände munter weiter. Nach Schnitt und Gift treibt selbst der kleinste Bestandteil wieder aus. Über diese Regenerationskraft kann man nur staunen. Mich stimmt es sogar ein wenig optimistisch: Die Pflanze führt uns vor Augen, wie stark und widerstandsfähig das Leben an sich sein kann.

Inzwischen hat sich ein weiterer Staudenknöterich, ein naher Verwandter des Japanischen, dazugesellt, nämlich der Sachalin-Staudenknöterich. Er hat größere, weichere elliptische Blätter und wächst etwas höher als seine japanische Schwester. Seine ursprüngliche Heimat ist Nordostrussland und Nordjapan, vor allem die Sachalin-Inseln und die Kurilen. 1863 wurde er das erste Mal nach Europa gebracht, verwilderte und wuchert nun, wie sein Verwandter, munter als invasiver Neophyt in europäischen Auenwäldern und Hochstaudenfluren.

Und nun, fern ihrer heimatlichen Gefilde, wo sie getrennte Areale besiedelten, betreiben die beiden nah verwandten Arten Inzest. Die Japanischen Knöterichstauden sind fast alle weibliche Klone; wenn nun der männliche Sachalin-Knöterich auf diese trifft, können sie von ihm befruchtet werden. Aus einer solchen Kreuzung ist eine europäische Hybride, der Bastard-Staudenknöterich *(Fallopia X bohemica)*, entstanden. Die neue Art ist fruchtbar. Sie ist noch vitaler und wächst noch schneller als ihre Eltern. Da sie mit weniger Licht auskommt, kann sie auch stärker beschattete Bereiche besiedeln. Ihre Wurzelausläufer können bis zu zwei Meter tief in den Erdboden reichen. Der lebenskräftige Bastard wurde zuerst in Böhmen entdeckt und 1983 erstmals beschrieben. Er breitet sich weit aus, er wächst nicht nur in Fluss- und Bachauen, sondern auch an Straßenrändern, auf Autobahnmittelstreifen, Industriebrachen und Bahndämmen: 1988 fand man Standorte in England, 1993 die ersten in Süddeutschland.

Augenzwinkernd könnte man mutmaßen, dass der stürmische Eroberungsdrang der weiblichen Japanischen Knöteriche darauf zurückzuführen ist, dass ihnen ihre männlichen Partner fehlten und sie auf verzweifelter Suche waren. Und als sie ihresgleichen nicht fanden, waren sie bereit, ihr Verlangen mit dem Herrn aus Sachalin zu teilen, einem Verwandten, den sie in ihrer ostasiatischen Heimat noch schnöde abgewiesen hatten. Und nun sind ihre Kinder, noch vitaler als die Eltern, zu echten Neu-Europäern geworden, Zeugen gelungener Integration.

Anklage und Urteil

Die stattliche Pflanze sitzt international auf der Anklagebank, denn auch in Nordamerika, Australien und Neuseeland verbreitet sie sich rapide entlang der Fließgewässer und auf urban-industriellen Brachflächen. Mit ihren dichten Beständen beschattet und verdrängt sie die Flora, die sonst dort siedelt: Pestwurz, Brennnessel, Kohldistel, Kälberkopf und andere stickstoffliebende Pflanzen. Insekten, die auf die einheimischen Pflanzen angewiesen sind, erschwert sie das Leben. Sie verzögert die natürliche Sukzession, das heißt, es dauert länger, ehe sich Gehölze ansiedeln und wachsen können. Da die Rhizome in Mauerritzen, Asphalt, Hochwasserschutzbauten, Gleisanlagen und andere Bauten hineinwachsen und diese sprengen können, stellen sie einen weiteren Gefahren- und Kostenfaktor dar. Auch den Straßenbelag können sie ohne weiteres durchbrechen. Lange wurde behauptet, sie trügen zur Erosion der Ufer bei, da sie nicht so feinwurzelig sind wie andere Stauden und Gräser; doch dies wurde durch empirische Studien entkräftet. Die Lobby der britischen Angler beschwert sich zudem, dass die dichten Bestände ihnen den Zugang zu ihren Angelplätzen erschweren.

Diese Faktoren genügen, um gegen die ostasiatischen Eindringlinge mit voller Härte vorzugehen. Das Ausreißen der treibfreudigen Wurzelstränge ist kaum praktikabel, da jeder abgebrochene Rest wieder austreibt. Empfohlen wird die ständige Mahd, um über einen längeren Zeitraum hinweg die Wurzeln zu schwächen. Das ist natürlich langwierig und teuer. Als »Wunderwaffe« gilt das Beweiden mit Schafen und Ziegen (Kowarik 2003: 223). Mit Infrarotbestrahlung, dem Abdecken mit schwarzer Folie und selbstverständlich mit dem gezielten Einsatz des Totalherbizids Roundup (Glyphosat) versucht man, dem vorrückenden Amazonenheer Herr zu werden. Als Alternative zu den problematischen Herbiziden hat man in England einen Versuch mit der aus Japan stammenden

Japanischer Staudenknöterich:
Biomasse des vergangenen Jahres.

Staudenknöterich-Horst im späten Frühjahr.

Nahaufnahme der Blattspitze des Staudenknöterichs.

Blattflohart *(Aphalara itadori)* gemacht. Nachdem sich im Experiment zeigte, dass diese Blattsauger nur den Japanischen Knöterich befallen und (vorläufig) keinen Appetit auf andere europäische Pflanzen haben, wurden sie freigesetzt.

Eine weitere Alternative ist die Behandlung der befallenen Flächen mit heißem Dampf. Die Dämpfe werden in die Erde eingebracht und töten die unterirdischen Rhizome ab; allerdings werden Würmer und andere Bodenlebewesen durch die Heißdampfbehandlung leider ebenfalls abgetötet.

Vom Nutzen des Staudenknöterichs

- **Bodenbefestigung:** In der DDR wurde die anspruchslose Pflanze zur Begrünung von Braunkohletagebauhalden und zur Befestigung und Stabilisierung von Dämmen und Dünen eingesetzt.
- **Bodensanierung:** Vor einigen Jahren entdeckten Wissenschaftler an der Universität Oldenburg, dass der Riesenknöterich, der stark überdüngte Auenlandschaften und Industriegelände besiedelt, gift- und schwermetallverseuchte Böden sanieren kann. Die schnell wachsenden Pflanzen sind regelrechte Giftfresser; sie nehmen Blei, Cadmium und Zink in großen Mengen aus dem Erdreich auf. Eine Oldenburger Firma hat sich darauf spezialisiert, mit Riesenknöterich-Anpflanzungen belastete Böden zu sanieren; die Pflanzen werden dann abgeerntet und entsorgt. So konnten Militärgelände, die mit Arsen und anderen Rückständen von Chemiewaffen verseucht waren, saniert werden. Dieses Sanierungsverfahren ist wirksamer, kostet viel weniger und ist schonender als herkömmliche Methoden, bei denen die schwermetallverseuchte Erde ausgehoben und in speziellen riesigen Waschanlagen und Öfen gereinigt wird.
- **Pflanzenschutz:** Biogärtner benutzen Extrakte des Riesenknöterichs vorbeugend bei Mehltau, Blattpilz und Feuerbrand. Auch gegen Krautfäule an Tomaten, Grauschimmel an Paprika, Schimmelbefall auf Gurken, Erdbeeren oder Freilandsalat haben sich die Auszüge bewährt. Aus dem Sachalin-Knöterich wird ein biologisches Pflanzenstärkungsmittel hergestellt, das die Widerstandskräfte der Obst- und Gemüsepflanzen erhöht. Im Gegensatz zu chemischen Mitteln ist dieses unter dem Namen *Milsana* vertriebene Bioprodukt für Bienen ungefährlich.
- **Energiespender:** Inzwischen wird eine »Wunderpflanze« namens *Igniscum* als nachwachsender Rohstoff propagiert. Die Trockenmasse von Igniscum kann, zu Pellets verarbeitet, als Heizmaterial genutzt werden. Pro Hektar ersetzt die Pflanze jährlich 8000 Liter Heizöl. Die Frischmasse kann auch zur Vergärung in Biogasanlagen verwendet werden. Hinter dem Namen Igniscum verbirgt sich kein anderer als der Sachalin-Staudenknöterich.

- **Nahrungsmittel:** Der Riesenknöterich ist nicht giftig, im Gegenteil: Die chinesische und japanische Küche kennt viele Rezepte für die ganz jungen, säuerlich schmeckenden Frühjahrstriebe. Diese spargelähnlichen Triebe, die in einer lauen Frühlingsnacht zwanzig, dreißig oder noch mehr Zentimeter emporwachsen, sind saftig und zart, ein Leckerbissen. Der Geschmack der frischen Stängel erinnert an Rhabarber – die Pflanze gehört auch zur selben Familie. In Ostasien essen die Kinder die geschälten frischen Triebe ebenso gerne wie unsere Kinder den Sauerampfer. Die Schösslinge werden als Frühjahrsgemüse gekocht; die Triebe können durch Abdecken gebleicht und eingesalzen wie Sauerkraut eingemacht werden. Man kann sie auch, ähnlich wie Rhabarber, zu Torten, Kompott, Konfitüren und anderen Süßspeisen verwenden (Fleischhauer et al. 2007: 89). Für den Wildpflanzen-Meisterkoch Jean-Marie Dumaine ergeben sich für den »Rhein-Rhabarber«, wie er den Japanischen Knöterich nennt, unendliche Zubereitungsmöglichkeiten – vom Chutney bis zum Dessert. In seinem Repertoire finden sich etwa »Wildschweinfilet mit Rheinrhabarber«, »Lachsrollmops mit eingelegtem Japanischem Knöterich«, »Rheinkapern« (Knöterichsprossen in Kräuteressig), »Ananas mit Knöterich« und als eine Art elegantes Chutney »Japanischer Knöterich auf indische Art« (Dumaine 2008: 65–68).
- **Färbepflanze:** Die orangegelbe Wurzelrinde liefert einen gelben Farbstoff zum Färben von Textilien.
- **Bienenweide:** Die Pflanze ist im Spätherbst, wenn wenig andere Blüten vorhanden sind, eine Futterpflanze für Bienen und andere Insekten. Der daraus hergestellte Honig, der an Buchweizenhonig erinnert, ist mild und schmackhaft.
- **Ökologie:** Die dichten Bestände bieten Schutz für Kleingetier und Vögel.
- **Spielzeug:** Die Stängel eignen sich zur Herstellung von Pfeifen und Blasrohren.

Der Riesenknöterich als Heilpflanze

In der traditionellen chinesischen Kräuterkunde kennt man die Pflanze als *chuan qui, ban zhang, suan zhang, huang yao* oder *chuan jun long*. Medizinisch wird die als leicht bitter geltende Wurzel im Funktionskreis von Leber und Milz angewendet. Die Wurzel (*huzhang;* Polygoni cuspidati rhizoma) gilt in der modernen chinesischen Medizin als[76]:

76 Genauere Hinweise zur Anwendung findet man bei: Carl-Hermann Hempen und Toni Fischer, *Leitfaden Chinesische Phytotherapie*, München/Jena, 2007.

- antiviral
- spirochätenwidrig
- pilzwidrig (fungizid)
- bronchialentspannend, schleimlösend, hustenstillend (auch bei Asthma)
- blutdruck- und lipidsenkend; reduziert die Fettwerte
- blutstillend, adstringierend
- schmerzstillend (bei Arthritis, Rheuma, Schmerzen während der Menstruation)
- entzündungshemmend (bei bakteriellen Entzündungen, entzündeten Wunden)
- antibiotisch bei *Pseudomonas aeruginosa, Treponema denticola, Staphylococcus aureus, Moraxella catarrhalis, Streptococcus, Escherichia coli*
- blutreinigend, entgiftend

Bei Schwangerschaft ist diese Medizin zu vermeiden, ansonsten gibt es keine Kontraindikationen. Die Wurzeldroge kann unter Umständen leichte Nebenwirkungen, wie Mundtrockenheit, einen bitteren Mundgeschmack oder Magenreizung, haben.

Nach Angaben des bekannten amerikanischen Phytotherapeuten Stephen H. Buhner ist der Japanische Knöterich eines der wichtigsten Heilmittel bei Borreliose. Die Knöterichwurzel hilft Schäden reparieren, welche die Spirochäten angerichtet haben. Wirkstoffe wie Resveratrol und Transresveratrol erweitern die Blutgefäße und überwinden die Hirn-Blut-Schranke. Die Droge verbessert die Blutzufuhr zu den Augen, zu Herz, Haut und Gelenken; sie schützt Nervengewebe vor oxidativen Schäden und mikrobiellen Endotoxinen (toxische Zerfallsprodukte von Bakterien), mildert die Herxheimer-Reaktion[77], schützt die Endothelialzellen, welche die Blutgefäße auskleiden, unterdrückt Koinfektionen, senkt die LDL-Blutfettwerte, reduziert Autoimmunreaktionen und vieles mehr (Buhner 2005: 104–118).

Resveratrol ist ein fettlösliches Flavonoid, das man auch in Rotwein findet. Es ist ein hochwirksames Antioxidationsmittel, das vor den potenziell krebserzeugenden freien Radikalen schützt. Resveratrol ist zudem ein Phytoöstrogen, ein pflanzliches Hormon, das dem weiblichen Sexualhormon ähnlich ist. Es wird spekuliert, dass es möglicherweise gegen Menstruationsbeschwerden, Wechseljahrleiden oder gar Brustkrebs anwendbar ist.

Wie sammelt und verwendet man die Wurzeldroge?

Die Wurzel des Riesenknöterichs – von allen drei Arten, dem Japanischen, dem Sachalin- und dem Bastard-Knöterich – wird im Spätherbst oder im frühen Frühjahr ausgegraben, dann vollständig getrocknet und anschließend mit einer

Reibe zu Pulver verrieben. Die ganze Droge beziehungsweise das Wurzelpulver wirkt synergistisch und eignet sich besser als die daraus isolierten Wirkstoffe.

Als Dosierung schlägt Stephen Buhner je nach Körpergewicht und Konstitution eine tägliche Dosis von 9 bis 30 Gramm vor. Die Tagesdosis in der Traditionellen Chinesischen Medizin liegt zwischen 9 und 15 Gramm (Hempen/Fischer 2007: 576). Das Pulver lässt man 20 Minuten in Wasser köcheln; dann wird die Abkochung abgeseiht und in vier Portionen über den Tag verteilt getrunken.

Nebenwirkungen sind kaum zu erwarten; Schwangere sollen aber sicherheitshalber die Droge nicht einnehmen. Für einen Menschen von 75 Kilogramm Körpergewicht liegt die toxische Dosis bei 75 Gramm pro Tag (Storl 2009a: 192).

77 Als Herxheimer-Reaktion bezeichnet man die Reaktion des Körpers auf Gifte, die während einer antibiotischen Behandlung durch den Zerfall der Bakterien (Spirochäten) entstehen. Symptome können Fieber, Unwohlsein, Depression usw. sein.

Geheimnisse sind in den Pflanzen verborgen. Um diese aufzudecken, musst du sie genügend lieben können.

George Washington Carver

UNERWÜNSCHTE GEHÖLZE

Späte Traubenkirsche

(Prunus serotina)

Weitere Namen: Spätblühende Traubenkirsche,
Amerikanische Traubenkirsche
Englisch: *Black cherry, Wild black cherry, Mountain black cherry*
Französisch: *Cerisier d'automne, Cerisier noir, Cerisier tardif*

Wie viele andere nordamerikanische Neophyten weckt die Traubenkirsche schöne Erinnerungen in mir. Als Kinder haben wir im Wald oft von den herbsüßen kleinen schwarzen Früchten genascht. Wenn wir zu viel davon aßen, bekamen wir leichten Durchfall. Aber das war es wert. Auch die Indianer und insbesondere die Mexikaner schätzen die reifen Kirschen. Noch immer essen die Nachkommen der alten Azteken und Zapoteken *Tamales*[78], gefüllt mit *Capulin,* so der mexikanische Name der Kirsche; der Saft wird auch zu einem alkoholischen Getränk vergoren. Die Nordamerikaner würzten gerne Whiskey, Brandy oder Rum mit *Black Cherry.*

Für die Waldlandindianer galt das kleine Bäumchen als eine besondere Heilpflanze.[79] Für die Cherokee, deren Pflanzenheilkunde die Volksmedizin der Appalachen-Bergbewohner stark mitprägte, galten die Kirschen als »Blutverbesserer«; die Rinde kam mit in Tees, die bei Erkältungen und Husten getrunken wurden; eine Abkochung der Wurzelrinde wurde zum Waschen von alten Wunden und Geschwüren verwendet oder als Klistier bei Mastdarm-Krampfadern. Von den Chippewa (Ojibwa) ist bekannt, dass sie mit der Wurzelabkochung Eingeweidewürmer austrieben; Geschwüre und Ausschläge wurden mit der

78 *Tamales* sind mit Fleisch oder anderen Zutaten gefüllte Taschen aus Maisteig, die in Maishülsen oder Bananenblätter gehüllt gedämpft werden. Es handelt sich um ein traditionelles mexikanisches Gericht, das oft als Frühstück gegessen wird.

79 Auch andere Traubenkirschenarten waren für die Indianer wichtige Heilpflanzen. Hoch in Ehren hielt der Medizinmann Tallbull die *choke cherry (Prunus virginiana),* in seiner Sprache *monotse* genannt. Die Früchte und die im Herbst gesammelte, nach Bittermandel riechende Rinde wurden gekocht und bei Ruhr und Amöbendurchfall getrunken, bei Schürf- und Brandwunden aufgelegt. Die Rinde fand auch in der weißen Volksmedizin als Bittertonikum Verwendung: Sie wurde in Whisky mazeriert und bei Schüttelfrost, Malaria und Fieber eingenommen.

getrockneten, zu Pulver verriebenen Wurzel behandelt oder mit Salben aus der Rinde. Auch andere Indianervölker schätzten die Späte Traubenkirsche als Heilmittel bei Erkältungen, Durchfall, Fieber, Grippe und als Blutreiniger. In der amerikanischen Pharmakopöe (USP) war ein aus der Rinde hergestelltes Tonikum von 1820 bis 1970 ein offizielles Heilmittel. Da das Bäumchen nun bei uns, vor allem in lichten Kieferforsten und Wäldern auf losen sandigen Böden Nord- und Ostdeutschlands wächst, sollten wir uns mit dem Nutzen der Pflanze beschäftigen. Vielleicht lernen auch wir sie als wertvolle Heilpflanze kennen.

Im Jahr 1623 wurde die Spätblühende Traubenkirsche in Frankreich das erste Mal auf europäischem Boden gepflanzt. Wegen ihrer schönen weißen, duftenden Blüten und dem bunten, gelb- bis orangefarbenen Herbstlaub fand sie als Ziergehölz in den Gärten und Parks Europas schnelle Verbreitung. 1685 kam sie nach Deutschland. Die Traubenkirsche ist in ihrer Heimat von Nova Scotia bis nach Guatemala ein Pionierbaum, der nach Kahlschlägen, großflächigen Bränden, Stürmen und Tornados den verwundeten Boden und die offenen Schneisen besiedelt und rasch zu einem Baum heranwächst, dessen Holz gut genutzt werden kann. Wenn er dann in der natürlichen Sukzession (zeitliche Aufeinanderfolge der Pflanzenarten) von höheren Bäumen überholt und beschattet wird, geht die Zahl der Traubenkirschbäume wieder zurück. Anfang des 20. Jahrhunderts glaubten die Förster in Deutschland, den Niederlanden und Belgien, sie könnten mit dem genügsamen Pionierbaum die lichten Wälder und spärlich bewachsenen, sandigen oder moorigen Böden verbessern, indem sie die amerikanische Traubenkirsche dazwischenpflanzten. Das abgeworfene, sich zersetzende Laub enthält ausreichend Stickstoff, um beim Verrotten der Kiefernadeln förderlich zu sein und somit die Humusschicht des mageren Waldbodens aufzubauen; die Pflanzungen würden zudem den Brand- und Windschutz verbessern. Man war zudem überzeugt, dass das Holz, das sich nicht von anderen Kirschhölzern unterscheidet und für die Möbelherstellung bestens geeignet ist, gut vermarktet werden könnte. Als ökologisches Plus galt, dass die Früchte ein gutes Vogelfutter – sie werden von sechzig Vogelarten gefressen (Kowarik 2003: 14) – und die Blüten eine ergiebige Bienenweide ergeben.

Die Hoffnung, dass die Traubenkirsche ein guter Holzlieferant werden könnte, hat sich leider nicht erfüllt. Aus irgendeinem Grund werden die Bäume, die als Unterholz in den Kieferplantagen wachsen, nicht so hoch und die Stämme nicht so dick wie in ihrer ursprünglichen Heimat. Hinzu kommt, dass sich das Bäumchen dank der Hilfe der Vögel stark verbreitet. Die Samen keimen besser, nachdem sie durch einen Vogelmagen gegangen sind. Auch das Durchforsten, um mehr Licht auf den Waldboden zu bringen, begünstigt ihre Ausbreitung. Andere lichtliebende Arten der Waldgesellschaft, so klagt man, werden von der Traubenkirsche verdrängt und die Naturverjüngung verhindert. Zudem

Blühender Kirschlorbeer (Lorbeerkirsche).

Die typisch glänzenden Blätter der Spätblühenden Traubenkirsche.

Neuaustrieb am Stamm einer Späten Traubenkirsche.

Rindenmuster am Stamm einer jüngeren Traubenkirsche.

wird vermutet, sie könnte eine Wirtspflanze für die Blattlaus *(Myzus persicae)* sein, die eine Viruserkrankung auf Zuckerrüben überträgt.

Aufgrund dieser Überlegungen machte die Forstwirtschaft seit Mitte der 1960er Jahre eine Kehrtwende: *Prunus serotina* wird nicht mehr gepflanzt, sondern zunehmend als schädlicher invasiver Fremdling bekämpft. Als *Bospest*, »Waldpest«, bezeichnen ihn die holländischen Förster. Aber die Indianerpflanze erweist sich als ziemlich zäh. Die Rückdrängungs- und Kontrollmaßnahmen sind teuer, gehen in die Millionen Euro: Die Bekämpfungskosten werden auf 150 bis 1500 Euro pro Hektar gerechnet (Spaeth et al. 1994: 234). Der Erfolg ist allerdings gering. Roundup-Herbizide verfehlten ihr Ziel. Abhacken war ebenfalls erfolglos, da die Wurzeln wieder austrieben. Etwas erfolgreicher ist das Einkerben und darauffolgende Besprühen der Schnittstelle mit Gift oder – als »biologische« Kontrollmaßname – das Einstreichen einer Schnittstelle mit dem Violetten Knorpelschichtpilz *(Chondrostereum purpureum)*. Leider greift der Pilz auch die einheimischen Kirsch- und Steinobstarten an. Aber ist das so schlimm? Man kann doch importierte Kirschen im Supermarkt kaufen.

Die Amerikanische Traubenkirsche wird von Laien oft mit der einheimischen Traubenkirsche *(P. padus)* verwechselt. Die einheimische hat runzelige, matte Blätter, während die der Späten Traubenkirsche auf der Oberseite glänzend sind und die Unterseite matt hellgrün gefärbt ist. Außerdem blüht sie später als die einheimische.

Verwandt mit der Späten Traubenkirsche ist der *Kirschlorbeer* oder *Lorbeerkirsche (Prunus laurocerasus)*. Er ist ebenfalls ein Neophyt, dessen Heimat sich vom Kaukasus über Vorderasien bis in den östlichen Balkan erstreckt. Mitte des 16. Jahrhuderts brachten Handelsschiffe den Strauch aus türkischen Gärten nach Italien, wo er in den herzoglichen Gärten in Pisa und Genua gepflanzt wurde. 1588 kam er nach Wien und hielt von dort als Zierstrauch Einzug in Mitteleuropa. Inzwischen verwildert er an nährstoffreichen Standorten in den Wäldern am Alpenrand sowie im städtischen Raum.

Die Lorbeerkirsche hat immergrüne, derb ledrige, blausäurehaltige Blätter, die wie die des Lorbeers aussehen, angenehm duftende, weiße Blüten und schwarze, kugelige Früchte, die Leckerbissen für die Drosseln sind. Die Früchte schmecken süß, mit einem bitteren Nachgeschmack; sie gelten vielerorts als giftig, werden aber in der Türkei zu Gelee und Marmelade verarbeitet. Wie bei anderen Steinobstgewächsen sind die Samen hoch giftig, da sie zyanogenes Glykosid enthalten. Bei einer Menge von zehn Samen besteht bereits Lebensgefahr durch Atemstillstand oder Herzversagen. Beim Kochen der Beeren verschwindet jedoch die Blausäure.

Gewöhnliche Robinie

(Robinia pseudoacacia)

Weitere Namen: Falsche Akazie, Scheinakazie, Silberregen
Englisch: *Black locust*
Französisch: *Robinier faux-acacia*

Die Falsche Akazie kommt aus dem östlichen Waldland Nordamerikas. Sie ist ein Pionierbaum. Nach Sturm, Brand, Erdrutschen oder Kahlschlag leistet sie Erste Hilfe zur Waldregenerierung. Schnell wächst der Baum heran, treibt Wurzelausläufer, und schon nach sechs Jahren blüht er und bringt die ersten Samen hervor. Diese behalten dreißig Jahre lang ihre Keimfähigkeit. Der Baum, der bis zu 25 Meter hoch wachsen kann, ist mit Stacheln bewehrt, wie auch die Brombeere und manch andere Pionierpflanze; es ist, als wollten diese Pflanzen sagen: »Kein Zutritt! Hier ist Baustelle; hier soll sich die Vegetation ohne Störung wieder regenerieren können.« Als Trost und Kompensation bietet die Brombeere im Herbst süße Früchte, die Robinie süßen Honig. Die weißen hängenden Blütentrauben, die einen an Orangenblüten erinnernden himmlischen Duft verströmen, laden die Bienen zum üppigen Mahl. Der Nektar ist besonders zuckerhaltig (34 bis 59 Prozent Zuckeranteil). Der resultierende Honig wird als »Akazienhonig« verkauft. In Brandenburg, wo viele Robinienbäume wachsen, ist bis zu 60 Prozent der Honigernte Akazienhonig.

Der Pionierbaum wird nach zwanzig bis dreißig Jahren von anderen, höheren, stärker beschattenden Laubhölzern als dominierende Vegetation abgelöst und pendelt sich auf eine neue, bescheidenere Rolle ein. Im naturbelassenen Wald in Nordamerika macht er höchstens 4 Prozent der Bäume aus.

Beim Durchstreifen der Laubwälder Ohios ist uns Jungen immer wieder dieser *black locust tree* begegnet. Wir mochten ihn nicht, denn wir waren begeisterte Baumkletterer, und aufgrund seiner Stacheln war dieser Baum unmöglich zu besteigen. In der Schule hatten wir von dem Baum gehört, und zwar im

Zusammenhang mit Abraham Lincoln, dem Hinterwäldler und Mann aus dem Volk, der es zum Präsidenten brachte und für seine weisen Sprüche bekannt wurde, die die Herrschenden noch heute das Zittern lehren: »Manchmal kann man das ganze Volk belügen, und manche Leute kann man immer belügen, aber man kann nicht alle Leute ständig belügen!« Abraham Lincoln hat in seiner Jugend bei der Erschließung des neuen Landes schwer arbeiten müssen. Viel Zeit verbrachte er damit, auf seiner primitiven Siedlerfarm Robinien zu fällen, die Stämme zu spalten, um daraus Pfosten und Zäune zu machen. Schwerstarbeit. Denn das Holz ist wirklich zäh, hart und schwer zu bearbeiten. Aber es ist widerstandsfähig gegen Fäule. So ein Holzzaun kann hundert Jahre halten, er wird nicht morsch. Wegen dieser Eigenschaften wird Robinienholz als Grubenholz im Bergbau, für Trägerpfähle im Weinbau, als Schwellen für Eisenbahngleise und für den Schiffsbau benutzt. Es ist dauerhafter und stärker als Eichenholz und erzeugt mehr Holzmasse pro Hektar als Eiche oder Kiefer. Für den Möbelbau ist dieses attraktive, gelblich braune Holz eine gute Alternative zu Tropenhölzern. Gegenwärtig wird jährlich drei Mal die Fläche Bayerns in den Tropen abgeholzt – das sind die Lungen der Erde, die da angegriffen werden.[80] Da sollten wir dankbar sein für die Scheinakazie. Das harte Holz ist übrigens auch ein gutes, sehr heiß brennendes Heizmaterial für den Holzofen und den Herd. Es brennt sogar, wenn es noch feucht ist. In den Appalachen wird es dazu viel verwendet. Gut getrocknet, hat es eine vergleichbare Hitzeleistung wie Steinkohle; es brennt sauber und mit wenig Rückständen.

Die Robinie wurde von Jean Robin, dem Hofgärtner zu Versailles, um 1630 aus Virginia nach Paris gebracht. Nach ihm wurde das Ziergehölz benannt. 1670 tauchte der Baum das erste Mal in Deutschland auf, 1726 in Italien. Die amerikanische Bezeichnung *black locust* geht auf die Jesuiten zurück, die unter den Algonkin missionierten und im östlichen Waldland auf den Baum aufmerksam wurden. *Locust* (lateinisch *locusta,* »Krebstier«) bezieht sich auf die Heuschrecken oder Grashüpfer, die Johannes der Täufer in der Wüste gegessen haben soll. Im Neuen Testament heißt es: »Johannes trug ein Gewand aus Kamelhaar und einen ledernen Gurt um seine Hüften; Heuschrecken und wilder Honig waren seine Nahrung.« (Matthäus 4,3) Die gelehrten Jesuiten wussten aber damals schon, dass es sich bei den angeblichen Grashüpfern (hebräisch *hagavim*) um einen Übersetzungs- oder Schreibfehler handelte, und dass es eigentlich um den Karobbaum oder Johannisbrotbaum (*Ceratonia siliqua,* hebräisch *haravim*) ging, dessen Schoten nahrhaft sind und im Geschmack etwas an Schokolade

80 Wegen der Abholzung der tropischen Urwälder in Zentralafrika ist zum Beispiel die Verdunstungsmenge des Wassers dermaßen verringert, dass es immer weniger Schnee auf dem Kilimandscharo gibt.

Junges Exemplar der Robinie oder Falschen Akazie.

Muster der Rinde einer älteren Robinie.

Das Laub der Robinie ist typisch für Schmetterlingsblütler..

erinnern. Und die Missionare sahen sofort die Verwandtschaft zwischen dem Schoten tragenden Baum, der den Algonkin als Nahrung diente, und dem mediterranen Johannisbrotbaum, der ebenfalls als *Locust* bezeichnet wird. Es sind bei der Robinie aber anders als beim Johannisbrotbaum nicht die Hülsen, die essbar sind, sondern die Samen. Diese sind wie die ganze Pflanze giftig, sie enthalten Toxalbumine und Glykoside. Die Gifte in den kleinen »Bohnen« werden jedoch durch längeres Kochen neutralisiert. Also nahmen die Gottesmänner an, sie hätten den Locust-Baum der Bibel vor sich.

Im rohen Zustand ist alles an dem Hülsenfrüchtler giftig, Triebe, Rinde, Samen und Blätter, und ein Pferd, das daran knabbert, bekommt Kolik. Die Indianer haben den Baum dennoch medizinisch verwendet. Die Cherokee kauten die Wurzel oder tranken einen Tee aus der Rinde als Brechmittel. Erbrechen oder Purgieren, also das Ausleiten von Giftstoffen, war ein wichtiger Bestandteil der Heilungsrituale. Alles, was die Seele beschwerte, auch böse Geister, die man irgendwann einmal heruntergeschluckt hatte, wurden auf diese Weise hinausbefördert. Die Robinie wurde auch als galletreibendes, abführendes und harntreibendes Mittel benutzt, und zur Linderung von Zahnschmerzen kaute man die Triebe. Dass die Indianer das strapazierfähige Robinienholz für den Bogenbau bevorzugten, sei nebenbei erwähnt.

Die Volksheilkunde der Bewohner der Appalachen übernahm viele dieser Anwendungen. Die armen Hinterwäldler verwendeten die Robinie zum Beispiel als Krebsheilmittel. Die getrockneten Blüten wurden zu Pulver verrieben und bei Gastritis, Magen- und Dünndarmgeschwüren eingenommen. Die Blüten gab man übrigens auch in den Pfannkuchenteig oder kochte sie in der Marmelade mit.

In Europa wurde die Pseudoakazie wie viele andere Neophyten zuerst als Zierpflanze angebaut. Im 19. Jahrhundert begannen Förster, den Baum zur Wiederaufforstung von übernutzten, zerstörten und geschädigten Wäldern anzupflanzen. Er wächst rasch, bestockt schnell und hilft Erosion einzudämmen. Die Imker hatten ihre Freude an diesen Anpflanzungen. Auch wurde erkannt, dass sich dieser Baum gut als Allee- und Stadtbaum eignet, da er Ruß, Rauch, Abgase, Feinstaub und sogar Streusalz verträgt.

Nach dem Zweiten Weltkrieg hat sich die Robinie schnell und massiv verbreitet. Sie besiedelte die von Granaten und Bomben zerwühlten Trümmer- und Schuttflächen der Städte. Auch die Industriebrachen im Ruhrgebiet und andere verwüstete Flächen boten dem Pionierbaum Gelegenheit zur Besiedlung. Daraufhin wurden einige Naturpuristen stutzig. Der Baum wurde in eine neue Rolle als »invasiver Neophyt« gedrängt. Auszusetzen war an ihm vor allem, dass er wie andere Schmettlerlingsblütler den Boden mit Stickstoff anreichert. Seine Wurzeln leben in Symbiose mit Stickstoff fixierenden Knöllchenbakterien – deswegen vermag er auch auf mageren Böden zu wachsen. Sein Laub düngt den Boden und schafft Raum für Stickstoff liebende Pflanzen, wie etwa den Schwarzen Holunder *(Sambucus nigra)*. Wo ist das Problem? Durch seine Anwesenheit bedrängt er die Magerflora, die Hungerblümchen, die sonst auf Magerrasen wachsen. Er bedrängt sie genauso wie der Landwirt mit seinen Düngergaben. Das führt zu einer Veränderung des Biotops. Zwar nimmt dort, wo die Robinie wächst, die Zahl der Vögel zu, da sie in ihren stacheligen Zweigen Schutz finden und dank Begleitpflanzen wie dem Holunder bessere Futterquellen zur Verfügung haben, aber die immer seltener werdenden Magerwiesenbewohner nehmen ab. Also entschied man sich, den neophytischen Baum zu bekämpfen. Dieses Anliegen gestaltet sich jedoch schwierig. Hackt man ihn ab, treibt er umso heftiger wieder aus – er ist schließlich eine Pionierpflanze. Auch Versuche mit Rodung, Ringeln und Roundup waren nicht befriedigend. Seit 1983 kommt nun die Robinien-Miniermotte aus Amerika zu Hilfe. Die Raupe hat in Europa keine Fressfeinde und kann dem frechen Eindringling erheblichen Schaden zufügen. Inzwischen hat man vier weitere Insektenarten entdeckt, die alle aus Amerika kommen und dem Baum zusetzen.

Als erfolgreichstes Verfahren zur Eliminierung des vitalen Baumes hat sich eine besondere Art der Ringelung erwiesen: Der Stamm wird bis auf einen kleinen unversehrten Rest geringelt. Dadurch werden die meisten Leitbahnen unterbrochen, mit denen der Baum den in der Photosynthese produzierten Zucker in die Wurzeln leitet. Durch die unvollständige Ringelung werden gerade noch so viele Reservestoffe in die Wurzeln geleitet, dass der Baum nicht »merkt«, dass seine Physiologie gestört ist. Beim Austrieb im folgenden Frühjahr werden diese Reservestoffe dann vollständig verbraucht. Nun kann er endgültig geringelt und anschließend abgesägt werden. Für einen »Angsttrieb«, Stockausschlag oder vermehrte Wurzelbrut fehlt ihm die Kraft. Der Baum stirbt ab. (Schienagel-Delb 2009: 20)

Eigentlich ist die Pseudoakazie kein Fremdling auf dem europäischen Kontinent. Es gab ihn noch im Miozän, ehe ihn die vorletzte Eiszeit vertrieb. Er ist ein Spätheimkehrer. Ein wertvoller Baum, den wir willkommen heißen sollten.

Götterbaum

(Ailanthus altissima)

Weitere Namen: Himmelsbaum, Bitteresche, Chouchun
Englisch: *Tree of heaven, Chinese sumach, Stinking sumach*
Französisch: *Ailante glanduleux, Faux vernis du Japon, Vernis du Chine*

Der Ailanthus, ein Bittereschengewächs *(Simaroubaceae)* aus Südchina und dem nördlichen Vietnam ist ein schnell wachsendes, relativ kurzlebiges Pioniergehölz. Der junge Baum kann pro Jahr zweieinhalb Meter in die Höhe wachsen; bis über 20 Meter Höhe kann er schließlich erreichen und 300 000 bis 400 000 Samen jährlich erzeugen.

Vor langer Zeit, im Tertiär, hat es einmal den Götterbaum in Europa gegeben. Der französische Jesuitenpater Pierre Nicolas d'Incarneville verhalf ihm zu seiner Rückkehr in hiesige Gefilde. D'Incarneville, der zwischen 1740 und 1756 in Peking weilte, ließ die Samen des exotischen Baumes auf der Karawanenroute über St. Petersburg bis nach Paris und London schmuggeln. Das war nicht ohne Risiko, denn die Chinesen hatten Gesetze gegen die Ausführung ihrer botanischen Schätze. In Frankreich und England glaubte man, man hätte es mit dem Lackbaum *(Rhus verniciflua)* zu tun, aus dem der begehrte Lack gewonnen wird, mit dem die Chinesen ihre Möbel und Kunstgegenstände zum Glänzen bringen. Zu dieser Zeit waren Chinoiserien – Porzellan, Papiertapeten, Fächer, lackierte handbemalte Schachteln, Seidengewänder, chinesische Gärten, Pagoden in den Parks, »chinesische Äpfel« (niederländisch *Sinaasappel,* Apfelsinen) – groß in Mode, und Philosophen wie Voltaire priesen China als einen hoch zivilisierten, hoch disziplinierten Staat, der von gelehrten und vernünftigen Beamten regiert werde – ein utopisches Vorbild für Europäer.

Als chinesischer Lacksumach kam das Bäumchen nach England, in den berühmten Chelsea Physic Garden. Aber es war kein Lack aus ihm zu gewinnen. In Deutschland wurde der Baum erstmals 1780 in Berlin als Zierpflanze kultiviert. Erst später kam man darauf, dass der Ailanthus als Futter für Seidenraupen in Frage kam. In Wien führten Textilunternehmer 1856 den Seidenspinner *(Samia cynthia)* ein und legten Götterbaumplantagen an, um die Raupen dieser Motte mit Futter zu versorgen. Inzwischen wächst das Bäumchen wie ein Unkraut im gesamten Stadtbereich Wiens, und der imposante Ailanthusspinner hat sich als Hinterhoffauna ebenfalls erfolgreich eingebürgert. Aus der Seidenzucht ist jedoch nicht viel geworden.[81] Die Seide ist minderwertig und grob.

Erst nach dem Zweiten Weltkrieg begann der Götterbaum seine expansive Phase als invasiver Neophyt. Er besiedelte die offenen Trümmerflächen in den Großstädten. Er wurde zum regelrechten Stadtbaum oder, wie es im Englischen heißt, ein *urban weed tree* (»städtischer Unkrautbaum«). In Nordamerika wurde der ostasiatische Baum gegen Ende des 18. Jahrhunderts als Gartenexot und als mögliche Futterpflanze für den Seidenspinner eingeführt. In den Innenstädten Amerikas ist er inzwischen als »Ghetto-Palme« bekannt; in den Gassen und Hinterhöfen der schwarzen Slums ist er oft das einzige Grün, das eine Chance hat zu überleben.

Seine Zähigkeit und sein Überlebenswille haben dem Bäumchen sogar literarischen Ruhm gebracht. 1943 schrieb Betty Smith den Pulitzer-Preis gekrön-

81 Eine andere Art von Seidenspinner, der feinere Seidenfäden liefert, ist der Maulbeerspinner *(Bombyx mori)*, der von Maulbeerblättern lebt.

Ein junger Götterbaum oder Himmelsbaum.

ten Bestseller *A Tree grows in Brooklyn* (deutsch: »Ein Baum wächst in Brooklyn«), in dem der Ailanthus als Metapher für das Überleben in der Großstadt dient. Elia Kahn hat den Bestseller verfilmt. In der Einführung schreibt die Autorin: »Es gibt einen Baum, der in Brooklyn wächst. Manche nennen ihn den ›Baum des Himmels‹. Egal wo sein Same hinfällt, bald erscheint ein neues Bäumchen, das sich bemüht, den Himmel zu erreichen. Es wächst auf verlassenen Grundstücken hinter Bretterverschlägen, es wächst auf Schutthaufen. Es ist der einzige Baum, der aus dem Beton herauswächst. Es strotzt vor Lebenskraft und überlebt fast ohne Sonne, fast ohne Wasser und anscheinend ohne Erdboden. Man könnte ihn als schön bezeichnen, wären da nicht so viele von seiner Sorte.«

Der Götterbaum ist ein wärmeliebender Baum. Deshalb fühlt er sich in den städtischen »Wärmeinseln«, dem urbanen Mikroklima, besonders wohl. Draußen auf dem Land ist es ihm zu kühl. Auspuff und Abgase, Salz und Trockenheit machen ihm nichts aus. Den Stickstoff aus menschlichen Abfällen, Hunde- und Katzenkot kann er bestens verwerten.

Mir hat sein lebensbejahendes Grün in den Steinwüsten der Städte immer Freude bereitet; die riesigen wechselständigen, unpaarig gefiederten Blätter sind beeindruckend. Sie erinnern etwas an die Blätter des Essigbaumes oder

Sumach, weswegen man den Ailanthus oft mit ihm verwechselt. Auch die schiere Kraft der Wurzeln macht Eindruck. Ohne Weiteres sprengen sie Zement und Asphalt, reißen Mauern und Wände auf, dringen in Wasserbehälter und Abwässerrohre ein – für mich ein Zeichen der Hoffnung: Die Natur ist stärker als menschliche Machenschaften; in kürzester Zeit würde der Baum der Götter die Zitadellen der Zivilisation wieder in Wildnis verwandeln. Aber gerade das ist es, was den Baum für die meisten Menschen verhasst macht. Auch seinen penetranten Geruch, den Gestank seines Laubes mögen die wenigsten. Dazu kommt noch der grundlose Verdacht, seine Pollen könnten Allergien auslösen. All das hat ihm einen Platz auf verschiedenen schwarzen Listen gesichert. Die »National Pest Plant Accord«-Liste Neuseelands registriert ihn als *unwanted organism*, als unwillkommenen Organismus. Kein Götterbaum sei er, sondern »ein Baum aus der Hölle«.

Inzwischen wächst er überall in wärmeren Ländern, in Weinbaugebieten in der Pfalz, in Südtirol, Ungarn, Italien, Südafrika, Australien, Neuseeland und Nordamerika. Rapide verbreitet er sich nicht nur in den Städten, sondern auch entlang der Eisenbahngleise und der Mittelstreifen der Autobahnen.

In der Mitte des 19. Jahrhunderts wurden 15 000 chinesische Kulis in der Zeit des Goldrauschs in Kalifornien als Minenarbeiter eingesetzt, und in den 1860er Jahren, beim Bau der transkontinentalen Eisenbahn, wurden weitere 11 000 Chinesen als Bauarbeiter zwangsverpflichtet. Sie hatten keine Rechte und sowieso keinen Anspruch auf soziale oder medizinische Fürsorge. Aber sie wussten sich trotzdem zu helfen. Sie brachten ihre eigene traditionelle Medizin mit, darunter die Samen des Götterbaums, des *Chouchun.* Diese säten sie überall aus, denn für sie war der Chouchun eine wichtige Heilpflanze. Das ist in China noch immer der Fall. Auch der nach Muskat riechende Götterbaumhonig gilt in China als Spezialität. Der Chouchun spielt in der chinesischen Pflanzensymbolik eine wichtige Rolle. Der Baum ist Symbol für den Vater; die lachsfarbene Taglilie *(Hemerocallis)* steht für die Mutter, und ein unartiges Kind wird »Alanthus-Trieb« geschimpft.

In der Traditionellen Chinesischen Medizin wird die Rinde *(chun bai pi)* im Frühling gesammelt, in der Sonne getrocknet, dann eingeweicht, in Streifen geschnitten und noch einmal getrocknet. Diese adstringierende Rinde wird innerlich bei Dysenterie, Darmblutung und Menorrhagia verabreicht, wobei die Dosierung gering ist (4 bis 9 Gramm), weil sie sonst giftig ist. Die bittere Medizin – sie enthält den Bitterstoff Quassiin, ein floureszierendes Glykosid und Saponine – wird auch bei Malaria eingesetzt. Eine Wurzeltinktur wird bei Herzrasen, Asthma und bei Epilepsie verwendet. Die Früchte des Baumes *(Feng yan cao)* wirken blutstillend bei Blut im Stuhl und im Urin, sie sind hilfreich gegen Spermatorrhö (Samenverlust) und wirken gegen Trichomoniasis, die sexuell verbreitete vaginale Infektion durch Trichomonas-Protozoen. Schon im alten China war der Ailanthus als Heilmittel bekannt. Ein Rezept zur Behandlung von »Geisteskrankheit« aus dem Jahr 723 n. u. Z. besteht aus Ailanthuswurzel, Knabenurin und fermentierten schwarzen Bohnen. Ein weiteres Rezept aus dem Jahr 684 n. u. Z. verwendet die Blätter äußerlich gegen Abszesse und Furunkel; bei Kahlköpfigkeit kommen noch die Blätter des Catalpa-Baumes und des Pfirsichs hinzu. Da der Götterbaum Teil unserer Flora geworden ist, sind das interessante Hinweise für unsere Phytotherapeuten. Um die korrekten Anwendungsweisen und Dosierungen zu erfahren, müsste man sich jedoch eingängiger mit der chinesischen Medizin befassen.

Auch das indische Ayurveda kennt den Götterbaum (Sanskrit *Aralu,* Hindi *Ghoranim*) in verschiedenen Rezepturen als bitteres Tonikum, als blutstillendes, antidiuretisches, mentruationshemmendes, blutdruck- und blutzuckersenkendes Mittel. Antikonvulsive Ailanthus-Präparate werden bei Epilepsie eingesetzt; andere wiederum bei Verdauungsstörungen, Ruhr, Diarrhö, Hämorrhoiden und Würmern.

In westlichen Labors wurden die allopathisch wirkenden Wurzelausscheidungen untersucht. Diese enthalten Phytotoxine, die andere Pflanzen in der Nähe beim Keimen hemmen. Durch diese Gifte macht der Götterbaum den konkurrierenden Pflanzen den Platz streitig. Die Hoffnung der Forscher ist, dadurch neue, effektive Herbizide zu finden. Derweil geht der Kampf gegen den »aggressiven« Neophyten weiter. Man sucht nach »biologischen« Mitteln, nach Käfern, Bakterien und Pilzen, um den Pionierbaum unter Kontrolle zu bringen; auch vor Chemikalien wie Triclopyr, Picloram und Glyphosat schreckt man nicht zurück.

Essigbaum

(*Rhus typhina*, syn. *Rhus hirta*)

Weitere Namen: Hirschkolbensumach, Samtbaum, Fuchsschwanzbaum, Virginianischer Sumach, Hirschhorn, Ampert (aufgrund der ähnlichen Früchte wie der Ampfer)
Englisch: *Staghorn sumach*
Französisch: *Sumac de Virginie, Sumac amarante, Vinaigrier*

Unter den Bäumen und Sträuchern, die die Laubwälder im nordöstlichen Amerika im Herbst in ein spektakuläres Farbenmeer verwandeln, befindet sich auch der in hellroten bis rotgelben Farbtönen entflammende Hirschkolbensumach. Der heilkräuterkundige britische Hofgärtner John Parkinson war dermaßen beeindruckt vom Essigbaum, dass er ihn 1629 in seinen Garten pflanzte. Nicht nur interessierten ihn seine medizinischen Möglichkeiten – er experimentierte mit einem Wurzelextrakt als Fiebermittel –, er wollte auch dem grauen, nebelig trüben britischen Herbst etwas vom Zauber des »Indian Summer« verleihen. Zur gleichen Zeit erschien der *Sumac de Virginie* auch in Frankreich als Ziergehölz. Das »Lustgebüsch« fand bald seinen Platz in den Gärten des Adels, aber erst im 20. Jahrhundert begann das Bäumchen seinen Eroberungszug als Neophyt.

Viele glauben, der Essigbaum sei giftig. Auch im Internet kann man nachlesen: »Alle Pflanzenteile sind giftig (...). Die orale Aufnahme größerer Mengen führt zu Magen- und Darmbeschwerden, auf der Haut soll der Milchsaft zu Hautentzündungen führen; Spritzer in die Augen können Bindehautentzündungen auslösen.«[82] Dass der hübsche Baum giftig sei, entspricht aber nicht meiner Erfahrung, auch nicht jener der Indianer, für die er einer der wichtigsten Heilpflanzen ist. Der Verdacht rührt sicherlich daher, dass er ein Verwandter des berüchtigten Giftefeus oder Giftsumachs *(Rhus toxidendron)* ist, dessen Saft bei Menschen mit empfindlicher Haut schon bei einer leichten Berührung juckende Ausschläge mit wässrigen Blasen verursacht. Auslöser ist das sogenannte »Rhusgift« oder *Urushiol,* das in vielen Sumachgewächsen *(Anacardiaceae)* vorkommt, wie etwa im Mango- und Pistazienbaum, in der Frucht des Acaju-Baumes, von dem die leckeren Cashew-Nüsse oder »Elefantenläuse« geerntet werden, und vor allem in den Blättern des Giftefeus. Auch im Milchsaft des ostasiatischen Lackbaums oder Firnissumachs (*Rhus verniciflua,* syn. *Toxidendron vernicifluum*), der zur Herstellung des schwarzen japanischen Firnis (japanisch *urushi,* »Lack, Lackkunstwerk«) benutzt wird, ist Urushiol enthalten.[83] In Bezug auf den Essigbaum kann man jedoch beruhigt sein: Er enthält kein Urushiol.

Für die Indianer hat der Essigbaum einen vergleichbaren Stellenwert als Heilpflanze wie bei den Nordeuropäern der Holunder oder der Niembaum *(Azadirachta indica)* in Indien. Für die nordamerikanischen Ureinwohner ist er praktisch ein Allheilmittel. Die behaarten, zu pyramidenartigen Kolben zusammengefassten dunkelroten Steinfrüchte wurden ein bis vier Minuten in Wasser gekocht und als Heilmittel gegen Soor (Mundfäule), Durchfall, innere Blutungen, Zahnschmerzen, Hämorrhoiden, Halsschmerzen, Harnröhrenfluss (Tripper) und äußerlich zur Wundheilung bei entzündlichen Hautproblemen, Gangrän wie auch bei fiebrigen Erkrankungen, Rheuma und Lungenleiden angewendet. Diese Medizin war den Indianern so wichtig, dass sie »Beeren« und Rinde als

82 http://de.www.org/wiki/Essigbaum, Datum: 4.4.2011.

83 Laut Kennern kommen die besten Mangos aus Varanasi, Indien. Wenn diese köstlichen Früchte in der heißen Vormonsunzeit reifen, sieht man viele Kinder und Erwachsene mit weiß gepuderten Gesichtern, weißem Talk zur Behandlung der durch Mangogenuss hervorgerufenen Ausschläge (»prickly heat«). Cashewnusspflücker tragen Schutzkleidung und tauchen ihre Hände in ein spezielles Öl, damit sie von dem in den Schalen der Früchte enthaltenen Urushiol keine Blasen und Ausschläge bekommen.

Beginnende Herbstfärbung des Laubs des Hirschkolben-Sumachs oder Essigbaums.

»Reiseapotheke« auf ihren Wanderungen mitnahmen. Archäologische Ausgrabungen bei den Ozark Bluff Dwellers, die vor mehr als 3000 Jahren Höhlen in Arkansas bewohnten, belegen, dass diese Pflanze schon lange Teil der indianischen Heiltradition war. Der versteinerte Kot (Koprolith) einer der Urindianer war voller Essigbaumsamen, die wahrscheinlich aus medizinischem Anlass eingenommen worden waren (Kindscher 1992: 185).

Der Essigbaum als Heilpflanze

Da dieser Sumach vielerorts bei uns verwildert, empfiehlt es sich, dass wir uns näher damit befassen, wie die Indianer und später die weißen Siedler ihn verwendeten. Dass die Heilanwendung des Essigbaums sehr erfolgreich ist, konnte ich selbst immer wieder am eigenen Leib erfahren; deshalb habe ich ihn mir auch in meinen Garten gepflanzt.

- **Wundheiler und Blutstiller:** Die gepulverte Wurzelrinde (manchmal mit Ulmenrindenpulver gemischt) dient als blutstillendes, antiseptisches Wundpulver bei offenen, blutenden Wunden und Schürfungen sowie bei Geschwüren.

- **Frauenheilmittel:** Indianische Frauen benutzten eine Abkochung der gerbstoffhaltigen Früchte zur Reinigung, als Waschung oder als Sitzbad und als zusammenziehendes, blutstillendes Mittel nach der Geburt – ähnlich den Wöchnerinnen in unserem Kulturkreis, die Schafgarbe, Frauenmantel und Kamille zu gleichen Zwecken benutzen. Ein Tee aus den Beeren wird auch bei zu starker oder schmerzhafter Menstruation getrunken.
- **Venerische Erkrankungen:** Eine Abkochung der Früchte wird bei Harnverhalten, schmerzhaftem Harnlassen (Cystitis) und vor allem bei Blutharn verwendet. Auch Gonorrhö, Syphilis und andere Geschlechtskrankheiten werden damit behandelt, oft in Kombination mit Lobelia *(Lobelia siphilitica)*. Und dies mit erstaunlichem Erfolg, wie bereits der Forschungsreisende Meriwether Lewis Anfang des 19. Jahrhunderts berichtet.
- **Hautprobleme:** Die zerstampften Blätter werden als feuchter Umschlag bei einer »Vergiftung« der Haut durch Giftsumach *(poison ivy)* aufgelegt. Sonnenbrand, Pickel, Abszesse, Dermatitis, Hautparasiten und Geschwüre, die nicht heilen wollen, werden mit einer Abkochung der Früchte behandelt.
- **Erkrankungen des Verdauungstrakts:** Ein Dekokt (Abkochung) der Früchte kommt bei Ruhr, Durchfallerkrankungen wie auch bei Hämorrhoiden in Betracht.
- **Mundhygiene:** Bei entzündetem Zahnfleisch, Halsschmerzen und Mandelentzündung spült man den Mund mit der Abkochung der Früchte. Auch bei zahnenden Kindern kommt es zur Anwendung.
- **Diabetes:** Dr. Frederik Banting, der Mitentdecker des Insulins, erfuhr, dass die Ojibwa die Zuckerkrankheit mit Essigbaumblättern erfolgreich behandeln. Sie verrieten ihm aber ihre Rezepte nicht, und er konnte diese Wirkung im eigenen Experiment nicht nachvollziehen.

Volksmedizin der Weißen

Es dauerte nicht lange, da entdeckten die weißen Siedler den Essigbaum auch für sich.[84] Sie kochten Früchte, Rinde und Wurzeln als tonisches, zusammenziehendes, trocknendes und antiseptisches Heilmittel, das bei allen Arten

84 Der Naturforscher John Josselyn schreibt 1638 in seinem Reisebericht aus Neuengland: »Die englischen Siedler kochen es in Bier und trinken es bei Erkältung. Das haben sie von den Indianern gelernt.« (Josselyn 1860: 197) Der irische Forschungsreisende John Brickell berichtet 1737, dass die Siedler die Früchte bei Geschlechtskrankheiten und, zusammen mit den Blättern, bei Hämorrhoiden, Blutungen, Geschwüren, Zahnentzündungen und Magen-Darm-Leiden verwenden. (Brickell 1737: 82)

Reifer Fruchtstand des Hirschkolbensumachs.

von »Fluss« (Ruhr, Diarrhö, Gonorrhö, Weißfluss, Harnröhrenfluss, Eiterungen, Nachtschweiß) zum Einsatz kam – nicht von ungefähr heißt die Gattung *Rhus* von griechisch *rhéein*, »fließen«. In jenem Zeitalter, in dem die wichtigste Waffe der Schulmediziner gegen Krankheit das Quecksilberchlorid (Calomel) war, galten Essigbaum-Abkochungen als begehrtes Mittel, um die schrecklichen Nebenwirkungen der Quecksilbertherapie zu lindern. Bei den Amisch und Pennsylvania-Deutschen sind die in Wein gekochten Beeren noch heute ein Mittel zum Gurgeln bei Mandel- und Halsentzündung.

Bekanntheit erlangte der Hirschhorn-Sumach durch den berühmten amerikanischen Naturheiler Samuel Thomson (1767–1843). Er setzte der offiziellen Schulmedizin mit ihren Aderlässen, Opium- und Quecksilberpräparaten eine wirksame Pflanzenheilkunde entgegen, die er wahrscheinlich den Indianern abgeschaut hatte. Seine Methode bestand in einer Darmreinigung und dem Auslösen von Erbrechen, gefolgt von Schwitzbädern und dem Trinken von spezifischen Kräutertees. Die Essigbaumfrüchte waren eine seiner wichtigsten Medikamente. Er setzte die in Wein mazerierten »Beeren« insbesondere bei *canker* ein. Unter dem Begriff »Canker« verstand er jede Ulzeration der Schleimhäute, jede Schwächung, Verpilzung oder hartnäckige Degeneration des Gewebes, die durch »Verlust der animalischen Wärme« oder durch »Obstruktion der fließenden Lebenskraft« entsteht und sich dann in den Schleimhäuten festsetzt (Storl 2009c: 140).

Der Hirschhorn-Sumach ist vor allem eine Gerbstoffdroge; Rinde und Früchte enthalten 27 bis 36 Prozent Gerbsäure (Tannine) – deswegen eignet er sich auch zum Gerben und zum Färben. Weitere Inhaltsstoffe sind Apfelsäure, Kalziummalat, Gallensäuren, roter Farbstoff und Spuren von ätherischen Ölen.

Rosa Limonade

Im Herbst sammelten und bewahrten die Indianer große Mengen der Essigbaum-Früchte für den Winter auf. Auch das machten ihnen die Siedler nach. Aus den roten »Beeren« stellten sie ein angenehm sauer schmeckendes, Vitamin-C-haltiges Getränk her, indem sie diese über mehrere Stunden in kaltem Wasser ziehen ließen. Sie süßten es mit Ahornsirup[85] und würzten es zusätzlich mit Minzen und anderen aromatischen Kräutern. Als Kinder im ländlichen Ohio machten wir uns oft diese »rosa Limonade« *(pink lemonade)*, indem wir die haarigen, roten, stark säuerlich schmeckenden Beeren für mehrere Stunden im kalten Wasser auslaugen ließen. Danach wurde die leicht rosafarbene Flüssigkeit durch ein Tuch abgeseiht und mit Zucker gesüßt. Das machte nicht nur Spaß, das Getränk schmeckte auch besser als das übliche bunte Brausepulver.

Sakrale Pflanze

Der Hirschhorn-Sumach war für die Indianer nicht nur Heilmittel und Vitamin-C-Spender, sondern auch eine heilige Pflanze. Die Cheyenne nennen sie *ho-a tó o nuts*, »Rauch steigt auf«. Die scharlachroten Herbstblätter gehörten mit in die *Kinnikinnick*-Mischung, die in die Friedenspfeife kam. Die Blätter wurden leicht in Büffeltalg angeröstet. Der Talg dieser Herdentiere hatte symbolische Bedeutung: Die Bisons ermöglichten das Überleben der Prärieindianer und spendeten ihnen Nahrung im Überfluss, Kleidung, Werkzeuge aus Knochen und Hörnern, Zeltplanen und vieles mehr. Andere Zutaten zur Rauchmischung waren der rötlich blühende Wildtabak, die blutroten Beeren der Bärentraube *(Arctostaphylos uva-ursi)* sowie die Innenrinde des Hartriegels *(Cornus stolonifera)*, dessen äußere Rinde ebenfalls knallrot ist. Wie auch bei anderen archaischen Völkern symbolisiert die rote Farbe Leben, Blut, Fruchtbarkeit und lebenserhaltende Feuerglut. Die sogenannte Friedenspfeife ist eigentlich ein tragbarer Altar, mit dem Rauch gemacht werden kann, um Gebete zum Großen Geist zu schicken.

Die Gattung *Rhus* enthält mehr als 200 Arten, die hauptsächlich in Asien, Nordamerika und Südafrika zuhause sind. In Mitteleuropa und auch in Grönland sind etwa 50 fossile Arten nachgewiesen worden (Hegi V/1, 1908: 218). Der wärmebedürftige Gerbersumach oder Gewürzsumach *(Rhus coriaria)*, der von den Kanaren bis nach Persien und Afghanistan beheimatet ist, wird in der islamischen Welt zum Gerben und Färben verwendet. Je nach Beize bringt er rote, gelbe oder schwarze Farbtöne hervor. Seine roten Steinfrüchte, die sauer wie Tamarinde schmecken, werden gemahlen und zum Würzen von Reis und Fleischgerichten genommen; sie sind auch Bestandteil der türkischen Küche.

85 Oft wurde bei den Indianern der Spund, der zum Anzapfen des Zuckerahorns im Frühling verwendet wurde, aus den leicht auszuhöhlenden jungen Trieben des Essigbaums gemacht.

Das Wort Sumach stammt aus dem Arabischen *(summaq)* und bedeutet »rot«. Auch medizinisch wurde die Gerbstoffdroge von den Arabern verwendet. Eine weitere Art, die in Südeuropa die Eiszeiten überlebt hat, ist der Perückenstrauch *(Rhus cotinus)*, der heute aber in eine eigene Untergattung *(Cotinus)* eingeordnet wurde.

Neben den bereits erwähnten bekanntesten Sumacharten, dem Giftsumach oder Poison Ivy aus Nordamerika und dem Lackbaum oder Firnissumach *(R. verniciflua)* aus Ostasien, gibt es noch den Kahlen Essigbaum *(R. glabra)*, der weiter im Westen wächst als der Hirschkolbensumach und genauso medizinisch und rituell genutzt wird wie dieser.

Die jungen Triebe des Hirschhorn-Sumachs sind samtig braun und erinnern an die Kolben des Hirschgeweihs während der Wachstumsphase, daher der Name. Eine Unterart, der Geschlitztblättrige Essigbaum *(R. typhina laciniata)*, hat schöne, fiedrig eingeschnittene Fiederblätter, die ihn für Gärten attraktiv machen. Man kann ihn im Gartenversand bestellen, in der Schweiz ist das Ausbringen von Hirschkolbensumach jedoch durch die Freisetzungsverordnung (FrSV Artikel 15, Absatz 2, 2008) gesetzlich verboten.

Gemeiner Flieder

(Syringa vulgaris)

Weitere Namen: Kirchenblume, Huck auf die Magd,
Türkischer Flieder
Englisch: *Lilac*
Französisch: *Lilas*

Der Flieder ein invasiver Neophyt? Einer, der auf dieser oder jener »Watch List« zu finden ist, gelegentlich sogar auf einer schwarzen Liste? Man kann es kaum glauben, aber es ist so. In wärmeren Regionen Mitteleuropas, im Rheinland, an der Donau, sogar an der Oder verwildert der anpassungsfähige, frostharte, hitzeverträgliche Busch und besiedelt Bahndämme und lichte Felshänge. Dass das ein Problem sein soll, versteht man beim besten Willen nicht. Wie bei vielen anderen Menschen, weckt der Flieder in mir lebensfrohe Gefühle und schöne Erinnerungen. Er blühte und verströmte seinen warmen Duft, als mir Ginny, meine Jugendfreundin, einen Kuss gab, der mich damals, an einem sonnigen Maitag im Mittelwesten an ihrem sechzehnten Geburtstag hinwegschweben ließ. Überhaupt roch sie immer nach Flieder. Es war kein raffinierter, unterschwellig wirkender Duft einer *femme fatale*, sondern der unschuldige Duft eines billigen Parfüms, wie ihn High-School-Mädchen gerne gebrauchen. Und dieser Duft hat mich nie wieder losgelassen.

Reifer Fruchtstand des Gemeinen Flieders.

Tausende Gedichte und Lieder sind dem blühenden Flieder gewidmet worden, und alle sprechen von dem Zauber der Liebe. »Wenn der weiße Flieder blüht, sing ich dir mein schönstes Liebeslied«, heißt es in dem Wiener Schlager und dem beliebten Film aus den fünfziger Jahren mit Romy Schneider (1953). Max Raabe und sein Palast-Orchester lassen den Evergreen erneut durch den Äther schweben. Typisch für den Fliederzauber ist das Fliedergedicht von Otto Julius Bierbaum (1865–1910), das von einer stillen, träumenden Frühlingsnacht erzählt, in der er Arm in Arm mit seiner Liebsten ging:

Der Flieder duftet berauschend weich;
Ich küsse den Mund dir liebeheiß,
Dicht überhäupten uns blau und weiß,
Schimmern die Blüten reich.
Blüten brachst du uns zum Strauße,
Langsam gingen wir nach Hause,
Der Flieder duftete liebeweich ...

Der Flieder ist beim Volk beliebt, und kaum ein Garten, der auf ihn verzichtet. Bei so viel Zuwendung möchte man meinen, es handle sich bei dem Fliederbusch um eine einheimische Pflanzenart, eine, die schon seit Urzeiten in unseren Breiten wächst. Dem ist aber nicht so. Das zauberhafte Ölbaumgewächs – verwandt mit Liguster, Esche und Ölbaum (Olive) – erschien erst im 16. Jahrhundert in Mitteleuropa. Damals wurde der flämische Adelige Augier Ghislain van Boesbeeck (1522–1592)[86] von Kaiser Ferdinand als Gesandter des Reichs in die Türkei geschickt, um dort mit dem Osmanenherrscher Süleyman ein Friedensabkommen auszuhandeln. Er hatte nur beschränkten Erfolg. Dafür aber brachte er eine Sammlung exotischer Pflanzen mit, die im Wiener Hofgarten ausgepflanzt wurden, darunter die Tulpe, die Hyazinthe, der Kalmus, die Rosskastanie und der »türkische Lilak«. Seinem Reisebegleiter, dem Arzt Willem Quackelbeen, verdanken wir auch die erste Zeichnung des Flieders.

Der duftende, blassblau blühende Zierstrauch gefiel nicht nur den Schlossherren, bald sah man ihn in den Bauerngärten wachsen. Im 19. Jahrhundert begannen französische Pflanzenzüchter das edle Gehölz weiterzuzüchten. Inzwischen gibt es nahezu tausend verschiedene *Syringa*-Sorten, deren Blütenfarbenskala von Weiß über Gelb, Rosarot, Tiefrot bis hin zu Rotblau reicht.

Was im Namen alles liegt

Verschiedene Fliederarten sind in Persien und Zentralasien heimisch. Der Vorfahre unseres Gartenflieders stammt jedoch aus dem südöstlichen Balkan, wo er im Unterholz lichter Eichenwälder wild wächst. Als die Osmanen diese Region im frühen 15. Jahrhundert eroberten, machten sie Bekanntschaft mit dem blass rötlichblau blühenden Strauch und holten ihn in ihre Gärten. Sie nannten ihn *lelak* oder *leilaq*. Die Bezeichnung kam aus dem persischen *nilac*, was so viel wie »bläulich« bedeutet, und dieses Wort wiederum ist mit dem Sanskritbegriff *nila* (»tief blau«) verbunden; im Altindischen bezeichnete man die blau färbende Indigopflanze als *nil*.

Der Name für den Busch wurde in fast allen Sprachen übernommen: *Lilac* heißt er im Englischen, *lilas* im Französischen, *lila* im Spanischen, *lilacco* im Italienischen. Im deutschen Sprachraum setzte sich diese Bezeichnung jedoch nicht durch. Schon kurz nach seiner Einführung übertrug man den Namen des allseits beliebten Holunders oder Flieders *(Sambucus nigra)* auf diesen fremden Strauch. Man nannte ihn spanischen Holunder, spanischen Flieder, welschen Holder, türkischen Holunder, türkischen Flieder oder schlicht und einfach Flieder. Flieder ist eigentlich das niederdeutsche und friesische Wort für den Holunder, den Holler oder Holderbusch. Wenn alte Rezepte der Volksmedizin von der Heilkraft des Fliedertees sprechen oder wenn der Lausitzer Liedermacher Gerhard Gundermann[87] singt: »... und wenn die Alte geht, dann kriegste ihre (...) Fliederteekanne«, dann ist damit nicht der Tee des türkischen Flieders gemeint, sondern immer der schweißtreibende, immunmodulierende Holunderblütentee. Ein Tee aus *Syringa* wäre auch nicht bekömmlich, sondern eher leicht giftig. Und schwarze »Fliederbeeren« sucht man im Gezweig des ausgeblühten, welschen Flieders vergebens.

Als Farbbezeichnung jedoch hat das Wort *lila* seinen Weg ins Deutsche gefunden, nachdem es in der zweiten Hälfte des 18. Jahrhunderts ins Französische aufgenommen und kurz darauf von dort ins Deutsche entlehnt wurde.

Mundartlich hat der Flieder viele Benennungen (Marzell IV, 1979: 546): Wegen seines sinnesbetörenden Duftes wird er in Ditmarschen als Kaneelbaum oder Kaneelbusch bezeichnet; Kaneel ist die nach Zimt und Muskat duftende Rinde des westindischen Kaneel- oder Weißen Zimtrindenbaums *(Canella alba)*. Nelkenbaum, Nägelchen und Pfingstnelke sind weitere Namen, die sich auf den Duft beziehen. Vielerorts wird der Flieder Pfingstblume genannt, weil er zu Pfingsten blüht, so etwa *Pingsterblöme* in Ostfriesland, *Pingshdablum* bei den Pennsylvania-Deutschen, *Pfeistblueme* im Zürcher Oberland. Auch Maiblume und Maistrauch nennt man die Pflanze. Und da er einen erotisierenden Duft ausströmt und das Versprechen romantischer Liebe vermittelt, nennt der mitteldeutsche Bauernhumor den Strauch »Huck auf die Magd« (Erzgebirge), »Hupp uff de Mad« (Leipzig) und in meiner Heimatstadt Crimmitschau in Sachsen ist es der »Hoppeltemäh«.

Heilkunde und Symbolik

Von der Heilkraft des Flieders ist wenig bekannt, und er findet in der Volksheilkunde kaum Anwendung. In vielen Rezepten, die den Flieder als Tee für fiebrige Erkrankungen angeben, liegt eine Verwechslung mit dem Holunder vor. Der Drogist und Osmologe René Strassmann rät von der Anwendung der Blätter und der Rinde grundsätzlich ab. Kein Teil des Flieders ist als offizielles Heilmittel bekannt, schreibt er, nur die Blüten kommen als Heilmittel in Betracht (Strassmann 1994: 143). Die Blüten können, mit anderen Kräutern gemischt, als Tee zur Beruhigung der Nerven verwendet werden. Man kann auch ein Rheumaöl aus den Blüten herstellen. Um den Auszug zu gewinnen, werden die Blüten in Oliven- oder Distelöl zwei bis vier Wochen lang in die Sonne oder an einen warmen Ort gestellt. Dieses Öl wird äußerlich auf rheumatische Stellen eingerieben. Fliederblüten werden für die Parfüm- und Seifenherstellung destilliert oder ihre ätherischen Öle mit Fett ausgelöst.

86 De Busbecq ist eine weitere Schreibweise seines Namens.

87 Aus dem Lied von Gerhard Gundermann »Und musst du weinen«, erschienen auf dem Album »Engel vom Revier« (1996).

Sommerflieder

(Buddleja davidii)

Weitere Namen: Buddleie, Schmetterlingsbusch, Chinesischer Schmetterlingsflieder
Englisch: *Summer lilac, Butterfly bush, Orange eye, Chinese sagewood*
Französisch: *Buddleia de David, Arbuste aux papillons*

Der Sommerflieder kam erst viel später nach Mitteleuropa als der Gemeine Flieder. Erst im Jahr 1867 entdeckte ihn der französische Missionar und Naturforscher Jean Pierre Armand David in den von Tigern durchstreiften Gebirgswäldern Südwestchinas. Nach ihm wurde die Art benannt. Pater David war übrigens auch der erste Europäer, der den bambusfressenden Pandabär zu Gesicht bekam. Über zweihundert neue Säugetiere, achthundert Vögel, Lurche, Echsen und Kerbtiere entdeckte er sowie viele neue Pflanzenarten. Es war jedoch einem anderen Missionar, dem Pater Jean André Soulié, vorbehalten, die ersten keimfähigen Samen im Jahr 1893 nach Frankreich zu schicken, die dann im Jardin des Plantes in Paris ausgesät und kultiviert wurden. 1902 wurde der Zierbusch erstmals in Berlin angepflanzt.

Mit seinen spektakulären, nach Honig duftenden, purpurvioletten Blütentrauben erregte das chinesische Gehölz nicht nur die Aufmerksamkeit der Gärtner und Pflanzenliebhaber, sondern vor allem auch der Schmetterlinge. Daher sein Name Schmetterlingsflieder, *butterfly bush* oder *arbuste de papillons.* Er blüht lange über den ganzen Sommer hinweg und produziert viel Nektar, sodass er zum Magneten für Falter und Flatterwesen aller Art geworden ist. Kleiner Fuchs, Tagpfauenauge, Admiral, Distelfalter, Taubenschwänzchen und andere Schmetterlinge umtanzen ihn – und wenn wir uns Zeit nehmen zur einfühlenden Betrachtung, dann tanzt unsere Seele ebenfalls mit. Auch kleine samenfressende Vögel, wie die Finken, finden Gefallen an dem chinesischen Strauch. Den Raupen der Schmetterlinge hat er jedoch nichts zu fressen zu bieten. Lediglich vier Arten, insbesondere die Raupe des Königskerzenmönchs *(Cucillia scrophulariae)* und des Braunen Mönchs *(Shargacucullia verbasci),* zieren sich nicht. Dass diese Motten (Eulen) von den eher giftigen Blättern fressen, zeigt wie nahe die Sommerfliedergewächse *(Buddleiaceae)* mit den Braunwurzgewächsen *(Scrophulariaceae)* verwandt sind. Überhaupt scheint unter den Botanikern kaum Einigkeit zu herrschen, ob man es hier mit einer eigenen Familie zu tun hat oder ob die Gattung zu den Braunwurzgewächsen oder gar zu den Brechnussgewächsen *(Loganiaceae)* gehört.

Die Gattung *Buddleja* ist in tropischen und subtropischen Ländern, vor allem in Ostasien zuhause. Eine Art, die *Buddleja globosa,* wächst in Chile und Peru. Der unermüdliche Pflanzensystematiker Linnaeus benannte die Gattung

Blüte des Sommerflieders oder Schmetterlingsbusches (Buddleja).

nach dem englischen Botaniker Adam Buddle (1660–1715). Dieser war ein Kenner der Moose und schrieb außerdem ein dickes Buch über die Flora Englands, das zwar nie veröffentlicht, aber dennoch häufig von anderen abgeschrieben wurde.

Pionierpflanze

Zuerst verhielt sich das exotische Gewächs zurückhaltend. Zwar wurde 1928 ein wildwachsendes Exemplar erstmals in Deutschland auf einer Kiesbank im Rhein entdeckt, aber erst zwanzig Jahre später wurde es zum invasiven Neophyten. Wie der Götterbaum *(Ailanthus)* oder die Goldrute begann er sich – ausgehend von Bahnhöfen in der Oberrheinebene entlang von Bahnlinien – in den kriegszerstörten Städten zu verbreiten. Schließlich ist er eine Pionierpflanze, die in ihrer chinesischen oder tibetischen Heimat unstabile Hänge und Schotterlandschaften besiedelt. Inzwischen überwuchert der Strauch verlassene Industriegelände, wächst im Schotter entlang der Eisenbahnlinien, in Rissen der Mauern alter, verlassener Gebäude und in den »Wärmeinseln« der Städte. Er ist frostempfindlich, und strenge Winter lassen ihn absterben. In Gegenden, wo die Wintertemperatur unter minus 20 Grad Celsius fällt, kann er sich nicht etablieren.

Der Pionierbusch ist relativ kurzlebig – um die dreißig Jahre wird er alt – und gilt als »Vorwaldstadium« für Robinienansiedlungen (Ludwig et al. 2000: 44). Wie jeder zünftige Erstbesiedler wächst er schnell und erzeugt viele Samen. Biologen schätzen, dass ein Schmetterlingsflieder in seinem Leben rund 3 000 000 Samen hervorbringt, die er mit Hilfe von Wind und Wasser verbreitet.

Inzwischen wächst die Buddleie nicht nur in Europa, sondern hat auch in Neuseeland, Südafrika und an der Westküste der USA Fuß gefasst, wo man sie verbissen als unerwünschten Eindringling bekämpft. Man sieht den Schmetterlingsflieder weniger als einen Lückenbüßer und Pioniersiedler, sondern vor allem als Konkurrenten der einheimischen Vegetation. Um ihn unter Kontrolle zu bringen oder gar auszumerzen, werden vor allem Glyphosat und Triclopyr als Herbizid eingesetzt. Mit Metsulphuron-Methyl wird der abgesägte Stamm behandelt, damit er nicht wieder austreibt. In Neuseeland versucht man es zudem mit biologischen Waffen: Ein Käfer *(Cleopus japonicus),* dessen Larve die Blätter frisst, wurde von der Umweltbehörde freigesetzt. Man erwägt auch den Einsatz eines weiteren Käfers *(Mecylobus erro),* der die Stängel anbohrt. In England begegnet man der neuen Pflanze mit gemischten Gefühlen. Einerseits bringt sie Farbe auf die neblige Insel und nährt die Schmetterlinge, andererseits gilt sie als bedrohlicher Eindringling – in den Worten eines englischen Naturschützers ein pflanzlicher »Doktor Jekyll und Mister Hyde«.

Die Heilkraft des Sommerflieders

Der Schmetterlingsstrauch gilt als leicht giftig. Die ganze Pflanze, vor allem die Blätter und Samen, enthalten Glykoside, die unbekömmlich sind (Roth et al. 1994: 178). Die Blüten und Blütenknospen (Buddleja flos) jedoch gelten in der Traditionellen Chinesischen Medizin als wertvolles Heilmittel. Das *Mi Meng Hua* genannte Mittel hat folgende Eigenschaften: Es gilt als kühlend und entzieht der Leber die Hitze (mindert Leber-Yang); sein Geschmack wird als »süß« klassifiziert; der Wirkort sind die Augen und der Kopf. Indem es die Leber reinigt, verbessert es die Sehkraft und stärkt die Augen – die Indikationen ähneln denen des Augentrosts *(Euphrasia)* in der westlichen Kräutermedizin: Augenschleier, lichtempfindliche, rote, geschwollene Augen, Konjunktivitis, Tränenfluss. Auch bei Heuschnupfen (Pollinose) und Tripper verschreiben die chinesischen Heiler die Abkochung. Das Medikament gilt auch als leicht krampflösend und harntreibend. Gegenanzeigen sind keine bekannt, auch für Schwangere soll dieses Heilmittel ungefährlich sein.

Um *Mi Meng Hua* herzustellen, werden 3 bis 9 Gramm der Blüten und Blütenknospen in kochendes Wasser gegeben, kurz geköchelt und 3 Minuten ziehen gelassen (Hempen/Fischer 2007: 150).

Eschen-Ahorn

(Acer negundo)
Weitere Namen: Eschenblätteriger Ahorn
Englisch: *Box elder, Box elder maple, Elf maple*
Französisch: *Érable negundo, Érable du Manitoba*

Das ursprüngliche Verbreitungsgebiet des Eschen-Ahorns erstreckt sich in Nordamerika von der Ostküste bis zu den Osthängen der Rocky Mountains. Der schnellwüchsige, aber kurzlebige Baum aus der Familie der Ahorngewächse *(Aceraceae)*[88] hat den Charakter eines Pioniergehölzes. Oft ist er mehrstämmig, da er bei Verletzung schnell wieder ausschlägt. Die Zweige sind brüchig und nicht so stabil wie bei anderen Ahornarten. Er scheint überall wachsen zu können, bevorzugt aber Auenstandorte und kann auch längere Überflutungen ertragen. Der zweihäusige Baum ist schon im achten Jahr seines Lebens geschlechtsreif; die weiblichen Bäume können um die 20 000 Samen pro Jahr produzieren. Er wird höchstens hundert Jahre alt.

1688 wurde der erste Eschen-Ahorn in einem Garten in England gepflanzt. Die amerikanischen Siedler nannten ihn *Box elder,* was so viel bedeutet wie Buchs-Holunder. Das heißt, er hat weißes Holz wie der Buchsbaum und Blätter wie der Holunder. *Maple ash* wie auch der deutsche Name »Eschen-Ahorn« besagt, dass seine Blätter jenen der Esche ähneln. Über Holland kam der Eschen-Ahorn nach Deutschland. 1699 wird seine Anwesenheit in Leipzig verzeichnet. Im 19. Jahrhundert wurde er in verschiedenen westeuropäischen Städten als Alleebaum und im frühen 20. Jahrhundert als Bestandteil von Windschutzhecken angepflanzt. Züchter haben verschiedene Gartensorten mit panaschiertem (verschiedenfarbigem) Laub in den Handel gebracht, angefangen mit der 1852 in Frankreich kreierten Sorte »Variegatum«.

Nun aber ist der Baum ins Visier der Naturpuristen geraten, für die er »einfach nicht hierher gehört«. Es wird ihm zur Last gelegt, dass er möglicherweise andere Arten verdrängt. Bewiesen ist das jedoch nicht. Außerdem sollen seine Pollen allergen wirken, und sein Holz hätte keinen forstwirtschaftlichen Wert. Genauere Untersuchungen zeigen jedoch, dass er kaum andere Pflanzen verdrängt. Er ist eher ein Lückenfüller, indem er die Lücken füllt, die das Ulmensterben hinterlassen hat, oder dort, wo wegen Flussregulierung die Pappeln und Weiden es schwerer haben, ihren Standort zu behaupten. Trotzdem steht er auf der »Watch List«, und hier und da wird rigoros gegen ihn vorgegangen, indem man die weiblichen Bäume fällt, damit keine Samen mehr erzeugt werden.

88 Neuerdings werden die Ahornbäume zur Familie der Seifenbaumgewächse *(Sapindaceae)* gerechnet.

Heiliges Holz

Für die amerikanischen Ureinwohner war und ist der Eschen-Ahorn ein heiliger Baum. Die Cheyenne nennen ihn *Meskemahma*. Sie nutzen das Holz für ihre zeremoniellen Feuer, zur Herstellung von Zaubermedizin oder zum Rösten des Fleischs bei Festtagsessen. Das Eschen-Ahorn-Holz ergibt eine gute, beständige Glut und liefert die Holzkohle, die bei Räucherungen mit Steppenbeifuß und Wacholder verwendet wird. Das Feuer beim Sonnentanz muss aus Eschen-Ahorn-Holz sein. Trommeln, Stiele für Medizinpfeifen und andere rituelle Gegenstände wurden ebenfalls aus dem Meskemahma-Holz geschnitzt.

Medizinisch wird die Innenrinde gekocht und zur Erzeugung von Brechreiz eingenommen. Beim Erbrechen, so glauben die Cheyenne, würden Krankheiten und ungute Geister, die sich im körperlich-seelischen Gefüge eingenistet haben, hinausbefördert. Auch andere Indianervölker, etwa die Ojibwa, benutzen die Innenrinde als Emetikum. Die alten Europäer, die Kelten und Germanen kannten diesen Brauch ebenfalls, sie benutzten als Brechmittel jedoch hauptsächlich die Rinde von Holunderschösslingen.

Die Dakota und andere Stämme verwenden die Holzkohle des Eschen-Ahorns für sakrale Zeichnungen und zum Tätowieren. Völker wie die Keres in Neumexiko benutzen Eschen-Ahorn-Zweige als heilige Stäbe (*prayer sticks*, uto-aztekisch *paho*). Es handelt sich dabei um bemalte Stöcke, die mit Federn, Muscheln, Maishülsen und anderen symbolträchtigen Gegenständen geschmückt sind. Man steckt diese Zauberstäbe in die Erde, um ein sakrales Gelände abzustecken oder um helfende Geistwesen anzulocken oder zu rufen. Auch hier gibt es Parallelen zu dem Brauchtum der Kelten und Germanen: Um einen Thingplatz oder einen heiligen Bezirk, in dem Frieden herrschen soll, zu markieren, benutzen sie geschälte Haselnussstäbe; auch bei diesen ist das Holz weiß. Dieser Brauch ist übrigens auch der Ursprung der weißen Fahne, die das Ende bewaffneter Auseinandersetzungen signalisieren soll.

Bei den Kiowa-Indianern muss das Holz für das Feuer, das während der Peyote-Zeremonie auf dem Altar brennt, ebenfalls aus Eschen-Ahorn-Holz bestehen. Die Peyote-Religion, die ihren Ursprung in Mexiko hat und sich nach der Niederlage und dem Verlust der Eigenständigkeit der Indianer nach Norden ausbreitete, benutzt den meskalinhaltigen, entheogenen Peyote-Kaktus *(Lophophora williamsii)* als Sakrament und zur Kommunion mit dem Großen Geist.

Der Zuckersüße

Im mittelalterlichen Weltbild und insbesondere in der darauf folgenden Renaissance spielten die sieben Planetengottheiten eine wichtige Rolle im Verständnis des Daseins. Die Welt der Erscheinungen wurde als das Zusammenwirken planetarischer Kräfte gedeutet. Der weise Götterkönig Jupiter manifestierte sich am Himmel in den Bewegungen des sichtbaren Planeten, auf Erden dagegen in

Eschen-Ahorn im frühen Herbst.

allem, was stattlich, reich, süß, berauschend und voller Lebensfreude ist. Ihm war auch der Honig und der berauschende Honigwein zugeordnet, sein Baum war der Ahorn. Es passt in dieses Bild, dass auch der Eschen-Ahorn eine süße Seite hat. Er gehört mit zu den ersten blühenden Gewächsen im Frühling und wird von nektarhungrigen Bienen fleißig besucht. Im Białowieża-Nationalpark, dem Urwald in Ostpolen, wo auch die letzten europäischen Wisente frei leben, wachsen viele Eschen-Ahorne als Neophyten. Der daraus produzierte Honig ist zur besonderen Spezialität der Region geworden. (Wisente wie auch Stiere und Büffel waren übrigens einst ebenfalls dem Jupiter geweiht.)

Für die Indianer des Westens, wo der Zuckerahorn *(Acer saccharum)* nicht wächst und Honig eine Seltenheit ist, war der Eschen-Ahorn die wichtigste Zuckerquelle. Im Frühjahr, wenn die Nächte noch kalt, die Tage aber warm sind, kommt der Saftfluss der Bäume in Gang. Dann wurden die Ahornbäume angezapft, indem man ein Zapfrohr, meistens bestehend aus einem hohlen Essigbaumzweig, in das Splintholz unter der äußeren Rinde trieb. Der heraustropfende, süß schmeckende Saft wurde in Eimern aus Birkenrinde oder in Beuteln, hergestellt aus dem Magen eines jungen Rehs, aufgefangen. Der Saft wurde anschließend in einem Behälter mit Hilfe hinzugefügter glühend heißer Steine zu einem dicken Sirup eingekocht. Eine andere Methode war, den Saft über Nacht gefrieren zu lassen, wobei die dickere zuckerhaltige Schicht nach unten sank, und am folgenden Morgen brauchte man nur noch das Eis zu entfernen. Erst später, als weiße Händler ihre Ware feilboten und gegen Pelze eintauschten, kamen bei den Indianern Eisenkessel, die man von außen im Feuer erhitzen kann, in Gebrauch (Fernald/Kinsey 1996: 268).

Die Herstellung des Ahornzuckers ist ein langwieriger Prozess. Das Dreißigfache an Wasser muss verdampfen, um einen Liter des dunklen Zuckersirups zu erhalten. Aber für die Indianer war es die Mühe wert, denn Honig war rar und Zuckerrohr unbekannt. Die beliebteste süße Schleckerei bei den Cheyenne bestand aus den kleinen, in Meskemahma-Sirup getauchten Fleischspänen, die beim Schaben der Tierhäute abfielen.

Mahonie

(Mahonia aquifolia)

Weitere Namen: Hulst-Berberitze, Fliederberberitze
Englisch: *Oregon grape*
Französisch: *Mahonia à feuilles de houx*

Im Mai 1804 schickte Präsident Thomas Jefferson eine Expedition in den noch unerforschten Westen Amerikas, um die Pflanzen und Tiere, die Eingeborenenvölker und die geologischen Besonderheiten wissenschaftlich zu dokumentieren und – auch das war wichtig – um dem Anspruch der Briten auf die unbesiedelten Regionen der Neuen Welt zuvorzukommen. Captain Meriwether Lewis und sein Leutnant William Clark hatten das Kommando über die rund vierzig Soldaten, Wissenschaftler, Fährtensucher und Waldläufer, die zu dieser abenteuerlichen Reise aufbrachen. Sie durchquerten die endlose Prärie, den Mississippi und die Rocky Mountains, hatten gefährliche Begegnungen mit Grizzlybären, Klapperschlangen und unberechenbaren Indianern. Ohne Hilfe der Shoshonin Sacagawea (»Vogelfrau«) hätten sie es wohl nicht geschafft. Mehrere hundert neue Tierarten entdeckten sie auf der Reise und 1700 Pflanzenarten, die sie beschrieben und deren Samen oder Knollen sie zurückbrachten. Die Vogelfrau übersetzte und vermittelte zwischen den Forschungsreisenden und den Indianern, die ihnen begegneten. Sie zeigte ihnen auch, welche Pflanzen man essen und mit welchen man heilen konnte. Am 11. April 1806 entdeckte Captain Lewis im Kaskadengebirge nahe des Columbia River (Oregon) eine neue Pflanze. Es handelte sich um einen Strauch mit gelbem Holz und ledrigen Blättern mit spitznadeligem Rand wie bei den Stechpalmen[89] – offensichtlich ein Sauerdorngewächs *(Berberidaceae)*. Sie brachten die immergrüne Pflanze mit zurück und übergaben sie dem Gärtner und Botaniker Bernard M'Mahon, einem Freund Jeffersons. M'Mahon ist Verfasser des ersten amerikanischen Gartenbuchs und war führender Pflanzenexperte der jungen Republik. Der irischstämmige Pflanzenfreund setzte die »Berberitze« in seinem botanischen Garten. Nach ihm wurde schließlich die Gattung der Mahonien benannt.

Erst um 1825 wurde die Mahonie in Europa eingeführt. 1841 wurde sie im Handbuch einer norddeutschen Gärtnerei geführt. Villenbesitzer und Parkgestalter fanden Freude an dem immergrünen Laub, das sich über den Winter teilweise hellrot verfärbt. Auch die in Rispen dicht zusammengefassten hellgelben, herrlich nach Honig duftenden Blüten und die im Herbst bläulichen, bereiften Beeren fanden Gefallen. Der bis zu einem Meter hoch wachsende Strauch eignete sich in den Gärten als ausgezeichneter Lückenbüßer, denn er kann pralle Sonne wie auch vollständigen Schatten vertragen und hat keine besonderen Ansprüche an den Boden. Die herrschaftlichen Gärtner waren bereit, horrende Preise für das attraktive exotische Gewächs zu zahlen. Um 1900 kam die Fiederberberitze auch beim einfachen Volk in Mode, sie fand ihren Weg in die Bauerngärten und wurde als Friedhofsgewächs beliebt. Die immergrünen Zweige fanden Verwendung in Kränzen und Gebinden. Zu dieser Zeit begann

89 Nach anderen Angaben soll der englische Naturforscher Archibald Menzies die Pflanze schon zehn Jahre zuvor auf der Vancouverschen Expedition an die Nordwestküste Nordamerikas entdeckt haben (Krausch 2003: 288).

die Pflanze auch zu verwildern. Inzwischen gibt es viele neue Gärtnerzüchtungen und Kreuzungen.

Vom Nutzen der Mahonie

Wie Lewis und Clark sicherlich von der Vogelfrau erfuhren, ist die Mahonie eine wichtige Heilpflanze und mit ihren burgunderblauen Beeren auch eine Nahrungspflanze (Moerman 1999: 328). Die säuerlich schmeckenden Beeren wurden roh gegessen oder als Vitamin-C-reicher dunkelroter Saft getrunken, wobei die weniger bekömmlichen Samen herausgesiebt wurden. Manche Indianerstämme der Rocky Mountains und des Nordwestens trockneten die Beeren für den Winter und mischten sie mit anderem getrocknetem Wildobst, besonders mit den Rebhuhnbeeren (Scheinbeere, englisch *salal,* lateinisch *Gaultheria shallon*). Sie fanden noch mehr Verwendung, nachdem der Zucker eingeführt wurde. Auch die weißen Siedler nahmen sich der »Traube Oregons« an. Der Bundesstaat Oregon erklärte die gelben Blüten sogar zur offiziellen Staatsblume. Die Siedler kochten daraus Konfitüre und Gelees (oft mit Äpfeln oder anderen Früchten gemischt), machten Saft und Süßmost; sie kelterten daraus Wein oder brannten einen Branntwein. Als ich noch in Grants Pass, Oregon, lebte, gab es dort ein beliebtes alternatives Restaurant namens »Mahonia«, wo unter anderem *Oregon-Grape*-Joghurt, Mahonienbeeren-Quark, Pfannkuchen und sogar Oregon-Grape-Wein serviert wurden.

Die Indianer kochten die geraspelten Wurzeln oder die Rinde, um einen Farbstoff zu gewinnen, mit dem sie Wolle, Flechtwaren oder Baumstachelschwein-Borsten[90] hellgelb färbten. Das Alkaloid Berberin ist für die Farbe verantwortlich. Der rote Saft der Beeren wurde zum Bemalen des Körpers und von Gegenständen verwendet.

Besonders aber als Heilmittel spielte dieses Sauerdorngewächs bei den Indianern eine Rolle. Wie beim Färben wurden hierfür vor allem Wurzeln und Rinde benutzt. Verantwortlich für die Heilwirkung sind verschiedene Alkaloide, insbesondere Berberin, das eine antiseptische, den Gallenfluss anregende, beruhigende, inotrope (den Herzschlag kräftigende), entzündungshemmende, die Bauchspeicheldrüse tonisierende und »blutreinigende« Wirkung hat.

Eine der Wirkungen der bitteren Wurzelrinde besteht darin, dass sie die vom vegetativen Nervensystem kontrollierten Muskeln entspannt. Daher tranken die Flachkopfindianer eine Abkochung davon zur leichteren Austreibung des Mutterkuchens nach der Geburt oder zur Beruhigung von Krampfhusten. Die gesäuberte, zerdrückte, antiseptisch wirkende Wurzelrinde wurde auch zur

90 Bevor weiße Händler die bunten Glasperlen einführten, verzierten die Indianer ihre Kleider, Taschen und Mokassins gerne mit Stachelschweinborsten *(porcupine quills).*

Mahonie mit reifen Beeren und roten Herbstblättern.
Im Vordergrund die Fünfblättrige Jungfernrebe aus Virginia.

Heilung von Wunden aufgelegt. Wurzelabkochungen wurden bei Nierenproblemen und Geschlechtskrankheiten wie Tripper oder Syphilis eingenommen (Hart 1976: 18). Der Völkerkundler Franz Boas berichtet, dass die Kwakiutl – die berühmt sind für ihre hohen, bunt bemalten Totempfähle und ihre verschwenderischen *Potlatsch*-Feste – den Wurzelsud bei Gallenbeschwerden verabreichten. Bei mehreren Stämmen fand die Wurzeldroge Anwendung, »um das Blut zu erneuern«, bei Appetitlosigkeit und Verdauungsstörungen aller Art. Um keine Übelkeit hervorzurufen, gab man dabei Acht auf eine entsprechend geringe Dosierung. Ungewöhnlich ist die Anwendung der Keres-Indianer (Pueblo): Sie kauten die Pflanze, wenn sie sich bei der Jagd einem sterbenden Reh näherten, um nicht durch die Ausstrahlung des weidgeschossenen Tieres krank zu werden.

Auch die Volksmedizin der Weißen macht regen Gebrauch von der Pflanze. Die Wurzel wurde 1877 als offizielles Bittertonikum in die US-Pharmakopöe aufgenommen; ähnlich wie Fenchelholzwurzelrinde (Sassafras)[91] wurde sie bei Syphilis, Psoriasis und Rheuma verschrieben. Bekannt sind aus der Rinde hergestellte Salben zur Behandlung von Hautausschlägen, Akne und Schuppenflechte. Noch heute werden in der Homöopathie und der Phytotherapie Extrakte und Zubereitungen dieser Art bei Schuppenflechte empfohlen. Präparate, Tees und Tinkturen der Wurzel wurden (und werden noch) bei Dyspepsie, Gallenwegsentzündung, syphilitischen Beschwerden und Lebererkrankungen verwendet.

Die europäischen Siedler benutzten die Mahonie ähnlich, wie ihre Vorfahren schon die verwandte Berberitze oder den Sauerdorn *(Berberis vulgaris)* verwendet hatten. Hildegard von Bingen hatte in dem gelben Berberitzenholz die Signatur gegen Gelbsucht entdeckt. Die Wurzel wurde bei Hepatitis und Fieber und als blutreinigendes Mittel eingesetzt. Auch diente die Rinde in der Alten Welt zum Gelbfärben von Wolle.

Die Gattung Mahonia enthält rund siebzig Arten, von denen die meisten in Ostasien, im Himalaja sowie in Nord- und Südamerika zu finden sind. Auch in der Traditionellen Chinesischen Medizin werden die Mahonien, insbesondere die Beal's Mahonie *(M. bealei),* medizinisch verwendet. Die Pflanze gilt als kühl und bitter; sie tonisiert das Qi und das Yin des »Unteren Erwärmers«, und sie beruhigt die Leber bei aufsteigender Hitze. Hauterkrankungen, Diabetes, bakterielle Durchfallserkrankungen, Infektionen, Pilz- und Wurmbefall sowie

91 Der Sassafras-Baum *(Sassafras albidum),* auch als Fenchelholz- oder Nelkenzimtbaum bekannt, ist leider noch nicht als invasiver Neophyt in Europa präsent. Der Baum aus der Familie der Lorbeergewächse wächst im südlichen Teil des nordamerikanischen Waldlandes. Die Wurzelrinde enthält Sassafrasöl (Safrol) und wird in der Volksmedizin als Tee bei Erkältungen, bei rheumatischen Beschwerden, Verdauungsproblemen und vor allem als »Blutreiniger« getrunken. Die Wurzelrinde war lange Bestandteil des beliebten *Root Beer.* Safrol soll auch Ausgangsstoff für die Modedroge Ecstasy sein.

Leberbeschwerden gehören zu den Indikationen. Das »Goldener Faden« genannte Mahonien-Medikament ist nachweislich mindestens seit dreitausend Jahren in der chinesischen Medizin bekannt.

Schadenbringende Fremdpflanze

Für die Vögel, vor allem die Amseln, sind die Beerenfrüchte ein willkommenes Winterfutter, und für die Bienen sind die Blüten eine reichliche Nektarweide. Leider aber sind nicht alle von dem schönen Strauch begeistert. Verbissene Naturpuristen sehen ihn als eine »schadenbringende Fremdpflanze« an, die in Frankreich und den nordöstlichen Regionen Deutschlands scheinbar außer Kontrolle geraten ist. In Sachsen-Anhalt wuchert sie im Unterholz und an Trockenhängen. Durch die vielen Samen, die die Vögel verbreiten, und durch seine Ausläufer (klonales Wachstum) bildet er bisweilen dichte Bestände und verdrängt, wie man hört, die einheimische Flora. Eine in Europa entstandene Kreuzung zwischen der Nadelblättrigen Mahonie *(M. aquifolium)* und der Kriechenden Mahonie *(M. repens)*[92] ist noch vitaler und an europäische Verhältnisse besser angepasst als ihre Eltern. Zudem liest man immer wieder die Behauptung, dass die Mahonie eine Giftpflanze sei. Aber was bedeutet »giftig«? Wie Paracelsus sagte: »Ob etwas Gift ist oder nicht, allein die Dosis macht's.« Wer würde schon den ganzen Tag an den bitteren Zweigen oder den zähen nadeligen Blättern herumkauen wollen? Es ist eben gerade ihre pharmakologische Wirksamkeit, welche die Mahonienrinde und -wurzel zum Heilmittel machen.

Trotz all dem sprechen einige Leute von der Notwendigkeit, diese Pflanze zu bekämpfen. Dem Info-Blatt der SKEW (Schweizerische Kommission für die Erhaltung von Wildpflanzen) aus dem Jahr 2006 entnehmen wir folgende Mitteilung:

92 Die Kriechende Mahonie wächst nicht an der Westküste, sondern weiter östlich in den Rocky Mountains. Beide Arten werden von den Indianern ähnlich verwendet.

»Vorbeugend sollte man auf den Anbau der Gewöhnlichen Mahonie in seinem Garten verzichten. Sollten Sie diese Art schon in Ihrem Garten haben, müssen Sie unbedingt eine weitere Ausbreitung verhindern, einerseits indem sie die Fruchtstände entfernen, andererseits indem Sie eventuelle Jungtriebe laufend entfernen. Das entfernte Material in keinem Fall auf den Gartenkompost geben, am besten in die Kehrichtverbrennung. Für eine vollständige Entfernung kann eine Herbizidbehandlung nötig sein, diese ist bewilligungspflichtig und soll mit professioneller Hilfe gemacht werden. Mehrjährige Erfolgskontrollen sind angeraten. Bestände in Wäldern sollen den kantonalen Fachstellen gemeldet werden.«

Seidiger Hartriegel

(*Cornus sericea,* syn. *C. stolonifera, C. amomum*)

Weitere Namen: Weißer Hartriegel, Sprossender Hartriegel
Englisch: *Red osier dogwood, Redwig dogwood, American dogwood, Kinnikinnick, Squaw bush, Red willow*
Französisch: *Cornouiller soyeux, Bois rouge* (Kanada)

Der Rote Hartriegel *(Cornus sanguinea)* ist in ganz Europa einheimisch. Er wächst in Wäldern, Auen, an Ufern und in den Wildhecken. Die jungen Ruten sind rötlich, wenn sie in der Sonne stehen, und leuchten im Winter tiefrot. Aus den weißen, unangenehm duftenden Blüten gehen im Herbst schwarzblaue Beerenfrüchte hervor, die roh ungenießbar sind, aber gekocht als Marmelade mitverwendet werden können. Früher wurde aus den gepressten Samen Lampenöl gewonnen; die Zweige dienten als Flechtwerk, etwa für Körbe, und das harte, zähe Holz zum Drechseln. Namen wie Nagelhölzli, Spindelbaum, Iseruete (»Eisenrute«, Zürich), Beinholz wie auch das lateinische *cornus* (»Horn«) beziehen sich auf die Härte des Holzes; Hartriegel heißt er, weil man aus dem Holz Querriegel gemacht hat. Blutstrauch ist ein weiterer Name; die Bauern verstanden das Rot der Zweige als Signatur und kochten daraus ein Viehheilmittel bei Blutungen. Benennungen wie Hundsbeere oder das englische *dogwood* gehen darauf zurück, dass die rohen Beeren – auch Bockbeeren, Judenbeeren, Chrottebeeri (Krötenbeeren), Teufelsbeeren genannt – als ungenießbar oder gar giftig galten. Sie waren eben »für den Hund«. Andere meinen, sie hießen so, weil man einst räudige Hunde mit einem Absud davon gewaschen hat.

Inzwischen ist der einheimische Rote Hartriegel nicht mehr allein. Seit dem 18. Jahrhundert wird auch eine sibirische Variante des Hartriegels, der sogenannte Tatarische Hartriegel *(C. alba, C. tatarica),* in unseren Breiten als Zierstrauch angepflanzt. Auch er treibt blutrote Ruten, hat aber weiße Beeren mit

Blätter und Frucht des Seidigen Hartriegels.

elliptischen Steinkernen. Johann Georg Gmelin, deutscher Naturforscher in russischen Diensten, hatte ihn auf einer Expedition durch Sibirien entdeckt und an den Schweizer Botaniker Johann Ammann, der den botanischen Garten in St. Petersburg leitete, vermittelt. Dieser schickte den »Tataren« zusammen mit anderen Pflanzen an einen Freund in England. Von dort aus gelangte die exotische Pflanze 1773 nach Deutschland, wo sie eine Karriere als Parkstrauch machte und hier und da verwilderte.

Noch eine dritte Variante des Hartriegels gibt es: Es ist der Seidige Hartriegel, auch Weißer oder Sprossender Hartriegel genannt. Für den Laien ist er kaum von seinem sibirischen Vetter zu unterscheiden. Auch er hat blutrote Zweige, weiße Blüten und weiße Beeren; allein die Steinkerne sind rund anstatt elliptisch, und die Blätter sind auf der Oberseite stumpf grün und unterseitig heller. Im Herbst wird das Laub rot. John Tradescant der Jüngere (1608–1662) hat dieses amerikanische Hartriegelgewächs Mitte des 17. Jahrhunderts aus Virginia nach England gebracht. Nach Deutschland kam der vitale Strauch erst gegen Ende des 18. Jahrhunderts.

Inzwischen haben emsige Gärtner und Züchter verschiedene Hartriegel selektiert, gekreuzt und weitergezüchtet. Größere und kleinere, mit knallroter bis purpurfarbener oder gelber Rinde, die seit den letzten Jahrzehnten zusammen mit der Schneebeere *(Symphoricarpos)*, Zwergmispeln *(Cotoneaster)* und anderer botanischer Massenware als billige, pflegeleichte Ziersträucher in Industriesiedlungen und Grünanlagen gesetzt werden. Inzwischen ist der fremde Weiße oder Seidige Hartriegel vielerorts verwildert. In der Schweiz steht das vermehrungsfreudige Gehölz auf der »Watch List«. Es wird berichtet, dass er oft ein undurchdringliches Gestrüpp bildet. Seine Beeren werden von Vögeln aller Art – Elstern, Seidenschwänzen, Drosseln, Amseln – eifrig gefressen und die Samen mit dem Vogelkot verbreitet. Seine herabhängenden Zweige können, wenn sie den Boden berühren, anwurzeln; wegen dieser Fähigkeit gab ihm der französische Botaniker Michaux den lateinischen Artnamen *stolonifera,* »Ausläufer treibend«. In der Nordschweiz hat sich das Gehölz in den durch die Orkane Wiebke (1990) und Lothar (1999) geschlagenen Schneisen eingenistet und trägt dadurch – so die Schweizerische Kommission für die Erhaltung von Wildpflanzen (SKEW) – zur Verfremdung der einheimischen Natur bei. Aber gerade dank dieser »Pioniernatur« hilft er mit seinen Wurzeln gestörte, ausgewaschene Ufer und erodierte, rutschende Häng zu festigen.

Gerbstoffhaltige Heilpflanze

Bei den Eingeborenen in seiner nordamerikanischen Heimat genießt der zähe Strauch mit den roten Zweigen besonderes Ansehen. Er war eine wichtige Heilpflanze. Verschiedene Indianervölker kochten die Rinde und nahmen sie als Blutstiller bei Hämorrhoiden oder als Gurgelmittel bei blutenden Gaumen und

Zahnschmerzen. Die zusammenziehende, reinigende Wirkung kam äußerlich bei Schlangenbissen, brandigen Geschwüren, Wundfäule oder zur Behandlung der wässrigen Ausschläge zum Einsatz, die durch den Giftsumach verursacht werden. Auch entzündete Augen wurden damit ausgewaschen. Bei den Plateau-Indianern im Nordwesten Amerikas benutzten Wöchnerinnen eine Abkochung der Innenrinde des Hartriegels zusammen mit der Innenrinde der Traubenkirsche oder der Erle als reinigendes, adstringierendes Bad nach der Entbindung. Bei Diarrhö verabreichten die Indianer des Mittelwestens einen Tee aus der Innenrinde in Form eines Einlaufs, wobei als Klistierspritze ein hohler Entenknochen und die Blase eines Rehs verwendet wurden. Auch bei Grippe und Erkältung wurde der Bast der Pflanze als Tee gekocht. Die Menominee behandelten Krebs mit Umschlägen (Kataplasmen) der gekochten Rinde.

Der Seidige Hartriegel wurde auch für die Siedler zur wichtigen Medizin. Die Pioniere benutzten die Rinde bei Wechselfieber (Malaria) als Ersatz für die teure Chinarinde (Quinin). Und wie die Indianer benutzten sie sie ebenfalls als Gerbstoffdroge bei Durchfall. Die Pennsylvania-Deutschen verwenden Blüte, Frucht und Rinde als Mittel bei Fieber und Schüttelfrost (Vogel 1982: 301).

Zauberpflanze und Rauchmacher

Auch als magische Pflanze, als Zaubermedizin wurde der Weiße Hartriegel bei fast allen Stämmen verwendet. Oft wurde eine Abkochung getrunken, um Brechreiz zu bewirken, dies als rituelle Maßnahme zur Einleitung einer schamanischen Heilséance, zur Reinigung vor einer Ratsversammlung oder vor einem wichtigen Unternehmen, wie Visionssuche, Jagd oder Krieg. Das Emetikum bewirkt, dass der Körper von Unreinheiten, bösen Einflüssen, unsichtbaren magischen Pfeilen oder von Besessenheit durch Geister befreit wird (Storl 2009c: 133 f.). Gegen »Verrücktheit« tranken die Irokesen einen Tee aus der Rinde des Seidigen Hartriegels und der Amerikanischen Winterbeere *(Ilex verticillata)*. Dabei mussten die Zweige beider Pflanzen sorgfältig nach oben geschabt werden, um nach Ansicht der Indianer eine wirksame Droge zu gewinnen. Die Spieler des oft blutigen Lacrosse-Ballspiels bereiteten sich durch tagelanges Fasten,

Beten und durch Schwitzbäder auf das sakrale Spiel vor. Zur Vorbereitung gehörte auch das Trinken der Abkochung der Rinde von drei Hartriegelschösslingen – auch diese musste nach oben hin geschabt werden. An drei hintereinander folgenden Tagen musste der Spieler morgens vor Sonnenaufgang so viel davon trinken, wie er nur konnte, und sich dann in einen Bach oder Fluss übergeben. Auf diese Weise sollte seine Schwäche oder eine unerkannte Krankheit, die er in sich trug, mit dem fließenden Wasser weggeschwemmt werden (Herrick 1995: 179). Überhaupt war dieses Brechmittel Teil der Winterreinigungszeremonie, mit der die Irokesen Leib und Seele reinigten. Beim Erbrechen durfte kein Fremder zuschauen, denn dann wäre die Reinigung ohne Wirkung. Zauberbögen und Pfeile wurden bei den Irokesen aus Hartriegel gemacht. Irokesische Zauberer bereiteten ein Gebräu aus Hartriegel und getrocknetem Schlangenblut, um damit »Hexerei« zu betreiben (Moerman 1999: 179).

Generell benutzten die Indianer Hartriegelzweige zur Herstellung der Pfeifenstiele für ihre sogenannten Friedenspfeifen. Deswegen nannten die französischen Waldläufer den Strauch *bois du calumet* (Holz für Pfeifen). Die Friedenspfeife ist, wie schon im Zusammenhang mit dem Hirschkolbensumach erwähnt, ein tragbarer Altar, ein Mittel zur Verbindung mit den Jenseitigen, den Ahnen und Gottheiten. Die gesamte Schöpfung war in der Pfeife vertreten: die Steinwelt im Pfeifenkopf, die Pflanzenwelt im Stiel, die Tierwelt im aus Horn geschnitzten Mundstück. Die heilige Pflanze fand nicht nur Verwendung als Pfeifenstiel, sondern die leicht narkotisch wirkende, weiche, grünliche Innenrinde, das Splintholz, das sich unter der äußeren roten Haut der Zweige befindet, kam auch als unverzichtbarer Bestandteil in die sakrale Rauchmischung. Dieses wurde mit dem Messer vorsichtig geschabt, sodass die Baststreifen noch am Zweig hängen blieben und so über einem Feuer leicht getrocknet und geröstet werden konnten. Erst dann wurden sie mit anderen Kräutern gemischt, mit Hirschkolbensumach-Blättern, Tabak, Bärentraubenblättern. Die Mischung hieß bei den Algonkin *Kinnikinnick*[93]; dieser Name wurde aber auch für den Hartriegel allein verwendet. Als Genussmittel, also nicht unbedingt im sakralen Kontext, rauchen die Cheyenne Hartriegelrinde gemischt mit den Blättern des Stinksumachs (*Rhus trilobata*, englisch *skunk bush* oder *squaw berry*). Die Maliseet-Indianer (Algonkin aus Neubraunschweig) rauchen den Hartriegel zusammen mit den getrockneten Wurzeln der Amerikanischen Aralie (*Aralia racemosa*, englisch *American spikenard*).

Die Ojibwa räuchern mit Kinnikinnick als Opfer für Manabush (Manibozho, »Großes Kaninchen«), den kosmischen Schelm und Feuergott. Und für eine gute Reise der Verstorbenen über die Milchstraße in das Totenland werden sie bei der Bestattung mit Hartriegelrindenpulver bestreut; auch die Holzkisten, in denen sie bestattet werden, werden damit bestreut (Erichsen-Brown 1989: 145).

Die markante rote Rinde des Seidigen Hartriegels.

Die kleinen süßen Früchte des Zürgelbaums (»Hackberry«) wurden von den Indianern im Herbst gesammelt.

Es gibt zahlreiche weitere Beispiele der vielfältigen Anwendung des Hartriegels als Rauchmittel; als ausführliche Quelle sei auf das Buch *Native American Ethnobotany* von Daniel E. Moerman verwiesen (Moermann 1999).

Beerenfrucht

Ab und zu knabberten die Indianer an den reifen Hartriegelfrüchten. Bei den Schwarzfußindianern galt eine Mischung der weißen Hartriegelbeeren und der Felsenbirnenbeeren *(Amelanchier alnifolia)* als kleiner Imbiss, aber nur für die Männer. Auch die Flachkopf-Indianer mischten sie mit Felsenbirnenfrüchten zu einem Gericht, das sie »Süß-Sauer« nannten. Die Okanagan-Indianer kochen die Beeren des Hartriegels zusammen mit reifen Traubenkirschen und Felsenbirnenbeeren.

Nebenbei bemerkt: Bis auf eine Art *(Amelanchier ovalis)* kommen die Felsenbirnen, deren leckere Beeren an Heidelbeeren erinnern, vor allem aus

93 Mehr zum Thema Kinnikinnick bei Christian Rätsch, *Enzyklopädie der psychoaktiven Pflanzen*, Aarau, AT Verlag 1998, S. 758 f.

Nordamerika. Mehrere Arten, wie die Kupferfelsenbirne *(A. lamarckii)* und die Besenfelsenbirne *(A. spicata)*, haben inzwischen in der Alten Welt, vor allem in Nordwesteuropa, als eingebürgerte Neophyten Fuß gefasst. Die attraktiven Bäumchen aus der Familie der Rosengewächse scheinen aber niemand weiter zu stören. Die Vögel ergötzen sich an den Beeren. Viele glauben zwar, die Beeren seien giftig, was aber nicht stimmt. Die Samen enthalten, wie die meisten Rosengewächse, jedoch geringe Mengen an Blausäure.

Die Pflanze diente auch zur Herstellung von Pfeilen, Körben, Reusen und Fallen für Fische, von Gerüsten zum Trocknen von Häuten und Spießen, zum Rösten von Fleisch oder Fisch. Zum Färben wurde der Seidige Hartriegel ebenfalls verwendet; je nach Beize und je nach weiteren Zutaten erzielt man damit rote, schwarze oder gelbe Farbtöne. Die Indianer kauten an den jungen Trieben, bis sie fasrig wurden, und benutzten sie als Zahnbürsten.

Kartoffelrose

(Rosa rugosa)

Weitere Namen: Apfelrose, Dänische Rose
Englisch: *Japan rose, Ramanas rose, Beach tomato, Beach rose*
Französisch: *Rosier du Japon*
Japanisch: *Hamanasu* (»Strand-Eierpflanze«), *Hamanashi* (»Strandbirne«)

Die Kartoffelrose lernte ich im biodynamischen Garten an der Rhone kennen. Der Gärtnermeister Manfred Stauffer, der aus Cuxhafen stammt, hatte sie rund um sein Gärtnerhäuschen gepflanzt. Wahrscheinlich erinnerte sie ihn an seine Heimat an der Nordsee. Dort hatte man sie im 19. und frühen 20. Jahrhundert überall angepflanzt, um die Dünen zu festigen und zu begrünen. Für die Sommerfrischler gehört diese Rose mit ihren stacheligen, borstigen Stängeln und Zweigen, die absichtlich entlang der Wanderwege gepflanzt wurde, um die Touristenströme zu leiten, inzwischen zur Küstenlandschaft. Man kennt sie auch als Dünenrose oder Syltrose. Sie ist beliebt, nicht nur wegen ihrer roten, rosa oder weißen, herrlich duftenden Blüten, sondern auch wegen der im Herbst reifenden rot-orangefarbenen Hagebutten. Diese sind fleischig und erinnern an kleine Tomaten. Silbermöwen und andere Vögel fressen das Fruchtfleisch gern und verbreiten die Samen durch ihre Ausscheidungen. Jeden Herbst sammelte die Gärtnerfrau Stauffer die Früchte und kochte daraus eine köstliche Marmelade. Auch ein Hagebuttentee wurde gemacht. Sie betonte, dass diese Hagebutten viel ergiebiger als die der anderen Rosenarten und in der Verarbeitung weniger aufwändig sind. In Russland und in Schweden wird auch Wein und Essig aus den Hagebutten der Kartoffelrose hergestellt. Die Früchte sind ein

Die Hagebutten der Kartoffelrose.

Segen für die Nordländer, denn sie enthalten viel Vitamin C, und sie wirken auch als Antioxidans, das vor krebserregenden freien Radikalen schützt.

Wer hätte gedacht, dass diese robuste Rosenart ein Fremdling ist, ein Neophyt, der erstmals 1854 in Deutschland angebaut wurde. Die Staude stammt aus Japan; sie wächst in den Dünen an den Küsten von Hokkaido, Sachalin, den Kurilen und von Nordchina bis hoch nach Kamtschatka im kalten nordöstlichen Sibirien. Die nordische Küstenpflanze ist im Gegensatz zu vielen anderen Rosen frosthart. Überhaupt ist sie wenig empfindlich; sie wird kaum von Rost und Pilz befallen. Zudem ist sie salztolerant. Deshalb pflanzt man sie noch immer gerne in den Mittelstreifen der Autobahnen, da der Winterstreudienst für sie kein Problem darstellt. Immer wieder hat man sie auch als Erosionsschutz und als Windschutzhecke angepflanzt. Sie bildet dichte Bestände und verjüngt sich mit Ausläufern. In Osteuropa wurde sie sogar wegen ihrer Früchte plantagenmäßig angebaut. Im Dritten Reich wurde sie vielerorts in Ostfriesland zur Tarnung von Bunkern gepflanzt, was ihr im friesischen Volksmund den Namen »Adolf-Hitler-Rose« einbrachte.

Die merkwürdig anmutende Bezeichnung Kartoffelrose erhielt sie lediglich wegen ihres Laubs, das angeblich an Kartoffellaub erinnert. Der lateinische

Name *rugosa* bedeutet »runzelig, faltig« und bezieht sich ebenfalls auf die runzeligen Laubblätter.

In den Nord- und Ostseestaaten wird die schöne Rose inzwischen als »invasiv« eingestuft. Naturschützer sind besorgt darüber, dass die dichten Bestände des eingebürgerten Neophyten Silbergrasrasen, Krähenbeerenheiden, Sandnelkenrasen, aber auch Sanddorngebüsch und Kriechweiden zurückdrängen. Hier und da, zum Beispiel in Cuxhaven, ist man schon mit dem Bagger gegen den Eindringling vorgerückt. Aber er ist wegen seiner robusten Ausläufer schwer in Schach zu halten. Auf Anpflanzungen in Gärten in der Nähe von Naturschutzgebieten soll ganz verzichtet werden. Auch in den USA soll diese Rose zum Problemfall geworden sein. Trotz allem bieten Gärtnereien eine ganze Palette verschiedener Zuchtformen und Hybriden an. Und beim Volk hat die Pflanze nicht an Beliebtheit verloren. Ich habe mir inzwischen auch eine Hecke aus Kartoffelrosen gepflanzt, um hungrige Rehe aus meinem Gemüsegarten fernzuhalten.

In der Traditionellen Chinesischen Medizin (TCM) wird diese ostasiatische Rose bei Spermatorrhö (Samenverlust), Gebärmuttervorfall, Harnverhalten, Durchfall und dysenterischen (ruhrartigen) Beschwerden eingesetzt. Als Funktionskreis gelten die Niere, die Blase und der Dickdarm. Die Rose reguliert die Qi-Energie (Scott 2010: 316).

Weißblühende Variante der Kartoffelrose.

Auch wenn die Götter Macht haben zu sprechen, schicken sie lieber ihre Botschaft in der Gestalt einer Pflanze, einer Blüte.

Dale Pendell, »Oracles«

NEOPHYTEN ENTLANG DER AUTOBAHN UND IM GARTEN

Die Freuden des Staus

Wenn man nicht in Eile ist oder einen Termin hat, kann ein längerer Stau auf der Autobahn sehr interessant werden. Besonders dann, wenn der Verkehr längere Zeit stillsteht und man aussteigen und einige Schritte gehen kann. Denn im mittleren Autobahnstreifen erwartet uns ein ganz besonderes Biotop. Das Autobahnnetz in Europa hat eine Länge von über 60 000 Kilometern, in Deutschland allein sind es knapp 13 000 Kilometer. Staatlich bedienstete Gärtnertrupps haben da zur Begrünung zähe Pflanzen gesetzt, die starke Temperaturschwankungen, ziemliche Hitze, Trockenheit und durch Streusalz versalzene Böden gut vertragen. Unter ihnen befinden sich »brave« Neophyten, wie der Gemeine Erbsenstrauch *(Caragana arborescens)* aus der mongolischen Steppe, die Goldjohannisbeere (*Ribes aureum,* englisch *buffalo current*) aus dem trockenen amerikanischen Westen, die schön blühende Kartoffelrose *(Rosa rugosa),* die man wegen ihrer Salzverträglichkeit auch überall auf den Dünen an der Nordsee gepflanzt hat, den Gemeinen Bocksdorn *(Lycium barbarum, L. halimifolium)*[94], der auch Chinesische Wolfsbeere genannt wird, oder die Ölweide *(Eleagnus angustifolia),* die ebenfalls aus den zentralasiatischen Steppen kommt.

Neben der offiziellen Autobahnbegrünung verbreiten sich aber auch etliche salztolerante Gräser und Kräuter von ganz allein. Unter ihnen mehrere Meldenarten *(Atriplex)* – etwa die Verschiedensamige Melde aus Zentralasien und die Spießblättrige Melde aus Nordwestafrika –, die als Gattung der großen Familie der Gänsefußgewächse (*Chenopodiaceae,* griechisch *chen, chenos,* »Gans«, *podion,* »Füßchen«) angehören. Man hat diese Familie so genannt, weil die Blätter einiger ihre Mitglieder entfernt den Füßen, das heißt den Zehen mit der Schwimmhaut von Gänsen ähneln. Die in den Steppen, in den Halbwüsten und an den Meeresküsten der Erde heimische Familie kommt hervorragend mit versalzenen, sulfat- oder sodahaltigen Böden oder den nitratsalzangereicherten

94 In den letzten Jahren hat der Gemeine Bocksdorn, auch Teufelszwirn genannt, unter dem Namen *Goji*-Beere Karriere in der alternativen Gesundheitsszene und Naturheilkunde gemacht. Die roten Beeren dieses Nachtschattengewächses werden im Herbst an der Sonne getrocknet und roh oder gekocht gegessen. Sie wirken stark antioxidativ, senken den Blutdruck, stärken die Abwehrkräfte und sollen sogar gegen Krebs schützen.

Schuttstätten nahe menschlicher Siedlungen zurecht. Passend zu ihrer kargen Umwelt sind ihre unspektakulären stark reduzierten Blüten. Die Melden verdanken ihren Namen dem Umstand, dass sich die Blätter vieler ihrer Vertreter mehlig anfühlen. Dieses »Mehl« dient den Pflanzen wahrscheinlich, um sich vor zu starker Verdunstung durch Wind und Sonne zu schützen. Auch das lichtliebende, Vitamin-C-reiche Dänische Löffelkraut *(Cochlearia danica)*, ursprünglich in salzigen Wiesen am Watt zuhause, ist entlang der Autobahn zu finden, ebenso die Breitblättrige Kresse oder Pfefferkraut *(Lepidium latifolium)* aus Zentral- und Westasien, beides Kreuzblütler.

Als die Lärmschutzwände der Autobahnen schnell bewachsende Kletterpflanze findet man häufig einen Verwandten des Japanischen Staudenknöterichs, den Schlingflügelknöterich oder Silberregen *(Fallopia baldschuanica)*, der im Englischen *mile-a-minute plant* (»Eine-Meile-pro-Minute-Pflanze«) heißt und erst 1899 aus seiner Heimat Tadschikistan (Zentralasien) nach Europa eingeführt wurde. Auch er kann Salz, Hitze sowie Kälte gut vertragen.

Dann sind noch mehrere fremde Gräser, die hier ein Areal gefunden haben, wie die Mähnengerste *(Hordeum jubatum)*, ein attraktives verwildertes Ziergras aus Nordamerika mit seidig silbernen Ährenbüscheln, oder auch der Salzschwaden *(Puccinellia distans)* aus Nordamerika. Auch findet man die Salzschuppenmiere *(Spergularia marina)*, ein unscheinbares Nelkengewächs, das zirkumpolar, rund um den Globus, zu finden ist; den Armenischen Beifuß *(Artemisia tournefortiana)* aus Mittelasien, die Schlanke Karde *(Dipsacus strigosus)* ebenfalls aus Mittel- und Westasien, den Krähenfußwegerich oder Mönchsbart *(Plantago coronopus)*, der eigentlich an den Küsten Europas und Westasiens zuhause ist, aber nun dank des Winterstreudienstes entlang der Autobahnen gedeiht.[95] Weiter die Herkulesstaude, die amerikanischen Goldruten und die ursprünglich aus Kaukasien stammende Geruchlose oder Falsche Kamille *(Tripleurospermum perforatum)*.

Die Liste der entlang der Verkehrswege siedelnden Neophyten ist unendlich lang; man könnte ein ganzes Buch damit füllen. Auch gibt es viele einheimische Ruderalpflanzen, die entlang unserer Autobahnen eine Nische gefunden haben. Beschränken wir uns hier aber auf zwei besonders interessante Arten.

95 In Norditalien und im Tessin wird dieser Wegerich *(Barba di frate)* sogar als Salatpflanze angebaut. Hieronymus Bock erwähnt ihn als Heilkraut bei Nieren- und Blasenbeschwerden.

Verschiedensamige Melde

(Atriplex micrantha)

Familie: Gänsefußgewächse
Ursprung: Zentralasien
Englisch: *Two-scale saltbush, Two-seeded orache*
Französisch: *Arroche à petites fleurs*

Als ich im Herbst 2009 mit meinem Freund, dem Pflanzenfotografen Frank Brunke, auf der Autobahn Richtung München fuhr, entdeckten wir im Mittelstreifen eine Gänsefußart, die uns seltsam vorkam. Der dichte Bewuchs erstreckte sich in kilometerlangen Bändern, abwechselnd mit Disteln, Schmalblättrigem Greiskraut, Falschen Kamillen, Wilden Karotten, Johanniskraut und anderen Ruderalpflanzen. Mannshoch wuchsen die mit vielen Samen besetzten orange, gelb und beige-bräunlich gefärbten Stängel. Was konnte das für eine Pflanze sein? Wir wünschten uns einen Stau, damit wir aussteigen könnten, um sie genauer zu betrachten, oder wenigstens zähfließenden Verkehr.

Erst später kamen wir darauf, dass es sich um die Verschiedensamige Melde handelte. Ich hatte sie zwar schon im Frühjahr an der Strecke gesehen, aber da waren sie noch kleine silbrig-grüne Pflänzchen, und auch im Sommer waren sie noch ziemlich unspektakulär, eine spießblättrige Melde eben, mit unscheinbaren, kleinen, farblosen Blüten. Erst im Herbst zogen sie die volle Aufmerksamkeit auf sich.

Im Englischen wird die Pflanze *two-seeded orache* oder *two-scale saltbush* genannt. Verschiedensamig *(two-seeded)* heißt die Meldenart, weil sie zwei verschiedene Samen hervorbringt: einen schwarzen und einen braunen. Ursprünglich kommt sie aus den trockenen alkalischen Salzsteppen Südrusslands, Aserbaidschans, Nordirans und Armeniens. Das erklärt auch, warum sich dieser Neophyt so gerne in Autobahnmittelstreifen und an Straßenrändern ansiedelt. Wie andere Melden erträgt er nicht nur das Salz, das im Winter großzügig auf die Fahrbahnen verstreut wird, er scheint das Natriumchlorid geradezu zu brauchen. Er ist eben ein Kind der Salzsteppen. Diese kargen Landschaften sind oft sehr trocken, daher erträgt die Pflanze auch lange Durststrecken. Die zwei verschiedenen Samen, die sie ausbildet, sind einerseits dickschalige braune, die erst im zweiten Jahr keimen, und andererseits dünnschalige schwarze, die sofort keimen können. Die Samen enthalten wasserlösliche Hemmstoffe, die erst bei Regen weggewaschen werden. In anderen Worten, die Pflanze kann beliebig lang auf Regen warten, aber dann schnell keimen, das ist Teil ihrer Überlebensstrategie (Schwarz 2004).

Diese Meldenart trat zuerst anfangs des 20. Jahrhunderts im Elsass auf. Wahrscheinlich wurden ihre Samen als blinde Passagiere in Getreidesäcken aus

Russland eingeschleppt. Ihre erfolgreiche Ausbreitung in Mitteleuropa geschah erst in den letzten Jahrzehnten mit dem Bau der Autobahnen, wo sie ein bestens geeignetes Biotop fand.

Zur Ethnobotanik ist Folgendes zu vermerken: Die jungen Blätter der Melden sind allgemein als Kochgemüse essbar; sie sind nahe verwandt mit dem Spinat *(Spinacia oleracea),* der seinen Ursprung ebenfalls in den Salzsteppen Zentralasiens hat. Der lateinische Name *Atriplex* (vom griechischen *atráphaxys*) bedeutet just das, »Spinat«. Verschiedene *Atriplex*-Arten wie die Gartenmelde (*A. hortensis*, englisch *garden orache*, französisch *arroche épinard*) wurden wie auch der verwandte einheimische Gute Heinrich sogar als Gartengemüse angebaut, wurden dann aber seit dem 16. Jahrhundert vom »echten« Spinat verdrängt. Im Frühling könnte man die jungen Blätter und Stängel der Verschiedensamigen Melde tatsächlich als Spinat kochen oder als Beigabe zu Gemüseeintöpfen oder Suppen verwenden. Das Gericht braucht nicht einmal gesalzen zu werden, denn die Blätter enthalten Kochsalz. Selbstverständlich würde man sie nicht an den abgas- und schwermetallgeschwängerten Autobahnrändern sammeln. Nicht nur, weil man sich dadurch potenziell mit Schadstoffen belastet, sondern auch weil man dabei riskiert, überfahren zu werden oder einen Strafzettel von der Autobahnpolizei zu erhalten. Allerdings muss vor dem hohen Oxalsäuregehalt dieser Melde gewarnt werden. Die Oxalsäure verbindet sich mit dem körpereigenen Calcium und Magnesium, wodurch es bei Überkonsum praktisch zur »Entkalkung« der Knochen und Zähne kommen kann. Die Calciumoxalate, die dabei entstehen, sind winzige spitze Kristalle, welche die Nieren schädigen und zu Harnsteinen führen können (Storl 2005: 202). Das habe ich am eigenen Leib erfahren, als ich mich über einen längeren Zeitraum von der Gartenmelde *(orache)* ernährte. Nichts spricht jedoch dagegen, das Gemüse ab und zu in Maßen zu genießen.

Wie bei den zentralasiatischen Steppenvölkern üblich, können die trockenen Samen zu Mehl gemahlen oder zu Grütze gekocht werden (Fleischhauer 2004: 59). Die Pflanze ist schließlich verwandt mit Quinoa, der Reismelde.

Auch andere Melden, die meisten davon Neophyten, wachsen als Pionierpflanzen entlang unserer Autobahnen oder auf Ödland, Schuttplätzen, Erdhaufen oder in der Nähe von Siedlungen. Dazu gehören die Spießmelde *(A. prostata),* die aus Südwestasien stammt, die Glanzmelde *(A. saggitata)* und die Tatarische Melde *(A. tatarica)* aus Zentralasien.

Melden und Gänsefußarten allgemein

Graumelden *(Atriplex)* sind der großen Gattung der Gänsefußgewächse *(Chenopodium)* so nahe, dass der Laie sie kaum zu unterscheiden vermag. Unter den weiteren Verwandten befinden sich auch einige berühmte Persönlichkeiten, etwa die Rote Beete, der Mangold, die Runkelrübe und Zuckerrübe aus der Gattung

Junger Trieb.

Reifender Samenstand der Verschiedensamigen Melde.

Beta. Bekannt unter den Gänsefüßen ist der Weiße Gänsefuß, ein Kosmopolit, dessen Samen essbar sind und schon von den Pfahlbauern gesammelt wurden, um aus ihnen Grütze zu kochen oder sie gemahlen dem Mehl beizumengen. Das südamerikanische Volksnahrungsmittel, die Reismelde *(Chenopodium quinoa)*, ein Renner in unseren Naturkostläden, gehört zu dieser Gattung, ebenso wie das wurmtreibende, kräftigende Mexikanische Teekraut oder Jesuitentee *(C. ambrosioides)*, der Erdbeerspinat *(C. capitates)* und der bei uns einheimische Gute Heinrich *(C. bonus-henricus)*, der auf Nitratböden in Stallnähe gedeiht und ein hervorragendes Blattgemüse ergibt. Verwandt ist ebenfalls der Gartenspinat und die Salz- und Sodakräuter *(Salsola)*, deren bekanntester Vertreter – wie wir es aus den Western kennen – als *tumble weed*, vom Wind getrieben, über die Prärie rollt und so seine Samen verstreut.

Schmalblättriges Greiskraut

(Senecio inaequidens)

Familie: Korbblütler
Ursprung: Südafrika
Englisch: *Narrow-leafed ragwort*
Französisch: *Séneçon du Cap*

Dritter Dezember, Advent in Leipzig. Ich hatte ein Last-Minute-Sonderangebot der Bahn genutzt, um wieder einmal in die heimatliche Melodie der sächsischen Mundart einzutauchen, wieder einmal der Pleiße entlang zu schlendern, Leipzscher Flecke, Gänsekeule und grüne Klöße zu essen, Hefestreuselkuchen in den heißen Kaffee zu »ditschen« und mich dem Zauber der von Erzgebirglern geschnitzten Pyramiden und »Räuchermänneln« hinzugeben. Gehörig kalt war es, und passend zur Weihnachtsstimmung schneite es leicht. Da am Bordstein an der Bushaltestelle neben dem Hoteleingang – ich konnte es kaum glauben – leuchtete mir ein ganzes Büschel hellgelb strahlender Blüten entgegen. Neugierig bückte ich mich zu ihnen hinunter. Ganz schmale, lanzettliche Blätter hatte das Kraut, und an den Blüten erkannte ich, dass es sich um eine Art Greiskraut handeln müsse. Wieso blüht es jetzt? Bei diesen frostig-kalten Temperaturen gibt es doch kein einziges Insekt, das bereit wäre, es zu bestäuben?

Es stellte sich heraus, dass es sich um einen Neophyten aus Südafrika handelt, das Schmalblättrige Greiskraut. Es ist im Hochveld Südafrikas, im grasbedeckten Binnenhochland auf bis zu 1400 Meter zuhause. Dort auf der südlichen Halbkugel sind die Jahreszeiten umgekehrt: Wenn hier Winter ist, ist dort Sommer. Die Pflanze, die um 1880 mit südafrikanischer Schafwolle zuerst in Hafengeländen – vermutlich in Bremerhaven – Fuß fasste, musste sich erst auf die umgekehrten jahreszeitlichen Verhältnisse umstellen. Inzwischen ist es ihr teilweise gelungen. Sie blüht zwar noch in den Winter hinein, aber es reifen trotzdem so viele Samen – man hat um die 40 000 pro Pflanze gezählt –, dass sie seit den 1970er Jahren auf Expansionskurs ist und inzwischen lange Strecken der Straßenränder, Autobahnmittelstreifen und Eisenbahnschienen erobert hat.

Zur Ethnobotanik: Ähnlich wie in der europäischen Volksmedizin benutzen die Zulus und andere südafrikanische Schwarze die *Senecio*-Arten medizinisch für verschiedene Leiden. Problematisch, weil hepatotoxisch, sind die sogenannten »Busch-« oder »Bantu-Tees«. Zur Wundheilung und zur Behandlung von Geschwülsten und Ausschlägen wird das Kraut frisch zerstampft oder trocken zu Pulver verrieben und äußerlich aufgetragen (Van Wyck 2000: 238). Die pilzwidrigen und antibakteriellen Eigenschaften des Schmalblättrigen Greiskrauts sind inzwischen klinisch bestätigt worden.

Schmalblättriges Greis- oder Kreuzkraut als Pionierpflanze auf einem alten Heuballen.

Das südafrikanische Greiskraut als guter Pollenspender für Insekten.

Schmalblättriges Greis- oder Kreuzkraut als Trockenrasenbesiedler.

Greiskräuter, Kreuzkräuter oder Jakobskräuter allgemein

Unter den pflanzlichen Neueinwanderern, die entlang der Autobahnen wachsen, befinden sich weitere Greiskrautarten. Neben den verschiedenen einheimischen Greiskräutern wächst da ebenfalls das Frühlings-Kreuzkraut oder Orientalische Kreuzkraut *(S. vernalis)*, das sich seit dem frühen 19. Jahrhundert von Südrussland aus nach Westen verbreitete. Alle Greiskrautarten gehören der großen Familie der Korbblütler an. Der Name Greiskraut, wie auch die daraus abgeleitete Bezeichnung Kreuzkraut, bezieht sich auf die durch die ausgereiften Früchte gebildete flaumige Haarkrone, die schon in der Antike mit dem weißen Haarschopf alter Männer (lateinisch *senex*, »Greis«) verglichen wurde. Weltweit gibt es um die 1200 *Senecio*-Arten, in Mitteleuropa sind es um die zwanzig.

In der traditionellen Medizin fast aller Völker spielten die verschiedenen Greiskräuter schon lange eine große Rolle als Mittel zur Wundheilung und bei Menstruationsstörungen. Der altgermanische beziehungsweise altenglische Name für das einjährige Gemeine Kreuzkraut *(S. vulgaris)* ist *gund-swelge* (englisch *groundsel*), was sich ungefähr als Eiterbeulenschlucker übersetzen lässt. Eiterkraut und Eiterzieh wie auch Grindwurz, Schwulstkraut, Afelkraut (*afel* = Rotlauf, wunde Hautstellen) oder Selbstlacha (von mittelhochdeutsch *lâchen*, »heilen«) sind alte volkstümliche Namen für das häufig anzutreffende Gartenunkraut (Marzell IV, 1979: 281). Nicholas Culpeper, Arzt und Kräuterastrologe aus dem 17. Jahrhundert stellt das Gemeine Kreuzkraut wie auch andere Greiskräuter unter die Herrschaft der Venus. Die Planetengöttin Venus galt vor allem als Herrin der Frauenheilkräuter.

Hohes Ansehen bei unseren Vorfahren hatte das Hainkreuzkraut oder Fuchsgreiskraut *(S. nemorensis, S. fuchsii)*. Die Waldpflanze galt als eines der besten Wundheilkräuter; »heidnisch Wundkraut« nannte man es im Mittelalter, da es so mächtig wirkt, dass schon die alten Heiden es verwendet hätten. »Es heilt allerlei Wunden und Geschwür. Grün gestoßen und aufgelegt, macht es Fleisch und heilt es zusammen. Gedörrt und gepulvert auf frische und alte Wunden, auch Fisteln gestreut, reinigt sie und heilt sie schnell aus«, schreibt Kräuterdoktor Leonhart Fuchs im Jahr 1543. Bis zum heutigen Tag hat sich das Fuchsgreiskraut als Blutstiller bei Wochenbettblutungen, Abortblutungen, klimakterischen Blutungen, Myomblutungen und auch bei Zahnextraktionen bewährt (Storl 2009: 126).

Das in Europa ebenfalls einheimische Jakobskreuzkraut (*S. jacobaea*, englisch *St. James wort*, französisch *fleur de Saint-Jaques*) galt ebenfalls als Menstruations- und Wundheilmittel. Sein Name geht darauf zurück, dass es am Tag des heiligen Jakob, am 25. Juli, blüht und die bevorstehende Kornreife ankündigt. Für die Kelten und Germanen war das Aufblühen dieses dem Erntegott Lugh oder Loki geweihten Krautes das Signal, Sensen und Sicheln für die kommende Ernte zu wetzen und die Tenne sauber zu fegen. Das Kraut, in Belgien als »Blitz-

Die Blüte des südafrikanischen Einwanderers.

kraut« bezeichnet, wurde unter den Dachgiebel gesteckt, um Blitzeinschlag abzuwehren, dies vor allem für die heiße Erntezeit, in der sich oft Gewitter entladen. Überhaupt spielten die Kreuzkräuter im Brauchtum und Aberglauben eine große Rolle. Mädchen steckten das Greiskraut zum Beispiel in den Korb, den sie dem unwillkommenen Freier überreichten. Damit konnten sie, ohne viele Worte zu verlieren, sagen: »Ich will dich nicht. Du bist zu alt für mich.«

Ähnlich wie in der europäischen Volksmedizin wurde die große Sippe der *Senecio* auch in anderen Kulturen verwendet. In Ägypten etwa werden Blätter und Blüten bei Nieren- und Blasensteinen, verhaltener Menstruation und Krankheiten des Uterus verwendet. In den Nilgiri-Bergen und in Uttar Pradesh in Indien wird ein Tee aus diesem Kraut bei ausbleibender Regelblutung und bei menstruationsbedingten Unterleibsschmerzen verabreicht, ebenfalls bei Brustentzündung, Hämorrhoiden und Gicht (Singh 1990: 209). Die blutstillenden und gebärmutterwirksamen Eigenschaften der *Senecio*-Arten waren auch den Indianern bekannt. Großen Ruf genoss das menstruationsregulierende Goldene Kreuzkraut oder *squaw weed* (»Indianerfrauenkraut«, *Senecio aurens*). Ein Tee daraus wurde getrunken, um die Geburt zu beschleunigen oder, in höherer Dosierung, um eine Schwangerschaft zu unterbrechen (Stammel 1988: 120). Die Volksheiler auf den Kanaren benutzen den Saft des auf diesen Inseln endemischen sukkulenten Kreuzkrauts *(Senecio kleinia)*, genannt *verode*, zum Heilen oberflächlicher Wunden. Auch in Schwarzafrika, wo es die meisten Arten dieser Gattung gibt, sind die *Senecien* Bestandteil des Heilmittelschatzes.

Die moderne wissenschaftliche Phytotherapie zeigt sich weniger begeistert von den Greiskräutern. Die therapeutische Anwendung sei nicht zu empfehlen. Tierexperimente zeigen, dass sie erhebliche Konzentrationen von Pyrrolizidin-Alkaloiden aufweisen, die toxische, leberschädigende und mutagene Eigenschaften besitzen. Auch die Viehzüchter und Milchbauern sind betroffen. Auf der Weide meidet das Vieh die Kreuzkräuter und frisst sie nicht. Im Heu dagegen werden sie mitgefressen. Landwirtschaftsministerien versuchen die Greiskräuter (Jakobskreuzkraut, Alpengreiskraut) von den Weiden und aus dem Futter zu verbannen.

Pyrrolizidin-Alkaloide wurden auch in altbewährten Heilkräutern wie Huflattich, Beinwell, Borretsch, Pestwurz oder Wasserdost gefunden, aber in so geringen Mengen, dass sie nach Einschätzung von Experten, wie Prof. Dr. med. Rudolf Fritz Weiss oder Prof. Dr. med. L. Maiwald von der Universitätsklinik Luitpoldkrankenhaus, Würzburg, in therapeutischen Dosierungen keine Gefahr darstellen (Schlebusch 1989: 23). Auch bei kurzfristiger Anwendung des Fuchsgreiskrauts (*S. nemorensis* spp. *fuchsii*) bei funktionellen Uterus-Blutungen sieht Professor Weiss keine Probleme (Weiss 1991: 386, 419). Auf Tees, etwa Diabetikertees, oder Präparate, die langfristig eingenommen werden, sollte man jedoch unbedingt verzichten.

Neophyten im und um den Garten

Gärten bilden, da sie immer wieder umgegraben, umgepflügt und gehackt werden, ein labiles Ökosystem, in dem besonders schnell wachsende, viele Samen produzierende Pionierpflanzen, darunter viele Neophyten, Fuß fassen können. Da diese Böden fleißig gedüngt werden, befinden sich auch viele Stickstoffliebhaber unter den Begleitkräutern. Daher wollen wir uns im Folgenden einige der neueren Gartengefährten genauer ansehen.

Persischer Ehrenpreis

(*Veronica persica,* syn. *V. tournefortii*)

Familie: Wegerichgewächse
Ursprung: Kaukasus
Weitere Namen: Heil-aller-Welt, Hennenarm (Schaffhausen), Chatzenäugli, Blauauge
Englisch: *Bird-eye speedwell, Persian speedwell*
Französisch: *Véronique de Perse*

Der Persische Ehrenpreis, der wärmere Lehmböden bevorzugt, ist die häufigste Art unter den rund achtzig Ehrenpreisarten, die in Europa vorkommen (270 Arten der Gattung *Veronica* gibt es weltweit). Ähnlich der Vogelmiere überwuchert das kleine kriechende Kraut schnell freiliegende Ackerschollen, Brachen oder Gemüsebeete. Die einjährige Pflanze kann Winterkälte und Trockenheit gut überstehen, und ihre Samen sind kälteresistent. Die himmelblauen Blüten – die Katzenäuglein – mit ihrem gelblich weißen Schlund lächeln den Gärtner fast das ganze Jahr über an, das heißt, solange der Boden nicht von Schnee und Eis bedeckt ist. Die Blüten werden von Insekten, vor allem Schwirrfliegen (Schwebefliegen), bestäubt, worüber sich der Gärtner freuen sollte, denn diese schillernden Insekten fressen vor allem Blattläuse. Wenn es zu kalt ist und die Insekten fehlen, kann der Persische Ehrenpreis sich selbst bestäuben.

Dieser Ehrenpreis ist so häufig, dass kaum jemand auf den Gedanken kommt, es könnte sich um einen invasiven Neophyten handeln. Dennoch stammt er, wie sein Name verrät, aus der Region zwischen dem Schwarzen Meer und dem Kaukasus. Vermutlich begann er seine Karriere als Neophyt in Mitteleuropa, als er 1805 aus dem Botanischen Garten in Karlsruhe entwich. Um 1840 erscheint er in der Schweiz, um 1860 in Mitteldeutschland. Zur selben Zeit eroberte er auch die Gärten Nordamerikas.

Die Gattung, zu der dieser kleine Rachenblütler gehört, ist für ihre Heilkraft berühmt. Der in Europa einheimische Echte Ehrenpreis *(Veronica officinalis)* wurde mit Namen wie »Trost aller Welt«, »Allerweltsheil«, »Zuhause ist er nicht« (gemeint sind Fieber und Krankheit, die daherkommen, aber den Betroffenen nicht anfinden), »Sta up en ga weg« (so wurde er im Hamburger Plattdeutsch bezeichnet, nach Matthäus 9, 5–6, wo Jesus zum Gichtkranken spricht: »Steh auf und wandle!«); im Englischen heißt die Pflanze *speedwell* (»schnell gesund«) und im Französischen *herbe aux ladres* (Heilkraut der Aussätzigen). In der Volksheilkunde, etwa bei Maria Treben, wird Ehrenpreis bei »schlechtem Blut« und Ekzemen, bei Milz und Leberleiden als Tee getrunken. Hieronymus Bock schreibt in seinem »Kreuterbuch«, dass er gut bei Milzerkrankungen sei und eine »fürtrefflich bewerte artznei für alle gifftige pestilentzische feber«, denn »davon muß das gifft vom hertzen raumen und mit schwitzen ausfaren« (Marzell 1938: 234). Auch andere Ehrenpreisarten, wie der den Kelten heilige Bachehrenpreis *(Veronica beccabunga)*, dienten der Entgiftung und wurden äußerlich bei Ausschlägen und Geschwüren verwendet.

Ehrenpreis wurde der heiligen Veronika geweiht. Sie ist die barmherzige Frau, die dem Heiland das Schweißtuch reichte, als er blutend und schweißüberströmt, das schwere Kreuz tragend, durch die Gassen Jerusalems getrieben wurde. So stark soll die Ausstrahlung des Gottessohns gewesen sein, dass sich sein Antlitz in dem Tuch einbrannte wie auf einer fotografischen Platte und zur heilenden Reliquie wurde. Im Mittelalter schaute man selbstverständlich nicht nach den molekularen Wirkstoffen, die in einer Heilpflanze enthalten sind, sondern man achtete darauf, welche Heiligen mit ihr verbunden waren. So erkannte man die Wirkung der heiligen Veronika in dem entgiftenden, schweißtreibenden Ehrenpreis.[96]

Der Persische Ehrenpreis ist eine Pionierpflanze und ein Bodenbedecker im Garten.

Persischer Ehrenpreis zusammen mit Kamille im Erdbeerbeet.

Die Frage ist nun, ob auch der neophytische Persische Ehrenpreis eine Heilpflanze sein kann. Dem ist tatsächlich so. Als Tee wirkt das Kraut verdauungsfördernd, stoffwechselanregend und entschlackend. Äußerlich angewendet, lindert es den Juckreiz bei Neurodermitis oder beim Ausheilen von Verbrennungen.

Als essbare Wildpflanze eignet sich das Kraut wenig, auch wenn gegen eine Zugabe einiger Blättchen im Salat oder in Suppen oder Gemüsegerichten nichts einzuwenden ist. Die Blüten ergeben einen schönen Farbtupfer als Dekoration im Salat (Fleischhauer et al. 2007: 45).

96 So weihte man auch jene Pflanzen, die bei Verbrennungen lindernd wirken, dem heiligen Laurentius, der seinen Märtyrertod auf einem glühenden Rost erlitt. Dem heiligen Joseph weihte man Wundheilkräuter wie die Schafgarbe, da er sich als Zimmermann oft verletzte. St. Luzian, der als Missionar in Graubünden von den Heiden gesteinigt wurde, wurde Patron für Pflanzen wie die Arnika, die bei Prellungen und Blutergüssen helfen. Dass der Gattungsname für die *Veronica* nicht auf die Heilige, sondern auf einen Druckfehler in der französischen Ausgabe des Kräuterbuches von Dodoaeus zurückzuführen sei, halte ich für wenig schlüssig.

Staudenlupine oder Wolfsbohne

(Lupinus polyphyllus)

Familie: Schmetterlingsblütler
Ursprung: Nordwestamerika
Englisch: *Large leaved lupine, Perennial lupine*
Französisch: *Lupin vivace, Lupin des jardins*

Um die 280 Arten von Lupinen soll es weltweit geben. Die meisten davon wachsen in Amerika und in minderer Zahl auch in der Alten Welt, im Mittelmeerraum. Es handelt sich dabei um tiefwurzelnde Schmetterlingsblütler, die, nachdem sie üppig geblüht haben, wie ihre Verwandten, die Erbsen und Bohnen, Hülsenfrüchte hervorbringen. Ihre »Bohnen« sind aber nicht so genießbar wie die der Erbsen oder der Ackerbohnen *(Vicia faba)*, von denen sich schon die neusteinzeitlichen Bauern ernährten. Sie enthalten Gifte, Alkaloide und Bitterstoffe, die in größerer Menge gegessen Speichelfluss, Erbrechen, Herzrhythmusstörungen und im Extremfall den Tod hervorrufen können. Wegen dieser Eigenschaft nannten die Römer sie *Lupinus* (vom lateinischen *lupus*, »Wolf«), denn wenn man sie isst, reißen sie an den Gedärmen wie ein gierig schlingender Wolf. Auch der deutsche Name »Wolfsbohne» geht darauf zurück. Die Pflanze gehörte mit zu den »Wolfspflanzen«, wie zum Beispiel die giftige Wolfsmilch, der Wolfstrapp, Bergwolfsverleih (Arnika), Wolfswurz (Eisenhut) und andere giftige, ätzende Gewächse.[97] Trotz all dem wurden schon sehr früh in Griechenland und anderen Mittelmeerländern verschiedene Arten dieser Gattung als Bodenverbesserer und Viehfutter in Kultur genommen, und die Samen wurden trotz Giftigkeit von ärmeren Bevölkerungsschichten gegessen (Genaust 2005: 353). Man hatte gelernt, die eiweißreichen Samen lange, über Tage hinweg, in Salzwasser auszulaugen, um sie genießbar zu machen. Inzwischen gibt es Arten mit relativ wenig Giftstoffen. Zu diesen Süßlupinen zählen die Weiße Lupine *(L. albus)* und die Schmalblättrige Lupine *(L. angustifolius)*. Diese werden nicht nur als Körnerfutter für Tiere, sondern auch als wertvolle Eiweißquelle für Menschen angebaut. Im Mittelmeerraum werden die speziell zubereiteten, gesalzenen Samen als Knabberei serviert. Vegetarier und Veganer können Lupinensamenmilch trinken, mit Lupinenmehl backen und kochen, und auch Lupi-

97 Die alten Europäer klassifizierten die Pflanzen oft nach tierischen Eigenschaften. Ross- oder Pferdepflanzen, wie Rosskastanie, Rossblacke (Pestwurz), Pferdebohne und Rossklette, waren große, grobe Pflanzen. Kuckuckspflanzen waren vor allem solche, die im Frühling blühen, wenn der Kuckuck ruft. Hundepflanzen, wie die Hundskamille, galten als nutzlose, gemeine Pflanzen. Außerdem gab es Gänsepflanzen und Krötenpflanzen, die oft mit Sexualität und Frauengesundheit zu tun hatten, und auch Bären- und Hirschpflanzen, die als besonders heilkräftig galten.

Staudenlupine oder Wolfsbohne, blühend.

Leere Schoten im Spätherbst.

nen-Tofu essen. Lupinensamen gelten als wichtige Nahrungsquelle für die Zukunft. Menschen mit einer Erdnuss-Allergie sollten jedoch vorsichtig sein.

Im Hochland Südamerikas hat eine ähnliche Entwicklung stattgefunden. Die Andenindianer haben die Andenlupine *(L. mutabilis)* als wichtige Eiweißquelle gezüchtet. Sie bauen die Leguminose als Zwischenkultur für Mais und Reismelde (Quinoa) an. Auch laugen sie die Bohnen lange in Wasser aus, um die Giftstoffe zu entfernen. Dieses Wasser wird dann nicht weggegossen, sondern als Insektizid verwendet.

Der Neophyt, den wir hier besprechen, ist jedoch keine der essbaren Süßlupinen. Die hübsche, blau blühende Staudenlupine kommt aus dem pazifischen Nordwesten Amerikas und wächst von Nordkalifornien bis British Columbia in den Bergen bis auf 2900 Meter Höhe. 1826 wurde sie von einem Blumenliebhaber als Gartenstaude nach England gebracht, 1837 kam sie nach Deutschland. Gärtner haben die blaue Blütenpflanze dann fleißig weitergezüchtet und Hybriden mit roten, rosa, weißen, gelben und orangen Farbtönen hervorgebracht. Seit einiger Zeit jedoch hat sich die hübsche Gartenpflanze selbstständig gemacht. Spontane Vorkommen wurden um 1890 in Bayern beobachtet. Inzwischen gehört sie zu den fünfzehn häufigsten Neophyten in Mitteleuropa. Bienen, Hummeln, Schmetterlinge und Falter sind eifrige Besucher der Blüten. Die eiweißreiche Pflanze wird gerne von Rot- und Rehwild gefressen. Durch den Genuss bekommen sie stärkere Geweihstangen (Schertler 2005: 28).

Mit Hilfe symbiotischer Knöllchenbakterien, die ihre Wurzeln besiedeln, nehmen die Wolfsbohnen Luftstickstoff auf und reichern den Boden damit an. Sie verbessern auch magere, verdichtete Böden, da sie ihn bis zu anderthalb Meter tief durchwurzeln. Wegen diesen Eigenschaften hat man die Staudenlupine auch in Forstplantagen zur Gründüngung und als Zwischensaat sowie als Wildfutter ausgesät. In den fünfziger und sechziger Jahren wurden Forststraßen und Böschungen damit begrünt.

Eine wertvolle Pflanze also? Keineswegs, sagen inzwischen besorgte Umweltschützer. Da sie den Humus verbessert, ist sie eine Gefahr für magere Wiesen- und Weidegesellschaften. Sie bedrängt schutzwürdige Vegetationsarten, wie Borstgräser, Goldhafer und verschiedene Hungerblümchen, und begünstigt stickstoffliebende Pflanzen wie etwa die Brennnessel, den Hohlzahn oder das Klettenlabkraut. Außerdem suchen Wildschweine die Lupinenbestände gerne auf; durch ihr Suhlen rufen sie dann weitere Veränderungen der Flora hervor.[98] Daher heißt die Devise: Es gilt, diese gebietsfremde Wolfspflanze unter Kontrolle zu bringen. In der Schweiz steht sie auf der »Watch List«, und die Österreicher haben in ihr ein »Naturschutzproblem« ausgemacht. Experten raten zum Einsatz von Herbiziden und rechtzeitiger Mahd.

Ich für meinen Teil freue mich mit den Bienen und den Rehen über die schöne Pflanze, die auch hier, in der Nähe meines Hauses, im Allgäuer Wald wächst. Und ich werde auch keinem sogenannten Naturschützer verraten, an welchen Stellen sie hier auf dem Berg zu finden ist.

Indische Scheinerdbeere

(*Duchesna indica*, syn. *Potentilla indica*)

Familie: Rosengewächse
Ursprung: Ostasien
Weitere Namen: Erdbeerfingerkraut, Indische Erdbeere
Englisch: *Mock strawberry, False strawberry, Yello strawberry, Gurbir*
Französisch: *Fraisier des Indes*

Vor einigen Jahren wurde ich von der Phytaro-Heilpflanzenschule ins Ruhrgebiet nach Dortmund zu einem Vortrag eingeladen. Auf den ersten Blick sah die Umgebung relativ natürlich und ungestört aus, in Wirklichkeit aber war es eine alte Industriebrache, überwuchert mit sekundärem exotischem Wuchs. Außer Brombeeren, Holunder und Brennnesseln schienen die meisten Pflanzen

Eine falsche Erdbeere: Indische Scheinerdbeere oder Erdbeerfingerkraut.

Die gelbe Blüte.

Neueinwanderer zu sein: Asiatische Knöteriche, Herkulesstauden, Goldruten, Indisches Springkraut, Sommerflieder, Ailanthus und auch Bäume, wie Robinie, amerikanische Eiche und Eschen-Ahorn. Wo einst Krupps Schlote rauchten, zwischen Fabrikruinen, Rost und Schlacke, ist eine neue, aufregende Naturwildnis entstanden. Als ich durch diese faszinierende Landschaft schlenderte, entdeckte ich im Halbschatten unter den Bäumen plötzlich reife, rote Walderdbeeren. Wie konnte das sein, es war doch September? Waren es wirklich Erdbeeren? Aber ja, was konnten sie anderes sein? Dreilappige Blätter, Ausläufer, rote »Sammelfrüchte«. Dann stutzte ich: Sie blühten noch, und die Blüten waren gelb! Ich kostete eine der vermutlichen »Erdbeeren«. Kein Erdbeeraroma stieg in die Nase, und sie schmeckten wässrig und fad.

Erst später erfuhr ich, dass ich die Indische Scheinerdbeere gefunden hatte. Sie ist keine richtige Erdbeere *(Fragraria),* sondern eher eine Fingerkrautart *(Potentilla),* die aus Ostasien und dem Himalaja stammt. Irgendwann in der Mitte des 19. Jahrhunderts wurde sie aus China eingeführt und nach dem bekannten französischen Erdbeerforscher Antoine-Nicolas Duchesne (1747–1827)

98 www.floraweb.de/neoflora/handbuch/lupinuspolyphyllus.html

benannt. Kurz nach dem Ersten Weltkrieg wurde man in Österreich auf die ersten verwilderten Exemplare aufmerksam. Aber erst in den achtziger Jahren des letzten Jahrhunderts wurde das kriechende Kräutlein invasiv. Es wächst ähnlich wird der Gundermann unter Hecken, an Waldrändern, in städtischen Innenhöfen und an ähnlichen feuchten, schattigen Orten. Inzwischen ist es weltweit zum Neophyten geworden, der von den Azoren bis Südafrika und Neuseeland und in der neuen Welt von Kanada bis Argentinien Lebensräume findet.

In ihrem Herkunftsland China wird die *She mer* genannte Pflanze sogar angebaut. Nicht nur isst man die Beeren, sondern man verwendet sie auch als Heilkraut. In der Volksmedizin Hunans wird sie bei eiterigen Abszessen, Ekzemen, Mandelentzündung, bei Schlangenbiss und als Gegengift bei Vergiftungen eingesetzt. Das Erdbeerfingerkraut gilt – ähnlich wie die verwandten Fingerkräuter oder *Potentillae* in der westlichen Kräuterheilkunde – als adstringierendes und entzündungshemmendes Mittel. Aus den gelben Blüten brauen die Chinesen einen Tee als Tonikum für den Blutkreislauf. Ein Brei aus den Früchten wird bei Hauterkrankungen aufgetragen. Eine Abkochung der ganzen Pflanze dient als Umschlag für Hautentzündungen, Geschwüre, Verbrennungen und Eiterbeulen.

Zurückgebogener Fuchsschwanz oder Amarant

(*Amaranthus retroflexus*)

Familie: Fuchsschwanzgewächse
Ursprung: Mittelamerika
Weitere Namen: Bogen-Fuchsschwanz, Fuchszagel, Hahnenkamm, Roter Heinrich
Englisch: *Red-root amaranth, pigweed*
Französisch: *Amarant réfléchie*

Der Zurückgebogene Fuchsschwanz ist ein Weltenbummler, der im 18. Jahrhundert aus Amerika nach Europa kam, wo ihn der neugierige Botaniker Linnaeus um 1775 gleich in seinem Garten setzte und ihn mit einem lateinischen Namen taufte. 1815 soll das einjährige, sommerannuelle, windbestäubte Kraut in Mitteleuropa erschienen sein, wo es trockene und frische Ruderalstandorte in Anspruch nahm. Es fiel ihm leicht, die Felder der Hackfrüchte, etwa Zuckerrübenäcker zu besiedeln. In letzter Zeit hat er als Wärmekeimer durch die Ausdehnung des Maisanbaus weite Verbreitung erfahren. Die überaus große Samenerzeugung hat ihm zum Erfolg verholfen. Jede einzelne Pflanze erzeugt mindestens 500 000 der glänzenden, schwarzen, mohnähnlichen Samen; diese sind langlebig, winterhart und keimfreudig. Finken und andere körnerfressende Vögel

Der Zurückgebogene Fuchsschwanz oder Amarant in Blüte.

freuen sich natürlich über diese Gaben. Nicht so die Landwirte, denen das Ackern erschwert wird und die in der Pflanze einen Nährstoffkonkurrenten sehen. Aber da kommt ihnen die Chemie der Großkonzerne zu Hilfe.

Andererseits wird der Fuchsschwanz von zunehmender Bedeutung für die Welternährung, da er besonders nahrhaft ist und in trockenen, wärmeren Ländern gut wächst. Er gilt als eines der Nahrungsmittel der Zukunft. Der Zurückgebogene Amarant *(A. retroflexus)* wurde von den Indianern Mittel- und Südamerikas kultiviert. Seine ausgereiften Blütenstände werden getrocknet und ausgedroschen. Die Samen werden geröstet, gedämpft oder zusammen mit Maismehl gemahlen. Man gibt sie ins Fladenbrot, in den Kuchen oder den Brei. Die jungen Triebe und Blätter werden überall von den amerikanischen Ureinwohnern als Gemüse verwendet.

Nichts spricht dagegen, dass wir den Amarant ebenso verwenden. Nur muss man vorsichtig sein und ihn nicht auf stark mit Stickstoffkunstdünger gedüngten Feldern pflücken, denn das Nitrat sammelt sich in seinen Blättern an und kann zu einer Nitritvergiftung führen, die sich in Herzrasen, Hautrötung oder gar Blaufärbung (Zyanose), Übelkeit und Erbrechen äußern und gar bis zum Kollaps führen kann.

Die Samen und Blätter des Gartenfuchsschwanzes mit seinen fuchsroten Blütenständen lassen sich ebenfalls als Gemüse und Getreide verwenden. In seiner Heimat gilt er als heilige Pflanze. Für die Pueblo-Indianer ist er die Urnahrung, die ihre Ahnen aus der vierten Welt unter der Erde in die gegenwärtige, fünfte Welt mitbrachte. Die roten Blätter und Blüten einiger Arten werden zerdrückt und bei heiligen Zeremonien als Körperbemalung aufgetragen. Auch werden die sakralen Maiswaffeln *(hé we)* damit rot gefärbt. Die Götter, die als Kachinas (maskierte Tänzer) die Erde besuchen, tragen diese Waffeln bei sich und werfen sie, während sie tanzen, den Zuschauern zu.

Bei den Azteken war die Fuchsschwanzsaat eines der wichtigsten Getreide. 10 000 Körbe – von jeweils rund 36 Liter Inhalt – wurden davon alljährlich als Tribut in die Kaiserstadt Tenochtitlan gebracht. Aus der roten, mit Blut gemischten Paste aus den gemahlenen Samen kneteten die ranghöchsten Priester ein Bildnis des Stammesgottes Huitzilopochtli, des »Kolibris des Südens« und Sohnes der Erdgöttin. Diese Gebilde, *zoale* genannt, wurden in feierlichen Prozessionen zu den Pyramiden getragen. Dort wurden sie zerbrochen und dem versammelten Volk als Kommunion, als Fleisch und Blut der Gottheit, zu essen gegeben. Die spanischen Priester sahen darin unter dem noch frischen Eindruck der Inquisition eine satanische Verspottung des heiligen christlichen Abendmahls. Daher wurde die Pflanze, die das Getreide liefert, verboten.

Die spanischen Kolonialbehörden wunderten sich, dass die unterworfenen Ureinwohner Mexikos und Perus immer wieder neue Kraft schöpfen konnten, um sich zur Wehr zu setzen. Der Vizekönig in Lima, Marqués de Cañete, soll gesagt haben: »Warum bringen diese schmutzigen Indianerinnen noch immer gesunde und robuste Kinder zur Welt, wenn wir sie auf den Bauch und den Kopf schlagen?« Wie wir aus einem Bericht von 1560 an den spanischen Vizekönig erfahren, lösten die Kolonialherren schließlich das Rätsel: Sie entdeckten, dass die Ureinwohner die Frucht einer »heiligen« Pflanze aßen, »die nicht größer

Der rote Gartenamarant.

als ein Stecknadelkopf ist«. Diese bauten sie auf kleinen versteckten Bergfeldern an. Der Fuchsschwanz, der hochwertige Nährstoffe enthält, wurde zu Recht für die Vitalität der Indianer verantwortlich gemacht.[99] Er enthält besonders viel Lysin; als Getreide ist er die ideale Ergänzung zum Mais, dem es an dieser essenziellen Aminosäure mangelt. Um den Widerstand der Indios endgültig zu brechen, sollte die teuflische Pflanze ausgerottet werden. Mit drastischen Auswirkungen auf den Gesundheitszustand der Bevölkerung wurde der Anbau dieser Nahrungspflanze strengstens untersagt. So kam es, dass der Getreide-Amarant nicht wie der Mais, die Kartoffel und andere Indianerpflanzen seinen Weg in unsere Ernährung fand. Irgendwann muss dennoch – wahrscheinlich durch die Portugiesen – der Rispen-Fuchsschwanz seinen Weg nach Indien gefunden haben. Das Amarant-Getreide *(tampala)* wurde in der Gegend von Mysore im Himalaja und bei vielen Hügelstämmen Südasiens zum Hauptnahrungsmittel und wird unter anderem als »Gottes Geschenk« *(ramdana)* bezeichnet. Auch in Afrika verbreitete sich der Gebrauch dieser wertvollen Pflanze als grünes Blattgemüse und als Getreide.

Fuchsschwanzarten allgemein

Fuchsschwanzarten gibt es viele. Sie wurden seit mindestens fünftausend Jahren als Blattgemüse oder – vor allem in Amerika – als »Getreide« angebaut. Blitum oder Meier ist die herkömmliche Bezeichnung der in Europa einheimischen Art. Dieser Fuchsschwanz *(A. lividus)* mit seinen teilweise liegenden Stängeln und dunkelgrünen, eiförmigen, gelegentlich rötlich überlaufenen Blättern, der noch immer als Wildkraut auf Äckern, an Wegrändern und auf Schuttplätzen wächst, wurde schon früh als Suppengrün in Kultur genommen. Der griechische Botaniker Theophrast berichtet schon aus dem 3. Jahrhundert v. u. Z., dass »Bliton« als Gemüse angebaut werde. Dioskurides sagt, »das Gemüse bekommt dem Leibe gut, hat aber keine arzneiliche Eigenschaft«. Karl der Große erwähnt »Blidas« in der Verordnung zum Anbau in seinen Ländereien, und auch die Botaniker und Kräuterväter erwähnen das Gemüse. Erst der Spinat verdrängte es als Blattgemüse. Es ist wieder an der Zeit, das kräftige Blattgemüse in unsere Ernährung aufzunehmen. Es ist sehr gesund und enthält, wie alle Amarant-Arten, viel Blattprotein, Vitamine und Mineralien.

99 Pro 100 Gramm enthält der Amarant 6100 internationale Einheiten der Vitamine A, 80 mg Vitamin C, dazu einen hohen Gehalt an B-Vitaminen, darunter 0,08 mg Thiamin, 0,16 mg Riboflavin und 1,4 mg Niazin. Hinzu kommt ein hoher Anteil an wichtigen Mineralien. (Angier 2008: 82)

In Indien und China werden nah verwandte Fuchsschwanzsorten, *chaulai* oder chinesischer Spinat genannt, angebaut. Im Gegensatz zu Dioscorides kennt das Ayurveda den Fuchsschwanz als gutes Heilmittel: Der frische Presssaft wird mit Honig bei chronischen Lungenbeschwerden (Asthma, Tuberkulose, Emphysem) getrunken. Schwangere Frauen sollen den Saft mit Honig und einer Prise Kardamom während der ganzen Schwangerschaft genießen, um die Geburt zu erleichtern und um den Milchfluss anzuregen. Auch Säuglinge bekommen ihn, um sich gut zu entwickeln; alten Menschen hilft der Saft, fit zu bleiben. Ebenfalls soll der Saft bei inneren Blutungen – Gaumenbluten, Nasenbluten, übermäßiger Monatsblutung und blutenden Hämorrhoiden – eine günstige Wirkung haben. Bei Weißfluss (Leucorrhoea), Tripper und anderen Geschlechtskrankheiten wird die geschabte Wurzelrinde in Wasser gekocht, abgeseiht und nüchtern am Morgen getrunken (Bakhru 1995: 88; Dastur 1962: 18). Auch der englische Kräuterarzt Culpeper schreibt, dass der Fuchsschwanz Blutungen stoppen kann und ein gutes Mittel bei Weißfluss und venerischen Krankheiten darstellt. Er benutzt zu diesem Zweck jedoch die getrockneten, zu Pulver verriebenen Blüten. Es sei der Saturn in der Pflanze, der eine unartige Venus zügelt.

Nachtkerze oder Schinkenwurzel

(Oenothera biennis)

Familie: Nachtkerzengewächse
Ursprung: Nordamerika
Andere Namen: Nachtlicht, Nachthimmelsschlüssel,
Schlafende Jungfrau, Faules Mädchen, Donnerkerze, Eisenbahnblume,
Schwyzer Autobahnblüemli
Als Gemüse: Esswurzel, Schinkensalat, Zwickel, Rapontika,
Spanische Rapunzel, Gelbe Rapunzel, Gartenrapunzel,
Rawunselgraut (Pennsylvania-Deutsch)
Englisch: *Evening primrose, King's cure-all, German rampion* (amerikanisch)
Französisch: *Jambon des jardiniers, Jambon de Saint-Antoine*

Die Nachtkerze schmückt sich mit so vielen Namen und ihr haftet so manche märchenhafte Erzählung an, dass man geneigt ist anzunehmen, es handle sich um ein uraltes einheimisches Gewächs. Sie ist aber ein Neophyt, ein Einwanderer aus der Neuen Welt. Ihre Heimat erstreckt sich vom östlichen Waldland Nordamerikas bis hinunter nach Mexiko. Im Jahre 1612 wurde sie in dem berühmten botanischen Garten zu Padua erstmals in Europa angepflanzt. Wie müssen die Gärtner gestaunt haben, als sie das erste Mal die sich öffnenden

Blütenknospen gewahrten: Das Spektakel ereignet sich eine halbe Stunde nach Sonnenuntergang. Es ist so dramatisch, so faszinierend, dass es einer Theatervorstellung den Rang ablaufen kann. Wie ein Schmetterling, der seinem Kokon entschlüpft, brechen innerhalb von wenigen Minuten die jeweils vier schwefelgelben Blütenblätter hervor. Zugleich verbreitet sich ein herrlicher, vanilleartiger Duftschwall, und schon schwärmen die Nachtfalter herbei, um den Nektar zu saugen. Während der Barockzeit wollte jeder Aristokrat die theatralische Blume in seinem Prachtgarten haben. Bald konnte auch jeder bürgerliche Blumengartenbesitzer, der etwas auf sich hielt, einige dieser »Nachthimmelsschlüssel«, »Nachtlichter«, »Faulen Mädchen«, »Schlafenden Jungfrauen« – so benannt, weil die Blüten, die nur eine Nacht und einen Tag blühen und dann verwelken, bis am Abend »schlafen« – sein Eigen nennen. Während die Wissenschaftler rätselten, ob die Blüte dieser »Düsterkerze« aus eigener Kraft leuchtet oder ob sie das allerletzte Tageslicht reflektiert, beflügelte die Blume die dichterische Imagination: Mal galt sie als Sinnbild der Flüchtigkeit des Lebens, mal als Zeichen der heimlichen Liebe:

»Wenn die Nacht mit süßer Ruh
Längst die Müden lohnet,
Schleich' ich auf das Hüttchen zu,
Wo mein Liebchen wohnet.«

C. F. Bürger, 1750, über die Nachtkerze

Es dauerte noch rund hundert Jahre, bis die Bauern – sie repräsentieren bekanntlich den Nährstand – ihrerseits entdeckten, dass die zweijährige Pflanze im ersten Jahr eine fleischige Pfahlwurzel ausbildet, die sich als äußerst schmackhaft erwies; im zweiten Jahr jedoch wird sie holzig und unbekömmlich. Die Farbe der Wurzel, ein zartes Rosa, lässt an den feinsten gekochten Schinken denken, und ihr Geschmack lässt sich mit jenem der delikaten Schwarzwurzel vergleichen. Man glaubte, das Gericht gebe mehr Kraft als Ochsenfleisch. In katholischen Landen wurde die Pflanze prompt dem heiligen Anton, dem »Schweinepatron«, geweiht. Aus diesem Grund heißt die Pflanze in Frankreich auch *Jambon de Saint-Antoine* und in Holland *Sint Teunis Bloem*. Bald wurde die da und dort als »Schinkenwurzel«, »Esswurzel«, »Wilde Strünke«, »Spanischer Rapunzel« oder »Rapunzel-Sellerie« benannte Delikatesse von Gärtnern als Modegemüse angebaut. Eine Gärtnerzüchtung aus Deutschland gelangte 1863 wieder in das Ursprungsland zurück und machte in amerikanischen Gemüsegärten als *German rampion* (»deutscher Rapunzel«) Karriere.

Als Gemüsepflanze ist die Schinkenwurzel weitgehend in Vergessenheit geraten. Nur in Russland – und selbstverständlich bei mir im Garten – hält man das vitaminreiche Wurzelgemüse noch in Ehren. Aus den jungen Blättern lässt

Reife Samenkapseln der Gewöhnlichen Nachtkerze.

Die Gewöhnliche Nachtkerze mit frisch entfalteten und verwelkten Blüten vom Vortag.

sich übrigens auch ein gutes Blatt- und Suppengemüse bereiten. Mit den schönen gelben Blüten kann man, zum Beispiel zusammen mit den rotgelben Blüten der Kapuzinerkresse, den himmelblauen des Borretsch, den zartrosaroten der Radieschen oder den weißen der Gänseblümchen, eine Salatplatte farbenfroh garnieren.

Die Nachtkerze, die zuerst den Schönheitssinn ansprach und sich dann viele Jahre später als wertvolle Nahrungspflanze erwies, geriet in den 1980er Jahren ins Visier der Mediziner: Ihnen ging es um das in den Samen enthaltene Öl. In die Haut eingerieben oder innerlich eingenommen, soll Nachtkerzenöl bei Prämenstruellem Syndrom, bei endogenen Ekzemen, Polyarthritis, Verbrennungen, trockenen Augen, trockener Haut und brüchigen Nägeln, ja sogar bei Sklerodermie und multipler Sklerose helfen. Es soll hohen Blutdruck senken und sich günstig auf die Funktion der endokrinen Drüsen auswirken; auch von einer allgemeinen Stärkung des Immunsystems, verbesserter Wundheilung und Hautspannung sowie von der Regenerierung der alkoholgeschädigten Leber wird berichtet. Nebenwirkungen sind keine bekannt.

Wie kann es sein, dass ein Pflanzenöl ein derart breit gefächertes Wirkspektrum aufweist, zumal diese spezifischen Wirkungen in der Volksheilkunde gänzlich unbekannt waren? Ist das wieder einmal so eine Fabel, wie sie einst reisende Quacksalber den Einfaltspinseln auftischten, um ihnen das Geld aus der Tasche zu ziehen? Das Landvolk, das sich die schöne, hellgelb blühende Pflanze gerne in die Gartenbeete setzte, benutzte sie zwar auch als Heilkraut: Die blühenden Sprossspitzen wurden wegen ihrer entzündungshemmenden und krampflösenden Wirkung als Aufguss bei Husten, Bronchialspasmen, Magen- und Darmkrämpfen eingesetzt. Die amerikanische Volksmedizin kochte das Kraut mit Honig zu einem Hustenelixier. Als lungen- oder magenberuhigendes Mittel benutzten es die Indianer Nordamerikas. Auch Tom Brown, der Survival-Experte, braut aus den Blättern einen Tee für Husten und Verdauung. Die Ojibwa machten aus den zerstampften Blättern Breiumschläge bei Prellungen und Quetschungen. Die Cherokee brauten einen Tee aus der Wurzel gegen Fettsucht oder applizierten die heiße Wurzel bei Hämorrhoiden. Johann David Schöpf, der mit den hessischen Hilfstruppen der Briten während des Unabhängigkeitskrieges nach Amerika kam, dort blieb und 1787 die erste »*Materia Medica Americana*« (mit 400 einheimischen Pflanzen) schrieb, erwähnt die Pflanze als Wundheilmittel. Mehr war jedoch nicht – bis sich englische Forscher für das Samenöl interessierten. Sie entdeckten, dass das Öl größtenteils aus ungesättigten essenziellen Fettsäuren besteht, davon ein großer Anteil (um die 10 Prozent) Gammalinolensäure (GLS). GLS ist eine Vorstufe des Gewebshormons Prostaglandin (PG), das im menschlichen Körper besonders reichlich in der Muttermilch und im Sperma vorhanden ist. Wenn der Körper zu wenig Prostaglandin erzeugt, kann es zu all den oben erwähnten Störungen kommen. Besonders bei Kindern, die ihre ersten Lebenstage im Brutkasten verbringen und ihre Milch aus der Flasche nuckeln, besteht die Gefahr, dass ihr Organismus zu wenig Prostaglandin herstellt und dass sie später im Erwachsenenalter von den erwähnten Symptomen befallen werden. Auch chronischer Alkoholismus, eine ausschließliche Ernährung durch Junkfood, fortgeschrittenes Alter oder die Auswirkungen radioaktiver Strahlungen können zur Folge haben, dass das körpereigene Prostaglandin gehemmt wird (Mabey 1993: 89). Diese Zusammenhänge wurden klinisch experimentell überprüft.

Das Wunderöl gibt es inzwischen in allen Apotheken zu kaufen, und zur Gewinnung der Samen werden Nachtkerzen mittlerweile großflächig kommerziell angebaut. Es wurde sogar eine industrielle Züchtung entwickelt, bei der die Samenkapseln nicht aufbrechen, wenn sie mit dem Mähdrescher geerntet werden. Die Frage bleibt indes offen, ob bei der Zuchtform nicht auch andere Eigenschaften unwillkürlich herausselektiert wurden. Wer sich also das Nachtkerzenöl zugute kommen lassen will, kann sich umstandslos der Wildform bedienen oder seine Schinkenwurzel versamen lassen. Die Samen kann man zum Teil in Wildpflanzengärtnereien kaufen und sie dann im Blumenbeet aussäen. Wer über keinen eigenen Garten verfügt, findet die Wildpflanze fast überall an

Bahndämmen, Wegrändern, Böschungen, in Steinbrüchen und auf Schutthalden. Die halbe Länge des zirka einen Meter hohen Stängels ist mit zahlreichen Samenkapseln bestückt, wobei jede Kapsel ungefähr einen gestrichenen Teelöffel der gut schmeckenden, an Mohnsaat erinnernden Samen enthält. Sie lassen sich leicht gewinnen, indem man die reifen Kapseln umdreht und die herausrieselnden Körnchen auffängt. Wenn man keine Ölpresse hat, kann man die Samen bei Bedarf mit dem Mörser zerstampfen oder einfach gründlich zerkauen; man kann sie ins Müesli oder als Würze in den Salat streuen. Auch im Brot mitbacken, in die Suppe geben oder Brötchen damit bestreuen kann man. Die Shoshone in den Rocky Mountains und andere Indianer legen sich jedes Jahr einen großen Vorrat der nahrhaften Nachtkerzensamen an.

Nicht nur als Nahrungsmittel schätzten die Indianer die Nachtkerze. Die Irokesen kauten die Samen auch als magisches Mittel »gegen Faulheit«; die Spieler des heiligen Lacrosse-Ballspiels kauten die Wurzeln, bespuckten die Hände und rieben Arme und Muskeln damit ein, damit ihnen die Kraft nicht ausgehe. Auch die Indianer des Südwestens, die Navaho und Ramah, kochten die Wurzeln dieser »Lebensmedizin« und rieben die Glieder mit dem Absud ein, wenn sie schwere Lasten zu tragen hatten. Bei den Hopi-Indianern tragen die jungen, heiratsfähigen Mädchen an Festtagen Nachtkerzenblüten im Haar. Bei den Zuni gab der Hohepriester und Sonnenpriester den Jungfrauen, die für Regen und gutes Gedeihen des Maises rituelle Tänze aufführten, die Blüten zu kauen. Diese rieben die gekaute Masse dann auf Brüste, Arme, Nacken und Hände. Andere Indianer wie die Payute rieben ihren Körper und ihre Mokassins (Lederschuhe) damit ein, wenn sie auf Rehjagd gingen – das sollte Schlangen verscheuchen und zugleich das Rotwild anziehen (Moerman 1999: 361).

Die Nachtkerze bevorzugt volles Licht – die Samen sind Lichtkeimer – und relativ trockene Standorte, dies gilt für den Garten wie auch in der freien Natur. Als Wildpflanze siedelt sie besonders gerne zwischen dem Gleisschotter der Bahndämme – eine Gewohnheit, die ihr den Namen »Eisenbahnblume« eingebracht hat. In der Schweiz, wo man seit einigen Jahren mit den Autobahnrändern schonend umgeht und keine Herbizide mehr spritzt, vermehrt sie sich zusehends; der Volksmund spricht inzwischen vom »Autobahnblüemli«.

Oenothera biennis ist der Name, für den sich der große Botaniker Carl von Linné entschieden hat. *Oenothera* bedeutet etwa »Blume mit Weingeruch der Wurzel«. Der Beiname *biennis* besagt, dass es sich um eine zweijährige Pflanze handelt. Im ersten Jahr bewirken die Mondkräfte und die schwereren Elemente (Erde und Wasser) die Ausbildung der Wurzel und der Blattrosette. Im zweiten Jahr kommen die Kräfte der obersonnigen Planeten und die leichten Elemente (Luft und Feuer) zum Zuge und lassen sie üppig blühen und Samen produzieren. Neben der Gewöhnlichen Nachtkerze *(O. biennis)* gibt es noch die Kleinblütige Nachtkerze *(O. parviflora)*; beide haben ähnliche Eigenschaften. Im alten

Griechenland gab es schon eine Pflanze mit diesem Namen, aber es war sicherlich nicht die Nachtkerze, sondern eine Weidenröschenart *(Epilobium)*. Die einheimischen Weidenröschenarten wie auch das zauberhafte kleine Hexenkraut (*Circaea* spp.), das zu Ehren der Hexe Circe so benannt wurde, gehören ebenfalls der Nachtkerzenfamilie *(Onagraceae)* an.

Zu guter Letzt wurde die Nachtkerze von der Blütentherapie entdeckt. Die Kalifornische Blütentherapie verschreibt die Essenz *»Evening Primrose«* gegen die Folgen einer vorgeburtlichen, intrauterinen Traumatisierung bei Menschen, die aus einer ungewollten Schwangerschaft ins Leben gekommen sind. »Evening Primrose verhilft der Seele buchstäblich dazu, wiedergeboren zu werden, indem sie einen Nährboden mit der emotionalen Nahrung schafft, die in den ersten Empfindungen der Seele zur Inkarnation fehlte« (Kaminski/Katz 1996: 294).

Winterpostelein oder Kubaspinat

(*Claytonia perfoliata,* syn. *Montia perfoliata*)

Familie: Portulakgewächse
Ursprung: Nordamerikanische Westküste
Weitere Namen: Winterportulak, Tellerkraut, Blumendreiklapp, Grensel, Quellkraut, Claytonie
Englisch: *Winter purselane;* amerikanisch: *Miner's lettuce*
Französisch: *Pourpier d'hiver, Claytone de Cuba*

Das Winterpostelein wächst als Wildpflanze an den feuchten Berghängen der Westküste Nordamerikas, von Kalifornien bis nach Alaska. Es wurde zuerst von dem britisch-amerikanischen Botaniker John Clayton (1685–1773) beschrieben, daher der Name Claytonie. Es handelt sich um eine einjährige Pionierpflanze, um einen Lichtkeimer, der entblößte, aufgewühlte Böden im Nu mit seinem zarten Grün bedeckt. Es ist ein typisches Portulakgewächs: saftig, fleischig, zerbrechlich und dennoch äußerst vital. Das Kraut, das kleine Büschel bildet, blüht zwischen April und Juni. Es wird auch Tellerkraut genannt, da die beiden gegenständigen Blätter, die sich unterhalb der kleinen weiß blühenden Blütentrauben bilden, zum »Teller« oder Becher zusammenwachsen.

Um 1850, zur Zeit des kalifornischen Goldrausches, kam die Claytonie als Salatpflanze ins Bewusstsein der Gärtner. Nachdem auf dem Grundstück des Schweizer Siedlers Johann A. Sutter das begehrte Edelmetall entdeckt wurde, machten sich 1849 etwa 100 000 Goldschürfer, die sogenannten *Fourty-Niners,* auf den Weg nach Kalifornien, einer Provinz, die ursprünglich zu Mexiko gehörte. In ihrer unersättlichen Goldgier durchwühlten die Goldschürfer die

Blätter des jungen Winterposteleins oder Tellerkrauts.

Hänge der kalifornischen Berge. Die bloße Erde des verwüsteten Landes bedeckte sich sofort mit dem Portulakgewächs. Zum Glück für die Goldsucher, denn die meisten von ihnen waren bitter arm, hungrig und vom Skorbut geplagt. Von den Indianern und den ansässigen Mexikanern erfuhren sie, dass sich das Kräutlein gut essen ließ. Es enthält besonders viel Vitamin C sowie nennenswerte Mengen an Mineralstoffen wie Magnesium, Calcium und Eisen. Es rettete viele der Abenteurer vor dem Verhungern, daher nennt man es in Amerika *minor's lettuce* (Goldschürfersalat). Wie die strapazierfähigen Bluejeans, die ein gewisser Levi-Strauß aus blauen Zeltplanen für die Goldsucher nähen ließ, ist diese wertvolle Salatpflanze ein Nebenprodukt des Goldrausches. Bald wurde *minor's lettuce* auch an der Ostküste als gesundheitsfördernder Wintersalat angebaut. Anscheinend kam er dann über Kuba nach Europa, weshalb man ihn vielerorts als Kubaspinat (franz. *claytone de Cuba*) bezeichnet. Inzwischen verwildert er in den Regionen der Nordseeküste von Belgien bis nach Dänemark: Das feuchte, im Winter eher milde Klima und die sandigen Böden behagen ihm sehr. In den Baumschulen und Staudengärtnereien in Holland und Niedersachsen ist er praktisch zur dominanten Bodenbedeckung beziehungsweise zum »Unkrautproblem« geworden. Er gehört inzwischen auch zur Dünenvegetation.

Die Samen sind für viele körnerfressende Vogelarten, darunter auch Tauben und Wachteln, ein wertvolles Futter.

Die Indianer der Westküste aßen den Kubaspinat roh oder gekocht. Für eine fein säuerliche Würze der Rohkost legten sie das gepflückte Kraut auf Ameisenhaufen, ehe sie es verspeisten. Da sie keinen Essig kannten, diente ihnen die Ameisensäure als Ersatz. Auch als Heilpflanze kam der Kubaspinat zum Einsatz. Bei Gliederreißen legten die Shoshone die frisch zerstampften Blätter als Breiumschlag auf die betroffenen Stellen. Die Thompson-Indianer in British Columbia benutzten die Pflanze bei Augenleiden.

Der Kubaspinat gehörte als *petota* zu den traditionellen Speisen der Mexikaner, die schon lange vor den Yankees in Kalifornien lebten. Ein Lieblingsgericht war und ist ein leckerer Salat von Petota zusammen mit den in Streifen geschnittenen saftigen, jungen Kladodien (die grünen blattartigen Sprosse oder Stängel) des Feigenkaktus *(Opuntia)*.[100] Das Gericht wird mit Olivenöl, Salz, Pfeffer und Essig gewürzt.

Als Kulturpflanze kann das Winterpostelein im August ins Gartenbeet ausgesät werden. Der Same keimt nur, wenn er Licht bekommt. Er darf beim Säen also nicht mit Erde bedeckt werden. Die schnell wachsende Pflanze braucht feuchten Boden und kann bis zum Frost mehrmals geerntet werden. Man kann das Postelein auch über den Winter im Gewächshaus anbauen.

100 Die grünen, blattähnlichen Stängel des Feigenkaktus werden selbstverständlich geschält, um die heimtückischen kleinen Stacheln zu entfernen.

Topinambur

(Helianthus tuberosus)

Familie: Korbblütler
Ursprung: Prärie Nordamerikas
Weitere Namen: Knollensonnenblume, Erdartischocke, Jerusalemartischocke, Erdbirne, Kanadischer Erdapfel, Russischer Erdapfel, Rosskartoffel, Schweinebrot, Borble, Wälschi Herdäpfel, Herdmandle (Bern)
Englisch: *Jerusalem artichoke*
Französisch: *Topinambour, Artichaut de terre, Artichaut de Jérusalem*

Die Knollensonnenblume ist ein Neophyt, den ich mir aus einem verlassenen Schrebergarten in den eigenen Garten geholt habe. Wir essen die Wurzeln gerne. Die Pflanze ist ideal für den Permakultur-Garten, denn man braucht sie nicht nachzupflanzen. Egal wie viel man erntet, das vitale Gewächs bleibt erhalten und vermehrt sich über Knollenklone weiter. Wühlmäuse helfen dabei, indem sie die Knollen ausgraben und an neuen Orten lagern, sodass die Pflanze im Frühling überall im Garten an unvermuteten Stellen aufkeimt.

Dass die Pflanze für Naturschützer ein unwillkommener Einwanderer ist und dass sie sich in einigen Gebieten, an Ufersäumen und im Überschwemmungsbereich von Flüssen – an der Mosel, am Neckar und der Lahn – unmäßig kilometerweit ausbreitet, wusste ich nicht. Problematisch sei es, dass der bis zu dreieinhalb Meter in die Höhe wachsende Korbblütler andere Pflanzen, wie Brennnesseln und Pestwurz beschattet und unterdrückt. Da die Topinambure kein starkes Wurzelwerk haben, besteht die Gefahr von Bodenerosion, wenn es zu Überschwemmungen kommt. Außerdem schwächen die nach den Knollen grabenden Nagetiere die Böschungen und Ufer zusätzlich.

Der Topinambur ist eigentlich eine Sonnenblume. Wie ihre Schwester, die große Sonnenblume *(Helianthus annuus)*, wendet die Pflanze ihre Blütenköpfe immer dem Tagesgestirn zu. Ihre Heimat ist die Mitte Nordamerikas, von Saskatchewan bis hinunter zum Mississippidelta. Vor allem in der nördlichen Prärie gedeiht dieser Korbblütler. Topinambur und andere Sonnenblumenarten wuchsen inmitten der über zwei Meter hohen Präriegräser, die den riesigen Büffelherden einst als Futter dienten. Sie hoben ihre gelben Blüten über das wogende Gräsermeer, so wie etwa die Löwenzahnblüten über unsere kurz geschorenen Rasen. Anstatt seine Kräfte in einem riesigen Blütenkopf mit vielen dicken, ölhaltigen Samen zu verausgaben und dann abzusterben wie die bekannte einjährige Sonnenblume, hält der Topinambur seine geballte Lebenskraft in den Wurzeln zurück. Seine gelben, vier Zentimeter breiten Blüten bleiben eher bescheiden. Als Kurztagpflanze blüht diese Knollensonnenblume erst nach der Herbst-Tagundnachtgleiche, wenn die Tage merklich kürzer werden als die Nächte. In Kanada wie heute auch in Nordeuropa wird sie dabei oft vom Wintereinbruch überrascht, sodass die Samen gar nicht reifen können. Umso mehr verlässt sie sich auf die Wurzeln, um sich zu vermehren. Nicht nur treibt sie vitale, sich verdickende Ausläufer in alle Richtungen, sie lässt sich auch von Wühlmäusen, Ratten und Präriehunden »verpflanzen«. Jedes Wurzelstückchen, das die Nagetiere fallen lassen oder vergraben, schlägt aus und wird zu einer neuen Pflanze.

Selbstverständlich war *pangi* oder *panhi*, wie die Pflanze von den Steppenindianern genannt wurde, ein wichtiges Nahrungsmittel. Besonders im kargen Frühling, wenn die Vorräte knapp wurden, ermöglichten die frisch ausgegrabenen Wurzeln den Ureinwohnern das Überleben. Einige Indianerstämme schätzten die Knolle nicht besonders: Für die Omaha war es schlicht die »Nahrung für verwaiste Knaben, die keine Verwandten haben, die sie füttern«. Die Sioux mochten sie nicht, da sie starke Darmwinde erzeugt, was wiederum das Leben im Tipi schwer erträglich machen konnte.

Doch die Huronen und andere östliche Waldlandindianer sammelten die Knollen nicht nur, sondern kultivierten sie regelrecht auf ihren Hügelbeeten. Samuel de Champlain, der eigentliche Gründervater des französischen Kanadas, entdeckte die Pflanze 1605 in den Indianergärten in der Nähe von Cape Cod. Er brachte den »Kanadischen Erdapfel«, den die Algonkin »Sonnenwurzel« nannten, mit nach Frankreich. Diese *Batatas de Canada* – »dick wie eine Faust, von Artischockengeschmack und unglaublich fruchtbar« (*»Historie de la Nouvelle France«*, 1609) – wurden bald zur großen Sensation. Am französischen Hof galten sie als Leckerbissen und waren bei der immer auf neue Gaumenkitzel erpichten höfischen Gesellschaft als Kostbarkeit begehrt.

Zur gleichen Zeit (1613) geschah das, was der Knolle ihren heutigen, exotisch klingenden Namen verlieh. Ein französischer Seigneur brachte der Königin von seiner Reise nach Brasilien einige Indianer des Stammes der »Tupinambous« als lebendes Geschenk mit. Die Verschleppten gehörten zur großen Volksgruppe der Tupi-Guaraní, die in Südbrasilien, am Rande des Amazonas, als Pflanzervölker in Palisadendörfern leben. Sie waren den Europäern nicht gänzlich unbekannt, denn der hessische Glücksritter Hans Staden war in der ersten Hälfte des 16. Jahrhunderts von diesen kriegerischen Maniokpflanzern gefangen genommen worden und hatte, nachdem er wieder freigekauft worden war, eine »Wahrhafte Historie« (Frankfurt, 1576) über seine Abenteuer bei den »wilden, grimmigen Menschenfressern« geschrieben. Zuvor schon hatten französische Seefahrer mit ihnen Tauschhandel getrieben und sie als Verbündete gegen die Portugiesen gewonnen. Und nun waren die Wilden, gefeiert als »Alliierte der Grande Nation«, leibhaftig da, zum Begaffen und Betatschen. Die Kannibalen wurden selbstverständlich erst einmal getauft, anatomisch untersucht und dann in der

Topinambur oder Knollensonnenblume mit Blüte.

Die soeben aus der Erde gehobenen Knollen des Topinambur.

Pariser Gesellschaft – auch zum amourösen Amüsement – herumgereicht. Die Tupinambour waren eine Sensation, und »Tupinambour« wurde das Modewort für alles Großartige, Bizarre, Exotische. So ließ sich auch die neue Gemüseknolle als »Gemüse der fabelhaften Tupinambour« gut verkaufen, obwohl diese südamerikanischen Indianer in Wirklichkeit absolut nichts mit der Präriepflanze zu tun hatten. Als Topinambour wurde sie zum Modegemüse der Pariser Haute Cuisine.

Bald wurden die *potatoes of Canada* auch in Großbritannien bekannt. Der Botaniker John Parkinson (1640) beschreibt sie als »eine Köstlichkeit, geeignet für eine Königin«. »Die gekochte Wurzel ist bestens für das Weihnachtsfestessen geeignet«, schreibt der Gelehrte Townsend (1726). An verwegenen Rezepten mangelte es nicht. Die Knolle wurde gekocht, geschält und in Butter, Wein und teuren Gewürzen gedünstet. Oder sie wurde mit Knochenmark, Datteln, Ingwer, Rosinen in einer Sherrysauce gebacken. Man kochte sie auch in Milch und servierte sie zum Roastbeef.

Auch die Italiener freundeten sich mit dieser »Sonnenblume, die wie Artischocke schmeckt«, an. Sie bauten sie zuerst als *girasole articiocco* in dem berühmten Garten von Farnese bei Rom an. Die Bezeichnung wurde von englischen

Gärtnern übernommen und zu *Jerusalem artichoke* verballhornt. Als solche war sie leichter zu vermarkten als unter dem gemeineren Namen einer »kanadischen Kartoffel«. Auch in Skandinavien und gelegentlich im deutschsprachigen Raum kennt man sie als Jerusalemartischocke.

Das einfache Volk machte keinen großen Unterschied zwischen der Kartoffel und dieser Erdartischocke. Beide wurden in den Gärten angebaut und beide wurden als Erdbirne, Grundbirne, Erdapfel und dergleichen bezeichnet. Um dennoch den Unterschied herauszustreichen, nannte man den Topinambur Wälsche Herdäpfel (Südbaden), Russische Bodenbirne, Polnische Kartoffel, Türkische Rübe oder Judenkartoffel. Die Bauern, vor allem in der Schweiz, im Schwarzwald und im Elsass, brauten aus ihr wie aus der gewöhnlichen Kartoffel ihren hochprozentigen Schnaps. Heute wird in Frankreich aus ihnen Biotreibstoff gewonnen. 100 Kilogramm Knollen ergeben 8 bis 10 Liter Alkohol. Sie werden als nachwachsender Rohstoff gefördert.

Mit der Entwicklung der modernen Landwirtschaft und dem Wegfallen der Brache und der Dreifelderwirtschaft wurde die gewöhnliche weiße Kartoffel im 19. Jahrhundert feldmäßig angebaut. Als Sommerfrucht vertrieb sie Ackerbohne, Hirse und Linse. Brat- und Pellkartoffeln ernährten nun die Mas-

sen des Industrieproletariats und die Soldaten der Einberufungsarmeen. Der Topinambur konnte da nicht mithalten. Seine ungestüme Vitalität wurde ihm zum Verhängnis. Er wuchert. Einmal angepflanzt, ist er kaum wieder wegzubekommen und macht somit eine geregelte Fruchtfolge unmöglich. Er lässt sich auch schwer maschinell ernten. Mit der fortschreitenden Mechanisierung des Lebensmittelanbaus verblasste daher allmählich sein Stern. Nur als Notnahrung und Viehfutter hielt er sich noch eine Weile. Die Bauern bauten ihn als Schweinefutter an, die Rüsseltiere konnten die Knollen selbst aus dem Boden wühlen und dabei gleichzeitig den Acker pflügen und düngen. Aus dem stolzen Gemüse der fürstlichen Tafeln wurde so allmählich das Schweinebrot, die Saukartoffel, die gewöhnliche Rossborble.

Die Knollensonnenblume verbreitete sich als Neophyt nicht zuletzt auch deshalb, weil die Landwirte und Gärtner die wuchernde Pflanze satt hatten und diese in Gräben oder Flüssen entsorgte. Lediglich Jäger und Förster pflanzten sie noch im letzten Jahrhundert zur Wildäsung an Waldrändern an.

Unter »Topinambur« können sich viele Zeitgenossen nichts vorstellen. Gelegentlich verwechseln sie den Topinambur mit der Süßkartoffel oder Batate (ein Windengewächs, für das es in unseren geografischen Breiten viel zu kalt ist). In Kochbüchern oder in der Gärtnerlektüre gibt es relativ wenige Angaben über den Topinambur. Die Sprachwissenschaftler sind sich nicht einmal einig, ob es *der* oder *die* Topinambur heißen soll. Ab und zu findet man die faustgroßen, rötlich violetten, beige oder blassbräunlichen Knollen neben Ingwerwurzeln, Andenkirschen, Mangos und Okraschoten im Supermarkt in den Regalen für exotische Gemüse und Früchte. Topinambur verspricht kulinarische Abenteuer und zaubert Bilder von Urwald und Amazonas hervor. Dafür ist mancher Feinschmecker bereit, tiefer in die Tasche zu greifen.

Keine Frage, richtig zubereitet, ist die Speicherwurzel köstlich. In Scheiben geschnitten im Salat, mit Öl und Zitrone angemacht, schmeckt die frische Knolle wie die chinesische Wasserkastanie, erfrischend und knackig. Geröstet, gedämpft oder gekocht hat sie einen milden, eher süßen Geschmack, der an eine Mischung aus Artischockenböden und Schwarzwurzel erinnert. Wie Gewürzgurken eingelegt, ist sie eine Delikatesse. Für die durch den Krieg und die Nachkriegsjahre geprägte ältere Generation hat der Topinambur jedoch alles andere als einen Hauch von Exotik. Der fad-süßliche Geschmack weckt Erinnerungen an Not, Entbehrung und Hunger. Da der Topinambur auf gleicher Fläche drei- bis viermal so viel essbare Masse hervorbringt wie die Kartoffel, kaum Pflege braucht und geringere Ansprüche an den Boden stellt, wurde er in den Hungerjahren überall angebaut. Mit den Wirtschaftswunderjahren geriet die Wurzel – außer bei einigen Reformhauskunden und Diabetikern – wieder in Vergessenheit. Höchstens noch als Schweinefutter oder bei den Förstern als Randbepflanzung für das Wild hatte sie noch Bedeutung.

Nur die Anthroposophen hielten ihr die Treue. Sie sahen in der Topinamburknolle eine »astralisch lichthaftere« Alternative zur Kartoffel, jenem Nachtschattengewächs mit eher dubiosen »ahrimanischen« Assoziationen. In der anthroposophischen Heilkunde gilt Topinambur als geeignetes Mittel bei Diabetes. Nach Ansicht Rudolf Steiners ist Zucker mineralisiertes Sonnenlicht. Wenn das Ich des Menschen nicht stark genug ist, bis in die inneren Prozesse, bis in die Zuckerverdauung einzuwirken, braucht er Hilfe von der Natur. Dann kommt diese Sonnenwurzel in Betracht. Sie vermittelt makrokosmische Sonnen- und Zuckerkräfte. Sie lässt das wahre Ich, die »geistige Sonne« ordnend in unseren Stoffwechsel eingreifen.

Inzwischen haben auch die Biobauern und Ernährungsforscher den Topinambur als ein besonders nahrhaftes und gesundheitsförderndes Gemüse wiederentdeckt. Was die in ihm verfügbaren Mineralstoffe anbelangt, übertrifft er die Kartoffel bei weitem. Er enthält mehr blutbildendes Eisen als der Spinat und sechsmal so viel Kalium wie die kaliumreiche Banane und hat deshalb eine entwässernde, entschlackende Wirkung. Er zeichnet sich aus durch einen hohen Gehalt an Kalk und Kieselsäure, was gut für Knochen und Zähne ist, viele Vitamine (B1, B2, C, Niacin) und Eiweiß (2,5 Prozent). Topinambur ist eine gute Quelle von Fructooligosacchariden, welche die Vermehrung der Bifidobakterien im Dickdarm anregen und so zur Darmgesundheit beitragen – und der Darm ist schließlich das wichtigste Immunorgan des Körpers.

Topinambur gelten auch als Appetitzügler und geben Hoffnung für Übergewichtige. Die Knolle enthält keine Stärke, sondern Inulin. Dieses wird in komplizierten Prozessen in der Leber zu Leberstärke umgewandelt, die den Hunger dämpft. Die Fruktose hält den Blutzuckerspiegel stabiler, sodass unkontrollierte Essanfälle seltener auftreten. Kein Wunder, dass in der amerikanischen Health-Food-Bewegung Topinambursäfte, -pillen und -präparate eine wichtige Rolle spielen. Die Fruchtzuckerverbindung Inulin ist es auch, die den Topinambur zur »Delikatessenkartoffel für Diabetiker« macht. Inulin regt die Bauchspeicheldrüse an, mehr Insulin zu produzieren, und eignet sich deshalb als Unterstützungsmittel bei der Behandlung von Altersdiabetes und beginnender Zuckerkrankheit. Schon im Jahre 1878 brachte der »schlafende Prophet« Edgar Cayce die Botschaft aus den geistigen Welten mit, dass die Jerusalemartischocke geeignet sei, bei Zuckerkrankheit die inneren Heilkräfte *(God's forces)* zu wecken. Cayce vermochte in Trance Diagnosen zu stellen und heute noch gültige Heilbehandlungen und Medikamente zu verordnen, von denen er im normalen Tagesbewusstsein nicht die geringste Ahnung hatte.

In Anbetracht des gesundheitlichen und kulinarischen Potenzials dieser Pflanze bin ich ganz froh, dass sie als Neophyt zu uns gekommen ist.

Schlitzblättriger Sonnenhut

(Rudbeckia laciniata)

Familie: Korbblütler (*Asteraceae*), Tribus: *Heliantheae*
Ursprung: Nordamerika, vor allem im östlichen Waldland und Mittelwesten
Weitere Namen: Falsche Sonnenblume, Goldblume; Riedblume (Pennsylvania-Deutsche), Langer Emil und Langer Heinrich (in Teilen Sachsens)
Englisch: *Cutleaf coneflower, Goldenglow, Thimbleweed*
Französisch: *Rudbeckie-hérissée, Rudbeckie-lancinié*

Der Schlitzblättrige Sonnenhut ist in den Auenwäldern und in der Nähe der schlammigen, träg fließenden Gewässer des nordamerikanischen Mittelwestens zuhause. Für mich ist die bis zu drei Meter hoch wachsende Pflanze mit ihren gelappten Fiederblättern und großen gelben vom Hochsommer bis in den Frühherbst blühenden Blüten ein alter Bekannter. Ich kannte sie schon, als ich als Junge durch die Flussauen in Ohio streifte. *Cutleaf coneflower* nannte man sie. Als ich diesen »Langen Emil« vor nicht allzu langer Zeit munter wachsend an der Spree in der Lausitz entdeckte, habe ich mich gefreut.

Es ist eine schöne Blume. Die Blütenkörbchen mit ihren 150 bis 300 dunkelbraunen Röhrenblüten sind umrandet von großen leuchtend goldgelben Zungenblüten. In Europa gibt es diesen Sonnenhut seit dem 17. Jahrhundert, wo er zuerst als Gartenpflanze in Paris angepflanzt wurde. In den Gärten Mitteleuropas erscheint er Mitte des 18. Jahrhunderts. Ihm gefiel das atlantische Klima so sehr, dass er bald verwilderte. Johann Gottlieb Gleditsch, Direktor des Botanischen Gartens in Berlin, schrieb schon 1769, dass die beliebte Gartenzierpflanze, »sich durch die Wurzel und den Samen ausschweifend vermehret« und auf dem besten Wege sei, »um die Dörfer und Vorstädte an Hecken und Zäunen ein nützliches Unkraut [zu] werden« (Krausch 2003: 416).

Es soll in der Gattung der Rudbeckien um die 40 Arten geben, dazu zählte man bis vor kurzem auch den Purpurnen Sonnenhut *(Rudbeckia purpurea)*, der inzwischen große Karriere als ein Mittel zur Anregung der Immunreaktion gemacht hat und neuerdings zur Gattung *Echinaceae* gerechnet wird. Eine Gärtnerzüchtung des Schlitzblättrigen Sonnenhuts mit gefüllten Blüten, »Goldball« oder »Goldkugel« genannt, gibt es inzwischen auch.

Der große Botaniker Linnaeus benannte die amerikanische Blume nach dem vielseitigen schwedischen Gelehrten Olof Rudbeck (1630–1702). Dieser hatte einen botanischen Garten angelegt, die Lymphgefäße in Gekröse entdeckt und ein Geschichtsepos geschrieben, in dem er das platonische Atlantis nach Schweden verlegte.

Die zauberhafte Blüte des Schlitzblättrigen Sonnenhuts.

Auch Ethnobotanisches gibt es über die sonnige Pflanze zu berichten: Die Cherokee, Indianer aus dem südlichen Appalachen-Gebirge, sammelten die jungen Blätter und Triebe im Frühling als Gemüse, das zuerst gekocht und anschließend in Fett gebraten wurde. Sie wurden auch zur Aufbewahrung getrocknet. Die jungen Triebe waren auch zusammen mit den ganz jungen Schösslingen der Kermesbeere (»poke«, *Phytolacca americana*), Ampfer, Winterkresse und anderen grünen Kräutern Bestandteil eines Eintopfs, der im Frühling – ähnlich unserer Gründonnerstagsuppe – gegessen wurde. Diese Suppe hält gesund, sagen die Cherokee.

Als Heilmittel wurde die Pflanze ebenfalls genutzt (Moerman 1999: 495). Die Algonkin, insbesondere die Chippewa, bereiteten aus den Blüten Kompressen, die warm auf Blasen und Verbrennungen aufgetragen wurden. Manchmal mischten sie den duftenden Anis-Ysop *(Agastache anisatum)* sowie die Goldrute *(Solidago)* in den Breiumschlag. Auch wurde ein heilender Tee aus den Wurzeln des Sonnenhuts gebraut, der bei Magenverstimmung und Darmwinden zum Einsatz kam. Dem Tee konnten die krampfstillenden Wurzeln der Indianischen Blaubeere oder Indianerwiege (»blue cohosh«, »snake root«, »papoose root«, *Caulophyllum thalictroides*) beigemischt werden. Auch für Pferde sei die Pflanze eine gute Medizin. Beine und Brust der Tiere wurden mit dem Tee aus den Wurzeln eingerieben, »um sie zu stärken«.

Eine kurze Schlussbemerkung

Genug der prosaischen Worte. Genug gesprochen von bedrohlichen, aggressiven Invasoren, die schleichend ganze Landschaften erobern. Was wissen wir schon wirklich über sie? Was für eine Anmaßung zu glauben, wir würden verstehen, was in der Natur geschieht!

Also,
lasst uns weise werden
        und liebevoll
und mit gütigen Augen auf die Pflanzen schauen,
        die von weit her kommen
        und wie brausende Wellen gegen unsere Deiche branden.

Noch nie gehörte Geschichten
        können sie erzählen, diese uns fremden Kräuter, Stauden, Bäume,
nähren und heilen können sie
        und mit ihren Blüten Regenbogenbilder in unsere Seele zaubern,
wenn wir still werden
        und aufhören mit bösem Geschrei und ängstlichem Geschwätz,
wenn wir zuhören
        und lauschen
        wie Kinder.

Auch sie sind Kinder:
        Kinder des Himmels wie wir
        und Kinder derselben Mutter Erde,
        die uns trägt.

Honiglabend lebe ich,
        liebend jene grünen Geschwister,
        die Sonnenlicht in Leben verwandeln,
        und Luft verströmen als Elixier für Mensch und Tier.

Manch sommerlicher Blütenduft lässt uns schweben.
Schaut, da blüht, orchideenhaft, das fremde Springkraut,
        in die malven-purpurrote Blütengondel springe ich,
        fliege weit,
            staune
und teile die Freude der brummenden Hummel und der summenden Imme
        am Nektarbrunnen.

Über holprige Herkulesstaudenblätterlandschaften
hüpfe ich mit Hutzeln und Heinzeln,
krabble wie ein Käfer,
knabbernd hier und da,
durch Riesenknöterich-Bambusurwälder.

Beim Küchenmeister, dem bretonischen, gibt's Riesenbärenklau-Gratin
mit Himbeersauce,
Truffade mit Franzosenkraut und Wildschweinschinkenchips,
Wolfsbarschtartar mit Nachtkerzenblütenknospen.
Ja, da kehre ich ein,
trinke Hirschkolbensumach-Limonade dazu
oder einen Mahonienwein, fruchtig und süß,
trage goldene Ackerwucherblumen im wallenden Haar,
erklettere die Purpureiche mit ihren muskulösen Armen
und dunkler rissiger Rinde,
bis hinauf in den Wipfel steige ich
und singe der Sonne ein Abendlied.

Mit Kermesbeerensaft, purpurrot,
male ich magische Muster
auf Braue und Backe,
damit ich barfuß auf moosigem Waldboden – dem Boden der Realität – laufend,
Manitu begegnen kann.

Mir sollen sie willkommen sein, die wandernden Pflanzen!
Willkommen wie Woden,
der fremde Wanderer, in einen grünen Mantel gehüllt und
mit Schlapphut, »neun Kräuter« kennend.
Willkommen seid ihr Götterboten,
willkommen in dieser ständig werdenden, sich verwandelnden Welt.
Wegbegleiter, Rätselgeber, seid ihr uns,
und ein Minnelied Freyas.

Lasst uns also weise werden
und vernünftig – Sternenbotschaften vernehmend –
und liebevoll.

Literaturverzeichnis

Aichele, Dietmar, und Heinz-Werner Schegler: *Die Blütenpflanzen Mitteleuropas,* Stuttgart: Kosmos 2000

Aigremont, Dr.: *Volkserotik und Pflanzenwelt,* 2 Bde., Berlin: Verlag für Wissen und Bildung 1997

Angel, Heather: *Die Grüne Arche,* Hildesheim: Gerstenberg 1994

Angier, Bradford: *Field Guide to Edible Wild Plants,* Mechanicsburg, Pennsylvania: Stackpole Books 2008

Bakhru, H. K.: *Foods that Heal,* New Delhi: Orient Paperbacks 1995

Balzer, Georg: *Goethe als Gartenfreund,* München: Wilhelm Heyne 1976

Bartram, Thomas: *Bartram's Encyclopedia of Herbal Medicine,* London: Robinson 2001

Beckmann, Dieter, und Barbara Beckmann: *Das geheime Wissen der Kräuterhexen,* München: dtv 1997

Beerenbaum, May R.: *Blutsauger, Staatsgründer, Seidenfabrikanten,* Heidelberg/Berlin/Oxford: Spektrum Akademischer Verlag 1995

Blüchel, Kurt G.: *Der Klimaschwindel,* München: Bertelsmann 2007

Böndegaard, V. J.: *Ethnobotanik,* Berlin: Verlag Mensch und Leben 1985

Brickell, John: *The Natural History of North-Carolina,* Dublin: James Carson 1737

Bromilow, Clive: *Problem Plants and Alien Weeds of South Africa,* Pretoria: Briza Publications 2010

Buhner, Stephen H.: *Healing Lyme,* Randolph, Vermont: Raven Press 2005

Bürger, Klaus: *Christoph Kolumbus,* Leipzig: BSB B. G. Teubner Verlagsgesellschaft 1979

Chamberlain, Mary: *Old Wives' Tales,* Stroud, Gloucestershire: Tempus 2006

Cocannouer, Joseph A.: *Weeds. Guardians of the Soil,* New York: Devin-Adair Co. 1964

Danert, Siegfried, Franz Fukarek et al.: *Urania Pflanzenreich,* 2 Bde., Leipzig/Jena/Berlin 1993

Dastur, F. N. I.: *Medical Plants of India and Pakistan,* Bombay: D. B. Taraporevala Sons & Co. 1962

Davie, Maurice E.: *World Immigration,* New York: The Macmillan Company 1949

Daxelmüller, Christoph: *Aberglauben, Hexenzauber, Höllenängste,* München: dtv 1996

DEA-Report: »1997 Domestic Cannabis Eradication/Suppression Program«, Washington D. C.: Drug Enforcement Agency (updated September 15, 2006)

Degen, Judith: »Neophyten: Feind oder Freund«, in *Naturgarten,* Zürich: Bioterra Nr. 46, Mai 2010

De Vries, Herman: *Natural Relations,* Nürnberg/Köln: Verlag für Moderne Kunst 1989

Dumaine, Jean-Marie: *Kochen mit Wildpflanzen,* Baden/München: AT Verlag 2008

Ehgartner, Bert: *Lob der Krankheit,* Bergisch Gladbach: Lübbe 2008

Ewers, Miriam: *Marcellus Empiricus. De medicamentis,* Trier: Wissenschaftlicher Verlag Trier 2009

Fernald, Merritt Lyndon, und Alfred Charles Kinsey: *Edible Wild Plants of Eastern North America,* New York: Dover Publications 1996

Fintelmann, V., und R. Weiss: *Lehrbuch der Phytotherapie,* Stuttgart: Hippokratesverlag 2002

Fleischhauer, Steffen Guido: *Enzyklopädie der essbaren Wildpflanzen,* Aarau/München: AT Verlag 2004

Fleischhauer, Steffen Guido, Jürgen Guthmann und Roland Spiegelberger: *Essbare Wildpflanzen,* Baden/München: AT Verlag 2007

Frohn, Birgit: *Klostermedizin*, München: dtv 2001

Foster, Steven: *Herbal Renaissance*, Salt Lake City, Utah: Gibbs-Smith 1993

Fuller, Buckminster: *Operating Manuel for Spaceship Earth*, New York: E. P. Dutton 1963

Fukarek, Franz, Helmut Hübel, Peter König, Roland Schuster und Michael Succow: *Urania Pflanzenreich: Vegetation*, Leipzig/Jena/Berlin: Urania 1995

Gall, August Freiherr v.: *Medizinische Bücher der alten Azteken*, Berlin: VWB 1997

Gauger, Klaus (Hrsg.): »Die Querfront der Fremdkräuterhasser und Gehölzrassisten«, in *Diktynna. Jahrbuch für Natur und Mythos*, München: Edition Arnshaugk 2009

Genaust, Helmut: *Etymologisches Wörterbuch der botanischen Pflanzennamen*, Hamburg: Nikol 2005

Gilmore, Melvin R.: *Uses of Plants by the Indians of the Missouri River Region*, Lincoln, Nebraska: University of Nebraska Press 1977

Grimé, William Ed: *Ethno-Botany of the Black Americans*, Algonac, Michigan: Reference Publications 1979

Grinspoon, Lester und James B. Bakalar: *Marihuana, die verbotene Medizin*, Frankfurt am Main: Zweitausendeins 1994

Haensel, Eva: *Bekämpfung, Konkurrenz und Diversität von Abutilon thephrasti* Med. *(Lindenblättrige Schönmalve) in Zuckerrüben*, Inaugural-Dissertation, Bonn: Rheinische-Friedrich-Wilhelms-Universität 2005

Hart, Jeff: *Montana – Native Plants and Early People*, Helena, Montana: Montana Historical Society 1976

Hegi, Gustav: *Illustrierte Flora von Mitteleuropa*, München: J. F. Lehmanns Verlag, 7 Bde., 1908–1932

Helber, Hartmut: *Das 19. Jahrhundert im württembergischen Allgäu*, Isny i. A.: Selbstverlag 1987

Hempel, Werner: *Die Pflanzenwelt Sachsens von der Späteiszeit bis zur Gegenwart*, Dresden: Sächsische Landesstiftung Natur und Umwelt 2009

Hempen, Carl-Hermann, und Toni Fischer: *Leitfaden Chinesische Phytotherapie*, München/Jena: Urban & Frischer 2007

Herer, Jack, und Mathias Bröckers: *Die Wiederentdeckung der Nutzpflanze Hanf, Cannabis Marihuana*, Frankfurt am Main: Zweitausendeins 1993

Herrick, James W.: *Iroquois Medical Botany*, Syracuse, N. Y.: Syracuse University Press 1995

Hielscher, Kej, und Renate Hücking: *Pflanzenjäger*, München/Zürich: Piper 2005

Hiller, Karl, und Gerd Bader: »Goldruten-Kraut«, in *Zeitschrift für Phytotherapie*, Heft 2, Stuttgart: Hippokrates Verlag, April 1996

Hobert, Ingfried: »Ethnomedizin«, in *Das große Buch der ganzheitlichen Therapien*, München: Integral 2007

Hoffmann, Emil: *Lexikon der Steinzeit*, München: Verlag C. H. Beck 1999

Honegger, Gottfried: *Was uns das Un-Kraut lehrt*, Steinhausen, Schweiz: Verlag Viktor Hotz 2009

Hovorka, O. v., und A. Kronfeld: *Vergleichende Volksmedizin*, Bd. 1, Stuttgart: Strecker & Schröder 1908

Josselyn, John: *New-England's Rarities Discovered*, Boston: Archaelogica Americana, Vol. IV., 1860

Jünger, Ernst: *Annäherungen: Drogen und Rausch*, München: dtv 1990

Kaminski, Patricia, und Richard Katz: *Handbuch der kalifornischen und englischen Blütenessenzen*, Aarau/Schweiz: AT Verlag 1996

Kästner, Max: »Aufruf zur Bekämpfung des Kleinblütigen Springkrauts«, in *1. Jahresbericht der Arbeitsgemeinschaft sächsischer Botaniker für das Jahr 1941*, Dresden: Landesverein sächsischer Heimatschutz 1942

Kindscher, Kelly: *Medical Wild Plants of the Prairie*, Wichita, Kansas: University Press of Kansas 1992

ders.: *Edible wild Plants of the Prairie. An Ethnobotanical Guide*, Wichita, Kansas: University Press of Kansas 1987

Konz, Franz: *Der Grosse Gesundheits-Konz*, München: F. A. Herbig 2000

Kowarik, Ingo: *Biologische Invasionen. Neophyten und Neozoen in Mitteleuropa,* Stuttgart: Eugen Ulmer 2003

Krausch, Heinz-Dieter: *»Kaiserkron und Päonien rot ...«,* Hamburg: Dölling und Galitz 2003

Lambdon, Philip W. et al.: »Alien flora of Europe: species diversity, temporal trends geographical patterns and research needs«, in *Preslia, Journal of the Czech Botanical Society,* Vol. 80, pp.101–149, Prag 2008

Leung, Albert Y.: *Chinesische Heilkräuter,* München: Dieterichs 1985

Logan, Michael H., und Anna R. Dixon: »Agriculture and the Acquisition of Medical Plant Knowledge«, in *Eating on the Wild Side* (Nina L. Etkin, ed.), Tuscon, Arizona: University of Arizona Press 1994

Lovelock, James E.: *Unsere Erde wird überleben. Gaia – eine optimistische Ökologie,* München: Piper 1982

Lüdecke, Horst-Joachim: *CO_2 und Klimaschutz,* Bonn: Bouvier 2010

Ludwig, Mario, Harald Gebhardt, Herbert W. Ludwig und Susanne Schmidt-Fischer: *Neue Tiere & Pflanzen in der heimischen Natur,* München: BLV Verlagsgesellschaft 2000

Lütt, Silke: »Pflanzliche Neubürger in Schleswig-Holstein – eine Einführung«, in *Neophyten in Schleswig-Holstein. Problem oder Bereicherung*, Flintbeck: Tagung im Landesamt für Natur und Umwelt (LANU), 31.3.2004

Mabey, Richard: *Das neue BLV-Buch der Kräuter,* München/Wien/Zürich: BLV 1993

MacDonald, David: *Enzyklopädie der Säugetiere,* Königswinter: Könemann 2003

Madaus, Gerhard: *Lehrbuch der Biologischen Heilmittel,* 3 Bde., Hildesheim/New York: Georg Olms Verlag 1979

Mannhardt, Wilhelm: *Der Baumkultus der Germanen und ihrer Nachbarstämme,* Berlin: Gebrüder Borntraeger 1875

Manning, Richard: *Grassland,* London: Penguin Books 1997

Marzell, Heinrich: *Wörterbuch der deutschen Pflanzennamen,* 5 Bde., Leipzig: S. Hirzel 1937–1979

ders.: *Geschichte und Volkskunde der deutschen Heilpflanzen,* Stuttgart: Hippokrates Verlag 1938 (Reprint: St. Goar: Reichl Verlag 2002)

McCallum, Ian: *Ecological Intelligence,* Cape Town, South Africa: Africa Geographic 2010

McNeely, J. A., H. A. Mooney, L. E. Neville, P. Schrei und J. K. Waage: *A Global Strategy on Invasive Alien Species,* Gland, Switzerland and Cambridge, UK: IUCN 2001

Mességué, Maurice : *Das Mességué-Heilkräuter-Lexikon,* Frankfurt/Berlin: Ullstein 1994

Miron, Jeffrey A., und Katherine Waldock: *The Budgetary Impact of Ending Drug Prohibition,* Washington, DC: Cato-Institut, 2010

Moerman, Daniel E.: *Native American Ethnobotany,* Portland Oregon: Timber Press 1999

Müller, Irmgard: *Die pflanzlichen Heilmittel bei Hildegard von Bingen,* Freiburg im Breisgau: Herder 2008

Müller-Beck, Hansjürgen: *Die Eiszeiten,* München: Verlag C. H. Beck 2005

Müller-Ebeling, Claudia: »Hexenbilder – die Dämonisierung der heilkräftigen Natur«, in *Hexenmedizin* (C. Müller-Ebeling, Christian Rätsch und Wolf-Dieter Storl), Baden/München: AT Verlag 2009

Nentwig, Wolfgang: *Invasive Arten,* Bern: Haupt Verlag 2010

Neese, Randolph M., und Georg C. Williams: *Warum wir krank werden,* Frankfurt am Main/Wien: Büchergilde Gutenberg 1997

Pellant, Mike: *Cheat Grass: the Invader that won the West,* Boise, Idaho: Bureau of Land Management 1996

Phaneuf, Holly: *Herbs Demystified,* New York: Marlow & Co. 2005

Pickersgill, Barbara: »Domestication of Plants in the Americas. Insights from Mendelian and Molecular Genetics«, in *Annals of Botany,* Vol. 100, Issue 5, p. 925 f., Oxford, January 2011

Pimentel, D., R. Zuniga und D. Morrison: »Update on the environmental and economic costs associated with alien-invasive species in the United States«, in *Ecological Economics* No. 52, 2005

Pötsch, Joachim: *Unkraut oder Wildpflanze,* Leipzig/Jena/Berlin: Urania 1991

Rashneesh, Shree: *Worte eines Mannes ohne Worte,* Köln: Rashneesh Verlag 1989

Rätsch, Christian: *Enzyklopädie der psychoaktiven Pflanzen,* Aarau, Schweiz: AT Verlag 1998

Reichholf, Josef H.: *Die Zukunft der Arten,* München: dtv 2009

ders.: *Warum die Menschen sesshaft wurden,* Frankfurt am Main: S. Fischer 2008

ders.: *Eine kurze Naturgeschichte des letzten Jahrtausends,* Frankfurt am Main/Wien/Zürich: Büchergilde Gutenberg 2007

Rometsch, Sibylla: »Aktivitäten zu den invasiven Neophyten in der Schweiz«, in *Neophyten. Vom exotischen Gartenschmuck zur ökologischen Problempflanze,* Kloster Neustift, Tirol: Tagungsbericht, 15. Tiroler Grünraumtagung, Oktober 2010

Rook, Graham, A. W. und Laura Rosa Brunet: »Give us this day our daily germs«, in *Biologist,* Vol. 49/4, p. 145–149, London 2002

Roth, Lutz, Max Daunderer und Kurt Kormann: *Giftpflanzen – Pflanzengifte,* Landsberg/Lech: ecomed 1994

Rudgley, Richard: *Lexikon der psychoaktiven Substanzen,* München: Econ & List 1999

Salisbury, E.: *Weeds and Aliens,* London: Collins 1964

Scharff, Bernd: *Der Garten im Wandel der Zeiten,* Leipzig: Urania 1984

Scheffer, Mechthild, und Wolf-Dieter Storl: *Die Seelenpflanzen des Edward Bach,* Kreuzlingen/München: Heinrich Hugendubel 2007

Schertler, Rochus: *Vorarlberger Kräuterwelten,* Innsbruck/Bozen: Löwenzahn 2005

Schienagel-Delb, Christel: *Neophyten – Wanderer im Pflanzenreich,* Kerzenheim, Pfalz: Prüfungsarbeit zur Natur- und Landschaftsführerin im nördlichen Pfälzerwald, 2009

Schlebusch, Klaus Peter, Hans-Christoph Scheiner und Peter Wendling: *Die Vernichtung der biologischen Medizin,* München: Wilhelm Heyne 1989

Schubert, Rudolf: *Pflanzengeographie,* Berlin: Akademie-Verlag 1966

Schulte, Wolfgang: *Lebensraum Stadt,* München: BLV Verlagsgesellschaft 1984

Schwarz, Oliver C.: *Beiträge zur Biologie, Chorologie, Ökologie und Taxonomie der neophytischen Melde Atriplex micrantha und verwandter Arten,* Stuttgart: Universität Stuttgart, Biologisches Institut 2004

Scott, Timothy Lee: *Invasive Plant Medicine,* Rochester, Vermont: Healing Arts Press 2010

Singh, Umrao, A. M. Wadhwani und B. M. Johri: *Dictionary of Economic Plants in India,* New Delhi: Indian Council of Agricultural Research 1990

Snyder, Gary: *Schildkröteninsel,* Berlin: Frank Schickler Verlag 1980

Spaeth, I., H. Balder und E. Kilz: »Das Problem mit der Spätblühenden Traubenkirsche in den Berliner Forsten«, in *Allgemeine Forstzeitschrift* 49/5, 1994

Spencer, Edwin Rollin: *All About Weeds,* New York: Dover Publications 1974

Stammel, Heinz J.: *Die Apotheke Manitous,* Reinbek bei Hamburg: Rowohlt 1988

Steiger, Heidi: *Geheimnisse unserer Pflanzen,* Lausanne: Mondo 1990

Stein, Sara: *My Weeds,* Boston/New York: Houghton Mifflin Co. 1994

Stevenson, Matilda Coxe: *Ethnobotany of the Zuni Indians,* Thirteenth Annual Report of the Bureau of American Ethnology to the Secretary of the Smithonian Institution, Washington D. C. 1915

Stille, Günther: *Kräuter, Geister, Rezepturen. Eine Kulturgeschichte der Arznei,* Stuttgart: Konrad Theiss 2004

Storl, Wolf-Dieter: *Naturrituale,* Aarau: AT Verlag 2010a

ders.: *Pflanzendevas,* München: Knaur 2010b

ders.: *Die Pflanzen der Kelten,* München: MensSana/Knaur 2010c

ders.: *Borreliose natürlich heilen,* Baden/München: AT Verlag 2009a

ders.: *Die Seele der Pflanzen,* Stuttgart: Kosmos 2009b
ders.: *Kräuterkunde,* Bielefeld: Aurum 2009c
ders.: *Das Herz und seine heilenden Pflanzen,* Baden/München: AT Verlag 2009c
ders.: *Der Kosmos im Garten,* Aarau: AT Verlag 2008
ders.: »Heilpflanzenkunde«, in *Das große Buch der ganzheitlichen Therapien* (Ruediger Dahlke Hrsg.), München: Integral 2007
ders.: *Bekannte und vergessene Gemüse,* Aarau: AT Verlag 2005a
ders.: *Shiva. Der wilde gütige Gott,* Burgrain: KOHA 2005b
ders.: *Mit Pflanzen verbunden,* Stuttgart: Kosmos 2005c
ders.: *Heilkräuter und Zauberpflanzen zwischen Haustür und Gartentor,* Aarau: AT Verlag 2000
ders.: »Afrikanismen im amerikanischen Großstadtghetto«, in *Wiener Ethnohistorische Blätter* (Karl R. Wernhart Hrsg.), Wien: Institut f. Völkerkunde d. Universität Wien 1971
Storl, Wolf-Dieter, und Paul S. Pfyl: *Bekannte und vergessene Gemüse,* Aarau: AT Verlag 2005
Strassmann, René A.: *Baumheilkunde,* Aarau: AT Verlag 1994
Tacitus, Publius Cornelius: *Agricola. Germania. Dialogus de Oratoribus,* Wiesbaden: VMA-Verlag 2000
Tergit, Gabriele: *Kaiserkron und Päonien rot. Kleine Kulturgeschichte der Blumen,* München/Zürich: Knaur 1963
Theodoropoulos, David: *Invasion Biology. Critique of a Pseudoscience,* Blythe, California: Aavar Books 2003
Uyldert, Mellie: *Verborgene Kräfte der Pflanzen,* München: Hugendubel 1984
Van Wyck, Ben-Erik, Bosch van Oudtshoorn und Nigel Gericke: *Medical Plants of South Africa,* Pretoria: Briza Publications 2000
Van Wyk, Ben-Erik, und Nigel Gericke: *People's Plants,* Pretoria: Briza Publications 2000
Watts, Alan: *Im Einklang mit der Natur,* München: Goldmann 1986
Weiss, Rudolf Fritz: *Lehrbuch der Phythotherapie,* Stuttgart: Hippocrates 1991
Weber, Erwald, Barbara Köhler, Günther Gelpke, Alain Perrenoud und Andreas Gigon: »Schlüssel zur Einteilung von Neophyten in der Schweiz in die Schwarze Liste oder die Watch-Liste«, in *Botanica Helvetica,* Basel: Birkhäuser Verlag 2005
Werner, Benno: *Gesunde Krankheiten,* München: Herbig 2009
Wheelwright, Edith Grey: *Medical Plants and their History,* New York: Dover 1974
Williamson, M.: *Biological Invasions,* London: Chapman & Hall 1996
Wood, Matthew: *The Book of Herbal Wisdom,* Berkeley, California: North Atlantic Books 1997
Zerling, Clemens: *Lexikon der Pflanzensymbolik,* Baden/München: AT Verlag 2007
Zysk, Kenneth G.: *Medicine in the Veda,* Delhi, India: Motilal Banarsidss Publ. 1996

Internetadressen

www.europe-aliens.org
www.norbanis.org
www.pflanzen-deutschland.de/Neophyt/

Stichwortverzeichnis

Fett gedruckte Ziffern verweisen auf eine ausführlichere Behandlung des betreffenden Stichworts.

Wolf-Dieter Storl

geboren 1942, Kulturanthropologe und Ethnobotaniker. Lehrte als Dozent an verschiedenen Universitäten. Ethnografische und ethnobotanische Feldforschungen fanden und finden ihren Niederschlag in zahlreichen Artikeln und Büchern. Seit 1988 lebt er auf einem Einödhof im Allgäu.

www.storl.de

Die Bücher von Wolf-Dieter Storl im AT Verlag

Der Kosmos im Garten
Gartenbau nach biologischen Naturgeheimnissen als Weg zur besseren Ernte

Bekannte und vergessene Gemüse
Botanik, Geschichte, Heilkunde und Anwendungen

Das Herz und seine heilenden Pflanzen
Herz-Kreislauf-Erkrankungen aus kulturanthropologischer Sicht

Heilkräuter und Zauberpflanzen zwischen Haustür und Gartentor
Kräuterkunde und Rezepte

Pflanzen der Kelten
Heilkunde, Pflanzenzauber, Baumkalender

Einsichten und Weitblicke
Das Wolf-Dieter Storl Lesebuch

Ur-Medizin

Die wahren Ursprünge
unserer Volksheilkunde

Wolfsmedizin

Eine Reise zu den Pflanzenheilkundigen
in der Mongolei und Sibirien

Borreliose natürlich heilen

Ethnomedizinisches Wissen, ganzheitliche
Behandlung und praktische Anwendungen

Naturrituale

Mit schamanischen Ritualen zu den eigenen
Wurzeln finden

Pflanzendevas

Die geistig-seelischen Dimensionen der Pflanzen

Der Bär

Krafttier der Schamanen und Heiler